妙趣横生
博弈论

事业与人生的成功之道

—— 白 金 版 ——

THE ART OF
STRATEGY

A Game Theorist's Guide to Success in Business and Life

[美] 阿维纳什·K. 迪克西特　巴里·J. 奈尔伯夫　著
　　（Avinash K. Dixit）　　（Barry J. Nalebuff）

董志强 王尔山 李文霞 译

机械工业出版社
CHINA MACHINE PRESS

北京市版权局著作权合同登记　图字：01-2008-5319 号。

图书在版编目（CIP）数据

妙趣横生博弈论：事业与人生的成功之道：白金版 /（美）阿维纳什·K. 迪克西特（Avinash K. Dixit），（美）巴里·J. 奈尔伯夫（Barry J. Nalebuff）著；董志强，王尔山，李文霞译 . —北京：机械工业出版社，2024.1

书名原文：The Art of Strategy: A Game Theorist's Guide to Success in Business and Life

ISBN 978-7-111-74694-2

Ⅰ.①妙… Ⅱ.①阿…②巴…③董…④王…⑤李… Ⅲ.①博弈论–普及读物 Ⅳ.①O225-49

中国国家版本馆CIP数据核字（2024）第002921号

机械工业出版社（北京市百万庄大街22号　邮政编码100037）

策划编辑：顾　煦　　　　　　　责任编辑：顾　煦　　石美华
责任校对：张爱妮　陈立辉　　　责任印制：刘　媛
涿州市京南印刷厂印刷
2024 年 5 月第 1 版第 1 次印刷
170mm×230mm·31.25印张·1插页·394千字
标准书号：ISBN 978-7-111-74694-2
定价：99.00元

电话服务　　　　　　　　　　　网络服务

客服电话：010-88361066　　　　机 工 官 网：www.cmpbook.com
　　　　　010-88379833　　　　机 工 官 博：weibo.com/cmp1952
　　　　　010-68326294　　　　金 　书 　网：www.golden-book.com
封底无防伪标均为盗版　　　　　机工教育服务网：www.cmpedu.com

献给

我们的学生，从他们那里我们获益甚多！

To our students，from whom we have learned so much!

| 中文版序 |

在美国，有人会困惑于本书标题中的"艺术"[⊖]一词。他们可能会想，这是不是一本描述策略的绘画图书呢？哦，当然不是了。不过，在中国就不会出现这样的疑惑。我们在《妙趣横生博弈论》中的意思，恰如孙子在《孙子兵法》中的意思。我们旨在教会大家策略的原理。

但从这个视角看，本书的标题又可能给中国读者带来另一个疑惑。也许有人会认为，策略完全就是如何击败他人的计谋，谋划策略就如同赢得战争。这一观念未免过于狭隘。任何策略的目的，都旨在实现你的目标。有时，你需要与他人合作；有时，你需要克服他人的异议。在本书中，我们将努力教会大家如何合作，也将努力教会大家如何竞争。正如孙子曾言："不战而屈人之兵，善之善者也。"

但凡翻译，都有挑战。英文与中文的互译尤其如此。在美国，龙是一只

⊖ 因《孙子兵法》英译为 *The Art of War*（即《战争的艺术》），故作者才有此一说。在此我们站在读者的角度，将书名译为《妙趣横生博弈论：事业与人生的成功之道》。——译者注

喷火的邪物，它被一个勇士杀死。而在中国，龙是带来吉祥、迎接新年的神物。同一个词，却有两种截然不同的含义。这种观念差异揭示了博弈论中最重要的教训：一个人必须理解对方的想法。在本性上，人们都倾向于以自我为中心，只关注自己的理解和自身的需要。但策略的艺术要求，不要以自我为中心，要理解他人的立场、观念以及看重什么，并运用这种理解来指导行动。

大约 70 年前，约翰·冯·诺依曼（John von Neumann）和奥斯卡·摩根斯特恩（Oskar Morgenstern）以其著作《博弈论与经济行为》开辟了博弈论的现代领域。岁月荏苒，而今博弈论的应用已变得日益广泛——现在的标题也完全可以改为"博弈与人类行为"。当然，孙子早在 2000 多年前就已熟知这一理论了。能够将博弈论带回它的祖籍，我们深感荣幸。

阿维纳什·K.迪克西特

巴里·J.奈尔伯夫

艺术的修炼

差不多 20 年以后，迪克西特和奈尔伯夫的非常成功的博弈论著作《策略思维》，升级成为新的博弈论著作《妙趣横生博弈论》[⊖]。我想跟大家说说自己对为什么叫作"艺术"的理解。

从《策略思维》到《妙趣横生博弈论》，固然大部分材料是新的，但是书名的改变，主要是因为作者有了一个全新的视角。事实上，两位作者自己就写道："在创作《策略思维》的岁月，我们还太年轻，当时的精神思潮乃是以自我为中心的竞争。后来，我们才彻底认识到合作在策略情形下所起的重要作用，认识到良好的策略必须很好地把竞争与合作结合起来。"从"策略思维"的提法到"策略的艺术"的提法，准确地体现了人类认知的深刻进步。

正如作者强调的，博弈论给我们最重要的教训，就是必须理解对方的想法。人们在本性上倾向于以自我为中心，只关注自己的理解和自身的需要。

⊖　原书名为 *The Art of Strategy*，直译为"策略的艺术"。——编者注

但提高到"策略的艺术"的层次，那就不能囿于自我中心，而是要理解他人的立场、他人的观念以及他们看重什么，并运用这种对对手的理解来指导我们的行动。在这种理解的基础上，怎样很好地把竞争和合作结合起来，就是一种艺术。这是我对"策略思维"升级为"策略的艺术"的第一层体会。

大约在 15 年前，我们中山大学岭南学院的本科学生希望我给他们的毕业纪念册题词。我题词的大意是："经济学是一门科学，经济学的运用是一种艺术——科学的本领有赖于训练，艺术的才华讲究悟性和心得。"现在我感到高兴的是，作为一名教师，我的这个体会有点接近迪克西特和奈尔伯夫在《妙趣横生博弈论》中对博弈论所说的一些话。

迪克西特和奈尔伯夫说，"科学和艺术的本质区别在于，科学的内容可以通过系统而富有逻辑的方式来学习，而策略艺术的修炼则只有依靠例子、经验和实践来进行"；"博弈论作为一门学科远非完备，（所以）大量的策略思维仍然是一门艺术"。他们写作《妙趣横生博弈论》的目的，是把读者"培养成策略艺术的更佳实践者。不过，对策略艺术的良好实践，首先要求对博弈论的基础概念和基本方法有初步的掌握"。

具体来说，"面对如此之多很不一样的问题，如何进行良好的策略思维，仍然是一种艺术。但良好的策略思维的基础，则由一些简单的基本原理组成，这些原理就是正在兴起的策略科学——博弈论"。他们写作的设想是："来自不同背景和职业的读者，在掌握这些基本原理以后，都可以成为更好的策略家。"

迪克西特和奈尔伯夫还告诫我们，许多"数学博弈论学者"倾向于认为，一个博弈的结果完全取决于与博弈相关的各种抽象的数学事实——参与者人数、可供每个参与者选择的策略的数目，以及与所有参与者的策略选择相联系的每个参与者的博弈所得。他们说："我们不这样看。我们认为由社会中相互影响的人参与的博弈的结果，理应也取决于博弈的社会因素和心理因素。"

在因为博弈论的贡献而获得诺贝尔经济学奖的经济学家中，就论述风格而言，1994 年获奖的约翰·纳什（John Forbes Nash, Jr.）和 2005 年获奖的托马斯·谢林（Thomas C. Schelling），可以说是这个绚丽光谱的两个端点。纳什"惜墨如金"，他的论述全部见于匿名审稿论文，数量不多，每篇的篇幅都很短，完全是数学形式的讨论。相反，谢林则以出版学术著作著称，而且这些著作多半都以老百姓能够字面理解的日常语言写出来，与时下经济学主流的论述风格大相径庭。纳什天才地提出并刻画了博弈的均衡的概念，并且在很宽泛的条件下，证明了博弈的均衡的存在性，为博弈论的发展奠定了基础。谢林的著述不但提供了许多深刻的思想（哪怕这些思想未能刻画为数学形式的经济学模型），而且为博弈论的应用开辟了广阔的天地。我们这个世界在 20 世纪经历了可怕的核竞赛，可是幸运地没有发生过核大战。现在许多人把核大战最终没有发生，看作过去这个世纪发生的最伟大的事件。曾经几次眼看要发生核大战了，最后却还是有惊无险，从学理上说，这是因为谢林提出的思想武装说服了人们。

迪克西特教授，是美国普林斯顿大学的经济学大师。他是经济学模型的高手，在微观经济学、发展经济学、公共经济学、国际贸易理论、产业组织理论与市场结构理论领域都有卓越建树。博弈论在 20 世纪下半叶发展很快，但除了谢林的著述以外，几乎所有论文都采取数学形式的讨论，这使得博弈论在很长时间里都只是象牙塔中的学科。在经济学大师的行列中，是迪克西特教授首先认识到，"让博弈论离开学术期刊真是太有趣太重要了"，因为博弈论的洞见在商业、政治、体育以及日常社会交往中有广泛的应用。迪克西特教授和他的合作者身体力行，将博弈论的重要洞见从原来数学形式的理论，转换成日常语言的描述，用直观的例子和案例分析取代了理论化的命题，献给广大读者和广大学子。他们"想要改变大家观察世界的方式，通过引入博弈论的概念和逻辑以帮助大家策略性地进行思考"。第一本这样的著作，就是差不多 20 年前迪克西特和耶鲁大学奈尔伯夫教授合著的《策略思维》，出版以后很快就在世界范围赢得读者的青睐。

就博弈论而言，可以说迪克西特教授深得纳什和谢林的真传。纳什那样数学形式的讨论，他驾轻就熟，因为他本科学的是数学。而像谢林那样日常语言的著述，使他的读者比谢林还多，因为谢林非常成功的著述，旨在影响学界和政治家，而迪克西特他们则专门为社会科学和人文学科的学生与其他关心博弈论的读者写作。如果不是迪克西特他们的努力，我们真是很难想象，今天的 MBA 学生、政府官员和企业老总怎么能够理解博弈论的一些深邃思想和精彩篇章。

我个人与迪克西特教授的交往不多。1991 年在普林斯顿向他请教一个国际贸易问题，他对于提供曲线（offer curve）的看重，对我有很大启发。2004年，也是在普林斯顿，我陪尔山与他共进午餐，他广泛的兴趣、渊博的知识、深厚的文化素养，给我留下非常深刻的印象。我更多的是从阅读迪克西特的论著中得到教益。相信广大读者也一样能够从阅读他的著作中得到许多教益。

大家都知道猜拳的"剪刀－石头－布"游戏吧。就在现在这本《妙趣横生博弈论》中，迪克西特和奈尔伯夫会和你玩"剪刀－石头－布"博弈，而且把它升级为如果是"布"赢就得 5 分，因为"布"需要张开 5 个手指，如果是"剪刀"赢就得 2 分，因为两只手指表示剪刀，如果是"石头"赢则只得1 分，因为只有一个端点。你说，这样的博弈论著作，是不是很有吸引力？

就学科范畴而言，本书的特点，是展开信息经济学激励理论的许多有趣的内容。信息经济学是与博弈论联系最密切的学科，专门对付信息不对称给人们和市场带来的新问题。例如"怀才不遇"，就是信息不对称的一个后果，原因是人家不知道你的本事。为此，你需要发送一些特别的"信号"，告诉人们你有本事这个事实，学位、证书、论著、身手敏捷、行为举止大方得体等，都是这样的信号。于是，信号发送成为信息经济学的一章。但是迪克西特和奈尔伯夫进一步告诉我们，因为人们普遍在意发送自己有本事的信号，结果最有本事的人反而不做发送这种信号的事情，例如比尔·盖茨。上升为理论，那就是通过不发送信号来发送信号，叫作"反信号传递"。有人统计加州 26 所大学的语音邮件系统的电话留言，结果发现：来自有博士生项目的大学的电话留言中，只有 4% 的人会留言告知自己的头衔，而来自没有博士生项目的大学的电话留言，却有 27% 的人使用自己的各种头衔。本来，这些人都拥有博士学位，但是向对方提醒自己拥有的学位和头衔，恰恰表明这个人觉得需要一个"凭证"来把自己从芸芸众生中区别出来，而真正令人印象深刻的教授因为已经非常有名，却无须发送这种信号。我们这里偶尔会看到一些人的名片上印着一大堆头衔，也是同样的道理。间谍故事充斥着信息不对称，自然应该是信息经济学的题材，但是以我非常有限的阅历所及，只有迪克西特和奈尔伯夫会带领读者细细品味新世纪以色列间谍的故事。

我们在前面谈到谢林的著作多半都以老百姓能够字面理解的日常语言写出来，迪克西特和奈尔伯夫这本《妙趣横生博弈论》也是这样。必须提醒的是，能够字面认识一段话，也就是说能够把这段话顺利地读出来，并不等于能够理解这段话的内容，并不等于能够理解这段话的思想和方法。所以，我们在阅读的时候还是要仔细地跟着作者去思考，这与看小说有很大不同。即使是选修博弈论课程的大学生，也不能因为这本书是"普及读物"就掉以轻心。有本事你尝试把前面说过的升级版的"剪刀－石头－布"游戏研究清楚，就知道这本书的博大精深了。

最后需要指出，这本书涉及的知识面非常宽，把本书翻译好，需要对世界文化特别是美国文化有深入的了解，还要具备历史、经济、政治、军事等方面的广博基础。按照严复的说法，翻译的境界讲究"信、达、雅"。面对这样的标准，我们自忖功力不逮。读者如果发现这个译本有什么不妥当的地方，诚盼不吝指出，以期我们共同把这本那么好的博弈论著作，出版得更好。

王则柯

博弈的艺术

我曾经写过两本博弈论的通俗读物⊖，读者还算喜欢，所以常收到一些来信。其间很多人问及这样一个问题：在现实生活中如何运用博弈论帮助我们做出成功的决策？

回答这个问题，对我来说是一个很大的挑战。我深深知道，成功的博弈需要经验。

早在2000多年前，亚里士多德就论述过知识与成功的关系⊜：人类的知识可分为经验、技术和智慧，但个人的成功必须依赖经验；有经验的人可以比有技术而无经验的人更成功；不过，有经验之人只知事物之然而不知其所以然，而有技术之人则兼知其所以然，所以有技术的人更聪明。

⊖ 《身边的博弈》（2007，2009）和《无知的博弈：有限信息下的生存智慧》（2009），两本均由机械工业出版社出版。
⊜ 本段文字意思参见亚里士多德《形而上学》第一章。

亚里士多德所谓的"技术"，其实就是我们所谓的"理论"。从其论述我们甚至可以推论：成功与聪明无关。掌握理论者确实更聪明，但他们不如有经验者更容易成功。譬如一个从不练球的物理学家，他比一个乒乓球选手更聪明，更懂得击球的力学原理，但是他却几乎注定在乒乓球项目上会输给长期训练有素的乒乓球选手；乒乓球选手要获得成功也并不需要大量学习力学原理，只需积累经验足矣。理论的功用在于，通晓力学原理的乒乓球选手可能更明白为什么要这样做，从而更快地提炼经验并创造性地悟出新的打法，形成新的有效经验。

所以，成功以及成功的博弈需要经验支撑。然而经验却是需要在人生的漫长旅途中逐渐积累的。只有经历过的人生，才给我们以经验；未曾经历的人生，就没有经验。年长者比年少者在处理竞争与合作问题时往往更能举重若轻、游刃有余，倒不在于他们掌握了更多的博弈理论，而在于他们有着更丰富的经验，更加深刻地领会了策略的艺术。

所以，那些读者向我提出的问题，对我是一个挑战！因为我还只能算是一个通晓博弈理论的年轻人，仍然需要在漫长的人生中积累经验并领悟策略的艺术。我常常想，再过 20 年，让我再来写博弈论的通俗读物，我一定可以不单介绍博弈的理论，而是与读者分享诸多博弈的艺术。

其实不用等 20 年了。因为已经有两位优秀的博弈理论家和策略艺术家为我们带来了现在这本书，我们可以分享他们在其漫长的人生中所领悟的博弈的艺术。

年龄的增长让人的思想更趋成熟，也可以让人更加明白人生成功的艺术，我想事实可能确实如此。当著名的《策略思维》一书出版时，奈尔伯夫与现在的我同龄，他的老师迪克西特刚刚 47 岁；我们看到的是一本（有些锋芒毕露的）强调人际竞争的更关注于博弈理论的通俗著作。光阴荏苒，当他们再度联手完成这本《妙趣横生博弈论》时，迪克西特已经 64 岁，奈尔伯夫也50出头；而我们也明显地感受到这本新书不再锋芒毕露，而是韬光养晦，充满了宽容、温情以及对他人的关心和理解，更多地强调了人际合作（虽然也有竞争），在关注博弈理论的同时更多地关注了博弈的艺术。

是的，博弈论本来就是科学的理论和行为的艺术。它不应该是沉闷的，而应该是生动的；它不应该只是乏味的公式，而应该拥有丰富的情感；它不应该只局限于竞争，更应着眼于通过竞争展开合作。博弈论不应该被理解为阴谋诡计，不应该被理解为小聪明，不应该被理解为厚黑学，不应该被理解为你死我活的权谋术。博弈论应该是展开有效竞争与合作的理论，应该是大智慧，应该是个人理性融入社会的艺术。对于那些试图探求真实世界现象之因缘的人们来说，博弈论也是理解高度互动的人类社会的一种思想方法和分析工具。

如果只想着把博弈论用于人际斗争，那只是博弈之术；只有理性地融入社会，才是博弈之道。"术"的博弈只是嵌入在"道"的博弈中的一个小博弈，关注于"术"而忘却于"道"，无异于只见树木、不见森林，或可一时得利，却可能对个人的长期利益和更大的成功产生极为糟糕的影响。正如两位作者在本书中屡屡提到：人生中总是存在更大的博弈，因此个人的决策不应该只着眼于一个小博弈的胜负。能够看到多大、多远的博弈，取决于个人的胸襟和眼光。从某种意义而言，他们所谓的小博弈与更大的博弈之分，正是博弈的"术"与"道"之分。

我读这本书，总是心有戚戚焉。迪克西特和奈尔伯夫在中文版序中写道："在本性上，人们都倾向于以自我为中心，只关注自己的理解和自身的需要。但策略的艺术要求，不要以自我为中心，要理解他人的立场、观念以及看重什么，并运用这种理解来指导行动。"我想起自己在《无知的博弈》一书中最后有类似的意见："以更理性的方式融入一个互动的社会之中，而不是试图单方面地把个人意志强加或凌驾于社会之上。我想，这也许就是博弈论能够告诉我们的最为重要的思想。"

　　不同的读者当然会关注一本书的不同方面。你的兴趣也许与我不同，但我敢说，无论读者是追求阅读的趣味，还是思维的愉悦，抑或希望洞察世事和追求个人成功，这本《妙趣横生博弈论》都值得阅读和收藏。其中很多有趣的问题我相信会令绝大多数读者耳目一新，比如，如何运用博弈论帮助人们减肥？为什么变更法律的提案常常要求 2/3 以上票数通过，而不是 1/2，也不是 3/4？为什么有些看起来残酷的竞争策略（比如承诺全市最低价）实际上防止了商家之间的竞争……

　　也许会有读者朋友认为我是在刻意鼓动你购买和阅读本书。不！出版社给我的翻译报酬是固定的，跟销售量无关，所以你买不买或读不读本书跟我没有利害关系，我也没有必要诱惑你购买本书。我只是觉得，我从本书获益甚多，作为对原书作者的一种互惠回报，我乐意在适当的时候帮他们宣传一下而已。毕竟，错过一本好书，是你自己的损失，我并不会因此得到什么，也不会因此失去什么。既然如此，在当前是否买书的局势中，你的最优策略是什么呢？

　　最后，我们必须提及，本书约有 1/3 的内容与其前身（《策略思维》）内容相同，对这 1/3 的相同内容，承蒙王尔山女士同意，我们沿用了她的译文。这样做一方面是为了缩短本中文版的面世时间，另一方面也因为那是由王则柯老师校对过的值得信赖的译本。本书也有幸获王则柯老师作序。在此，我们和原书作者对王尔山女士和王则柯老师深表感谢！

董志强

　　我们不曾宣称要写一本新书。原计划只是对我们 1991 年的《策略思维》一书进行修订，但结果却远不止于此。

　　创作修订版的一个榜样是博尔赫斯笔下的皮埃尔·蒙纳。蒙纳决定重写塞万提斯的《堂吉诃德》，经过艰苦努力，修订工作最终以字字句句皆与原本相同而告终。而今，自《堂吉诃德》以来的文学和历史，包括《堂吉诃德》本身，已历经 300 年沧桑。尽管蒙纳只字未改，但其行为现在看来已另有深意。

　　可惜我们的著作不是《堂吉诃德》，所以修订版确实需要改变一些内容。事实上，本书的绝大部分内容都是全新的。既有理论的新应用、新发展，又有新视角。面对如此多的新内容，我们决定还是另起一个新书名比较好。尽管内容是新的，但是我们的意图一如往昔。我们想要改变大家观察世界的方式，通过引入博弈论的概念和逻辑来帮助大家策略性地思考。

　　如蒙纳一样，我们有一个新的视角。在我们创作《策略思维》的岁月，我们还太年轻，而彼时的精神思潮乃是以自我为中心的竞争。后来我们彻底认识到一个重要的内容，即策略情形下的合作对局，以及一个良好的策略如何需要混合竞争与合作。⊖

我们曾在原版前言的开篇写道："策略思维是战胜对手的艺术，请牢记你的对手也正做同样的算计来对付你。"现在我们要在这句话后面继续补充：策略思维也是发现合作途径的艺术，即使他人受利己心而不是仁慈心的驱动。这是说服别人也说服你自己按照你所说的去做的艺术。策略思维是设身于对方的立场以便推测和影响他人行动的艺术。

我们相信本书涵盖了上述虽然古老但更加明智的视角。不过，传承性还是有的。尽管我们啰唆了太多的故事，但我们始终保持着引导读者的目的，以便读者发展出自己的思维方式去应对可能面临的策略局势。本书并非《确保策略成功的七大步骤》之类的在机场候机时的读物。读者将面临的局势各不相同，掌握一些基本原理，并将其应用于正在对局的策略博弈，将有助于你更好地获得成功。

公司和企业家必须开发出良好的竞争策略以谋取生存，并寻求合作机会以做成大蛋糕。政治家必须设计竞选策略和立法策略以实现他们的愿景。足球教练必须为场上的选手制定策略。父母想要诱导孩子的优良行为，就必须成为业余的策略家（孩子可是专业的）。

在如此多的分散背景中，良好的策略思维仍然是一种艺术。但其基础则由一些简单的基本原理组成，这些原理就是正在兴起的策略科学——博弈论。我们写作的前提是，来自不同背景和职业的读者在掌握这些基本原理后都可以成为更好的策略家。

有人质疑，我们何以能将逻辑和科学应用于人们非理性地采取行动的世

⊖　对这一路线的追随，使我们两人中的一个写了一本关于上述理念的著作；见 Adam Brandburger and Barry Nalebuff, Coopetition（New York: Currency/Doubleday, 1997）。

界。这种质疑排除了研究愚蠢行为也有惯用方法。事实上，我们已从行为博弈论的新近发展获得了某些最为激动人心的新洞见；行为博弈论融合了人类的心理和偏见，并因此给博弈论注入了社会元素。结果是，博弈论可以更好地将人以其本来的样子而不是我们希望的样子予以处理。我们把这些洞见整合到我们的讨论中。

博弈论是相对年轻的科学——迄今才 70 多岁。它业已给实战策略家提供了大量的有益洞见。不过，与所有的科学一样，它已经被数学和行话封装起来。这是精要的研究工具，但它们却阻碍了非专业人士理解博弈论的基本思想。我们创作《策略思维》的一个动机，就是认为让博弈论离开学术期刊真是太有趣、太重要了。博弈论的洞见在很多应用（商业、政治、体育，以及日常社会交往）中被证实了其有用性。而我们则将这些重要洞见转换成文字描述，用直观的例子和案例分析取代理论化的命题。

我们很高兴地看到，我们的主张已成主流。博弈论课程在普林斯顿和耶鲁以及其他开课学校中是最受欢迎的选修课之一。博弈论充实了 MBA 项目的战略课程。用 Google 搜索博弈论得到的结果超过 600 万条⊖。读者在报纸新闻、专栏文章以及公共政策争论中都可以发现博弈论的影子。

当然，上述发展多半归功于其他人：归功于诺贝尔评奖委员会，它在 1994 年将经济学奖授予约翰·海萨尼（John Harsanyi）、约翰·纳什和莱因哈德·泽尔腾（Reinhard Selton），又在 2005 年将奖项授予罗伯特·奥曼（Robert Aumann）和托马斯·谢林⊜；归功于西尔维亚·娜萨（Sylvia

---

⊖　这是 2007 年 10 月的搜索结果。译者翻译本书时候顺便搜索了一下，已超过 2700 万条了。可见有关博弈论的信息增长有多快。——译者注

⊜　还有 3 届诺贝尔奖授予机制设计与信息经济学，这两个领域均与博弈论有密切联系。分别是：1996 年授予威廉·维克瑞（William Vickery）和詹姆斯·莫里斯（James Mirrlees），2001 年授予乔治·阿克尔洛夫（George Akerlof）、迈克尔·斯宾塞（Michael Spence）和约瑟夫·斯蒂格利茨（Joseph Stigliz），以及 2007 年授予莱昂尼德·赫维奇（Leonid Hurwicz）、埃里克·马斯金（Eric Maskin）和罗杰·迈尔森（Roger Myerson）。

Nasar），她撰写了《美丽心灵》，该书是关于纳什的畅销传记；归功于那些创作了获多项奥斯卡奖提名的同名电影；归功于所有撰写通俗读本使该学科大众化的人。我们也有一点点功劳，因为《策略思维》一书出版发行了 25万册，并译成了多种语言，其中日文译本和希伯来文译本甚为畅销。

我们特别受益于谢林。他关于核战略的著作，特别是《冲突的战略》和《军备与影响》，非常著名。事实上，谢林在将博弈论应用于核冲突的过程中，创立了大量的博弈理论。而迈克尔·波特（Michael Porter）的《竞争战略》也同样重要并且影响深远，该书推动了博弈论知识与商业战略的结合。在"深入阅读"部分，我们列出了谢林、波特及其他许多人著作的简明导读。

在本书中，我们没有把思想囿于特定的背景。相反，对每条基本原理，我们都列举了广泛领域的例子加以阐释，从而使来自不同背景的读者皆可以在本书中见到某些熟悉的内容。他们也可以见到同样的策略原理如何应用于不那么熟悉的环境。我们希望带给大家一个全新的视角去观察世事，无论新闻抑或旧史。我们也从文学、电影以及体育运动等诸如此类的例子中提取读者的共识经验。正儿八经的科学家可能会认为这些策略不值一提，但我们却认为影视和体育运动中为人熟知的例子也是重要思想的有效载体。

写一本通俗层面的读物而不是写一本课程教材的想法来自哈尔·范里安（Hal Varian），他现在供职于 Google 和加州大学伯克利分校。他对本书初稿提出了评论和很多颇有价值的建议。诺顿（W.W.Norton）出版公司负责《策略思维》一书的德瑞克·麦克费利（Drake McFeely）是一位优秀而严谨的编辑，他付出了非同一般的努力，将我们学术化的语言变为生动活泼的文本。《策略思维》的诸多读者给予了我们很多鼓励、建议以及批评，所有这一切都对我们创作《妙趣横生博弈论》产生了有益影响。在这极易遗忘的时代，我们必须提及值得特别感谢的人。我们在相关或无关的著书项目上的其他合作者，安·厄尔斯（Ian Ayres）、亚当·布兰登伯格（Adam Brandenburger）、罗伯特·平迪克（Robert Pindyck）、大卫·瑞尼（David Reiley），以及苏珊·斯凯丝（Susan Skeath），他们慷慨地给予了我们诸多支持。在本书中继续发挥影响的其他人士包括大卫·奥斯腾-史密斯（David Austen-Smith）、艾兰·布林德（Alan Blinder）、彼得·格兰特（Peter Grant）、塞斯·玛斯特尔斯（Seth Masters）、本雅明·波拉克（Benjamin Polak）、卡尔·夏皮罗（Carl Shapiro）、特里·沃恩（Terry Vaughn）以及罗伯特·威利格（Robert Willig）。诺顿出版公司负责本书的杰克·瑞切克（Jack Repcheck）是一位积极、宽容而令人尊敬的编辑。手稿编辑珍妮特·伯恩（Janet Byrne）和凯瑟琳·皮克托（Catherine Pichotta）精心纠正了我们的失误。每当大家难以发现错误，都要归功于她们。

我们特别感谢《金融时报》的书评人安德烈·圣·乔治（Andrew St. George）。他将《策略思维》列为其1991年最乐于阅读的书，他说"这简直是在推理器材上的健身之旅"（《金融时报》周末版，1991年12月7/8日）。这也带给我们一份灵感，我们把本书对读者提出的有趣问题贴上了"健身之旅"的标签。最后，加州大学伯克利分校的约翰·摩根（John Morgan）曾向我们提出强烈的刺激和威胁："如果你们不写修订版，我就会写一本与你们竞争的书。"在我们免却了他的麻烦之后，他提供了很多灵感和建议，向我们提供了不遗余力的帮助。

阿维纳什·K.迪克西特

巴里·J.奈尔伯夫

|目　录|

I ♟ 第一篇

第1章　十个策略故事　/ 6

Ⅱ 2 第二篇

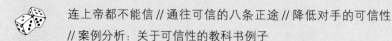

人们在社会中应如何行动

我们的答案并不涉及道德和礼教。我们也不想与哲人、牧师和父母为敌。我们的主题尽管谈不上高尚，但与美德和礼貌一样影响着每个人的日常生活。本书讨论的是策略行为。我们每个人都是谋略家，不管我们喜不喜欢这个称呼。成为优秀的谋略家总比成为糟糕的谋略家要好些，而本书的目的就在于帮助大家提高发现和运用有效策略的技能。

工作，乃至社会生活，是充满决策的涓涓细流。追随何种事业，怎样经商，跟谁共结连理，如何抚养子女，乃至于是否竞选总统，都是重大决策的例子。这些局势的共同元素是，你无法在真空状态下行动。相反，你的身边围绕着积极的决策者，他们的选择与你的选择相互作用。这种行为互动对你的思维和行动也有着重要影响。

为了阐明这一点，不妨考虑伐木工人和将军之间决策的差异。当伐木工人决定如何砍伐树木时，他不必担心树木会反击；其面临的环境是自然的。但是，当将军试图消灭敌军时，他必须料及并克服阻止其意图的反抗力量。如同将军一样，你必须意识到你的生意对手、潜在配偶，乃至你的子女都是富有谋略的。他们的目标与你的目标既可以相互冲突，也可以完全一致。你的决策必须求同存异并充分利用合作。本书旨在教会大家策略性地思考，并进而将思想转化为行动。

研究策略性决策行为的社会科学分支叫博弈论。博弈论中的"博弈"，范围涵盖从下象棋到养育小孩，从网球赛到企业兼并，从广告战到军备控制，几乎无所不包。正如匈牙利幽默大师乔治·米克斯（George Mikes）所说，"许多欧洲人认为人生乃游戏（博弈）；英国人认为板球赛才是游戏（博弈）"。⊖我们认为双方都是对的。

参与这些游戏（博弈），需要许多不同类别的技能。其中一类是基本技能，比如篮球中的投射能力、司法中的先例知识，或者扑克游戏中不动声色，等等。另一类是策略思维。策略思维始于基本技能，并且需要考虑如何运用基本技能。熟悉法律之后，你还必须制定为委托人辩护的策略。了解了己方球队传球和跑位的能力以及敌方球队对我方每个选择的防守能力之后，作为教练你还要决定要不要传球或跑位。有时候，比如核武器边缘政策的情形，策略思维还意味着知道何时放手。

博弈论科学远非完备，大量的策略思维仍然是一门艺术。我们最终的目的是把你培养成策略艺术的最佳实践者。不过，对策略艺术的良好实践要求对科学方法和基本概念先有初步的掌握。因此我们组合了两种方法。第1章从策略艺术的例子开始，展示不同的决策中策略问题是如何产生的。我们指出了某些有效的策略、某些无效的策略，甚至某些明显糟糕的却被人们在这些真实博弈中所采取的策略。这些例子先提供一个概念性框架——科学的基础。在后续章节中，第2~4章通过例子构筑起理论基础，每个例子都是精心设计用以引出一条原理的。然后我们转向更具体的概念以及对付特定局势的策略——在任何规律性的行动都将被对手利用的时候如何采取混合行动，如何改变博弈以利于自己的优势，如何在策略互动中操

⊖ "博弈"的英文表达是 game 一词。game 的中文表达也可以是游戏。——译者注

纵信息。最后，我们着手讨论几大类策略局势，讨价还价、拍卖、投票以及激励机制设计，在这几章中，大家将在操作层面见到博弈论的原理和策略。

科学与艺术的主要区别在于科学的内容可以通过系统而富有逻辑的方式来学习，而策略艺术的练习则只有依靠例子、经验和实践来进行，这是自然而然的。我们对于科学基础的阐释得出了一些原理和通行法则。比如，第 2 章提出的逆向推理方法和思路，第 4 章的纳什均衡概念。但是，在不同局势下所需的策略艺术则还需大家多多努力。每种局势都有特定的性质，需要大家结合科学的原理加以考虑。提升策略艺术技能的唯一途径就是归纳法，多多了解在大量的例子中它们是如何得以实现的。这也正是我们试图提升大家策略 IQ 的方法：在每章以及结论章的案例研究中集中提供了大量的例子。

例子涵盖的范围既有大家熟悉的、琐碎的或逗趣的，它们通常取自文学、体育运动或影视，也有令人恐惧的，如核军事对抗。前者只是博弈论思想美妙愉悦的载体；而后者，一度有很多读者认为核战争是如此令人担忧的问题以至于难以运用理性分析。然而，冷战已结束多年，我们希望军备竞赛和古巴导弹危机博弈论方面的问题可以由它们的策略逻辑在某种程度上与其情绪内容分离而得到检验。

案例分析与大家在商学院课程中遇到过的案例类似。每个案例都设置有一个特定的环境并要求你应用该章讨论过的原理去找出该局势下的正确策略。某些案例是结局开放式的；不过那也正是生活的特性。在没有明确的答案时，只有以不完美的方式去处理这些问题。在阅读案例讨论之前，先努力想透每个案例，与单单大量阅读正文相比，这是理解博弈论思想一种更好的方式。为了有更多训练，最后一章提供了一个案例集，案例的难度大致呈递增顺序。

在本书最后，我们希望大家可以成为更优秀的管理者、谈判家、运动员、政治家或父母。我们提醒大家，达到上述目标的良好策略中，有一些并不能够帮你赢得对手的爱。如果你想公平对局，那么请你把这本书告诉你的对手吧。

THEORY AT WORK

How to Use Game Theory to
Outthink and Outmaneuver
Your Competition

I

第一篇

十个策略故事

我们从来自生活不同方面的十个策略故事开始，就如何发挥最佳水准提供一些初步思路。许多读者一定在日常生活中遇到过类似的问题，而且，经过一番思考或尝试，犯过错误之后，也找到了正确的解决方法。对于其他读者，这里的一些答案可能出人意料。不过，让读者感到惊讶不是我们提供这些例子的主要目的。我们意在指出，类似的情形普遍存在，而且形成了一系列相互关联的问题，系统地思考这些问题可能会让大家取得事半功倍的效果。

在随后的章节中，我们将把这套思维体系发展为有效策略的良方。请把这些故事当作主菜之前的开胃菜。它们的作用是增进大家的食欲，而不是马上把大家撑饱。

1. 选数游戏

不管你信不信，我们将邀请你与我们玩一场游戏。我们已从 1 到 100 之间选出某个数，而你的任务是猜中这个数。若你一猜即中，我们将付给你 100 美元。

实际上，我们不会真的付给你 100 美元。那样做的话对我们来说代价太高，更何况我们是想以这种方式为你提供某些帮助。不过，当你在玩这场游戏时，我们希望你假想认为我们确实会给你金钱，而我们在玩这场游戏时也会这样假想。

对这个数字一猜即中的机会很小，仅为 1%。为了增加你赢的机会，我们可以让你猜五轮，且每轮猜错后都会告诉你猜得太高还是太低。当然，越早猜中则奖励也越丰厚。若你在第二轮猜中，你将得到 80 美元；第三轮才猜中，赢利就降为 60 美元；然后第四轮将为 40 美元，第五轮将为 20 美元。若五轮皆未猜中，游戏便会结束，你将一无所获。

准备好出招了吗？我们也准备好了。如果你不太清楚如何跟一本书玩游戏，这可能会有一点挑战性，但也绝非不可能。

你第一轮猜的数是50吗？这是绝大多数人第一轮的猜测，不过告诉你，这个数太高了。

或许你第二轮会猜25？猜过50之后，大多数人都会猜25。但是抱歉，太低了。很多人接下来就会猜37，但恐怕37也太低了。那么猜42如何？还是太低了。

让我们暂停，退回一步，分析一下现在的情况。这是你即将迎来的第五轮猜测机会，也是你赢得我们金钱的最后机会了。你已知道那个数将大于42而小于50。存在着七个选择：43，44，45，46，47，48和49。你认为它会是这七个数中的哪一个呢？

迄今为止，你的猜测方式是把区间二等分并选择其中间数。在数字以随机方式抽取的游戏中⊖，这是一个理想的策略。你可以从每轮猜测中获得尽可能多的信息，从而你可以尽快收敛到那个数。确实，据说微软的总裁史蒂夫·鲍尔默曾以此游戏作为其面试题目。对鲍尔默而言，50，25，37，42……就是正确答案。他感兴趣的是要看看候选人能否用最符合逻辑和最有效的方式去分析所探求的问题。

我们的答案则有所差异。在鲍尔默的问题中，数字都是随机挑选的，所以工程师把数集一分为二加以攻克的策略完全正确。从每轮猜测中得到尽可能多的信息，会减少你猜测的次数，因而也可以让你赢得最多的钱。但在我们这个游戏中，数字不是随机挑选的。请记住我们曾说过，我们是像真的要付钱给你那样来玩这场游戏的。假如我们需要付钱给你，将没有人补偿金钱给我们。尽管因为你买了我们的书而令我们非常喜欢

⊖　此种搜索方法的技术术语叫最小化平均信息量。

你，但我们更珍惜自己的利益。我们更乐于保留这些金钱而不是把它们馈赠给你。所以，我们当然会挑一个你难以猜中的数字。请想一下，若挑选 50 作为这个数字，对我们意味着什么？那可是会让我们损失一大笔钱的。

博弈论的关键教诲就是，将自己置于对方的立场。我们站在你的立场上，预计你会猜 50，然后是 25，接着是 37，42。弄清楚了你会怎样玩这场游戏，我们便可以降低你猜中我们数字的机会，从而也大大降低了我们需要付出的金额。

在游戏结束之前对你所做的这一切解释中，我们已经给了你很大的提示。所以现在你弄清楚了所玩的真实游戏，你要为 20 美元做最后一猜。那你将挑选哪个数？

49？

恭喜。不过是恭喜我们，不是你。你刚好落入我们的圈套。我们挑选的数字是 48。实际上，整个关于选取一个难以根据分割区间规则找出的数字的长篇大论，都是刻意要进一步误导你。我们想让你猜 49，这样我们选定的 48 才不会被猜中。谨记，我们的目的是让你赢不到钱。

要想在游戏中击败我们，你必须比我们更进一步："他们想让咱们猜 49，那咱们就应该猜 48。"当然，如果我们早料到你如此聪明，那我们可能就选了 47 甚至是 49。

这场游戏的重点，不在于我们是自私的教授或狡诈的骗子，而在于尽可能清晰地揭示是什么使得某些事件成为一场博弈：你必须考虑到其他参与人的目标及策略。在猜测一个随机挑出的数字时，这个数字不会被刻意掩饰。你可以用工程师的思维将区间一分为二，尽可能做到最好。但在博弈对局中，你需要考虑其他参与人将如何行动，以及那些人的决策将如何影响你的策略。

2. 以败取胜

我们承认：我们看过《幸存者》这个节目。但我们从不曾在孤岛上参加这种节目。因为如果我们不先挨饿，其他人肯定会因为我们是专家而投票让我们离开。我们面临的挑战是要预测比赛结果。当那个矮矮胖胖的理查德·哈奇（Richard Hatch）机智地战胜对手，最终成为哥伦比亚广播公司（CBS）系列节目的首届冠军得主，并获得百万美元奖金时，我们毫不意外。他之所以获胜，是因为他具有不动声色地开展策略性行动的才能。

理查德最巧妙的一招表现在最后一个环节。当时比赛进行到只剩下三个选手。理查德的对手还剩两个，一个是72岁的海豹特种部队的退役海军鲁迪·伯什（Rudy Boech），另一个是23岁的导游凯莉·维格尔斯沃斯（Kelly Wiglesworth）。在最后的挑战中，他们三人都需要站在一根柱子上，一只手扶在豁兔神像上。坚持到最后的人将进入决赛。而同样重要的是，胜出者要选择他的决赛对手。

大家的第一印象可能认为，这只不过是一项体能竞赛。再仔细想想，这三个人都很清楚，鲁迪是最受欢迎的选手。若鲁迪进入决赛，他就极可能获胜。理查德最希望的就是在决赛中与凯莉对阵。

这种情况的发生可以有两种方式。一种是凯莉在柱子站立比赛中胜出，并选择

在本书中，大家会发现这样一些专栏，里面是我们所谓的"健身之旅"。这些专栏考察了我们在博弈中忽略了的更为高级的要素。例如，理查德本来可以选择等待，看谁先跌落下来。如果凯莉先跌下来，那么理查德更偏向于与鲁迪对阵，而不是选择凯莉让鲁迪获胜。他或许还预料到凯莉会很明智地做出同样的推断，然后选择先跌落。下面的章节将展示怎样用更系统的方法来解决博弈问题。我们的最终目的是帮助大家改善处理策略性局势的方法，使大家不必一直花时间分析每个可能的选择。

理查德作为决赛对手。另一种是理查德胜出，然后选择凯莉。理查德有理由认为凯莉会选择他。因为凯莉也知道鲁迪最受欢迎。她只有进入决赛，并与理查德对阵，才最有希望最终获胜。

事情似乎是这样：不论理查德和凯莉两人谁进入决赛，他们都会选择对方作为自己的对手。因此，理查德应该尽量留在比赛中，最起码也要等到鲁迪跌下来。唯一的问题是，理查德和鲁迪之间有持久的盟友关系。若理查德赢得此次挑战却不选择鲁迪，就会使得鲁迪（和鲁迪的所有朋友）反过来与理查德为敌，这可能葬送理查德的胜利。扭转"幸存者"局势的方法之一是，由被淘汰的选手投票决定最终的获胜者。因此，选手在如何击败对手的问题上，必须深思熟虑。

从理查德的视角来看，终极挑战会以如下三种方式之一呈现：

（1）鲁迪赢。然后鲁迪选择理查德，但鲁迪最有可能成为赢家。

（2）凯莉赢。凯莉很聪明，知道她只有淘汰鲁迪，与理查德对阵，才最有希望获胜。

（3）理查德赢。若他选择鲁迪继续对阵，鲁迪就会在决赛中打败他。若他选择凯莉，凯莉将击败他，因为理查德将失去鲁迪及其诸多朋友的支持。

比较这几个选择，理查德最好先输掉比赛。他希望鲁迪被淘汰，但倘若有凯莉替他做这种有点儿卑鄙的事情，那就更好了。懂行者的赌注皆押在凯莉身上。因为在此前的四个挑战环节中，她有三次获胜。并且身为一个导游，她的身材是三个选手中最好的。

作为额外的收获，放弃比赛使理查德免去了在烈日下站柱子的煎熬。比赛刚开始，主持人杰夫·普罗博斯特（Jeff Probst）为每个声称愿意放弃的选手提供了一片橙子。理查德从柱子上下来，接了橙子。

4 小时 11 分钟后，鲁迪在改变姿势时跌了下来，他松开了抓在豁免神像上的手，最终失败了。凯莉选择了理查德继续对决。鲁迪投出了关键的一票，最终理查德·哈奇成为《幸存者》节目的首届冠军。

事后醒悟过来，一切似乎都很简单。理查德的比赛之所以令人印象深刻，是因为他能够提前预料到所有不同的行动。⊖在第 2 章，我们将提供某些工具，帮助你预测一场博弈的结果，甚至为你提供分析另一场"幸存者"比赛的机会。

3. 妙手传说

运动员究竟有没有百发百中的"妙手"这一说？有时候，乍看上去，篮球明星姚明或者板球明星萨钦·坦度卡（Sachin Tendulkar）真的是百发百中，永不落空。体育比赛解说员看到这样长期存在、永不落空的成功事迹，就会宣称这名运动员具有出神入化的妙手。不过，按照心理学教授托马斯·吉洛维奇（Thomas Gilovich）、罗伯特·瓦隆（Robert Vallone）和阿莫斯·特维斯基（Amos Tversky）的说法，这其实是对真实情况的一种误解。[1]

他们指出，假如你抛硬币抛上足够长的时间，你也会遇到在很长一段时间里全是抛出同一面的情况。这几位心理学家怀疑体育解说员其实是找不到更有意思的话题，只好从一个漫长的赛季中寻找某种模式，而这些模式与长时间抛硬币得到的结果其实没什么两样。因此，他们提出了一项更加严格的检验。比如，在篮球比赛中，他们只看一个运动员投篮命中的数据，据此考察这名运动员下一次出手仍然命中的概率究竟有多大。他们也用同样的方法研究这名运动员在这次出手没有命中却在下一次出手时命中的情形。比较命中一次之后再出手仍然命中的概率与这次没有命中而再次

⊖ 理查德若能预测到他赢得 100 万美元奖金后不缴税的后果，那就更好了。2006 年 5 月 16 日，他由于逃税被判处 51 个月徒刑。

出手命中的概率，假如前者高于后者，那就表明妙手一说不无道理。

他们选择了美国 NBA 费城 76 人队（Philadelphia 76ers）进行检验，结果与妙手一说相矛盾：一名运动员在投篮命中之后，下一次出手就不大可能命中了；假如他在上一次没有命中，再出手时反倒更可能命中。就连拥有"得分机器"之称的安德鲁·托尼（Andrew Toney）也不例外。这是否意味着，我们谈论的其实是"射频观测器之手"，因为运动员的水准有起有伏，就与射频观测器的灯光忽明忽暗一样？

博弈论提出了一个不同的解释。尽管统计数据否定了一朝命中、百发百中之说，却没有驳倒一个"红运当头"的运动员很可能在比赛当中通过其他方式热身，渐入佳境。"得分机器"之所以会不同于"妙手"，原因在于攻方和守方的策略会相互影响。比如，假设安德鲁·托尼真有那么一只妙手，对手一定会对他实施围追堵截，从而降低他的投篮命中率。

事实还不仅如此。当防守一方集中力量对付托尼的时候，他的某个队友就无人看管，更有机会投篮得分。换句话说，托尼的妙手大大改善了 76 人队的团队表现，尽管托尼自己的个人表现可能有所下降。因此，我们也应该通过考察团队合作连续得分的数据来检验妙手一说。

许多其他团队项目也存在类似的情况。比如在一支橄榄球队里，一个出色的助攻后卫将大大改善全队的传球质量，而一个拥有优秀的接球才能的运动员则有助于提高全队的攻击力，因为对方将被迫将大部分防守资源用于看管这些明星。在 1986 年的世界杯足球决赛上，阿根廷队的超级明星马拉多纳自己一个球也没有进，不过，全靠他从一群联邦德国（原西德）后卫当中把球传出来，阿根廷队两次射门得分。明星的价值不能单凭他的得分表现来衡量；他对其他队友的贡献更是至关重要，而助攻数据有助于衡量这种贡献的大小。冰球项目排列个人表现名次的时候，助攻次数和射门得分次数占有同等分量。

一个运动员甚至可能通过一只妙手带动另一只手热身，进而变成妙手，帮助他提高个人表现水准。比如克利夫兰骑士队的明星勒布朗·詹姆斯（LeBron James）用左手吃饭和写字，但他喜欢用右手投篮（虽然他的左手投篮技术同样远在大多数人之上）。防守一方知道勒布朗通常用右手投篮，自然会不惜集中一切兵力防他的右手。不过，他们这一计划不能完全奏效，因为勒布朗的左手投篮技术亦实在了得，他们不敢大意，非得同样派人看守不可。

假如勒布朗在两个赛季之间苦练左手投篮技术，又会怎样呢？防守一方的反应就是增派兵力阻止他用左手投篮，结果却让他更容易用右手投篮得分。左手投篮得分提高了，右手投篮得分也会提高。在这个案例中，左手不仅知道右手在做什么，而且帮了大忙。

再进一步，我们会在第5章说明左手越厉害，用到的机会反而可能越少。许多读者大概在打网球的时候已经遇到过类似的情况。假如你的反手不如正手，你的对手渐渐就会看出这一点，进而专攻你的反手。最后，多亏了这样频繁的反手练习，你的反手技术大有改善。等到你的正反手技术几乎不分上下，你的对手再也不能靠攻击你的弱势反手占便宜时，他们攻击你的正手和反手的机会就会渐渐持平，而这可能就是你通过改善自己的反手技术得到的真正好处。

4. 领先还是不领先

1983年美洲杯帆船决赛前4轮结束后，丹尼斯·康纳（Dennis Conner）的"自由号"在这项共有7轮比赛的重要赛事中暂时以3胜1负的成绩排在首位。那天早上，第五轮比赛即将开始，"整箱整箱的香槟送到'自由号'的甲板。而在他们的观礼船上，船员的妻子全部都穿着红白蓝相间的背心和短裤，迫不及待要在她们的丈夫夺取美国人失落 132 年之久的奖杯后参加合影。"²可惜事与愿违。

比赛一开始，由于"澳大利亚二号"抢在发令枪之前起步，不得不退回到起点线后再次起步，这使"自由号"获得了 37 秒的优势。澳大利亚队的船长约翰·伯特兰（John Bertrand）打算转到赛道左边，满心希望风向发生变化，可以帮助他们赶上去。丹尼斯·康纳则决定将"自由号"留在赛道右边。这一回，伯特兰大胆押宝押对了，因为风向果然按照澳大利亚人的心愿偏转了 5°，"澳大利亚二号"以 1 分 47 秒的巨大优势赢得这轮比赛。人们纷纷批评康纳，说他策略失败，没能跟随澳大利亚队调整航向。再赛两轮之后，"澳大利亚二号"赢得了决赛桂冠。

帆船比赛给我们提供了一个很好的机会，观察"跟随领头羊"策略的一个很有意思的反例。成绩领先的帆船，通常会照搬尾随船只的策略。一旦遇到尾随的船只改变航向，那么成绩领先的船只也会照做不误。实际上，即便成绩尾随的船只采用一种显然非常低劣的策略时，成绩领先的船只也会照样模仿。为什么？因为帆船比赛与在舞厅里跳舞不同，在这里，成绩接近是没有用的，只有在最后胜出才有意义。假如你成绩领先了，那么，维持领先地位的最可靠的办法就是看见别人怎样做，你就跟着怎样做。⊖

股市分析员和经济预测员也会受到这种模仿策略的感染。业绩领先的预测员总是想方设法随大流，制造出一个跟其他人差不多的预测结果。这么一来，大家就不太可能改变对这些预测员的能力的看法。另一方面，初出茅庐者则会采取一种冒险策略；他们喜欢预言市场会出现繁荣或崩溃。通常他们都会犯错，以后也没有人听信他们，不过，偶尔也会有人做出正确的预测，一夜成名，跻身名家行列。

⊖ 一旦竞争者超过两个，这一策略就不再适用了。即使只有三条船，如果一条船偏向右边，另一条船偏向左边，成绩领先者就要择其一，确定自己要跟哪一条船。

产业和技术竞争提供了进一步的证据。在个人电脑市场，戴尔的创新能力远不如它将标准化的技术批量生产、推向大众市场的本事那么闻名。新概念更多是来自苹果电脑、太阳电脑和其他新近创立的公司。冒险性创新是这些公司脱颖而出夺取市场份额的最佳机会，可能也是唯一的机会。这一点不止在高科技产品领域成立。宝洁作为尿布行业的戴尔，模仿了金佰利（Kimberly Clark）发明的可再贴尿布黏合带，再度夺回了市场统治地位。

跟在别人后面采取行动有两种办法：一是一旦看出别人的策略，你立即模仿（好比帆船比赛的情形）；二是再等一等，直到这个策略被证明成功或者失败后再说（好比电脑产业的情形）。而在商界，等得越久越有利，这是因为，商界与体育比赛不同，这里的竞争通常不会出现赢者通吃的局面。结果是，市场上的领头羊，只有当它们对新生企业选择的航向同样充满信心时，才会跟随这些企业的步伐。

5. 我将坚持到底

查尔斯·戴高乐借助拒不妥协的力量，在国际关系竞技场上成为一个强有力的参与者。正如他的传记作者唐·库克（Don Cook）描述的那样："（戴高乐）单凭自己的正直、智慧、人格和使命感就能创造力量。"[3] 不过，说到底，他的力量是"拒不妥协的力量"。第二次世界大战期间，他作为一个战败且从被占领的国家逃亡出来的自封的领导人，与罗斯福和丘吉尔谈判时仍然坚持自己的立场。20 世纪 60 年代，他作为总统说出的"不"迫使欧洲经济共同体多次按照法国的意愿修改决策。

在讨价还价中，他拒不妥协的态度怎样赋予他力量？一旦戴高乐下定决心坚持一个立场，其他各方只有两个选择：要么接受，要么放弃。比如，他曾经单方面宣布要将英国拒于欧共体之外，一次是 1963 年，一次是 1968 年；其他国家不得不从接受戴高乐的否决票和分裂欧共体两条出路中做出选择。当然，戴高乐非常谨慎地衡量过自己的立场，以保证这一立场会被接受。不过，他这么做往往使法国独占了大部分战利品，很不公平。戴高乐的拒不妥协剥夺了另一方重新考虑整个局面、提出一个可被接受的相反建议的机会。

在实践中，"坚持到底，拒不妥协"说起来容易做起来难，理由有二。第一个理由在于，讨价还价通常会将今天谈判桌上的议题以外的事项牵扯进来。大家知道你一直以来都是贪得无厌的，因此以后也不大愿意跟你谈判。又或者，下一次他们可能采取一种更加坚定的态度，力求挽回他们认为自己将要输掉的东西。在个人层面上，一次不公平的胜利很可能破坏商业关系，甚至破坏人际关系。实际上，传记作者戴维·舍恩布伦（David Schoenbrun）这样批评戴高乐的爱国主义："在人际关系当中，不愿意给予爱的人不会得到爱；不愿意做别人朋友的人到头来一个朋友也没有。戴高乐拒绝建立友谊，最后受伤的还是法国。"[4] 一个短期妥协从长期来看可能是一个更好的策略。

第二个理由在于达到必要程度的拒不妥协并不容易。路德和戴高乐通过他们的个性做到了这一点。不过这样做是要付出代价的。一种顽固强硬的个性可不是你想有就有，想改变就能改变的，尽管有时候顽固强硬的个性可能拖垮一个对手，迫使他做出让步，但同样可能使小损失变成大灾难。

费迪南德·德·雷塞布（Ferdinand de Lesseps）是一个能力中等的工程师，具有非同一般的远见和决心。由于他在外人看来几乎不可能的情况下建成了苏伊士运河，从而名噪一时。他认为没什么不可能，完成了这一伟业。后来，他照搬同样的思路，试图建设巴拿马运河，结果却演变成一场大灾难⊖。尽管尼罗河的沙子让他备感得心应手，热带瘴气却打了他一个措手不及。费迪南德·德·雷塞布的问题在于他顽固强硬的个性不允许他承认失败，哪怕战役早已输掉。

我们怎样才能做到有选择的顽固强硬呢？虽然我们没有一个完美的解决方案，却有几种办法可以帮助我们达成承诺，并且维持下去；这是第 7 章要谈到的话题。

6. 策略思维

辛迪想要减肥。她只知道该怎样做：少吃，多运动。她非常了解食物金字塔，也很清楚各种饮料中所含的卡路里。可是这一切都没有用，没有对她的减肥大计产生任何效果。她的第二个孩子出生后，她的体重增加了 40 磅⊜，而且一直都没有瘦下来过。

这就是她接受了美国广播公司为她提供减肥帮助的原因。2005 年 12 月 9 日，她来到了曼哈顿西部的一个摄影工作室，在那里她换上了一件比基尼。从 9 岁起，辛迪就再没有穿过比基尼，而且现在也不是再开始穿比基尼的时候。

摄影室感觉就像是《体育画报》泳衣发行拍摄的后台一样。到处都是灯光和照相机，而辛迪只穿了一件小小的淡黄绿色的比基尼。制作人还十分细心地为她准备了一个隐蔽的供暖器为她保暖。咔嚓！笑一个；咔嚓！笑一个。此时，辛迪到底在想什么？咔嚓。

如果结果如她所愿，那么，将没有人会看到这些照片。她和美国广播

⊖ 苏伊士运河是一条位于海平面的通道。由于地势低且又是沙漠，挖掘起来相对容易许多。巴拿马运河的海拔要高得多，沿途分布着许多湖泊和茂密的原始森林，费迪南德·德·雷塞布打算一直挖到海平面高度的计划落空了。又过了很久，美国陆军工程兵采取一种完全不同的思路，建起一系列船闸，充分利用沿途的湖泊，最终取得成功。

⊜ 1 磅 =0.4536 千克。

公司黄金时段节目组签订了一份协议，如果她能在接下来的两个月内减掉15 磅，他们就会销毁这些照片。美国广播公司不会为她提供任何减肥帮助。它们不提供教练、不提供培训师，也不提供专门的减肥食谱。她已经知道自己该怎样做。她需要的仅仅是一些额外的激励，以及从今天而不是从明天起开始减肥的理由。

现在，她已经有了额外的激励。如果她不能成功减肥，美国广播公司就会把这些照片和录像展现在黄金时段电视节目上。她已经和美国广播公司签订了合约，授予他们这个权利。

两个月减掉 15 磅是安全的，但却不是一件易如反掌的事情。在此期间，她将面临一系列的假期派对和圣诞大餐。她不能冒等过完新年再开始减肥的风险。她必须现在就开始行动起来。

辛迪清楚地知道肥胖所带来的危险——患糖尿病、心脏病和死亡的风险会增加。但这还没有恐怖到能让她立即采取减肥行动。她更担心的是，她的前男友可能会在国家电视台上看到她的比基尼照片。而且，几乎毫无疑问的是，他一定会看这个节目。因为如果她减肥失败了，她最好的朋友就会告诉他。

罗莉讨厌自己的体型和肥胖的感觉。她在酒吧做兼职，整天被 20 岁左右的辣妹包围着，但这对她减肥没有任何帮助。她曾经去过轻体减肥中心，试过迈阿密减肥套餐、速瘦减肥套餐，还有你能想到的其他方法。她走错了方向，需要有什么事能帮她改变这一错误方向。当罗莉告诉她的朋友她要参加这个节目时，他们认为这是她做过的最愚蠢的事。照相机捕捉了她这个"我到底在干什么"的表情，还有许多其他动作。

雷也需要减肥。他才二十几岁，刚刚结婚，但看上去像 40 岁了。当他穿着泳衣走在红地毯上时，拍出的照片一定不好看。咔嚓！笑一个！咔嚓！

他别无选择。他的妻子想让他减肥，并愿意帮助他减肥。她还和他一起节食。所以她决定冒险，也换上了比基尼。虽然她没有像雷那么胖，但她也不适合穿比基尼。

她的协定与辛迪的有所不同。她不必在比赛前称重，甚至也不需要减肥。她的比基尼照片只有当雷减肥失败时才会展出。

对雷来说，这个赌注更大了。他要么减肥，要么失去他的妻子。

摄影机前总共有四位女士和一对夫妻，他们几乎是什么也没穿。他们在做什么？他们并没有裸露癖。美国广播公司的制作人很小心地把照片筛选出来。他们几个人中，谁也不希望看到这些照片在电视上出现，也不愿意去想这种事情会发生。

他们是在和未来的自己博弈。今天的自己想让未来的自己节食和运动；而未来的自己想吃雪糕和看电视。但大多数时候是未来的自己获胜，因为人们总是最后才行动。解决这一问题的方法是，改变对未来自己的激励，从而改变他的行为。

在希腊神话中，奥德修斯想听海妖塞壬唱歌。但他知道，如果他允许未来的自己听塞壬的歌，未来的自己就会把船开向礁石。所以，他绑住了自己的手——确实绑了。他命令船员（把自己的耳朵塞住后）将他的双手绑在桅杆上。这就是减肥中的让冰箱空空的策略。

辛迪、罗莉和雷比奥德修斯多走了一步。他们把自己绑住了，只有节食才能把他们松开。你可能以为有更多的选择总是一件好事情。但在策略思维里，去掉一些选择往往能让你做得更好。托马斯·谢林描述了雅典的将军色诺芬背对没有退路的峡谷时是怎样奋力作战的。色诺芬故意让自己的部队处于这种困境，这样，士兵无法选择撤退。[5] 他们顽强抵抗，并最终取得胜利。

类似地，科尔特斯（Cortes）在到达墨西哥后毁坏了他所有的船只。这一决定得到了其军队的支持。由于敌众我寡，所以他的 600 将士做出决定，要么打败阿兹特克（Aztecs）的军队，要么自取灭亡。阿兹特克的军队可以往内陆撤退，但是对科尔特斯的士兵来说，根本不存在逃跑或者撤退的可能性。科尔特斯使作战处境变得更加严峻，反而增加了取胜的机会，而且他们确实最终获得了胜利。⊖

科尔特斯和色诺芬的策略对辛迪、罗莉和雷同样有效。两个月后，刚好是情人节那天，辛迪减掉了 17 磅。雷减掉了 22 磅，腰带松了两扣。虽然公开照片的威胁是让他们开始减肥的动力，但一旦他们开始减肥，接下来的努力就得靠自己。罗莉在第一个月就减掉了所要求的 15 磅；她继续努力，在第二个月又减掉了 13 磅。罗莉减掉了 28 磅，相当于减掉了她 14% 的体重，她因此能穿上比以前小两码的衣服。这时，她的朋友不再认为参加美国广播公司这个节目是个愚蠢的想法了。

此时，当你得知我们中有一人曾参与这个节目的策划时，就不会感到惊讶了。[6] 或许，我们该把这本书叫作"策略瘦身"，这样销量肯定会更高。唉，我们没有这么做，我们会在第 6 章再次对这些类型的策略行动进行研究。

7. 巴菲特困境

在一个推进竞选经费改革的专栏中，被称为"奥马哈先知"的沃伦·巴菲特提议，将个人捐款的限额从 1 000 美元提高到 5 000 美元，并禁止其他所有形式的捐款。禁止公司捐款，禁止工会捐款，禁止软通货。

⊖ 阿兹特克军队把科尔特斯误认为凯兹·阿尔克·阿多尔——某个白皮肤的神，这也帮了科尔特斯的忙。

这个提议听起来很不错，只是可能永远都不会通过。

竞选经费改革之所以难以通过，原因在于，如果通过这个法案，在位立法者的损失最大。筹资带给他们的好处在于，这能为他们提供职业保障。⊖你怎么能要求人们去做有悖于自身利益的事情呢？我们可将其置于囚徒困境中进行分析。⊜根据巴菲特的说法：

> 好，暂且假设有某个古怪的亿万富翁（不是我！）给出以下提议：如果这一法案没有通过，这个人（古怪的亿万富翁）就会通过法律允许的方式向对该法案投赞成票最多的政党捐赠 10 亿美元（软通货使得这一切成为可能）。有了博弈论的这一恶毒应用，该法案在国会一定能顺利通过，而这位古怪的亿万富翁根本用不着花 1 分钱（这说明他其实并不古怪）。[7]

假设你是民主党立法者，考虑一下你自己怎么选择。如果你料到共和党会支持这一法案，但你却选择极力反对，那么，如果你成功了，就相当于你白白奉送给共和党 10 亿美元，等于把未来十年掌握的资源交给他们。所以，如果共和党支持这一法案，你反对这个法案将得不到任何好处。现在，如果共和党反对这一法案而你却采取支持的态度，那么，你就有可能获得 10 亿美元。

所以，无论共和党的立场如何，民主党都应该支持这一法案。当然，同样的逻辑也适用于共和党：无论民主党的立场如何，共和党都应该支持这一法案。结果，双方都支持这一法案，而我们的这位亿万富翁免费获得

⊖ 1992～2000 年，丹·罗森考斯基是唯一一个再选失败的在职国会议员。连任的比例是 604/605，或 99.8%。他之所以失败，是因为受到了敲诈、妨碍司法以及滥用资金等 17 项指控。

⊜ 虽然单人囚徒困境更常用到，但我们更倾向于研究多人参与的情况，因为只有涉及两个或更多的囚犯，才会产生困境。

了其提案的通过。作为额外的收获，巴菲特还注意到其计划有效性这一事实"恰好支持了金钱不会影响国会表决这一谬论"。

上述情况称为囚徒困境，因为双方都采取了背离其共同利益的行动。⊖在经典的囚徒困境版本中，警察对两个嫌犯隔离审问。每个嫌犯都有动机率先坦白，因为如果他保持沉默而另一个人坦白，他受到的处罚就会严厉得多。因此，他们都发现坦白比较有利；尽管若两人都保持沉默，他们得到的结果会更好。

杜鲁门·卡波特（Truman Capote）在《冷血》（*In Cold Blood*）一书中生动地描述了囚徒困境。理查德·迪克·希考克（Richard Dick Hickock）和佩里·爱德华·史密斯（Perry Edward Smith）因无情杀害克拉特（Clutter）一家而被捕。虽然这场犯罪没有目击人，但一个监狱告密者向警察告发了他们。在审问过程中，警察采用了离间法。卡波特把我们带到了佩里的思维中：

> 那只不过是让他感到不安的另一种方式，就像他们捏造出一个目击者那样——"一个真实的目击者"。不可能有目击者！或者，他们的意思是——要是他能和迪克谈谈就好了！但是他和迪克被分开了；迪克被关在另一层的小牢房里……迪克？或许那帮警察也对他使了同样的花招。迪克是个聪明人，是说谎高手，但他的"胆量"不可靠，他太容易恐慌了……"在你离开那房子之前，你杀了里面所有的人。"如果堪萨斯每个有犯罪前科的疑犯都听过这种话，他就不会感到惊讶了。他们肯定已经盘问过数百人，而且毫无疑问地指控过几十人；他和迪克只不过是另外两个而已……而关在楼下牢房的迪克也无法入睡，他同样渴望能和佩里交谈——看看那废物到底跟警察说了些什么。[8]

⊖ 虽然积极博弈的参与者失败了，局外人却得到了好处。同样，虽然在职政客可能对竞选经费改革感到不满，但我们这些局外人的处境却变得更好了。

最终，迪克先坦白了，接着佩里也坦白了。[⊖]这就是上述博弈自然而然的结果。

集体行动问题是囚徒困境的一个变种，常常涉及两个以上的囚徒。在《给猫拴铃铛》的童话故事中，老鼠意识到：假如可以在猫的脖子上拴一个铃铛，那么，它们的小命就会大有保障。问题在于，谁会愿意冒赔掉小命的风险给猫拴上铃铛呢？

不仅老鼠会遇到这样的问题，人类也会遇到这样的问题。不得民心的暴君怎样才能长期控制一个数目庞大的人群呢？为什么一个暴徒出现，就足以让整个校园陷入恐慌？在这两个例子里，只要大多数人同时采取行动，其实是很容易取得成功的。

不过，统一行动少不了沟通与合作，偏偏沟通与合作在这个时候变得非常困难；而且压迫者深知群众的力量有多大，所以还会采取特殊的措施，阻止他们的沟通与合作。一旦人们不得不自己行动，希望积沙成塔、集腋成裘，问题就出来了："谁该率先行动？"担当这个任务的领头人意味着要付出重大的代价——流血甚至死亡。他得到的回报是荣于身后或流芳百世。确实有人在责任或荣誉面前热血沸腾，挺身而出，但大多数人还是认为这样做得不偿失。

每个人都按照自己的利益来行动，结果对集体来说却是灾难性的。囚徒困境可能是博弈论中最广为人知且最令人棘手的博弈。我们将会在第3章重温这个话题，讨论如何才能走出囚徒困境。有必要强调，我们从不先验假定博弈结果一定对参与者有利。这一结论背后的原理依赖于引导个人行为的价格体系。但在大多数策略互动中，并不存在价格这一看不见的手来引导面包师、屠夫或者其他任何人的行动。因此，我们没

⊖　虽然他们两人都认为坦白会带来较轻的处罚，但在这个例子中，这种状况不会发生——两人都被判处死刑。

有理由指望博弈的结果一定对参与者或社会有利。正确地参与博弈可能远远不够——你还必须确定你参与的博弈是正确的。

8. 混合出招

看起来桥山高志（Takasi Hashiyama）很难做出决定。作为拍卖公司，苏富比（Sotheby）和佳士得（Christie）都提供了极具吸引力的条件，可以负责拍卖各自公司中价值 1 800 万美元的艺术收藏品。桥山高志没有在两家公司中做出选择，而是让两家公司玩剪刀 – 石头 – 布的游戏，以此决定胜出者。没错，剪刀 – 石头 – 布。石头可以砸烂剪刀，剪刀可以剪布，而布可以包住石头。

佳士得出剪刀，而苏富比出布。剪刀可以剪布，所以，佳士得公司赢得了这次艺术收藏品拍卖的机会，获得了将近 300 万美元的佣金。赌注那么大，博弈论在这里有用吗？

此类博弈中，很明显的一点是，参与者无法预测对方的行动。要是苏富比能预先知道佳士得会出剪刀，那么，它就会出石头了。不管你选择什么，总有另一个可以赢你。因此，使对方无法预测到你的选择，这一点非常重要。

在准备阶段，佳士得请教了本土专家，这些专家其实就是公司员工的孩子，他们经常玩这个游戏。据 11 岁的爱丽斯说："每个人都知道你第一次总是出剪刀。"爱丽斯的双胞胎妹妹弗劳拉补充了爱丽斯的见解："出石头的动作太容易被看出来，而剪刀可以赢布。因为是第一次出，所以，出剪刀一定是最安全的。"[9]

苏富比则采取了不同的方法。它认为这只不过是一个碰运气的游戏，因此，根本不存在策略的空间。出布与出剪刀或石头，最后的结果都差不多。

在这里，有趣的是，双方都只对了一半。如果苏富比公司随机选择策略，出石头、剪刀和布的机会相等，那么，佳士得公司无论选什么，结果都一样。每个选择都有 1/3 的机会获胜，1/3 的机会失败，以 1/3 的机会打成平局。

但是，佳士得并没有随机选择策略。所以，苏富比最好还是先考虑一下佳士得可能得到的建议，然后再出招，战胜佳士得。如果每个人都确实知道你第一次会出剪刀，那么，苏富比应该先出巴特·辛普森（Bart Simpson）最爱出的石头。

这样说的话，双方也都错了一半。如果苏富比随机选择策略，那么佳士得再努力也没有用。但如果佳士得仔细思考该出什么，那么，苏富比的策略性思考就很有用。

在单次博弈中，随机选择并不难。但如果博弈是重复进行的，随机选择的方法就复杂得多了。混合出招并不等于说按照一个可预期的模式交替使用你的策略。若是那样的话，你的对手就会观察到一个模式，从而最大限度地利用这个模式还击，其效果几乎和你使用单一策略一样。实施混合出招的关键在于不可预测性。

事实证明，绝大多数人都会陷入可预测的模式。你可以进行在线自测，网络上有很多电脑程序可以发现你的模式，继而把你打败。[10] 在混合出招时，参与者通常过多地循环使用他们的策略。这导致了"雪崩"策略的意外成功：石头、石头、石头。

人们还往往受到对方上一次行动的影响。如果苏富比和佳士得同时出了剪刀，则双方打成平局，需要再赛一局。根据弗劳拉的说法，苏富比预计佳士得会出石头（来赢他们的剪刀）。这样一来，苏富比就会出布，所以佳士得应该坚持出剪刀。当然，这种死板的方法也不可能正确。不然的话，苏富比就应该出石头并且获胜了。

设想一下，假如存在某个尽人皆知的准则，用以确定谁将受到美国国税局的审计，那么你在填写报税单时可以套用这个准则，看看自己会不会受到审计。假如你推测你会受到审计，而你又找到一种办法"修改"你的报税单，使其不再符合那个准则以避免被审计，那么，你很可能就会这样做了。假如审计已经无法避免，你就会选择如实相告。国税局的审计行动若是具有完全可预见性，结果将会把审计目标确定在有过错的人群身上。所有那些被审计的人早就预见到自己的命运，早就选择如实相告，而对于那些逃过审计的人，能够监视他们的就只有他们自己的良心了。假如国税局的审计准则在一定程度上是模糊而笼统的，那么，大家都会有一点面临审计的风险，人们也就会更加倾向于保持诚实。

随机策略的重要性是博弈论早期提出的一个深谋远虑的观点。这个观点本身既简单，又直观，不过，要想在实践中发挥作用，则还需要精心设计。比如，对于网球运动员，仅仅知道应混合出招，时而攻击对方的正手，时而攻击对方的反手，这还不够。他还必须知道自己应该将 30% 的时间还是 64% 的时间用于攻击对方的正手，以及如何根据双方的力量对比做出选择。在第 7 章，我们会介绍一些解决上述问题的方法。

最后，我们还想向大家说明一点：在剪刀 – 石头 – 布游戏中，最大的失败者不是苏富比，而是桥山高志先生。他做出的剪刀 – 石头 – 布游戏的决定，使这两家拍卖公司都有 50% 的机会赢得这笔佣金。与其任由这两个竞争者达成共识平分佣金，不如他自己经营拍卖。这两家公司都希望甚至渴望接下这项佣金高达销售额 12% 的拍卖项目。[⊖]获胜的拍卖公司将会是那家愿意接受最低佣金的公司。我听到的是 11% 吗？ 11% 第一次，11% 第二次……

⊖ 标准的佣金是先支付 20%，即 80 万美元，之后超过 80 万美元的部分按 12% 的比例支付。桥山高志先生的 4 幅画一共卖了 1 780 万美元，所以总佣金应该是 284 万美元。

9. 别跟笨蛋对等打赌

在《红男绿女》（*Guys and Dolls*）一片中，赌棍斯凯·马斯特森（Sky Masterson）想起父亲给自己提的一个很有价值的建议：

> 孩子，在你的旅途中，总有一天会遇到一个家伙走上前来，在你面前拿出一副漂亮的新扑克牌，连塑料包装纸都没有拆掉的那种；这家伙打算跟你打一个赌，赌他有办法让梅花 J 从扑克牌里跳出来，并把苹果汁溅到你的耳朵里。不过，孩子，千万别跟这个家伙打赌，因为就跟你确确实实站在那里一样，最后你确确实实会落得苹果汁溅到耳朵里的下场。

这个故事的背景是，内森·底特律（Nathan Detroit）要跟斯凯·马斯特森打赌，看看明迪糕饼店的苹果酥和奶酪蛋糕哪样卖得比较好。正好，内森刚刚发现了答案：苹果酥！他当然愿意打赌，只要斯凯把赌注押在奶酪蛋糕上。[⊖]

这个例子听上去也许有些极端。当然没有人会打这么一个愚蠢的赌。不过，仔细看看芝加哥交易所的期货合约市场吧。假如一个交易者提出要卖给你一份期货合约，那他只会在你损失的情况下得益。[⊖]

如果你恰好是一个将来有黄豆要卖的农民，那么这份合约可以提供保值，避免将来的价格浮动给你带来损失。类似地，如果你是生产豆奶的厂

⊖　我们应该补充一点，斯凯从来没有认真听取过他父亲的教诲。1 分钟后，他就和内森打赌说内森不知道他的蝴蝶领结是什么颜色。如果内森知道是什么颜色，他一定愿意打赌，并且取胜。结果是，内森不知道什么颜色，所以他没跟斯凯打赌。当然，这不是他们真正所赌的。斯凯赌的是内森不会接受这个提议。

⊖　购买股票与把赌注压在期货合约上不同。在购买股票时，你投资到公司的资金让股价上升得更快，因而你和公司可能会双赢。

家，所以需要在将来买入黄豆，那么，这份合约就是一份保险，而不是一个赌博。

但是，交易所中的期货合约交易量表明，大部分买者和卖者是商人，而不是农民或者制造商。对他们来说，这个交易是一个零和博弈。当双方同意交易时，每一方都认为这个交易会给他带来收益。肯定有一方错了。这就是零和博弈的特性：不可能出现双赢的情况。

这真是矛盾。为什么双方都认为自己比对方更聪明？肯定有一方是错的。为什么你会认为错的是对方，而不是你？让我们假设你不知道任何内幕信息。如果有人愿意卖给你一份期货合约，那么，你赚多少，他们就损失多少。为什么你自认为比他们聪明？记住，他们愿意和你交易，意味着他们自认为比你聪明。

在扑克牌游戏中，当有人增加赌注时，玩家就开始在这种矛盾中挣扎。如果一个玩家只在牌好时投注，其他的玩家很快就会发现。当他增加赌注时，其他大多数玩家的反应都是弃牌，这样，他永远也赢不了大的。那些跟在后面加注的人，通常牌会更好，所以，我们可怜的玩家最后却变成大输家。为了让其他人投注，你必须让他们觉得你是在虚张声势。为了令他们相信这种可能性，适当地频繁下注会很有帮助，这样他们会认为你有时只是在虚张声势。这会导致一个有趣的困境。你希望你在虚张声势时他们弃牌，这样牌不好时也能赢。但这不会让你赢得很多。要让他们相信你，跟着你加注，你还需要让他们知道你确实是在虚张声势。

随着玩家越来越老练，说服他们跟着你下大赌注也变得越来越困难。考虑下面艾里克·林德格伦（Erick Lindgren）和丹尼尔·内格里诺（Daniel Negreanu）这两个扑克牌高手之间的高赌注的智慧赌博。

……内格里诺感觉自己的牌比较小，他加注 20 万美元。"我已投了 27 万，还剩下 20 万，"内格里诺说，"艾里克仔细察看了我的筹码，说，'你还剩多少？'然后把他的全部筹码投进去"——他所有的赌注。根据特定的赌局规则，内格里诺只有 90 秒的时间决定是跟注还是弃牌；如果选择跟注，而林德格伦并不是虚张声势，他就可能面临输光所有钱的风险。如果选择弃牌，他就要放弃已投注的大笔金额。

"我想他不可能这么蠢，"内格里诺说，"但这不是蠢。这像是向上迈了一步。他知道我知道他不会做蠢事，因此，他通过做这种似是而非的'蠢事'，实际上使这个赌博变得更大了。"

很显然，你不该和这些扑克牌冠军赌博，但你该什么时候赌一把？格劳乔·马克斯（Groucho Marx）曾经说过，他拒绝任何接收他为会员的俱乐部。同样的道理，你可能不愿接受别人提供的赌注。即使你在拍卖中赢了，你也应该为此感到担忧。因为，你是最高的出价者，这一事实意味着其他人觉得这件物品不值你出的那个价。赢得拍卖后却发现自己出价过高，这种现象称为赢家的诅咒。

一个人所采取的每个行动，都在向我们传达他所知道的信息；你应该利用这些推论和自己掌握的信息来引导自己的行动。怎样出价才能使自己赢的时候不被诅咒？这是本书第 10 章的话题。

某些博弈规则有助于你获得平等的地位。使信息不对称交易可行的一种方法是，让拥有信息量较少的一方选择把赌注押在哪一边。如果内森·底特律事先同意，无论斯凯·马斯特森选择押在哪一边，他都会参加赌博，那么，内森的内幕消息就没什么用了。在股票市场、外汇市场和其他金融市场，人们可以自由选择把赌注押在哪一边。确实，在有些交易市场，包括伦敦股票市场，当你询问一只股票的价格时，按照规定，证券商必须在知道你打算买入还是卖出之前，同时报出买入价和卖出价。如果没有这样一个监察机制，证券商就有可能单凭自己掌握的私人信息获利，而外部投资者对受骗上当的担心，可能会导致整个市场的崩溃。买入价和卖出价并不完全一致；两者的差价称为买卖价差。在流动市场，这个买卖价差非常小，表明所有买入或卖出的订单中包含的信息都是微乎其微的。在第 11 章，我们将再次讨论信息的作用。

10.博弈论可能会危害你的健康

在耶路撒冷的某天深夜，两个美国经济学家（其中一个就是本书的合著者）在结束学术会议之后，找了一辆出租车，告诉司机该怎么去酒店。司机立刻就认出我们是美国观光客，于是拒绝打表；却声称自己热爱美国，许诺会给我们一个低于打表金额的价钱。自然，我们对这样的许诺有点怀疑。在我们表示愿意按照打表金额付钱的前提下，这个陌生的司机为什么还要提出这么一个奇怪的少收一点儿的许诺？我们怎么才能知道自己没有多付车钱？

另一方面，除了答应按照打表金额付钱之外，我们并没有许诺再向司机支付其他报酬。假如我们打算开始和司机讨价还价，而这场谈判又破裂了，那么我们就不得不另找一辆出租车。但是，如果我们一直这样等下去，那么，一旦我们到达酒店，我们讨价还价的地位将会大大改善。何况，此时此刻再找一辆出租车实在不易。

于是我们坐车到达了酒店。司机要求我们支付以色列币 2 500 谢克尔（相当于 2.75 美元）。谁知道什么样的价钱才是合理的呢？因为在以色列，讨价还价非常普遍，所以我们还价 2 200 谢克尔。司机愤怒了。他嚷嚷着说从那边来到酒店，这点儿钱根本不够用。他不等我们说话就用自动装置锁死了全部车门，按照原路没命地开车往回走，一路上完全无视交通灯和行人。我们被绑架到贝鲁特去了？不是。司机开车回到出发点，非常粗暴地把我们赶出车外，一边大叫："现在你们自己去看你们那2 200谢克尔能走多远吧！"

我们又找了一辆出租车。这名司机开始打表，跳到2 200谢克尔的时候，我们也回到了酒店。

毫无疑问，我们不值得为300谢克尔花这么多时间折腾。不过，这个故事却很有价值。它描述了跟那些没有读过本书的人讨价还价可能存在什么样的危险。更普遍的情况是，我们不能忽略自尊和非理性这两种要素。有时候，假如总共只不过要多花20美分，更明智的选择可能是到达目的地之后乖乖付钱。

这个故事还有第二个教训。我们当时确实是考虑不周，没进一步细想。设想一下，假如我们下车之后再讨论价格问题，我们的讨价还价地位该有多大的改善。（当然了，若是租一辆出租车，思路应该反过来。假如你在上车之前告诉司机你要去哪里，那么，你很有可能眼巴巴看着出租车弃你而去，另找更好的雇主。记住，你最好先上车，然后再告诉司机你要到哪里去。）

在这个故事首次出版数年之后，我们收到了以下这封信。

亲爱的教授：

你一定不知道我的名字，但我想你一定清楚地记得我的故事。当时，我是一个学生，在耶路撒冷兼职做司机。现在，我是一名咨询师，偶然间读到了您二位大作的希伯来语译本。你大概会觉得很有趣，我跟我的客户也分享了这个故事。是的，那件事的确发生在耶路撒冷的一个深夜。但是，至于其他方面，我的记忆跟你们谈到的略有出入。

在上课和夜间兼差当出租车司机之间，我几乎没有时间和我的新婚妻子在一起。我的解决方法是让她坐在前排座位上，陪我一起工作。虽然她没有出声，但是你们没在故事里提起她是一个很大的失误。

我的计程表坏了，但你们好像不相信我。我也太累了，懒得跟你们解释。当我们到达酒店时，我索要 2 500 谢克尔，这个价格很公平。我当时甚至还希望你们能把费用涨到 3 000 谢克尔呢。你们这些有钱的美国人付得起 50 美分的小费。

我真的不敢相信你们竟然想骗我。你们不肯支付公平的价格，使得我在我妻子面前难堪。虽然我穷，但我并不缺你们给的那丁点儿钱。

你们美国人以为我们无论从你们那里得到点儿什么就会很开心。我就认为我们应该给你们上一课，教教你们什么叫生活中的博弈。现在，我和我妻子结婚已经 20 年了。当我们想到那两个为了节省 20 美分而花上半个小时坐在出租车里来回折腾的美国蠢蛋时，仍不禁失笑，呵呵。

您真诚的，

（不留名字了）

说实话，我们从未收到过这样一封信。我们捏造这封信的目的在于说明博弈论中的一个关键教训：你需要了解对方的想法。你需要考虑他们知道些什么，是什么在激励着他们，甚至他们是怎么看你的。乔治·萧伯纳（George Bernard Shaw）对金科玉律的讥讽是：己所欲，亦勿施于人——他们的品位可能与你不同。在策略性思考时，你必须竭尽全力去了解博弈中所有其他参与者的想法及其相互影响，包括那些可能保持沉默的参与者在内。

这使我们得到了最后一个要点：你可能以为自己是在参与一个博弈，但这只不过是更大的博弈中的一部分。总是存在更大的博弈。

以后的写作形式

前面的例子让我们初步领略了进行策略决策的原理。我们可以借助前述故事的"寓意"归纳出原理。

在选数游戏中，如果你不清楚对方的目的是什么，就猜 48 吧。再回想一下理查德·哈奇，他能够预测出所有将来的行动，从而决定他该怎样行动。妙手传说告诉我们，在策略里，就跟在物理学中一样，"我们所采取的每个行动，都会引发一个反行动"。我们并非生活于一个真空世界，也并非在一个真空世界中行事。因此，我们不能认为，当我们改变了自己的行为时，其他事情还会保持原样。戴高乐在谈判桌上获得成功，这表明"只有卡住的轮子才能得到润滑油"⊖。不过，坚持顽固强硬并非总是轻而易举，尤其当你遇到一个比你还顽固强硬的对手时。这个顽固强硬的对手很可能就是未来的你自己，尤其是遇到节食问题时。作战或节食时，把自己逼向死角，反而有助于加强你的决心。

《冷血》以及《给猫拴铃铛》的故事说明，需要协调和个人牺牲才能有所成就的事情做起来可能颇具难度。在技术竞赛中，就跟帆船比赛中差不多，后发的新企业总是倾向于采用更具创新性的策略，而龙头企业则宁愿模仿自己的追随者。

剪刀 – 石头 – 布游戏指出，策略的优势在于不可预测性。不可预测的行为可能还有一个好处，就是使人生变得更加有趣。出租车的故事使我们明白了博弈中的其他参与者是人，不是机器。自豪、蔑视或其他情绪都可能会影响他们的决策。当你站在对方的立场上时，你需要和他们一样夹杂着这些情绪，而不是像你自己那样。

⊖ 你可能听过"吱吱作响的车轮"这种说法——卡住的车轮更需要润滑油。当然，有时候它会被换掉。

我们当然可以再讲几个故事，借助这些故事再讲一些道理，不过，这不是系统思考策略博弈的最佳方法。从不同角度研究一个主题会更见效。我们每次只讲一个原理，比如承诺、合作和混合策略。在每种情况下，我们还筛选了一些以这个主题为核心的故事，直到说清整个原理为止。然后，读者可以在每章后面所附的"案例分析"中运用该原理。

案例分析

多项选择

我们认为，几乎生活中的每件事都是一个博弈，虽然很多事情可能第一眼看上去并非如此。请思考下面一道选自 GMAT（工商管理硕士申请考试）的问题。

很不幸，版权批准条款禁止我们采用这一问题，但这并不能阻止我们。下面哪一个是正确答案？

a. 4π 平方英寸[⊖]　　b. 8π 平方英寸　　c. 16 平方英寸

d. 16π 平方英寸　　e. 32π 平方英寸

好，我们清楚你不知道题目对你有点儿不利。但我们认为运用博弈论同样可以解决这个问题。

案例讨论

这些答案中较为奇怪的是 c 选项。因为它与其他答案如此不同，所以它可能是错误的答案。单位是平方英寸，这表明正确答案中有一个完全平方数，例如 4π 和 16π。

这是一个很好的开始，并且是一种很好的应试技巧。但我们还没有真正开始运用博弈论。假设出题的这个人参与了这个博弈，这个人的目的是什么呢？

他希望，理解这个问题的那些人能够答对，而不理解这个问题的那些人

⊖　1平方英寸 = 0.000 6 平方米。

答错。因此,错误的答案必须要小心设计,以迷惑那些真正不知道正确答案的人。例如,当遇到"一英里⊖等于多少英尺⊜?"的问题时,"16π"的答案不可能引起任何考生的关注。

反过来,假设 16 平方英寸确实是正确的答案。什么问题的正确答案是 16 平方英寸,但又会使有些人认为 32π 是正确答案?这样的问题并不多。通常,没有人会为了好玩而把 π 加到答案中。就像没有人会说:"你看到我的新车了吗——1 加仑油可以走 10π 英里。"我们也认为不会。因此,我们确实可以把 16 从正确答案中排除。

现在,我们再回过来看看 4π 和 16π 这两个完全平方数。暂且假设 16π 平方英寸是正确答案。那问题就有可能是"半径为 4 的圆的面积是多少",正确的圆的面积公式是 πr^2。但是,不太记得这个公式的人很可能会把它与圆的周长公式 $2\pi r$ 混淆。(是的,我们知道,周长的单位是英寸⊜,不是平方英寸,但犯错误的人未必能意识到这个问题。)

注意,如果半径 $r=4$,那么 $2\pi r$ 就是 8π,这样的话,考生就会得出错误的答案即 b 选项了。这个考生也有可能混淆后又重新配成公式 $2\pi r^2$,从而得出 32π 或者 e 选项为正确答案。他也有可能漏掉 π,结果得出 c 选项;或者他可能忘记将半径平方,简单地把 πr 用做面积公式,结果得出 a 选项。总之,如果 16π 是正确答案,我们就可以找到一个使所有答案都有可能被选的合理的题目。对出题者而言,它们都是很好的错误答案。

如果 4π 是正确答案(那么 $r=2$)又会怎么样?现在,想想最常见的错误——把周长和面积混淆。如果学生用了错误公式 $2\pi r$,他仍然能得到 4π,虽然单位不正确。在出题者看来,没有什么事情比允许考生用错误的推算得到正确的答案更糟糕了。因此,4π 是一个很糟糕的正确答案,因为它会令太多不知所为的人得满分。

⊖　1 英里 = 1.609 3 公里。
⊜　1 英尺 = 0.304 8 米。
⊜　1 英寸 = 0.025 4 米。

　　至此，我们分析完了。我们信心十足地认为正确答案是 16π，而且我们是正确的。通过揣摩出题者的目的，我们可以推断出正确的答案，甚至常常不用看题目。

　　现在，我们并不是建议你在参加 GMAT 或其他考试时为了省事甚至连题目都不看。我们认为，如果你聪明到足以了解这一逻辑，那么，你很可能也知道圆面积的公式。但是你却一直都不知道这个公式。有时候还会出现一些这样的情况：你不明白其中一个答案的意思，或者这个问题的知识点不在你的课程范围内。当你遇到这些情况时，回想一下这个考试博弈可能有助于你得出正确答案。

第 2 章

逆推可解的博弈

该你了，布朗

连环漫画《史努比》中有一个反复出现的主题，说的是露西将一个橄榄球按在地上，招呼查理·布朗跑过去踢那个球。到最后一刻，露西拿走了橄榄球。查理·布朗因为一脚踢空，仰面跌倒，这使得心怀不轨的露西高兴得不得了。

任何人都会劝告查理不要上露西的当。即便露西去年（以及前年和大前年）没有在他身上玩过这个花招，他也应该从其他事情了解她的性格，完全可以预见到她会采取什么行动。

虽然在查理盘算要不要接受露西的邀请去踢球的时候，露西的行动还没有发生。不过，单凭她的行动还没有发生这一点，并不意味着查理就应该把这个行动看作不确定的。他应该知道，在两种可能的结果中，让他踢中那个球以及看他仰面跌倒，露西偏好于后者。因此，他应该预见到，一旦时机到了，露西就会把球拿开。露西会让他踢中那个球的逻辑可能性实际上对他毫无影响。查理对这样一种可能性仍然抱有信心，套用约翰逊博士描述的再婚特征，是希望压倒经验的胜利。查理不应该那样想，而应该预见到接受露西的邀请最终会不可避免地让自己仰面跌倒。他应该拒绝露西的邀请。

史努比

主人公：老好人查理·布朗
作者：舒尔茨

查理·布朗

策略互动的两种方式

策略博弈的本质在于参与者的决策相互依存。这种相互作用或互动通过两种方式体现出来。第一种方式是**序贯发生**，比如查理·布朗的故事。参与者轮流出招。当轮到查理的时候，他必须展望一下他当前的行动将会给露西随后的行动产生什么影响，反过来又会对自己以后的行动产生什么影响。

第二种互动方式是**同时发生**，比如第1章的囚徒困境故事。参与者同时出招，完全不理会其他人的当前行动。不过，每个人必须心中有数，明白这个博弈中还存在其他积极的参与者，而这些人反过来同样非常清楚这一点，等等。从而，每个人必须将自己置身他人的立场，来评估自己的这一步行动会招致什么后果；其最佳行动将是这一全盘考虑的必要组成部分。

一旦你发现自己正在参与一个策略博弈，你必须确定其中的互动究竟是序贯发生的还是同时发生的。有些博弈，比如足球比赛，同时具备上述两类互动元素，这时你必须确保自己的策略符合整个环境的要求。在本章，我们将初步介绍一些有助于参与序贯行动博弈的概念和法则；而同时行动博弈则是第 3 章的主题。我们从非常简单有时候是刻意设计出来的例子开始，比如查理·布朗的故事。我们故意这么做，是因为这些故事本身并不太重要，正确的策略通常也可由简单的直觉就能发现，而这么做却可以更加清晰地凸现故事中蕴涵的思想。我们所用的例子将在案例分析及以后的章节中变得越来越接近现实生活，也越来越复杂。

第一条策略法则

序贯行动博弈的一般原则是，每个参与者必须推断其他参与者接下来的反应，并据此盘算自己当前的最佳行动。这一点非常重要，值得确立为一条基本的策略行为法则。

> 法则 1：向前展望，倒后推理。
>
> 　　展望你的初始决策最后可能导致什么后果，利用这个信息确定自己的最佳选择。

在查理·布朗的故事里，做到这一点对所有人来说应该都不费吹灰之力（只有查理·布朗例外）。查理只有两个选择，其中一个选择会导致露西在两种可能行动之间进行决策。大多数策略局势都会涉及一个更长的决策序列，每个决策又对应着几种选择。在这样的博弈中，涵盖博弈中全部选择的树图作为一种视觉辅助工具，有助于我们进行正确推理。现在我们就来演示一下如何运用这些树。

决策树与博弈树

即使一个孤立的决策者，置身于一个有其他参与者参加的策略博弈中，也可能会面对需要向前展望、倒后推理的决策序列。例如，走在黄树林中的罗伯特·费罗斯特（Robert Frost）：

> 两条路在树林里分岔，而我，
> 我选择人迹罕至的那一条，
> 从此一切变了样。[1]

我们可以对此图示如下：

到此未必就不用再选择了。每条路后面可能还会有分岔，这个图相应地会变得越来越复杂。以下是我们亲身经历的一个例子。

从普林斯顿到纽约旅行会遇到几次选择。第一个决策点是选择旅行的方式：乘公共汽车、乘火车还是自己开车。选择自己开车的人接下来就要选择走费拉扎诺（Verrazano）桥、霍兰（Holland）隧道、林肯（Lincoln）隧道还是乔治·华盛顿（George Washington）桥。选择乘火车的人必须决定是在纽瓦克（Newark）换乘 PATH 列车，还是直达纽约 Penn 车站。等进入纽约，搭乘火车或公共汽车的人还必须决定怎样抵达自己的最后目的地，是步行、乘地铁（是本地地铁还是高速地铁）、乘公共汽车还是搭出租车。最佳选择取决于多种因素，包括价格、速度、不可避免的交通堵塞、纽约市最终目的地所在，以及对新泽西收费公路上的空气污染的厌恶程度，等等。

这个路线图描述了你在每个岔路口的选择，看起来就像一棵枝繁叶茂的大树，所以称为"决策树"。正确使用这样一张图或一棵树的方法，绝不是选择那个第一个分支看上去最好的路线。例如，当各种方式的其他方面相同时，你会更喜欢自己开车而不是乘火车，然后"到达下一个岔路口的时候再穿过费拉扎诺桥"。相反，你应该预计到以后将面临的决策，然后根据这些决策做出你的早期选择。举个例子，如果你想要去市区，那么乘 PATH 列车会比开小汽车要好，因为乘 PATH 列车可以从纽瓦克直达市区。

我们可以通过下图来描述一个策略博弈中的选择。不过，现在图中出现了一个新元素。我们遇到了一个有两个人或更多人参与的博弈。沿着这棵树的各个决策点，可能是不同的参与者在进行决策。每个参与者在前一个决策点做决策时必须向前展望，不仅要展望他自己的未来决策，还要展望其他参与者的未来决策。他必须推断其他人的下一步决策，办法就是想象自己站在他们的位置，按照他们的思维方式思考。为了强调这个做法与前一个做法的区别，我们把反映策略博弈中决策序列的树称为**博弈树**，而把**决策树**留作描述只有一个人参与的情形。

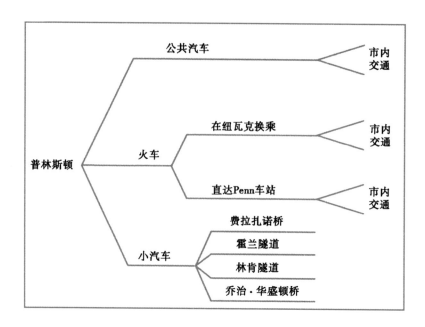

足球赛和商界中的查理·布朗

尽管本章开篇提到的查理·布朗的故事非常简单，不过把故事转化成以下的图示，你就可以更加熟悉博弈树。在博弈起点，当露西发出邀请时，查理·布朗面临着是否接受邀请的决策。假如查理拒绝邀请，那么这个博弈到此为止。假如他接受邀请，露西就面临两个选择，一是让查理踢球，二是把球拿开。我们可以通过在路上添加另一个分叉的方法说明这一点。

正如我们先前所述，查理应该预计到露西一定会选择上面那个分支。因此，他应该置身于她的立场，从这棵树上剪掉下面那个分支。现在，如果他再选择自己上面的那个分支，结果一定是仰面跌倒。因此，他最好选择下面的分支。我们用加粗的带箭头的分支来表示这些选择。

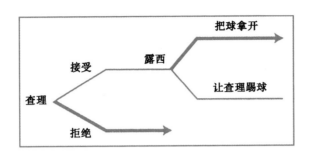

你是否认为这个博弈太微不足道？以下是它在商业领域的一个版本。设想以下情景，已成年的查理目前正在（假设）弗里多尼亚国（Freedonia）度假。他和当地的一个生意人弗里多（Fredo）聊了起来，弗里多谈起了一个只要投入资本就可以获利的绝妙机会，他大声地说道："你给我 10 万美元，一年后我会把它变成 50 万美元，到时候我和你平分这笔钱。所以，你将在一年内获得两倍以上的钱。"弗里多所说的机会确实令人向往，何况他很乐意按照弗里多尼亚的法律规定签订一份正规合同。但弗里多尼亚的法律有多可靠？如果一年后弗里多卷款潜逃，已经返回美国的查理能向弗里多尼亚的法院要求执行这份合同吗？法院有可能会偏向自己的国民，或者可能效率很低，又或者可能被弗里多收买。因此，查理实际上是在和弗里多进行一场博弈，博弈树如下图所示。（注意，如果弗里多遵守合同，他会付给查理 25 万美元；这样，查理获得的利润等于 25 万美元减去初始投资 10 万美元，即 15 万美元。）

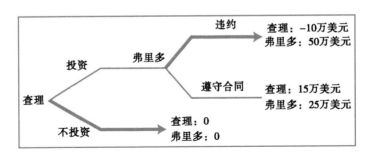

你认为弗里多会怎样做？在没有十足把握相信弗里多承诺的情况下，查理应该预计到弗里多一定会卷款潜逃，就像小查理确定露西一定会把球拿开一样。事实上，两个博弈的博弈树在本质上是相同的。但是，面临这样的博弈时，多少"查理"做出了错误的推理？

有什么理由可以让查理相信弗里多的承诺？或许，弗里多同时也和其他一些企业做交易，这些企业需要在美国融资或者出口商品到美国去。那么，查理很有可能会毁坏弗里多在美国的声誉或者直接扣押他的货物，以此向弗里多实施报复。所以，这个博弈可能只是更大的博弈的一部分，或许是一个持续的互动过程，这一点确保了弗里多的诚信。但是，在我们上述说明的一次性博弈中，这种倒后推理的逻辑非常明了。

我们希望借助这个博弈得到三点结论。

第一，不同的博弈可以采用相同的或者极为相似的数学形式（博弈树，或者在以后章节中提到的用来描述博弈的图表）。用这种形式来进行思考反过来又突出了它们的相似之处，使你更容易将你掌握的关于一种情形下的博弈知识运用到另一种情形中去。这是所有学科理论的重要功能：它提炼出各种明显不同背景的本质相似性，使得一个人能够以一种统一而简单化的方式对各种情形进行思考。许多人本能地讨厌所有理论。但我们认为这是一个错误的反应。当然，理论确实有其局限性。特定的背景和经历通常能大大扩展或修正一些理论方法。但是，抛弃所有理论就相当于抛弃一个有价值的思维出发点，一个克服难题的立足点。当你进行策略思维时，你应该把博弈论当作你的朋友，而不是一个怪物。

第二，弗里多应该认识到，具有策略思维的查理一定会怀疑他所说的话的可靠性，而且根本不会投资，这样，弗里多就失去了赚取25万美元的机会。因此，弗里多有强烈的动机使其承诺可以置信。作为一个生意人，他对弗里多尼亚国脆弱的法律体系几乎没有任何影响力，因此并不能以此来打消这位投资者的顾虑。他还有其他办法让自己的承诺可信吗？我们将会在第 6 章和第 7 章考察常见的可信问题，并介绍一些达到可信的方法。

第三，或许也是最重要的一个结论，涉及对参与者不同备择选项不同结果的比较。一个参与者获得更多并不总是意味着另一个参与者获得更少。查理选择投资而弗里多选择遵守合同这种对双方都有利的情形，优于查理根本不投资的情形。和体育比赛或者其他比赛不同，博弈不一定非要有胜出者和失败者；用博弈论的术语来说就是，它们并不一定是零和博弈。博弈可以出现双赢和双输的结果。事实上，共同利益（比如，若弗里多有办法给出一个遵守合约的坚实承诺，则查理和弗里多双方都能获益）和冲突（比如，若弗里多在查理投资之后卷款潜逃，查理就要付出昂贵的代价）的结合同时存在于商界、政界以及社会交往活动的大多数博弈中。这正是使得分析这些博弈如此有趣并具有挑战性的因素。

更复杂的树

我们从政界找到了一个例子，用来介绍更复杂一点的博弈树。有一幅讽刺美国政界的漫画谈及，国会希望增加建设经费支出，而总统则希望削减国会通过的这些巨额预算。当然，在这些经费支出中，有总统喜欢的也有总统不喜欢的，而他们也只想削减那些他们不喜欢的经费支出。要达到这个目的，总统必须有削减一些特定预算项目的权力或者逐项否决权。1987 年 1 月，罗纳德·里根在国情咨文讲话中口若悬河地说道："给我们和 43 位州长一样的权力——逐项否决权，我们就可以减少不必要的经费支出，削减那些永远不应独自存在的项目。"

乍一看，似乎拥有法案的部分否决权只会增强总统的权力，而永远不会给他带来任何不好的结果。但是，总统没有这个权力可能会更好。原因在于，逐项否决权的存在会影响国会通过法案时的策略。以下这个简单的博弈说明了逐项否决权将如何影响国会的策略。

为便于说明，假设 1987 年的局势如下。有两个支出项目正在考虑中：城市重建（U）和反弹道导弹系统（M）。国会喜欢前者，而总统喜欢后者。但相对于维持现状来说，双方都更喜欢让两个法案都通过。右面的表格展示了两个参与者对可能出现的情况的评价，其中 4 代表最好，1 代表最差。

结果	国会	总统
U 和 M 都通过	3	3
只有 U 通过	4	1
只有 M 通过	1	4
U 和 M 都未通过	2	2

当总统没有逐项否决权时，该博弈的博弈树如下图所示。总统会签署同时包括项目 U 和项目 M 的法案，或者只包括项目 M 的法案，但会否决只包括项目 U 的法案。国会很清楚这一点，所以会选择两个项目都包括的法案。同样，我们还是用加粗的带箭头的分支来表示每一个决策点处的选择。注意，我们有必要在总统必须做出选择的所有决策点处都做这样的标记，即使其中一些决策点处已经标记了国会的上一步选择。这么做的理由在于，国会的实际行动深受其对每种选择之后总统将如何行动的算计的影响；要说明这一逻辑，我们必须把所有逻辑上可能的情况下总统的行动选择表示出来。

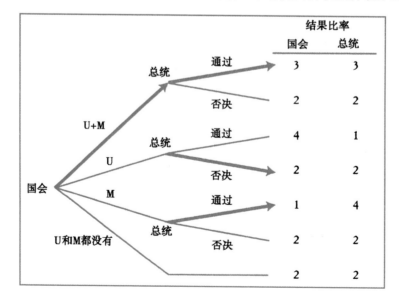

我们对该博弈的分析结果是，双方都只得到了自己次佳的结果（评价为 3）。

接下来，我们假设总统拥有逐项否决权。于是该博弈变成了如下所示。

现在，国会预料到若自己让两个项目都通过，则总统就会选择否决项目 U，只留下项目 M。因此，国会的最佳行动是，要么只通过项目 U，然后眼睁睁地看着它被否决，要么哪个项目也不通过。或许，如果国会可以借助总统否决获得政治积分，那么国会可能会倾向于前一种行动，但总统同样也有可能通过拒绝预算而获得政治积分。我们假设两者相互抵消，于是这两个选择对国会来说是无差异的。但是，这两个选择只给双方带来了第三好的结果（评价为 2），甚至对总统而言，他得到的结果也因其拥有的额外选择自由而变得更糟。[2]

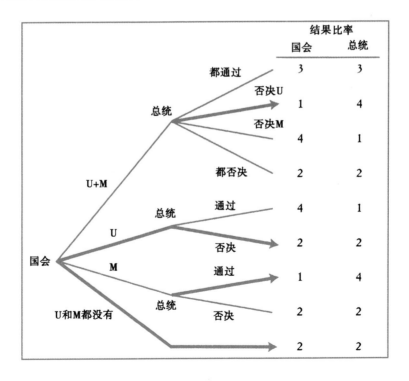

这个博弈阐述了一个重要且具有一般性的观点。在单人决策中，更大的行动自由可能永远没有坏处。但是在博弈中，它却可能对参与者不利，这是因为行动自由的存在会影响其他参与者的行动。与此相反，"绑住自己的双手"可能会有帮助。我们将在第 6 章和第 7 章探讨这一"承诺优势"。

我们已经将博弈树的倒后推理方法运用到一个微不足道的博弈中（查理·布朗的故事），之后又扩展到一个更复杂的博弈中（逐项否决权）。无论博弈多么复杂，基本的原理仍然是适用的。但是如果在博弈树中，每个参与者在每个决策点上都有几个选择，而且每个参与者都要开展多次行动，那么，博弈树可能很快变得太过复杂，以至于难以画出或者使用。举个例子，在象棋博弈中，有 20 个分支从第一个决策点发散出去——白方可以将自己的八个兵中的任何一个往前走一格或两格，或者两个马中的任何一个往前走一格或两格。对应于白方的每种选择，黑方也有 20 种走法，因此，我们就已经得到 400 种不同的路径了。从以后的决策点处发散出的分支可能会更多。要运用博弈树的方法使象棋问题得到完全解决，是大多数现存的乃至往后数十年内可能发明出来的最强大的计算机也力所不能及的。在本章后面部分，我们将讨论象棋大师是如何解决这一问题的。

在这两种极端的情况之间，还有很多中等复杂的博弈，这些博弈出现在商界、政界以及日常生活中。有两种方法可以用于解决这样的博弈。第一，电脑程序可以构建博弈树并计算出结果。[3] 或者，很多中等复杂的博弈可以通过树逻辑分析得到解决，而无须明确画出博弈树。我们将借助一个电视游戏节目中的博弈，来说明这种方法。在这个博弈中，每个参与者都尽力去比其他人玩得更好、更聪明且持续得更久。

"幸存者"的策略

哥伦比亚广播公司的《幸存者》节目以许多有趣的策略博弈为特征。在《幸存者：泰国》的第 6 集中，由两个小组或两个部落参与的游戏，无论在理论上还是在实践上，都不失为一个向前展望、倒后推理的好例子。[4] 在两个部落之间的地面插着 21 支旗，两个部落轮流移走这些旗。每个部落在轮到自己时，可以选择移走 1 支、2 支或 3 支旗。（这里，0 支旗代表放弃移走旗的机会，是不允许的，也不允许一次移走 4 支或 4 支以上的旗。）拿走最后 1 支旗的一组获胜，无论这支旗是最后 1 支，还是 2 支或 3 支旗中的一支。[5] 输了的一组必须淘汰掉自己的一个组员，这样，该组在以后的比赛中的能力就会削弱。事实证明，这次损失在这种情况下非常致命，因为对方部落的一个成员将继续参加比赛，争夺 100 万美元的最终奖金。因此，找出比赛的正确策略一定非常有价值。

这两个部落名为 Sook Jai 和 Chuay Gahn，由 Sook Jai 先行动。它一开始拿走了 2 支旗，还剩下 19 支。在继续读下去之前，先停下来想一想。如果你是 Sook Jai 部落的成员，你会选择拿走多少支旗？

把你的选择记下来，然后继续往下读。为了弄明白这个游戏应该怎么玩，并且把正确策略与两个部落实际上采取的策略进行比较，注意两个十分有启迪性的小事件通常很有用。第一个小事件是，在游戏开始前，每个部落都有几分钟时间让成员讨论。在 Chuay Gahn 部落的讨论过程中，其中一个成员泰德·罗格斯（Ted Rogers）——一个非裔美国软件开发人员，指出："最后一轮时，我们必须留给他们 4 支旗。"这是正确的：如果 Sook Jai 部落面临着 4 支旗，他们只能移去 1 支、2 支或者 3 支旗，与此相对应，Chuay Gahn 部落在最后一轮中分别移去剩下的 3 支、2 支或 1 支旗，最终 Chuay Gahn 部落在游戏中取胜。实际上，Chuay Gahn 部落确实得到并正确地利用了这一机会：在面临 6 支旗时，他们拿走了 2 支。

但是，还有另外一个有启发性的小事件。在前一轮，就在 Sook Jai 从剩下的 9 支旗中拿走 3 支返回后，他们中的一个成员斯伊·安（Shii Ann）——一个好辩的、能言善道的、很为自己的分析能力感到自豪的参赛者，突然意识到："如果 Chuay Gahn 现在取走 2 支旗，我们就糟了。"所以，Sook Jai 刚才的行动其实是错误的。他们本应该怎样做呢？

斯伊·安或者 Sook Jai 部落的其他成员本来应该像泰德·罗格斯那样推理，除了实践在下一轮给对方部落留下 4 支旗这一逻辑推理之外。你怎样才能确保在下一轮时给对方留下 4 支旗呢？方法是在前一轮中给对方留下 8 支旗！当对方在 8 支旗中取走 3 支、2 支或 1 支时，接下来轮到你时，你再相应地取走 3 支、2 支或 1 支，按计划给对方留下 4 支旗。所以，Sook Jai 本来可以只在剩下的 9 支旗中取走 1 支，从而扭转局面。虽然斯伊·安的分析能力很强，但为时已晚！或许泰德·罗格斯有着更好的分析洞察力。但确实是这样吗？

Sook Jai 怎么会在前一轮面临 9 支旗呢？因为 Chuay Gahn 在前一轮中从剩下的 11 支旗中取走了 2 支。泰德·罗格斯的推理本来应该再倒后一步。Chuay Gahn 本来可以取走 3 支旗，留给 Sook Jai 8 支旗，这样，Sook Jai 就会面临输掉比赛的局面。

同样的推理可以再倒后一步。为了给对方部落留下 8 支旗，你必须在前一轮给对方留下 12 支旗；要达到这个目的，你还必须在前一轮的前一轮给对方留下 16 支旗，在前一轮的前一轮的前一轮给对方留下 20 支旗。所以，Sook Jai 本来应该在游戏开始时只取走 1 支旗，而不是实际上取走的 2 支。这样的话，Sook Jai 就可以在连续几轮中分别给 Chuay Gahn 留下 20 支、16 支……4 支旗，确保取胜。⊖

⊖ 是不是在所有博弈中，先行者总是能确保取胜呢？不是。如果在旗子游戏中，开始时的旗子是 20 支而不是 21 支，那么后行者一定获胜。另外，在一些博弈中，比如 3×3 的连环游戏，每个参与者都可以通过正确的策略确保打成平手。

现在来考虑一下 Chuay Gahn 部落在第一轮应该选择多少支旗。他们面临着 19 支旗。如果他们当时充分地利用了倒后推理的逻辑，他们就本应该取走 3 支旗，给 Sook Jai 留下 16 支旗，也就踏上了必胜之路。在比赛中局，无论对方在哪一个点犯了错误，接下来轮到的那个部落都可以抓住主动权，从而获胜。但是很遗憾，Chuay Gahn 也没有很完美地玩好这个游戏。[⊖]

下面的表格对博弈的每个决策点上的实际行动和正确行动进行了对比。（"不行动"表示若对手的行动是正确的，那么任何行动选择都必然失败。）你可以看到，除了 Chuay Gahn 在面临着 13 支旗时的选择是正确的之外，几乎所有的选择都是错误的。而当时 Chuay Gahn 一定是偶然选对的，因为在下一轮面临 11 支旗时，他们本应该取走 3 支旗，却只取走了 2 支。

部落	移动前旗子数	拿走的旗子数	获胜应取走的旗子数
Sook Jai	21	2	1
Chuay Gahn	19	2	3
Sook Jai	17	2	1
Chuay Gahn	15	1	3
Sook Jai	14	1	2
Chuay Gahn	13	1	1
Sook Jai	12	1	不移动
Chuay Gahn	11	2	3
Sook Jai	9	3	1
Chuay Gahn	6	2	2
Sook Jai	4	3	不移动
Chuay Gahn	1	1	1

在你苛刻评价这两个部落之前，你必须意识到，即使学会怎样玩一个非常简单的博弈，也是需要时间和经验的。我们已经在课堂上让各组学生

⊖ 这两个核心人物的命运也很有趣。斯伊·安在下一集时又一次严重判断失误，并因此出局，在 16 个参赛者中排名第 10。泰德显得更加冷静，或许在某种程度上也更有技巧，他在倒数第 5 集时出局。

玩过这个游戏，结果发现，常青藤联盟的一年级学生需要玩三次甚至四次后才能进行完整的推理，并且从第一步行动开始就一直采取正确的策略。（顺便问一下，当时我们叫你选择的时候，你选择了多少支旗？你是如何推理的？）顺便提一句，人们似乎通过观察别人玩博弈比自己玩博弈学得更快；也许这是因为作为一个观察者比作为一个参与者更容易把游戏看作一个整体，并冷静地对其进行推理。

为了加深你对推理逻辑的理解，我们给你提供了我们的第一个"健身之旅"——你可以练习一下这些问题，以此磨炼你对策略思维的运用技能。答案请参阅本书健身之旅题解。

健身之旅 1

让我们把这个旗子游戏变成一个棘手的问题：现在，你要通过迫使对方取走最后 1 支旗来获胜。该你行动了，还剩 21 支旗。你会取走多少支旗呢？

既然你已通过这些练习而深受鼓舞，那我们就继续来考察整个博弈课堂中普遍存在的策略问题吧。

博弈何以能完全逆推可解

21 支旗博弈的一个特殊性质有助于该博弈完全可解，那就是它不存在任何不确定性：不论是某些自然的机会元素，还是其他参与者的行动和能力，或者是他们的实际行动，都不具有不确定性。这似乎是很容易得出的结论，但仍需要详细阐述。

首先，在博弈的任何一个决策点处，当轮到一个部落行动时，该部落清楚地知道当时的情况，也就是还剩下多少支旗。而在许多博弈中，存在一些纯偶然的元素，这些元素是自然产生的或者由概率之神决定。例如，在许多卡片游戏中，当一个玩家做出选择时，他并不确定其他人手中持有的是什么牌，虽然其他人先前的举动可能会露出一些蛛丝马迹，他可以据此推断他们手中的牌。在接下来的一些章节中，我们的例子和分析将会涉及一些包含这种自然机会元素的博弈。

其次，当一个部落做出选择时，它清楚地知道对方部落的目标，那就是最终取胜。而查理·布朗也本应知道露西喜欢看到他仰面跌倒。在很多简单的游戏或体育比赛中，参与者也能清楚地知道对手的目的。但是在商界、政界以及社交活动中的博弈未必如此。在这样的博弈中，参与者的动机是自私和利他、关注正义或公平、短期考虑和长期考虑等的复杂混合体。为了弄清其他参与者将在博弈中随后的决策点处做出何种选择，有必要知道他们的目标是什么，以及存在多重目标的情况下，他们如何权衡这些目标。但你几乎永远都无法确切地知道这一点，所以你必须做有根据的猜测。你不可以假定对方有着和你一样的偏好，或者是像假设的"理性人"那样行动，你必须真正地考虑他们的处境。要站在对方的立场上并不容易，而且你的情绪卷入到自己的目标和追求常常使情况变得更复杂。我们将在本章后面部分以及本书的不同要点中，继续讨论这种不确定性。在这里，我们仅仅指出：对于其他参与者动机的不确定性问题，向客观的第三方（策略顾问）索取建议可能对你会有所帮助。

最后，在许多博弈中，参与者必然面临关于其他参与者选择的不确定性；为了将这种不确定性区别于机会的自然方面，如牌的分发次序或者球在不光滑的表面上反弹的方向，我们有时候把这种不确定性称为策略不确定性。21 支旗博弈中不存在策略不确定性，因为每个部落都能看到并清楚地知道对方之前的行动。但是在很多博弈中，参与者同时采取行动，或者由于轮换的速度太快，参与者无法看清对方到底采取了什么行动，然后再据此做出反应。足球守门员在面对罚球时，必须在不知道射门员会把球踢向哪个方向的情况下，决定向左移还是向右移；一个优秀的射门员会一直隐藏自己的意图，直到最后一微秒，而那时守门员已经来不及做出反应了。同样的道理也适用于网球和其他运动中的发球和传球。在密封投标拍卖中，每个参与者都必须在不知道其他投标人选择的情况下做出自己的选择。换句话说，在很多博弈中，参与者同时行动，而不是按预先规定的次序行动。在这样的博弈中，选择自己行动的思维方法不同于，甚至在某些方面要难于像 21 支旗这样的序贯行动博弈中的纯粹的倒后推理方法；每个参与者必须意识到，其他参与者是在进行有意识的选择，而且反过来也在考虑他自己在想什么，等等。在接下来的几章中，我们考虑的例子将阐述同时行动博弈的推理和解决方法。但是，在本章，我们只集中讨论序贯行动博弈，比如 21 支旗博弈，以及我们后面将讨论的更复杂的象棋博弈。

人们真的是用倒后推理来求解博弈吗？

沿着博弈树倒后推理是分析和求解序贯行动博弈的正确方法。那些既没有明确地这样做也没有直觉这样做的人，实际上是在损害他们自己的目标。他们应该读一读我们的书，或者聘请一位策略顾问。但那只是对倒后推理理论的一个咨询性或规范性的运用。该理论是否跟大多数科学理论一样，有着更普遍的解释价值或者积极价值呢？换句话说，我们能否在实际参与博弈时，得到正确的结果？从事行为经济学和行为博弈论这两个新奇有趣的领域的研究人员已经进行了试验，并得到了各种各样的证据。

看起来最具破坏力的批判来自最后通牒博弈。这是一个最简单的谈判博弈：只有一个"要么接受，要么放弃"的提议。最后通牒博弈中有两个参与者，一个是"提议者"A，另一个是"回应者"B，还有一笔钱 100 美元。博弈开始时，参与者 A 先提出一个两人分割 100 美元的方案。然后参与者 B 决定是否同意 A 的提议。如果 B 同意，就实施这一提议，然后每个人将获得 A 提议的份额的钱，博弈结束；如果 B 不同意，那么两个人都将一无所获，博弈结束。

暂时停下来想一想。如果你是 A，你会提议怎样分配 100 美元？

现在考虑一下，如果两位参与者是传统经济理论观点下的"理性人"，即，每个人只关心自己的自身利益，且总能找到追求自身利益的最优策略，那么博弈会怎样进行下去？提议者 A 会这样想："无论我提议怎样分，B 都只能在接受提议或一无所获之间进行选择。（这个博弈是一次性博弈，因此 B 没有理由建立一种强硬的声誉；或者在将来的 B 可能成为提议者的博弈中，对 A 的行动针锋相对；或者任何诸如此类的事情。）所以，无论我的提议是什么，B 都会接受。我可以给 B 尽可能少的钱，使自己得到最好的结果，例如只给他 1 美分，如果 1 美分是博弈规则所允许的最低金额的话。"因此，A 一定会提议给 B 这一最低金额，而 B 只能选择接受。[⊖]

再停下来想想。如果你是 B，你会接受 1 美分吗？

快速健身之旅

反向最后通牒博弈

在这个最后通牒博弈的变体中，A 向 B 提议怎样分割 100 美元。如果 B 接受，这 100 美元就按提议在两人之间分割，博弈结束。如果 B 不同意，那么 A 必须决定是否再给出别的提议。

随后的 A 的每个提议都一定对 B 更有利。直到 B 同意提议或 A 不再给出提议时，博弈结束。你认为这个博弈的结果会怎么样？现在，我们可以假设 A 会一直给出提议，直到他提议给 B 99 美元，给自己 1 美元时才会停止。因此，根据树逻辑分析，B 应该得到几乎整个"馅饼"。如果你是 B，你会一直等到 99 : 1 的分割比例再接受吗？我们建议你最好不要这样。

关于这个博弈，人们已经做过大量的实验。⁶ 通常情况下，实验者让 24 个左右的受试者聚集在一起，并让他们随机组对。每一对都要指定一个提议者和一个回应者，然后进行一次博弈。接着再次随机组成新的组合，重新博弈。通常，参与者不知道他们会在博弈中和谁组对。因此，虽然实

⊖ 这一论证是无须画出博弈树来进行树逻辑分析的另一个例子。

验者能从同一个群体的同一种试验得到几个不同的观察结果，但其中并不存在足以影响人们行为持续关系的可能性。在这个一般性框架内，实验者尝试了许多不同的条件来分析这些条件对结果的影响。

你对自己作为提议者和回应者应该怎样行动的内省，可能已让你认识到，这个博弈的实际结果应该与上述的理论预测结果不同。的确，它们之间有差异，而且通常差异很大。给予回应者的金额随着提议者的不同而不同。但是，实际提议 1 美分或 1 美元，或者低于总金额 10% 的情况非常罕见。平均提议金额（一半提议者提议的金额比这个金额少，一半的提议者提议的比这个金额多）在总金额的 40%～50%；很多实验中，50∶50 的分割比例是唯一最常见的提议。给予回应者少于总金额 20% 的提议被拒绝的概率是 50%。

非理性与关注他人的理性

为什么提议者会给回应者相当大的份额呢？有三个原因可以解释这一现象。第一，提议者可能不知道如何正确地倒后推理。第二，除了尽可能赢得更多的纯粹自私的欲望之外，提议者可能还有一些其他的动机；比如他们倾向于利他的选择行动，或者关心公平问题。第三，他们可能担心回应者会拒绝较低的金额。

不可能是第一个原因，因为在这个博弈中，倒后推理的逻辑实在太简单了。在比较复杂的情况下，参与者有可能无法完全地或正确地进行必要的估算，尤其是当参与者初次参与这个博弈时，就像我们在 21 支旗博弈中所看到的那样。但是，最后通牒博弈实在太简单了，即使对初次接触的参与者来说也是一样。所以，一定是第二个或第三个原因，或者两者兼备。

早期的最后通牒实验得出的结果倾向于第三个原因。事实上，哈佛大学的艾尔·罗斯（Al Roth）及其合作者发现，如果大多数受试者的拒绝临界值一定，提议者将会选择使获取更大份额的可能性与遭到拒绝的风险达到最优平衡的提议。这表明，提议者身上具有明显的传统意义的理性。

然而，我们对第二个和第三个可能性的区分，得出了一个不同的观点。为了区分利他主义和策略主义，我们使用该博弈的一个变种做了一些实验，该变种称为独裁者博弈。在独裁者博弈中，提议者独自决定怎么分割这笔钱；而对手（回应者）对这件事情根本没有发言权。结果是，独裁者博弈中提议者分给回应者的平均金额大大小于最后通牒博弈中他们所提供的平均金额，但他们分给回应者的金额又明显大于零。因此，上述两个解释都有其道理。在最后通牒博弈中，提议者的行为既有慷慨的一面，也有策略性的一面。

慷慨的一面是出于利他主义还是出于对公平的关注？上述两个解释是所谓的人们关心他人的偏好的两个不同方面。这个实验的另外一个变种也有助于把这两个可能性区分开来。在之前的基本博弈中，受试者先随机组对，然后通过一种随机的方式指定提议者和回应者，例如通过抛硬币的方式。这可能使参与者有一种公平或公正的感觉。为了抛却这种感觉，该实验的一个变种通过举行一场初赛来指定受试者的角色，例如一个常识测试，然后指定获胜者为提议者。这会使提议者有一种权力感，导致他们给回应者的金额平均减少了 10%。然而，平均金额仍远远大于零，这表明，在提议者的思维中有一种利他主义的元素。要记住，他们并不知道回应者的身份，因此，这一定是一种普遍的利他意识，而不是一种只关心个人福利的意识。

个人偏好实验的第三个变种也是可能的：奉献可能会受羞耻感的驱动。伊利诺伊州立大学的杰森·达纳（Jason Dana）、耶鲁管理学院的黛莉安·凯恩（Daylian Cain）以及卡内基－梅隆大学的洛宾·道斯（Robyn

Dawes）用如下的独裁者博弈变种，做了一项实验。[7] 实验者要求独裁者对10美元进行分配。在独裁者做出分配决定之后，还没有把钱交给回应者之前，独裁者得到了如下提议：你可以得到9美元，而对方将一无所获，并且他们永远也不会知道自己曾是这个实验的一部分。大多数独裁者都接受了这一提议。他们宁愿放弃1美元，来确保对方永远不知道他们有多贪婪。（一个利他的人会更愿意给自己留9美元，把1美元给对方，而不是给自己留9美元，却让对方一无所获。）甚至当独裁者只能拿到3美元时，为了让对方一无所知，他也宁愿拿走这点儿钱。这就像为了避免给乞丐一点儿施舍，而花大笔钱穿过别的街道那样。

观察一下这些实验的两个要点。第一，它们都遵循科学的标准方法：通过设计合适的变种实验来检验理论假说。人们在这里提及几个主要变种。第二，在社会科学中，多个原因通常同时存在，每个原因都能解释同一个现象的一部分。假设不一定是完全正确的或完全错误的；接受其中一个假设并不意味着排斥其他所有假设。

现在，考虑一下回应者的行为。在知道接下来的提议额可能甚至更少的情况下，他们为什么还会拒绝这个提议呢？他们这么做的理由不可能是想要建立一个强硬谈判者的声誉，以便在以后的博弈中或其他分割博弈中得到较好的结果。同一对参与者不会重复地博弈，并且以后的搭档也不会获得参与者以往的行为记录。即使建立声誉的动机是隐含地表现出来的，它也必须采取更深刻的形式：回应者遵循了某个一般的行动规则，而无须在各种情况下都进行仔细的思考和算计。这种形式一定是一种直觉的行动，或者是一个情感驱动的回应。而这也的确是事实。在实验研究新诞生的一个分支领域——神经经济学中，当受试者做出各种经济决策时，实验者用功能性核磁共振成像（NMRI）或正电子发射断层扫描仪（PET）扫描了他们的大脑活动。当最后通牒博弈实验在该情形下进行时，实验者发现，当提议者的提议越来越不公平时，回应者的前脑岛（anterior insula）也越来越活跃。由于前脑岛对情绪（如生气、厌恶）敏感，所以它有助于解释回应者为什么会拒绝不平等的提议。相反，当接受不平等的提议时，回应者左边的前额皮质会更加活跃，这表明他在进行有意识的控制，在做自己厌恶的事和获得更多金钱之间进行权衡。[8]

许多人（尤其是经济学家）认为，虽然在实验室实验中，回应者可能会拒绝实验室提供的微小总额的微小份额，但在现实世界中，利益总额通常大得多，回应者再拒绝微小的份额就非常不可能了。为了检验这一说法，人们改在几个比较贫穷的国家做这个最后通牒博弈实验，在这些国家，实验金额相当于参与者几个月的收入。拒绝的可能性确实变得微乎其微了，但是提议者却没有明显变得更加吝啬。对于提议者而言，遭到拒绝的后果变得更加严重了，比他们的行为给回应者带来的后果还要严重，因此，担心遭到拒绝的提议者可能会更加谨慎地行事。

虽然一些行为可以通过本能、荷尔蒙或者大脑中的情感得到部分解释，但有些行为随着文化的不同也有所不同。在不同国家所做的实验中，实验者发现，关于怎样的提议才算合理的观念，不同的文化中的差别度高达 10%，但是像侵略性或强硬性这样的性质，不同的文化中的差异较小。只有一个群体与其他群体有明显的不同：在秘鲁亚马孙河畔的马奇根加（Machiguenga）部落，提议者提供的份额很小（平均为 26%），却只有一个提议遭到了拒绝。人类学家解释说，那是因为马奇根加人以小家庭为单位生活，他们和社会隔离，而且没有什么分享准则。与此相反，在两个国家中，提议额超过了 50%；这两个国家有一种习俗，那就是当一个人好运降临时，他会十分慷慨地赠予其他人，而接受者有义务在将来更慷慨地给予回报。这个准则或习惯似乎也影响了这个实验，虽然参与者并不知道他们将要把钱给谁或者谁将要把钱给他们。[9]

公平和利他主义的演化

从这些最后通牒博弈实验以及类似最后通牒博弈的其他实验的结果中，我们应该学到什么？基于每个参与者都只关心自身利益的假设，运用倒后推理理论所得到的结果与实验结果大相径庭。正确的倒后推理和自私自利，哪一个是错误的假设？或者是否有一个组合？它们暗示了什么？

我们首先考虑倒后推理假设。在《幸存者》节目中的 21 支旗博弈中，我们看到，参与者没能正确地或彻底地进行倒后推理。但那是他们第一次玩这个游戏，甚至在当时，他们的讨论也显示出了短暂的正确推理。我们的课堂实验表明，学生在玩或看别人玩这个博弈三四次之后，便学会了彻底的倒后推理。许多实验不可避免地或者基本上是有意地选择那些初次接触博弈的人作为受试者，这些人在博弈中的行动通常也是学习这个博弈的过程。现实的商界、政界和专业体育比赛中，人们对他们参与的博弈十分有经验。我们希望参与者能积累更多的经验，不论是利用推理，还是依靠训练出来的本能，他们都能采取大体正确的策略。对于一些稍微复杂的博弈，有策略意识的参与者可以使用电脑或聘用顾问来进行推理；这种做法虽然比较少见，但一定很快就会推广开来。因此，我们相信，倒后推理仍然是我们分析这类博弈以及预测其结果的出发点。接下来，我们将在特定背景下对第一步分析做出必要的修改，我们必须认识到初学者可能会犯错误，而且某些博弈可能会变得太过复杂，以至于无法独立解决。

我们认为，从这些实验性研究中得到的更重要的教训是，人们在选择时，除了考虑自身利益之外，还会考虑到许多其他因素和偏好。这使我们超越了传统经济学的范畴。在进行博弈论分析时，我们还应当考虑参与者对公平或利他主义的关注。"行为博弈论延续了理性假设，而不是抛弃了理性假设。"[10]

这一切都在向好的方向发展；更好地理解人们的动机，可以加深我们对经济决策制定和策略互动的理解。而且这的确实实在在地发生着；在博弈论的前沿研究中，正日益将平等、利他主义及类似的动机纳入参与者的目标（甚至还包括参与人对奖励或惩罚那些遵守或违背这些规范的参与者的"第二轮"关注）。[11]

但我们的推理却不应就此停步；我们应再前进一步，考虑一下为什么利他主义和公平动机，以及对违反规范者的生气或厌恶感，对人们会有如此强烈的影响？这把我们带入了思辨的王国，不过我们在演化心理学中可以找到一个看来比较合理的解释。那些向其成员灌输公平主义和利他主义准则的集团，比那些由纯粹自私的个人组成的集团更少发生内部冲突。因此，他们的集体行动更容易取得成功，例如提供有利于全体成员的商品，或者保护公共资源。而且，在解决内部冲突时，他们花费的努力和资源也要少得多。结果是，无论是在绝对意义上，还是在与其他没有类似准则的集团竞争时，它们都会做得更好。换句话说，某种公平和利他的措施，可能具有演化的生存价值。

拒绝不公平提议的某个生物学证据来自特里·伯纳姆（Terry Burnham）做的实验。[12] 在他的最后通牒博弈版本中，利益总额是 40 美元，受试者都是哈佛大学的男研究生。分割者只有两个选择：给对方 25 美元，自己保留 15 美元；或者给对方 5 美元，自己保留 35 美元。对于那些只提供 5 美元的提议，有 20 个学生接受了提议，6 个学生拒绝了提议，结果自己和分割者都一无所获。现在，来看一句点睛之笔。结果证明，拒绝提议的那 6 个人的睾丸激素比那些接受提议的人高 50%。就睾丸激素与身体状况和攻击性相联系这一点来说，这可能提供了一个基因联系，可以解释演化生物学家罗伯特·特里弗斯（Robert Trivers）所谓的"道德攻击性"的演化优势。

除了潜在的基因联系，社会团体在传递社会准则时还会采用非基因方式，即对家中婴儿和学校中的孩子的教育过程及社会化过程。我们通常能看到家长和老师教育易受影响的孩子关心他人、与人分享和友善的重要性；其中一些教诲无疑会一直牢牢印在他们的脑海里，并影响他们一生的行为。

最后，我们想指出，公平动机和利他主义都有其局限性。一个社会的长期进步和成功需要不断地创新和改变。这反过来又要求人们有个人主义观念以及向社会准则和传统观念挑战的意愿；因为自私自利通常伴随着这些性格特征。我们需要正确地权衡利己行为和利他行为。

非常复杂的树

当有了一点倒后推理的经验后，大家会发现，日常生活或工作中很多策略局势都可以遵循"树逻辑"加以处理，而不必专门画出博弈树来进行分析。其他许多中等复杂的博弈可以通过越来越完善的专门电脑软件包来处理。但对于像象棋这样的复杂博弈，想通过倒后推理完全求解几乎是不可能的。

理论上而言，象棋是一个理想的可以通过倒后推理加以解决的序贯行动博弈。[13] 在这个博弈中：参与者交替行动；参与者之前的所有行动都是可观察且无法撤销的；局势和参与者动机没有不确定性。如果相同的局势重复出现，比赛就算平局，这一规则确保比赛能在有限次行动后结束。我们可以从最末端那个决策点（或者终点）开始倒后推理。然而，理论和实践完全是两码事。据估计，象棋中的决策点总共大约有 10^{120} 个，也就是 1 后面加 120 个零。一台比普通计算机速度快 1 000 倍的超级计算机，也需要 10^{103} 年才能把这些决策点全部考察完。等待是徒劳的；即便是可以预见的计算机改进，也不可能对这有太大的帮助。而与此同时，象棋选手和电脑象棋程序员都做了什么？

临近比赛结束之际，象棋大师在刻画最优策略方面一直做得非常成功。一旦棋盘上只剩下很少几个棋子，大师级选手就能展望博弈的结局，然后通过倒后推理来判断一方是否一定取胜，或者另一方能否确保打成平局。但在博弈中盘阶段，当棋盘上还有好些棋子的时候，预测局势就困难得多了。向前展望十步，这与象棋大师在适当的时间内所能展望的步数差不多，也不可能使局势简化到可以使当时的局势直到终局都得到完全解决。

实用性的方法是将展望分析和价值判断相结合。前者属于博弈论科学——向前展望，倒后推理。后者属于象棋艺术，能够根据棋子的数目和棋子之间的相互联系判断出所处局面的价值，而无须从某个决策点开始向前展望，明确找出这个博弈的解决方法。象棋选手通常把这称为"知识"，但你也可以把它称为经验、本能或者艺术。我们通常可以根据象棋选手掌握"知识"的深度和精度，来识别出谁是最佳的象棋选手。

我们可以通过对大量的象棋博弈和象棋选手进行观察，提炼"知识"，然后总结出规律。对此的大部分研究都集中在开局，即棋局刚走了 10 步或者 15 步时。有很多书籍对不同的开局进行了分析和比较，讨论了它们的优缺点。

计算机是怎样做到这一点的？编制电脑象棋程序曾经被认为是新兴人工智能科学的组成部分；它的目的是设计出能像人类一样思考的计算机。可惜研究了很多年都没能成功。后来，人们的注意力开始转向利用计算机做它们最擅长的事情——数字运算。计算机可以向前多展望几步，而且展望得比人类更快。⊖到 20 世纪 90 年代末，像菲兹（Fritz）和深蓝（Deep Blue）这样的象棋电脑，已经可以利用纯粹的数字运算，与人类最优秀的象棋选手进行较

⊖ 但是，优秀的象棋选手可以利用他们掌握的知识，立即区分出哪步棋不该走，而不需要向前展望四五步来预测其结果，这样他们就省下了推理哪步棋比较好的时间和精力。

量了。再后来，一些中盘局面的知识也被编入电脑程序，这些知识是由一些最优秀的人类棋手所传授的。

人类棋手的等级是根据他们的业绩评定的；最高等级的电脑已经达到了相当于 2 800 等级分的级别，这相当于世界最强的象棋大师加里·卡斯帕罗夫（Garry Kasparov）的水平。2003 年 11 月，卡斯帕罗夫与最新版的菲兹电脑 X3D 进行了一场四轮赛。结果是双方各胜一局，打平两局。2005 年 7 月，Hydra 象棋电脑在一场六轮赛中，以五胜一平的成绩打败了世界排名第 13 位的迈克尔·亚当斯（Michael Adams）。估计在不久的将来，电脑可能会成为顶级高手，然后它们之间开始相互较量，争夺世界象棋冠军。

大家将从中学到什么呢？它说明了考虑复杂博弈的方法，这些复杂博弈是大家可能会面临的。你应该在你的最大推理范围内，把向前展望、倒后推理的规则和引导你判断中盘局面价值的经验结合起来。成功源于对博弈论科学和具体的博弈艺术的综合，而不是来自它们其中之一。

一心二用

象棋策略说明了向前展望、倒后推理方法的另一个实用性特征：你必须从参与者双方的角度来进行博弈。虽然根据复杂的博弈树来估计自己的最佳行动比较困难，但预测对方的行动比这还要困难得多。

如果你和对方真的可以分析出所有可能的行动和反行动，那么，你们俩就会事先在整个博弈的结果将会如何的问题上达成一致。但是，一旦这个分析只限于考察整个博弈树的某些分支，对方就可能获得一些你没有的或者你错过的信息。这样，接下来对方就可能采取一个你未曾预料到的行动。

要真正做到向前展望、倒后推理，你必须预测对方实际会采取什么行动，而不是你站在他们的立场将会采取什么行动。问题在于，当你尝试站在对方的立场时，要忘掉自己的立场，这虽然不是不可能，但也是非常困难的。你太清楚自己下一步的行动计划了，而且当你从对方参与者的视角观察这个博弈时，你很难将自己的意图抹掉。的确，这解释了为什么人们不自己和自己下棋（或玩扑克）。你肯定不能向自己虚张声势，然后再出其不意地攻击自己。

这个问题不存在完全的解决方法。当你尝试站在对方的立场上看问题时，你必须知道他们知道的信息，不知道他们不知道的信息。你的目标必须是他们的目标，而不是你所希望的他们的目标。在实践中，试图对潜在商业场景中的行动和反行动进行模拟的公司，通常都会聘请局外人来扮演其他参与者的角色。这样一来，他们可以确保他们的博弈搭档不会知道得太多。通常，最大的收获来自于看到了未预料到的行动后，找出导致这个结果的原因，以避免或者促进这一结果。

在本章结束时，我们回到查理·布朗是否该去踢球的问题。这是橄榄球教练汤姆·奥斯本（Tom Osborne）在锦标赛最后时刻面临的真正问题。我们认为他也做错了。通过倒后推理分析，我们可以知道他错在哪里。

案例分析

汤姆·奥斯本与 1984 年度橘子杯决赛的故事

在 1984 年的橘子杯决赛中，战无不胜的内布拉斯加乡巴佬队（Nebraska Cornhuskers）与曾有一次败绩的迈阿密旋风队（Miami Hurricanes）狭路相逢。因为内布拉斯加乡巴佬队晋身决赛的战绩高出一筹，所以只要打平，它就能以第一的排名结束整个赛季。

在第四节，内布拉斯加乡巴佬队以 17 ：31 落后。接着，它发动了一次反击，成功触底得分，将比分追至 23 ：31。这时，内布拉斯加乡巴佬队的教练汤姆·奥斯本面临一个重大的策略抉择。

在大学橄榄球比赛中，触底得分一方可以从距离入球得分只有2.5码的标记处开球。该队可以选择带球突破或将球传到底线区，再得2分；或者采用一种不那么冒险的策略，将球直接踢过球门柱之间，再得1分。

奥斯本选择了安全至上，内布拉斯加乡巴佬队成功射门得分，比分变成了24∶31。该队继续全力反击，在比赛最后阶段，它最后一次触底得分，比分变成了30∶31。只要再得1分，该队就能战平对手，取得冠军头衔。不过，这样取胜不够过瘾。为了漂亮地拿下冠军争夺战，奥斯本认为他应该在本场比赛取胜。

内布拉斯加乡巴佬队决定要用得2分的策略取胜。但欧文·费赖尔（Irving Fryar）接到了球，却没能得分。迈阿密旋风队与内布拉斯加乡巴佬队以同样的胜负战绩结束了全年比赛。由于迈阿密旋风队击败内布拉斯加乡巴佬队，因而最终获得冠军的是迈阿密旋风队。

假设你自己处于奥斯本教练的位置。你能不能做得比他更好？

案例讨论

星期一出版的许多橄榄球评论文章纷纷指责奥斯本不应该贸然求胜，没有稳妥求和。不过，这不是我们争论的核心问题。核心问题在于，在奥斯本甘愿冒更大风险一心求胜的前提下，他选错了策略。他本来应该先尝试得2分的策略。然后，假如成功了，再尝试得1分的策略；假如不成功，再尝试得2分的策略。

让我们更仔细地研究这个案例。在落后14分的时候，奥斯本知道他至少还要得到两个触底得分外加3分。他决定先尝试得1分的策略，再尝试得2分的策略。假如两个尝试都成功了，那么使用两个策略的先后次序便无关紧要了。假如得1分的策略失败，而得2分的策略成功，那么先后次序仍无关紧要，比赛还是以平局告终，内布拉斯加乡巴佬队赢得冠军。先后次序影响战局的情况只有在内布拉斯加乡巴佬队尝试得2分的策略没有成功时才会发生。假如实施奥斯本的计划，这将导致输掉决赛以及冠军头衔。相反，假如他们先尝试得 2 分的策略，那么，即便尝试失败，他们也未必会输掉这场比赛。他们仍然以 23：31 落后。等他们下一次触底得分，比分就会变成 29：31。这时候，只要他们尝试得 2 分的策略成功，比赛就能打成平局，他们就能赢得冠军头衔！⊖

我们曾经听到有人反驳说，假如奥斯本先尝试了得 2 分的策略，却没有成功，那么他的球队就会只为了打平而努力。但这样做不是那么鼓舞人心，并且他们很有可能不能第二次触底得分。更重要的是，等到最后才来尝试这个已经变得生死攸关的得 2 分策略，他的球队就会陷入成败取决于运气的局面。这种看法是错的，有几个理由。记住，如果内布拉斯加乡巴佬队等到第二次触底得分才尝试得 2 分的策略，一旦失败，他们就会输掉这场比赛。假如他们第一次尝试得 2 分的策略失败，他们仍有机会打平。即使这个机会可能比较渺茫，但有还是比没有强。激励效应的论点也站不住脚。虽然内布拉斯加乡巴佬队的进攻可能在冠军决赛这样重大的场合突然加强，但我们也可以指望迈阿密旋风队的防守也会加强。因为这场比赛对双方同样重要。相反，假如奥斯本第一次触底得分后就尝试得 2 分的策略，那么在一定程度上确实存在激励效应，从而提高第二次触底得分的概率。这也使他可以通过两个 3 分的射门打平。

从这个故事中可总结的教训之一是，如果你不得不冒一点风险，通常是越早冒险越好。这一点在网球选手看来再明显不过了：人人都知道应该在第一次发球的时候冒风险，第二次发球则必须谨慎。这么一来，就算你第一次发球失误，比赛也不会就此结束。你仍然有时间考虑选择其他策略，并借此站稳脚跟，甚至一举领先。越早冒险越好的策略同样适用于生活中的大多数方面，无论是职业选择、投资还是约会。

更多关于向前展望、倒后推理原理的实际运用，请看第 14 章的一些案例分析："祝你好运""红色算我赢，黑色算你输""弄巧成拙的防鲨网""硬汉软招""三方对决"和"糊涂取胜"。

⊖　而且，这将是尝试取胜的努力失败之后导致的平局，因此没有人会因为奥斯本一心想打成平局而批评他。

第3章

囚徒困境及其克服

多种情景，一个思想

以下的情景有何共同点？

- 位于同一个街角的两家加油站，或者同一片街区的两家超市，有时会彼此展开激烈的价格战。

- 在美国大选活动中，民主党与共和党通常都会采取中间政策，以吸引那些处于政治光谱中翼的选民，却忽略了他们那些分别持极左或极右态度的核心支持者。

- "新英格兰渔业的多样性和生产力曾经是无可匹敌的。然而在过去的一个世纪，由于过度捕捞而最终导致物种相继灭绝已成为一种趋势。大西洋比目鱼、海鲈、黑线鳕和黄尾比目鱼……（均被列入了）商业灭绝的物种行列。"[1]

- 在约瑟夫·海勒（Joseph Heller）的著名小说《第 22 条军规》结尾，第二次世界大战胜利在望。尤塞里安不想成为胜利前夕最后一批牺牲者，因为这对于战争结果毫无影响，便向上司丹比少校说了这个想法。丹比问："可是，尤塞里安，如果大家都这么想呢？"尤塞里安答道："那么，我若是不这么想，岂不就成了大傻瓜？"[2]

答案：这些都是囚徒困境的实例。⊖就像《冷血》第 1 章中讲述的对迪克·赫克考克和佩里·史密斯的审讯，当人人都按照自己的个人利益行事时，每个人都有其个人动机，最终采取了对各方都不利的行为。若其中一个人坦白，那么另一个人最好也坦白，以免因抗拒从严而遭到严厉判决；

⊖ 答对了也没有奖励——毕竟，囚徒困境是本章讨论的主题。但是，正如我们在第 2 章中所做的，我们借此机会指出，博弈论的一般概念性框架，可能有助于我们理解各种各样的变体以及看似无关的现象。我们还应该指出的是，毗邻的商店并不经常忙于打价格战，政党们也并非总是围绕权力中心而战。事实上，分析和说明这类博弈中的参与者如何能避免和解决困境，才是本章的一个重要部分。

反之，若其中一个人坚持沉默，另一人却可以通过坦白从宽大大减轻自己的刑罚。的确，促使坦白的力量实在太强大了，以至于每个囚徒都有坦白的动机，不论双方是真有罪（正如《冷血》中的情况），还是明明无罪却被警方诬陷（正如电影《洛城机密》中的情况）。

价格战也是一样。如果奈克森加油站的汽油定价较低，那么卢纳科加油站最好也降低自己的价格，以免失去太多的顾客；如果奈克森加油站的汽油价格较高，那么卢纳科加油站可以通过制定低价，将奈克森加油站的一些顾客吸引过来。但是，当两家加油站的价格都较低时，它们谁也不会赢利（虽然顾客的情况得到了改善）。

在美国大选中，如果民主党采用吸引中间派的竞选策略，那么，共和党要是只迎合他们那些处于经济和社会右翼的核心支持者，就很可能失去这些中间派选民的支持，从而导致大选失败；反之，如果民主党只迎合其在少数民族和工会中的核心支持者，那么共和党可以通过采取更加中间的态度，赢得中间派的支持，从而赢得绝大多数的选票。在过度捕捞案例中，如果所有其他人都有节制地捕捞，那么单凭一个渔民的过度捕捞并不会在很大程度上造成渔业的消耗殆尽；但是，如果所有其他人都过度捕捞，那么任何一个试图单枪匹马保护渔业的渔民都是傻瓜。[3] 这样，最终结果就会是过度捕捞和物种灭绝。而在《第 22 条军规》中，尤塞里安的逻辑，正是使得人们很难继续支持一场败仗的原因。

一段小小的历史

对于这个涵盖了经济、政治和社会诸多活动的囚徒困境博弈，理念家当时是如何构造和命名的呢？这要追溯到博弈论学科早期的历史。作为博弈论先驱之一的哈罗德·库恩（Harold Kuhn）在 1994 年诺贝尔奖颁奖典礼的专题讨论会上，讲述了下面的故事。

那是 1950 年春天，埃尔·塔克（Al Tucker）在斯坦福大学学术休假，由于办公室紧缺，他住进了心理学系。有一天，一位心理学家敲开了他的房门，问他正在做什么。塔克回答："我正在研究博弈论。"心理学家就问他能否就他的研究举办一次研讨会。为了那次研讨会，塔克发明了"囚徒困境"作为博弈论、纳什均衡以及与之伴随而来的非社会意愿均衡的例子。作为一个真正富有创意的例子，囚徒困境博弈激发了许多学术论文乃至几本巨著。[4]

其他人的说法则略有不同。据他们所说，囚徒困境的数学架构早在塔克之前就形成了，这可以归功于两位数学家，即就职于兰德公司（美国冷战时期的智囊团）的梅里尔·弗勒德（Merrill Flood）和梅尔文·德雷希尔（Melvin Dresher）。[5]塔克的才华在于，他发明了这个故事来阐释数学原理。之所以称它为一种才华，是因为它的展示方法可以形成或者打破一种思想；一种令人难忘的展示方法能够传播开来，并被大多数思想家更好更快地吸收，而一种乏味枯燥的展示方法可能会被人忽略、遗忘。

一个直观的展示

我们用一个商业实例，来提出表示和求解该博弈的方法。彩虹之巅（Rainbow's End）和比比里恩（B.B.Lean）是两家互为竞争对手销售服装的邮购公司。每年秋天，它们都要打印出其冬季产品目录单，并邮寄出去，且每家公司都必须遵守其产品目录上印刷的价格。由于产品目录的准备时间比邮购窗口开放的时间长得多，因此，两家公司必须在不知道对方价格的情况下，同时做出定价决策。它们很清楚，产品目录是给一些共同的潜在顾客看的，而这些顾客很聪明，他们不断追求低廉的价格。

两家公司的产品目录上通常都重点突出一件几乎完全相同的商品，如高档格子衬衫。对每家公司而言，该衬衫的单位成本为 20 美元。[⊖]它们估计，如果它们都对这种商品定价 80 美元，那么，每家公司将销售出 1 200 件衬衫，这样，每家公司都将得到（80–20）×1 200 = 72 000 美元的利润。而且，事实证明，这个价格能使它们的共同利益最大：如果两家公司合谋起来，统一定价，那么 80 美元是使它们的联合利润最大化的价格。

这两家公司还估计出，如果其中一家公司把价格降低 1 美元，而另一家的价格保持不变，那么降价的公司将得到额外的 100 名顾客，其中 80 名是从另一家公司转移过来的顾客，20 名是新顾客。他们可能决定买下价格较高时未买的衬衫，也可能从当地购物中心的某个商店转移到这家公司。因此，每家公司都有动机制定低于对方公司的价格，以得到更多的顾客；我们给出这个故事的主要目的在于，找出这些动机是如何影响双方的行动的。

首先，我们假设每家公司只有两个价格选择：80 美元和 70 美元。[⊖]如果一家把它的价格降至 70 美元，而另一家公司仍然定价 80 美元，那么，降价者将得到额外的 1 000 名顾客，而另一家则失去 800 名顾客。这样，降价者售出 2 200 件衬衫，而另一家的销售量降到 400 件；降价者的利润为（70–20）× 2 200 = 110 000 美元，而另一家公司的利润为（80–20）× 400 = 24 000 美元。

如果两家公司都把价格降至 70 美元，结果会怎么样？如果它们都降价 1 美元，虽然现存的顾客数量不变，但它们各自都得到了 20 名新顾客。这样，当它们都把价格降低 10 美元时，就能各自在原先 1 200 件的基础上多销售 200 件。即每家公司的销售量是 1 400 件，获得的利润为（70–20）× 1 400 = 70 000 美元。

⊖ 这不仅包括了从中国供应商那里购买衬衫的成本，也包括运送至美国的运输成本、出口税以及存货成本和订单履行成本。换句话说，总成本包括所有与该产品相关的成本。这样规定的目的是全面度量经济学家所谓的边际成本。

⊖ 这个规定，尤其是只有两种可能的价格选择这个假设，只不过是为了以尽可能简单的方式，构造出这类博弈的分析方法。在以后的章节，我们将允许公司有更大的价格选择自由。

我们希望能够直观地展示出利润结果（即公司在博弈中的收益）。但是，我们无法运用第 2 章中的博弈树来做到这一点。因为在这里，两个参与者是同时行动的。参与者在采取行动时，都不知道对方做了什么，也预料不到对方将如何回应。相反，每个人都要考虑对方同时在想什么。这种想对方之所想的做法的一个出发点是，列出双方所有同时选择组合的所有结果。因为每家公司各有两个价格选择：80 美元或 70 美元，所以总共存在四个这样的组合。我们可以用一种由行和列组成的类似电子表格的形式简单地把它们表示出来，通常我们称之为博弈表或者赢利表。彩虹之巅（简称 RE）的选择表示在行中，比比里恩（简称 BB）的选择表示在列中。在这四个单元格中的每个单元格，我们都展示了与每个 RE 行选择和 BB 列选择相对应的两个数字——衬衫的销售利润，单位是千美元。在每个单元格中，左下角的数字属于行参与者，右上角的数字属于列参与者。[⊖]在博弈论术语中，这些数字称为赢利。[⊜]同时，在这个例子中，为了清楚地区分哪些赢利属于哪个参与者，我们把这些数字用两种不同的阴影表示出来。

比比里恩（BB）

彩虹之巅（RE）	80	70
80	72 000 / 72 000	110 000 / 24 000
70	24 000 / 110 000	70 000 / 70 000

⊖　托马斯·谢林在区分哪个赢利属于哪个参与者时，发明了这种用同一个表格表示两个参与者的赢利的方法。他用过分谦虚的笔触写道："假如真有人问我有没有对博弈论做出一点贡献，我会回答有的……我发明了用一个矩阵反映双方赢利的方法。"事实上，谢林提出了很多在博弈论中至关重要的概念——聚焦点、可信度、承诺、威胁与承诺、颠覆，等等。在接下来的章节中，我们将会经常引用他和他的研究成果。

⊜　一般来说，对参与者而言，赢利数字越高越好。有时则不然。比如对接受审讯的囚徒而言，赢利数字指的是监禁的期限，因此每个参与者都希望数字更小。同样的情况也适用于赢利数字代表排名时，在那里，1 是最佳结果。当你观察一个博弈表格时，你应该先弄明白该博弈的赢利数字的含义。

在"求解"这个博弈之前,让我们先来观察并强调一下该表格的一个特性。比较一下这四个单元格中的赢利组合。对 RE 而言较好的结果,并不总是意味着对 BB 而言是较坏的结果,反之亦然。具体地说,它们在左上角的单元格中的赢利,都优于它们在右下角单元格中的赢利。这种博弈无须分出胜者和败者;因为它不是零和博弈。我们在第 2 章也曾经指出,查理·布朗投资博弈不是零和博弈,我们在现实生活中遇到的大多数博弈也不是零和博弈。在很多博弈中,比如因徒困境博弈,主要问题在于如何避免出现两败俱伤的结果,或者如何促成双赢的结果。

困境

现在我们来考虑一下 RE 经理的推理。"如果 BB 选择 80 美元,那么我可以通过把价格降至 70 美元,得到 110 000 美元的利润,而不是 72 000 美元的利润。如果 BB 选择 70 美元,那么,若我也定价 70 美元,我的赢利是 70 000 美元;但是,若我定价 80 美元,我只能得到 24 000 美元的利润。所以,不论在哪种情况下,选择 70 美元都优于选择 80 美元。不论 BB 如何选择,我的更优选择(实际上是我的最优选择,因为我只有两种选择)都是相同的。我根本不需要考虑他的想法;我只管直接把价格定为 70 美元就好了。"

在一个同时行动博弈中,如果存在这样的特性:对某个参与者而言,无论其他参与者如何选择,他的最佳选择都是一样的,那么这种特性将大大简化参与者的思考过程以及博弈论学家的分析过程。因此,为了简化博弈求解方法,深入探讨并找出这个特性将很有价值。博弈论学者将这种特性命名为**优势策略**。如果对于某个参与者而言,无论其他参与者选择什么策略或者策略组合,他的同一种策略总是优于所有其他可选策略,我们就说这个参与者拥有优势策略。于是,我们得到了一个简单的同时行动博弈

的行为法则。[⊖]

> 法则 2：假如你有一个优势策略，请照办。
>
> 　　囚徒困境是一个更为特殊的博弈——不仅一个参与者，而且两个（或者所有）参与者都有优势策略。BB 经理的推理与 RE 经理的推理完全类似，你应该自己练习运用这个法则，来巩固上述思想。你将发现，70 美元也是 BB 公司的优势策略。

　　博弈结果是如博弈表右下角单元格中所示的结果。即两家公司都选择了 70 美元的定价，且每家公司均获得 70 000 美元的利润。正是优势策略使得囚徒困境成为如此重要的一个博弈。当参与者双方都选择他们的优势策略时，他们得到的结果劣于它们联合起来共同选择另一个策略（劣势策略）时得到的结果。在这个博弈中，它们本来都应该定价为 80 美元，从而得到博弈表左上角的单元格结果，即每家公司获得利润 72 000 美元。[⊖]

　　只有一方定价 80 美元是不行的；这样的话，这家公司将损失惨重。在某种程度上，它们必须都制定高价，但在每家公司都有动机制定低于对方价格的情况下，这个结果很难达到。每家公司都追求自身的利益，并没有导致对双方都是最好的结果，这与亚当·斯密（Adam Smith）教给

⊖ 在第 2 章中，我们已经提供了一个简明的法则来制定序贯行动博弈的最佳策略。那就是我们的法则 1：向前展望，倒后推理。在同时行动的博弈中就不是这么简单了。不过，同时行动所需的想对方之所想，可概括为三个简单的行动法则。这些法则依次依赖于两个简单的思想——优势策略和均衡。此处列出了法则 2，法则 3 和法则 4 将在第 4 章介绍。

⊖ 事实上，80 美元是给双方带来最高联合利润的共同价格；若它们能联合起来，组成企业联盟，这也是它们会选择的价格。这个论点的严格证明需要一些数学知识，所以，暂且先记住我们说的话。

我们的传统经济学大相径庭。⊖

由此产生了很多问题。有些问题属于博弈论的更一般的方面。如果只有一个参与者有优势策略会怎样？如果参与者都没有优势策略又会如何？当每个参与者的最佳选择取决于对方的同时选择时，他们是否能看穿彼此的选择，然后解决这个博弈呢？我们将在以后的章节中继续讨论这些问题，那时我们会介绍一个更一般的解决同时行动博弈的概念——约翰·纳什的美丽的均衡。本章我们集中讨论关于囚徒困境博弈本身的问题。

一般情况下，每个参与者可选的两个策略分别被记为"合作"和"背叛"（或者有时候称为"欺骗"），我们将沿用这个用法。对每个参与者而言，背叛都是优势策略，而对双方而言，他们均选择背叛的策略组合得到的结果，比双方均选择合作得到的结果更糟。

解决困境的初步思想

深知囚徒困境危害的参与者，有强烈的动机达成联合协议，避免陷入这种困境。例如，新英格兰的渔民们可以达成协议，限制捕捞，为将来储备鱼类资源。困难在于，当大家都面临欺骗的诱惑时，例如都想得到超过分配限额的鱼，怎样才使这样的协议比较稳固？关于这个问题，博弈论是如何解释的呢？在实际的这种博弈中，又会发生什么？

自从囚徒困境创立50年来，其理论已经有了很大的进展，而且积累了大量证据，这些证据不仅来自对真实世界的观察，还来自实验室中的可控实验。让我们来考察一下这些资料，看看能从中学到什么。

达成合作的另一面就是避免背叛。通过给予参与者一个适当的奖励，将可以激励参与者选择合作而不是选择最初的优势策略"背叛"；或者，

⊖ 公司降价的获益者当然是顾客，他们并不是此博弈中的积极参与者。因此，社会常常有更大的利益动机阻挠公司解决其价格困境。这就是美国和一些其他国家反垄断政策的作用。

通过制造一种适当的惩罚的可能性，亦可以吓阻参与者选择背叛。

基于以下原因，奖励方法可能会有问题。奖励可以是内部的，一方对另一方的合作进行奖励。有时也可以是外部的，可以由从双方合作中获利的第三方对双方的合作进行奖励。不论哪种情形，都不能在参与者做出选择之前给予奖励；否则，参与者一定会把奖励揣入口袋，然后再选择背叛。如果奖励仅仅是一个许诺，那么这个许诺可能是不可信的：在受诺方选择了合作后，许诺方有可能会食言。

尽管困难重重，有时奖励还是可行的、有用的。发挥最大的创造性和想象力，参与者可以同时、相互许诺，然后通过把许诺的奖金存入由第三方控制的托管账户中，使这些许诺显得可信。[6]更切实际的是，参与者可以在多个方面相互作用，一方在一个方面的合作可以换来对方在另一个方面合作的奖励。比如，在雌性黑猩猩群中，分享食物、帮忙照看幼崽，可以换来梳理毛发的帮助。有时候，博弈第三方可能有非常强烈的利益动机促成合作。例如，为了结束世界范围内的各种冲突，美国和欧盟不时地许诺向战争国提供经济援助，作为对它们和平解决争端的奖励。1978 年，美国以这种方式奖励了以色列和埃及，因为它们合作签署了戴维营协议。

惩罚是解决囚徒困境的更为常用的方法。它可能即时见效。电影《洛城机密》中有这样一个场景，警官埃德·埃克斯利向他正在审讯的嫌犯之一雷若伊·方丹许诺，如果他为国家作证，就可以比其他两个嫌疑犯少判几年。但雷若伊知道，一旦他出狱，他会发现另两个人的朋友正等着报复他！

然而，在这种背景下自然而然想到的惩罚，产生于这样的事实，即大多数此类博弈都只是一段持续关系的一部分。欺骗可能使一个参与者获得短期利益，但却会损害这种持续关系，产生更长期的成本。如果该成本非

常大，这就可能从一开始就起到了阻吓欺骗的作用。[⊖]

一个引人注目的例子来自棒球比赛。美国联盟队的击球员被投球击中的概率是 11%，而国家联盟的击球员被击中的概率是 17%。据道格·德林恩（Doug Drinen）和约翰 – 查尔斯·布拉伯瑞（John-Charles Bradbury）所说，这种区别的主要原因在于指定的击球手规则。[7] 在美国联盟队，投球手不击球。因此，攻击击球手的美国联盟队投球手，不必担心对手队的投球手会直接报复。虽然投球手不太可能被击中，但如果他们刚刚在上半场攻击了某个人，那么，他们被击中的机会就会增加 1/4。担心遭到报复是显然的。就像王牌投球手科特·谢林（Curt Schilling）所解释的："当你面对兰迪·约翰逊（Randy Johnson）时，你还会郑重其事地向某个人投球吗？"[8]

大多数人在考虑一个参与者如何惩罚对方过去的欺骗行为时，就会想到"以牙还牙"的说法。这的确是关于囚徒困境最有名的实验结果。让我们详细叙述在实验中发生了什么，以及我们能从中学到什么。

以牙还牙

20 世纪 80 年代初，密歇根大学政治科学家罗伯特·阿克谢罗德（Robert Axelrod）邀请了世界各地的博弈论学者以电脑程序形式提交他们的囚徒困境博弈策略。这些程序两两结对，反复进行 150 次囚徒困境博弈。参赛者按照最后总得分排定名次。

冠军是多伦多大学的数学教授阿纳托·拉普波特（Anatol Rapoport）。他的取胜策略就是以牙还牙。阿克谢罗德对此感到很惊奇。他又举办了一次比赛，这次有更多的学者参赛。拉普波特再次提交了以牙还牙策略，

⊖ 由于发展了重复博弈中隐含合作的一般理论，罗伯特·奥曼（Robert Aumann）于 2005年被授予诺贝尔经济学奖。

并再次赢得了比赛。

以牙还牙是"以眼还眼"行为法则的一种变形：人家怎么对你，你也怎么对他。说得更准确点，这个策略在开局时选择合作，以后则模仿对手在上一期的行动。

阿克谢罗德认为，以牙还牙法则体现了任何一个有效策略应该符合的四个原则：清晰、善意、报复性和宽容性。再也没有什么字眼会比"以牙还牙"更加清晰、简单。这一法则不会引发欺骗，所以是善意的。它也是报复性的——也就是说，它永远不会让欺骗者逍遥法外。它还是宽容的，因为它不会长期怀恨在心，而愿意恢复合作。

以牙还牙一个非常引人注目的特征在于，它在整个比赛中取得了突出的成绩，虽然它实际上并没有（也不能）在一场正面较量中击败任何一个对手。其最好的结果是跟对手打成平手。因此，假如当初阿克谢罗德是按照"赢者通吃"的原则打分，以牙还牙的策略只可能失败或是打成平手，而不可能取得最后的胜利。[⊖]

不过，阿克谢罗德并没有按照"赢者通吃"的原则给结对比赛的选手打分，只有比赛结束才算数。以牙还牙策略的一大优点在于它总是可以将比赛引向结束。以牙还牙最坏的结果是，以遭到一次背叛重击而告终，也就是说，它让对手占了一次便宜，此后双方打成平局。

以牙还牙策略之所以能赢得这次锦标赛，是因为它通常都会竭尽全力促成合作，同时避免互相背叛。其他参赛者则要么太轻信别人，一点也不会防范背叛，要么太咄咄逼人，一心要把对方踢出局。

不过，尽管如此，我们仍然认为以牙还牙策略是一个有缺陷的策略。只要存在一丁点儿出现错误或误解的可能性，以牙还牙策略的胜利就会土

⊖ 因为每个失败者都必须和一个胜利者组对，所以结果一定是某个参赛者的胜利的次数大于失败的次数，不然就是失败的次数大于胜利的次数。（唯一的例外就是每个单场比赛都打成平局。）

崩瓦解。这个缺陷在人工设计的电脑锦标赛中并不可能，因为此种情况下根本不会出现错误和误解。但是，一旦将以牙还牙策略用于解决现实世界的问题，错误和误解就难以避免，结局就可能是灾难性的。

以牙还牙策略的问题在于，任何一个错误都会犹如"回声"一般反复出现。一方对另一方的背叛行为进行惩罚，从而引发连锁反应。对手受到惩罚之后，不甘示弱，进行反击。这一反击又招致第二次惩罚。无论什么时候，这一策略都不会只接受惩罚而不做任何反击。

举个例子：假设弗勒德和德雷希尔都采取以牙还牙策略。没有人先发起背叛，一段时间内，一切都顺利进行。然后，到了第 11 轮，假设弗勒德错误选择了背叛，或者选择了合作但德雷希尔却误以为他选择了背叛，不论是哪种情况，德雷希尔在第 12 轮都会选择背叛，而弗勒德却会选择合作，因为德雷希尔在第 11 轮中选择了合作。到了第 13 轮，角色就会转换过来。这种一方合作而另一方背叛的模式会继续反复进行下去，直到又一个错误或误解的出现恢复了合作或导致双双背叛。

在西弗吉尼亚与肯塔基的交界处，哈特菲尔德家族（Hatfields）与麦科伊家族（McCoys）家族的长期争斗可谓令人难忘。而在虚构世界中，马克·吐温笔下的格兰杰福特家族与谢泼德森家族的世代仇恨，为我们提供了另外一个生动的例子，说明以牙还牙的行动是怎样导致循环报复的。当赫克·芬恩试图了解格兰杰福特家族与谢泼德森家族世仇的源头究竟是什么时，他却遇到了"鸡生蛋还是蛋生鸡"的难题：

> "这究竟是为了什么，巴克？——为了土地吗？"
>
> "我估计是——我不知道。"
>
> "那么，究竟是谁开的枪呢？是格兰杰福特家的人还是谢泼德森家的人？"

"天哪，我怎么会知道？那是多久以前的事啊。"

"有没有人知道呢？"

"噢，有的，老爸知道，我估计，还有其他一些老头子，不过现在他们也不晓得当初究竟发生了什么事。"

以牙还牙策略缺少的是一个宣布"到此为止"的方法。它实在太容易被激发起来了，而且不会轻易地宽恕。确实，后来的阿克谢罗德比赛的版本考虑了错误和误解的可能性，结果表明，其他那些更宽宏大量的策略优于以牙还牙策略。⊖

在这里，我们甚至可以从猴子那里学到一些东西。棉头狨猴被置于一个博弈中，每只猴子都有机会拉动一个杠杆，给另一只猴子喂食。但是拉动杠杆需要力气。对每只猴子而言，最理想的策略就是自己偷懒，而它的搭档拉杠杆。但是为了避免遭到报复，猴子们学会了合作。只要一个参与者不连续背叛两次以上，棉头狨猴的合作就会一直持续下去，这种策略类似于以牙还牙策略。[9]

较新的实验

成千上万的关于囚徒困境的实验是在课堂和实验室进行的，这些实验涉及不同参与者人数、不同重复次数以及其他方面。下面是一些重要发现。[10]

首先最重要的是，合作发生得相当频繁，即使每对参与者只达成一次

⊖　2004 年，诺丁汉大学的格雷厄姆·肯德尔（Graham Kendall）为了庆祝阿克谢罗德首届比赛的 20 周年，举行了一次比赛。"胜出"者是来自英格兰南安普敦大学的小组。南安普敦小组总共推荐了 60 个参赛者，包括 59 只"雄蜂"、1 只"蜂后"。他们所有的参赛者都以独特的模式开始，这样他们就可以辨认出彼此。接着，雄蜂们牺牲了自己，以便让蜂后得到好的结果。蜂后也拒绝了与任何对手合作，以降低对手的得分。虽然让一群雄蜂为了你的利益而牺牲自己是增加你的赢利的一种方法，但它并没有教给我们许多关于如何进行一个囚徒困境博弈的知识。

合作。平均而言，几乎一半参与者选择了合作。确实，对此最引人注目的例证来自游戏秀网络产品"朋友还是敌人"。在这个节目秀中，两人一组，每组都被问了一些琐碎问题。答对的人赚得的钱存入"信托资金"，在105集中，资金总额为200～16 400美元不等。为了分配这笔资金，参赛者双方进行一个单次囚徒困境博弈。

每个人私下里写下"朋友"或"敌人"。当双方同时写下朋友时，他们平分这笔资金。如果一方写了敌人而另一方写了朋友，那么，写敌人的那个人将得到全部资金。但若双方都写敌人，他们都将一无所获。不论对方写什么，你写敌人得到的钱至少等于或者可能大于你写朋友所得到的钱。然而，几乎一半参赛者写下的是朋友。甚至当资金总额增大时，合作的可能性也没有改变。资金低于3 000美元时人们合作的可能性，与资金高于5 000美元时相等。以上就是从菲利克斯·奥本豪泽尔–吉（Felix Oberholzer-Gee）教授和乔·沃德弗格（Joel Waldfogel）教授，以及马修·怀特（Matthew White）教授和约翰·李斯特（John List）教授所进行的两项研究中发现的一些结果。[11]

如果你还在疑惑看电视如何算得上是学术研究，可结果已有过700 000美元的资金分给了参赛者。这是史上奖金最多的囚徒困境实验。我们能从中学到许多东西。实验结果表明，女性比男性更倾向于合作，在第一季，女性和男性合作的概率分别是47.5%和53.7%。第一季的参赛者不具有可以在决策前看到其他比赛结果的优势。但到了第二季，前40集的结果已经公布了，这个模式变得显而易见。参赛者可以从其他人的经验中学到一些策略。当某一组是由两个女性组成时，合作的概率增至55%。但是当一个女性与一个男性组对时，这个女性的合作概率降到了34.2%。而这个男性的概率也降到了42.3%。总体而言，合作率降低了10个百分点。

如果一群实验对象集中起来进行几次配对，且每次的配对不同，那么，选择合作的比率一般会随时间下降。不过，它不会降至零，而是总有固定的一小部分人坚持合作。

如果同一对实验对象重复进行基本的囚徒困境博弈，他们常常逐渐达成连续的相互合作，直到其中一个参与者在临近这一连续重复博弈结束时选择了背叛。在第一次进行的困境实验中就发生了这样的事。弗勒德和德雷希尔一设计出这个博弈，就立即招呼他们的两个同事进行了 100 次这个囚徒困境博弈 [12]。其中 60 次双方都选择了合作。较长的一次连续相互合作是从第 83 轮持续到第 98 轮，直到其中一方在第 99 轮偷偷背叛。

事实上，按照博弈论的严格逻辑，这种情况本来不应该发生。当这个博弈恰好重复 100 次时，它就是一个同时行动博弈序列，我们可以用倒后推理的逻辑来解决这样的博弈。展望一下在第 100 次博弈时会发生什么。因为往后不再有更多的博弈了，所以背叛不可能在以后的任何一轮遭到惩罚。根据优势策略的推理，双方都应该在最后一轮选择背叛。但是，一旦确定了双方都会在最后一轮选择背叛，第 99 轮实际上就成了最后一轮。尽管后面还有一轮，在第 99 轮的背叛也不会在第 100 轮遭到对方的选择性惩罚，因为对方在第 100 轮中的选择是预先注定的。因此，优势策略的逻辑也适用于第 99 轮。我们可以用这个序列逻辑一直倒后推理到第 1 轮。不过，在实际博弈中，不论是在实验室还是在真实世界中，参与者似乎忽略了这个逻辑，结果反而受益于相互合作。事实证明，只要其他人同样都是"非理性"的，那么，乍看上去可能是非理性的行为，偏离参与者的优势策略却是一个正确的选择。

针对此种现象，博弈论学者做出了一种解释。现实世界中存在一些"互惠主义者"，只要对方合作，他们也愿意合作。假设你并不是这些相对友好的人中的一员。如果你在一个有限次重复囚徒困境博弈中按照自己的风格行事，那么你会从一开始就欺骗。而这会向对方参与者暴露出你的本性。为了掩盖真相（至少掩盖一会儿），你不得不表现出友好的样子。为什么你愿意这么做呢？假设你一开始就表现得友好。那么，即使对方参与者不是一个互惠主义者，他也会认为你可能是周围少有的几个友好的人中的一员。合作一段时间将会带来一些实实在在的好处，于是对方会打算报答你的善举，以获取这些好处。这对你也有好处。当然，你正计划在临近博弈结束时偷偷欺骗，就像对方一样。但你们仍然能够在最初阶段维持一段互利互惠的合作。虽然各方都假装善良等着占对方便宜，但双方都会从这种共同欺骗中获得好处。

有些实验不是将一群实验对象两两配对，进行几个双人囚徒博弈，而是让所有人进行一个多人囚徒困境博弈。下面我们介绍一个来自课堂的例子，它非常有趣并具有启发性。得克萨斯 A&M 大学的雷蒙德·巴特里奥（Raymond Battalio）教授让班上 27 名学生进行以下博弈。[13] 假设每一个学生都拥有一家企业，他必须决定（同时且独立地做出决定，并把决定写在一张纸条上）是生产产品 1，帮助维持较低的总供给及较高的价格，还是生产产品 2，在损失别人的利益的情况下获利。根据选择 1 的学生总数，将收入按照下面的表格分配给学生：

写 1 的学生	分配给写 1 的学生的钱（美元）	分配给写 2 的学生的钱（美元）
0		0.50
1	0.04	0.54
2	0.08	0.58
3	0.12	0.62
…	…	…
25	1.00	1.50
26	1.04	1.54
27	1.08	

把这个表用下图表示出来，我们可以看得更加清楚，效果也更加明显：

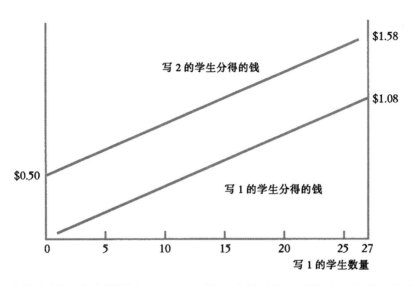

这博弈是"事先设计好"的，目的是确保选择 2（欺骗）的学生总是比选择 1（合作）的学生多得 50 美分，不过，选择 2 的人越多，他们的总赢利就会越少。假设全体 27 名学生一开始都打算选择 1，这样每个人将得到 1.08 美元。现在，如果一个学生打算偷偷改变决定，选择 2，那么，选择 1 的学生就会变成 26 名，每个人将得到 1.04 美元（比初步计划少了 4 美分），而那个背叛者将得到 1.54 美元（比初步计划多了 46 美分）。不管最初计划选择 1 而不是 2 的学生有多少，他们都一样。选择 2 是一个优势策略。每一个把选择 1 改成选择 2 的学生都使自己的赢利增加 46 美分，却使他的其他 26 个同学每人少得 4 美分，结果全班损失 58 美分。等到人人都采取自私的行动，都想使自己的赢利最大化时，他们每人得到 50 美分。如果他们成功地合谋起来，协同行动，不惜将个人的赢利减到最小，他们将各得 1.08 美元。如果是你，你会怎么选择？

演练这个博弈的时候，起初不允许集体讨论，后来允许一点讨论，以便达成"合谋"，结果愿意合作而选择 1 的学生总数从 3 到 14 不等。在最后的一次带有协议的博弈里，选择 1 的学生总数是 4，全体学生的总赢利是 15.82 美元，比全体学生成功合作可以得到的赢利减少了 13.34 美元。"我这辈子再也不会相信任何人了。"领导合谋的学生这样嘟囔。那么，他自己又是怎么选择的呢？"噢，我选了 2。"他答道。尤塞里安一定早就知道这一点了。

新近的关于多人囚徒困境博弈的实验室实验，采用了一种叫作捐款博弈的形式。每个参与者得到一笔初始资金：10 美元。每人可选择保留其中一部分，再把另一部分捐给共同储金。然后，实验者把累积的共同储金翻倍，在所有参与者之间平分，捐款人和非捐款人都同等对待。

假设在这个组中总共有四个参与者：A、B、C 和 D。不论其他人怎么做，A 只要向共同储金捐献 1 美元，共同储金翻倍后就会增加 2 美元。但是，增加的 2 美元中，会有 1.5 美元分给 B、C 和 D；而 A 只能得到 50 美分。因此，A 提高了其捐献量，最后却亏了本；相反，他减少捐献量反而会获益。不论其他人捐多少（如果有捐款的话），这一点都是成立的。换句话说，对 A 来说，一分钱也不捐是优势策略。对 B、C 和 D 来说亦是如此。这个逻辑是说，人人都应当希望成为一个分享别人成就的"免费搭车者"。如果四位参与者都采取他们的优势策略，共同储金便空空如也，每个人只保有他们的初始资金 10 美元。当人人都想成为免费搭车者时，车就会停滞不前。如果人人把他们所有的初始资金捐给共同储金，那么，翻倍后的共同储金将是 80 美元，每个人将分到 20 美元。然而，每个人都有背叛这样协议的个人动机。这就是他们的困境。

捐款博弈不仅是实验室或理论上的奇事，它还发生在现实世界的社交活动中——只要群体成员自愿捐款就能共同受益，但却不能阻止没有捐款的人也能享受到这些利益。村庄对洪水的控制、自然资源的保护就属于这种情形：不可能建了堤坝后，洪水就会有选择地绕道而行，只淹没那些没有捐款帮忙建设堤坝的人的田地；拒绝以后把鱼分给那些过去消耗太多的人，也是不可行的。这就产生了多人囚徒困境：每个参与者都有偷懒或保留贡献的动机，却指望能享受别人的贡献带来的利益。如果大家都这么想，总的贡献量就会很少甚至为零，结果大家都遭受了损失。这些情形普遍存在而且如此严重，以致所有社会理论和政策都需要深入思考才能走出困境。

在该博弈中的最有趣的变体中，参与者有机会惩罚那些背叛隐含社会合作契约的人。但是，他们必须为此承担个人成本。在捐款博弈结束后，参与者被告知其他参与者的个人捐款量。然后开始第二阶段的博弈，参与者可以采取降低其他人赢利的行动，而其他人的赢利每降低 1 美元，他自己要付出 33 美分的成本。也就是说，如果 A 选择把 B 的赢利降低 3 美元，那么 A 这样做之后，他的赢利就会减少 1 美元。这些减少的赢利不会再分配给其他任何人；而是返还到实验者的总资金中。

实验结果表明，人们对"社会欺骗者"实施了大量的惩罚，惩罚的可能性也大大提高了博弈第一阶段的贡献量。这样的惩罚似乎是促成合作、增进群体利益的一个有效机制。但是人们实施惩罚的事实首先就是令人惊讶的。以私人代价惩罚他人的行为，本身就是对集体利益的贡献，所以它是一个劣势策略；如果它以后成功地引导欺骗者采取了更好的行为，这将对整个集体有利，而惩罚者将只得到该利益中属于他的一小部分。所以，惩罚不是自私估计的结果。情况的确如此。在关于该博弈的实验进行的同时，参与者的大脑接受了正电子放射扫描仪的扫描。[14] 结果表明，实施惩罚的行为会刺激某个大脑区域，该区域被称为背侧纹状体，它与体验快乐或满足有关。换句话说，人们从惩戒社会欺骗者的行为中，实际上得到了心理上的受益或满足。这种本能必定有着很深的生物根源，而且可能是因为其进化优势而被选择出来的。[15]

如何达成合作

这些例子和实验已经说明了成功合作的几个先决条件和策略。让我们更系统地介绍这些概念，并利用它们解决更多的现实生活实例。

成功的惩罚机制必须满足几个要求。下面我们逐一列出。

觉察欺骗 惩罚欺骗之前，必须觉察到欺骗。如果觉察快速而且准确，惩罚的实施就能够即时无误。这在提高欺骗成本的同时，减少了欺骗的好处，从而提高了成功合作的可能性。比如，航空公司时常监视对手的票价；如果美国航空公司打算降低其纽约至芝加哥的票价，联合航空公司可以在 5 分钟内就做出反应。但是在其他情况下，想降价的公司可能会跟顾客秘密交易，或者通过一笔涉及飞行时间、服务质量、安全保证等许多方面的复杂交易来掩饰其降价。极端情形下，每个公司只能观察到自己的销售和利润，它们不仅取决于其他公司的行动，还取决于一些机会元素。比如，一家公司的机票销售量还可能取决于需求的变化，而不是仅仅取决于其他公司的秘密降价。这样，觉察和惩罚不仅变得缓慢，而且也不准确，更增强了欺骗的动机。

最后，当同一个市场上有三家以上公司同时行动时，他们不仅需要找出是否存在欺骗，还要找出欺骗者是谁。否则，惩罚不但不能针对性地惩戒坏人，而且会变得迟钝无效，或许还会引发价格战，以致伤害所有人。

惩罚的性质 接下来是惩罚的选择。有时候，参与者会采取惩罚他人的行动，这些行动会被欺骗行为激发起来，即使在单次互动博弈中也是如此。就像我们在《洛城机密》中的囚徒困境中指出的，如果雷若伊因为替国家作证而从轻判刑，那么，他出狱后将遭到苏格和蒂龙的朋友的报复。在得克萨斯州 A&M 大学的课堂实验中，如果学生可以觉察出是谁背叛了所有人的合谋而选择了 1，他们就可能对欺骗者施以社会制裁，比如排斥这个欺骗者。这样，就不会有几个学生愿意为了多得 50 美分而冒这个险了。

在博弈的结构里还存在其他类型的惩罚。一般而言，这种情况发生的原因在于这个博弈是重复进行的，这一轮欺骗的所得将导致后面几轮的损失。这些是否足以觉察出哪个参与者打算欺骗，取决于得失的大小以及将来相对于现在的重要性。我们很快就会继续讨论这个方面。

清晰性　可接受行为的界限，以及欺骗的后果，对潜在的欺骗者而言应当是清晰的。如果这些是复杂的、含糊不清的，参与者就可能因为失误而欺骗，或者不能做出理性的计算，而是根据某种直觉行事。举个例子，假设彩虹之巅（RE）和比比里恩（BB）正重复进行定价博弈，RE 决定，如果 RE 过去 17 个月内的平均折扣利润比同期产业资本的平均真实回报率低 10%，它就推断 BB 欺骗了。BB 不能直接知道这个规则；它必须通过观察 RE 的行动来推断 RE 所采用的规则。但是，这里陈述的规则太复杂了，BB 根本无法弄清楚。所以，这不是一个阻吓 BB 欺骗的好方法。而像以牙还牙这样的策略就表达得相当清楚：如果 BB 欺骗，它就会看到 RE 在下次降低价格。

确定性　参与者应该确信，背叛将受到惩罚，合作则会得到回报。在像世界贸易组织（WTO）贸易自由化这样的国际协议中，这是一个主要问题。当一个国家投诉另一个国家违背了贸易协定时，WTO 就会发起一个行政诉讼程序，而一拖就是几个月，甚至好几年。案件真相几乎对判决没有任何影响，判决通常更多地取决于国际政治规定及外交政策。这种强制执行的判决程序显然不可能发挥什么作用。

规格　这样的惩罚应该有多严厉？似乎没有限制。如果惩罚严厉到足以阻吓欺骗，惩罚就无须实际执行了。因此，要阻吓欺骗，最好把惩罚设定在尽可能严厉的水平。比如，WTO 可以这样规定，任何国家要是违背了其将保护性关税维持在协定低水平之内的承诺，都会遭到核武器袭击。当然，大家会被这个规定吓得退缩不前，不敢欺骗；但大家至少部分会认为某个失误也可能导致核攻击的发生。在大多数情况下，当失误可能发生时，正如实际中常会发生的那样，惩罚的规格应该保持能够成功阻吓欺骗的尽可能低的水平。在极端情况下，原谅偶然的背叛甚至可能是最优的策略，例如，一家明显为生存而竞争的公司的对手可能会允许它降一点价，而不会进行报复。

重复性　现在来考察一下 RE 和 BB 之间的定价博弈。假设一年又一年过去了，它们彼此相处愉快，一直都把价格维持在其联合利益的最佳点，80 美元。有一年，RE 的经理考虑降价至 70 美元的可行性。他们估计，70 美元的价格将会给他们带来额外的利润 110 000 美元 –72 000 美元＝38 000 美元。但是这可能导致彼此信任关系的瓦解。RE 应该预计到，以后几年内 BB 也将选择 70 美元的价格，每家公司将每年只获利 70 000 美元。而如果 RE 遵守了最初的协议，每家公司本可以获得 72 000 美元的利润。因此，RE 的降价行为将给它带来以后每年 72 000 美元 –70 000 美元＝2 000 美元的损失。为了 38 000 美元的一次性赢利值，RE 值得以后每年损失 2 000 美元吗？

决定现在与未来的报酬是否均衡的一个关键变量是利率。假设年利率为 10%。那么，RE 可以把它赚的额外的 38 000 美元存进银行，然后以后每年赚取 3 800 美元的利息。这远远超过了以后 2 000 美元的年损失。因此欺骗符合 RE 的利益。但如果年利率只有 5%，那么，在以后每年，38 000 美元只能给 RE 带来 1 900 美元的利息，它小于协议瓦解后的 2 000 美元的年损失；这样，RE 就不会欺骗了。使二者均衡的利率应为 2/38 ＝0.052 6，即每年 5.26%。

这里的关键点在于，利率较低时，未来相对更有价值。例如，如果年利率为 100%，那么未来相对现在而言价值很低，一年后的 1 美元只值现在的 50 美分，因为你可以在一年内把 50 美分变成 1 美元，另外赚到 50 美元的利息。但是，如果年利率为零，那么一年后的 1 美元的价值与现在的 1 美元相等。[⊖]

在我们所举的例子中，当实际利率稍高于 5% 时，对每家公司而言，把他们的最佳联合价格 80 美元降低 10 美元的动机非常小，重复博弈中的合谋可有可无。我们将在第 4 章中探讨，如果没有对未来的顾虑，且欺骗的诱惑无法抗拒，价格会降到多低。

另一个需要考虑的相关因素是关系延续的可能性。如果这种衬衫仅仅是风靡一时的时尚商品，第二年可能根本卖不出去，那么，任何未来损失的可能性都不足以抵消今年欺骗的诱惑力。

但是除了衬衫外，RE 和 BB 还销售很多其他商品。在衬衫价格上欺骗，将来会不会招致对于对其他商品的报复？这种极大报复的可能性是否大到足以吓阻背叛？唉，对维持合作关系而言，多产品相互作用的方法是否有用没这么简单。多产品报复的可能性，伴随着立即从所有其他方面的同时欺骗中获益的可能性，而不仅仅是指一个方面。如果所有的产品都有完全相同的赢利表，那么得益和损失都会增加相同的量，这个量与产品的数量相等，因而，不论最后的均衡赢利是正的还是负的，这种变化趋势都不会改变。因此，在多产品囚徒困境博弈中，成功的惩罚必须以更微妙的方式，这取决于产品之间的差异。

第三个需要考虑的相关因素是经济规模随着时间的预期变化。这种变化包括两个方面——稳定的增长或衰退，以及波动。如果预期经济会增长，那么，现在想要背叛的公司就会认识到，由于合作关系破裂，它很可

⊖ 如果大家读读财经报刊，就一定经常会看到如下表述："利率与债券价格反向变动。"利率越低，债券价格越高。债券是未来收入的保证，反映了未来的重要性。这是牢记利率作用的另一种方法。

能在将来损失得更多，于是对欺骗更加犹豫。反之，如果经济正走下坡路，那么，企业知道将来没什么可拿来冒风险的，就会更倾向于欺骗。至于在经济波动期，公司更倾向于在暂时的繁荣到来时欺骗；欺骗能为它们带来更多的即时利润，但是根据平均的定义，在将来经济容量只达到平均水平时，由合作瓦解造成的利润下滑会打它们个措手不及。因此，我们预计在需求旺盛时期会爆发价格战。但情况并不总是如此。如果某时期的低需求是由普遍的经济萧条造成的，那么，顾客的实际收入就会降低，结果他们可能成为更精明的购物者，他们对某家公司或其他公司的忠诚度可能会降低，而且可能对价格差异反应更加灵敏。这种情况下，降价的公司就可以指望从其对手那里吸引来更多的顾客，从而从背叛中获得更大的即时利益。

最后，参与者群体的构成十分重要。如果结构稳定而且预期会这样保持下去，就有助于维系合作。合作协议中无关的或没有参与史的参与者更可能违约。如果当前的这群参与者预计将来有新成员加入，从而动摇这种心照不宣的合作关系，这就会增加他们自己欺骗的动机，谋取一些额外的利益。

康德定然律令解

有时候人们认为，在囚徒困境中一些人之所以选择合作，是因为他们不仅在为自己做决定，而且也在为其他参与者做决定。实际上这种说法错误的，但某些人的行动好像确实是这样。

某些人真正希望的是对方也合作，并且推测对方也和他一样正经历着同样的逻辑决策过程。所以，对方一定得出与他相同的逻辑结论。因此，如果这个参与者选择合作，他推测对方也将合作，而如果他选择背叛，他推测这会导致对方也背叛。这与德国哲学家伊曼纽尔·康德（Immanuel Kant）的定然律令非常相似："只采取那些你有望看到它成为普遍法则的行动。"

当然，事实远远不是如此。在此类博弈中，一个参与者采取的行动对另一个参与者没有任何影响。但人们仍然认为他们的行动或多或少会影响其他人的选择，即使他们的行动是隐藏的。

由艾利达尔·夏弗（Eldar Shafir）和阿莫斯·特维斯基（Amos Tversky）对普林斯顿大学生进行的实验，揭示了这种思维的力量。[16] 在他们的实验中，他们把 16 名学生置于囚徒困境博弈中。但是与普通的困境博弈不同，在某些处理方法上，他们会告诉其中一方另一方做了什么。当学生得知对方选择背叛他们时，只有 3% 的学生选择了合作作为回应。而当他们得知对方选择合作时，这会使选择合作的水平增加到 16%。结果仍然是大多数学生更愿意采取自私的行动。但是，很多人愿意报答对方表现出来的合作行为，即使这会让他们自己付出代价。

当学生对对方的选择一无所知时，你认为会发生什么？合作的比率会在 3%～16% 吗？不是；而是增加至 37%。从某种程度上来说，这毫无道理。既然你在得知对方背叛的情况下选择不合作，在得知对方合作的时候也选择不合作，那么，你为什么会在根本不知道对方的选择时选择合作呢？

夏弗和特维斯基把这种现象称为"准神奇式"思考。它是说，通过采取某种行动，你能够影响对方的行动。一旦人们被告知对方的选择，他们就会意识到自己不可能改变对方已经做出的决定。但是，如果对方的选择仍然悬而未决，或者是保密的，那么他们就会假设自己的行动也许会对对方产生一些影响，或者对方也正采取与自己相同的推理链，并得出相同的结果。既然合作 – 合作优于背叛 – 背叛，这个人当然选择合作了。

我们想要说明，这种逻辑是完全不合逻辑的。你做了什么，以及你是如何推理做出决定的，对于对方的思维和行动根本没有任何影响。他们必须在没有读懂你的想法或者看清你的行动的前提下，自己做出决定。然而，这种说法依然成立：如果社会中的人都进行这样的准神奇式思考，那么，他们就不会成为许多囚徒困境的牺牲者，反而都能从彼此之间的相互作用中获得更高的赢利。人类社会团体有可能为了这样一个最终目标，有意地向其成员灌输这种思维方式吗？

商界中的困境

有了前几节实验发现和理论思想的工具装备，现在我们可以走出实验室，去看一看现实世界中的一些囚徒困境实例，并尝试克服这些困境。

让我们先看看某个行业竞争企业之间的囚徒困境。通过行业垄断或组成卡特尔，维持高昂的价格，他们本可实现共同利益最大化。但是，每家企业通过背叛这种协议，秘密降价以从对手那里"偷"走生意，都可以得到更大的赢利。这些公司该怎么做呢？一些有助于成功合谋的因素，比如，不断增长的需求或者缺少破坏性的进入者，可能至少有一部分不在他们的掌控之中。不过，他们可以利用侦查欺骗的手段，设计有效的惩罚策略。

如果这些公司之间定期召开会议进行沟通，合谋便更容易实现。这样，它们便可以就什么是可接受的行为，以及什么行为构成了背叛的问题，进行谈判和妥协。谈判的过程以及谈判记录，有助于保持惩罚的清晰性。如果某种行为乍看起来像是欺骗，那么下一次会议就可以澄清，它是某个参与者不小心犯下的无关紧要的、无伤大雅的错误，还是蓄意的欺骗行为。因此就可以避免不必要的惩罚。而且，这个会议还有助于集团实施适当的惩罚。

问题在于，企业集团成功地解决了自己的困境，却伤害了公众的利益。消费者必须支付更高的价格，而这些公司却为了维持高价而减少供给。就像亚当·斯密说的那样："同一交易的人们很少全部聚在一起，即使是对于娱乐和消遣的交易也是这样，但对话总是最终以对抗公众的合谋或提高价格的诡计结束。"[17] 政府想要保护公众的利益，于是加入博弈，制定反托拉斯法，规定公司以这种方式合谋是不合法的。㊀ 在美国，《谢尔曼反托拉斯法案》禁止"以限制贸易或商业为目的"的合谋，在这些合谋中，价格配合或市场份额配合是最基本的，也是最常发生的。事实上，最高法院已经规定，不仅这种明确的合谋协定是被禁止的，而且公司之间的任何有价格配合作用的显性或隐性的协定，无论其主要意图是什么，都违反了谢尔曼法案。公司一旦触犯这些法律，其执行总裁就会有牢狱之灾，而不仅仅是作为法人的公司缴纳罚款。

这些公司努力想规避对非法行为的制裁。1996 年，ADM 公司——美国主要的农产品加工商，与其日本竞争对手味之素公司陷入了这样一场合谋官司。它们商定了各种产品的市场份额和定价协议，包括赖氨酸（它由玉米制成，用于养鸡和猪）。这样做的目的是以顾客利益受损为代价维持高昂的价格。它们的理念是："竞争者是我们的朋友，顾客则是我们的敌人。"由于 ADM 公司的某个谈判代表当了联邦调查局（FBI）的线人，他对多次会议进行了录音或录像，于是这两家公司的恶行得以曝光。[18]

在反垄断史和商学院案例分析中，一个著名的案例是关于大涡轮发电机的。1950 年，美国市场有三家公司生产涡轮发电机：通用电气公司最大，占有大约 60% 的市场份额；其次是西屋电气公司，占大约 30% 的市场份额；爱科公司则占 10% 的份额。它们采用了一种很精明的协调方法，来维

㊀ 并非所有的政府都非常关心大众的利益。有些政府只看重生产者的特殊利益，于是无视卡特尔组织，甚至为它们提供便利。我们不打算指明任何一个这样的政府，因为我们担心它们可能会禁止本书在该国出现！

持各自的占有率，并获得高价。下面是这种方法的运作过程。电力公共事业为打算购买的涡轮发电机招标。如果招标在历月的 1～17 日发布，西屋和爱科必须各自提交一个非常高的竞价，且该竞价必定失败，这样，通用就会以最低的竞价（但仍是可获得高额利润的垄断价格）成为合谋推举出来的胜出者。类似地，如果招标是在 18～25 日发布的，西屋就是指定胜出者，而爱科则是 26～28 日的指定胜出者。由于电力公共事业并不根据月历发布他们的招标计划，因此久而久之，每家生产商都得到了协议的市场份额。任何违背协议的公司很快会被对手发现。但是，只要司法部门不把胜出者跟月历联系起来，合谋就不会被法律觉察。不过，当局最终确实找出了这种规律，这三家公司的一些执行总裁锒铛入狱，有利可图的合谋就此瓦解。稍后我们还会讲到其他不同的合谋阴谋。[19]

后来，1996～1997 年，无线电波段拍卖的竞标中出现了"涡轮机阴谋"的变体。一家公司如果想得到某个特定地区的许可权，它就会通过把该地区的电话区号作为其出价的后三位数字，向其他公司暗示自己争取该许可权的决心。这样，其他公司就会让它胜出。只要同一个公司集团能长期在大量的这种拍卖中相互影响，只要反垄断当局没有察觉出这种规律，这种阴谋就可能继续维持下去。[20]

更普遍的情形是，某个行业中的公司会尽力达成，并维持未经明确沟通的、隐含的或心照不宣的协议。这消除了反托拉斯犯罪行为的风险，尽管反托拉斯当局可以利用其他方法结束隐含的合谋。不利之处在于协议不够清晰，且欺骗难以觉察，不过公司可以设计一些方法来改善这两个方面。

公司可以按照地域、生产线或某种类似的方式协议分割市场，而不是协议定价。这样，欺骗就更加显而易见，一旦其他公司"偷"走了分给你的部分市场，你的销售人员很快就会知道。

借助于"匹配竞争或殊死一搏"政策或最惠顾客条款之类的方法，商家可以更加简便地察觉降价，而报复也将得以迅速、自动地执行；在零售业尤其如此。许多销售家用产品和电子产品的公司高调地宣称，其价格将低于任何竞争对手的价格。有些公司甚至保证，如果你购买产品后一个月内发现其他同类产品价格更低，它们会退回差额，有时甚至双倍退回差额。乍一看，这些策略似乎以承诺低价促进了竞争。但只要有一点点博弈论思维就会知道，实际上它们所起的作用恰巧相反。假设彩虹之巅（RE）和比比里恩（BB）都采取了这样的政策，且它们的隐含协议是将衬衫定价为 80 美元。现在，每家公司都知道，如果它偷偷降价至 70 美元，对手很快就会发现；事实上，该策略最精明的地方在于，它让那些对低价最敏感的顾客承担了侦查欺骗的职能。而且潜在的背叛者也知道，对手会立即降低自己的价格来报复它，甚至不用等到明年的产品目录印刷出来。因此，这就更有效地吓阻了背叛者。

匹配竞争或殊死一搏的承诺可以是灵活的和间接的。在普惠公司（P&W）和劳斯莱斯公司（RR）争夺波音 757 和 767 的喷气式飞机引擎市场的竞争中，普惠公司向所有潜在购买者承诺，它的引擎相对于劳斯莱斯公司的引擎可以节省 8% 的燃料，否则它将赔付燃料成本的差额。[21]

最惠客户条款是说，所有客户将享受公司向最惠客户提供的最优惠价格。从表面上看，这些生产商是在保证最低价。不过，让我们深入考察一下。该条款意味着，这些生产商不能展开竞争，不能通过提供一个带有选择性的折扣价格，将其对手的顾客吸引过来，同时却只向它的熟客提供原来的较高价格。否则，它们必须一起降价，而那样做的代价会大得多，因为它们卖出的所有产品的利润都下降了。你可以看出这个条款对一个卡特尔有什么好处：欺骗所得小于欺骗所失，因此卡特尔也更容易维持。

美国反托拉斯执法系统的部门之一，联邦贸易委员会曾经评估过这个条款，杜邦公司、乙烷基公司和其他生产抗震汽油添加剂的公司都被指控使用了该条款。联邦贸易委员会裁定其存在反竞争效果，并且禁止这些公司在它们与客户签订的合同里使用这个条款。⊖

公财悲剧

在本章开头所列举的例子中，我们提到了过度捕捞之类的问题，这些问题产生的原因在于，人人都想拿走更多，从中获益，而他的行动却危害了其他人甚至以后几代人。加利福尼亚大学生物学家盖勒特·哈丁（Garrett Harding）把这种问题称为"公财悲剧"，他在他的例子中引用了15、16世纪英国公有土地上的过度放牧问题。[22] 现在，"公财悲剧"这个名字已经使这个问题变得非常有名了。如今，全球变暖的问题是一个更为严重的实例；没有一个人能从减少二氧化碳排放的行动中得到足够的私人利益，但若每个人都只追逐自身利益，所有人都会遭受严重的后果。

这正是一个多人囚徒困境，就像《第22条军规》中尤塞里安在战争中所面临的生命危险那样。当然，社会团体已经认识到对此类困境放任不管的代价，开始尝试一些努力，试图达到更好的结果。这些努力能否成功取决于什么呢？

印第安纳大学政治科学家埃莉诺·奥斯特罗姆（Elinor Ostrom）与她的拍档和学生，实施了一系列令人印象深刻的研究，试图克服公财悲剧困境，即从整体利益角度使用并保护公共财产资源，避免过度开发和快速损耗。他们研究了某些成功或不成功的做法，并得到了达成合作的某些前提

⊖ 这一裁决并非没有争议。委员会主席詹姆斯·米勒（James Miller）就不同意。他写道，这个条款"按理说能够减少买家的搜索成本，使他们能够在众多卖家里找到具有最佳性价比的卖家"。要想得到更多关于此案例的信息，请参阅"In the matter of Ethyl Corporation et al."FTC Docket 9128，FTC Decisions，pp.425–686。

条件。[23]

第一，必须有清晰的规则界定谁是博弈参与者群体中的一员——那些拥有资源使用权的人。界定的标准通常是地域或住所，但也可以以种族或技能为基础，成员资格也可以通过拍卖或支付报名费获得。[⊖]

第二，必须有清晰的规则界定所允许和所禁止的行为。这些规则包括对使用时间（狩猎/渔业开放及禁止的季节、可种植的作物种类、特定年份休耕的要求）、地点（近海捕捞的固定位置或指定轮作）、技术（渔网大小），以及资源量或份额（允许每个人从森林砍伐并拿走的木材量）的限制。

第三，对违反上述规则的惩罚机制必须明确，并让各方了解。这不一定是详细的书面准则；稳定社区中的分享准则同样也可以清晰有效。对违反规则者的制裁，可以是口头警告或者社会排斥、罚款、剥夺未来权利，以及在极端情况下的监禁。每种惩罚的严厉性还可以适当调整。对于第一次疑似欺骗的行为，处理方法通常只是与违规者直接面谈，要求其解决问题。而且第一次或第二次违规的罚款较低，只有在违规行为持续发生，或者变本加厉时，惩罚才会升级。

第四，必须建立一个察觉欺骗的有效机制。最好的方法就是在参与者的日常生活过程中建立自动侦查机制。例如，有好坏区域之分的渔业，可以指派渔民轮流在好的区域捕捞。被分配到好区域的人会不自觉地注意是

⊖　产权确立问题实际发生在英国。两次"圈地"浪潮，第一次由都德王朝时期的地方贵族发起，第二次由18～19世纪的议会行动发起，使得过去的公有土地归私人所有。一旦土地成为私有财产，那只"看不见的手"就会恰到好处地把门关上。土地所有者将收取放牧费，使其租金收入最大化，而这降低了土地的使用率。此举将提高总体经济效益，但也改变了分配状况；放牧费将使土地所有者更加富有，使牧民更加贫穷。即使不考虑这种分配的后果，这种方法也不总是可行的。公海或 SO_2、CO_2 排放的产权很难在缺少一个国际政府的前提下界定和执行：鱼和污染物会从一个海域漂流到另一个海域，风会携带 SO_2 越过国界，任何国家排放的 CO_2 也升到了同一个大气层中。由于这个原因，捕鲸、酸雨或全球变暖问题都必须通过更直接的控制来解决，但是保障这种必要的国际协议的执行并非易事。

否有人违反规则，并且他们有最强的动机向其他人检举违规者，让集体能够实施合适的制裁。另一个例子是关于一条规定：必须以集体的形式从森林及类似的公有地区收割；这个规定有利于大家共同监督，而无须雇人看护。

有时，规定什么是允许行为的规则，必须按照可行的侦查手段来设计。比如，渔民的捕捞量通常难以精确监督，即使是善意的渔民也很难准确控制其捕捞量。因此，基于捕捞数量配额的规则很少被使用。当数量更容易、更精确地观测时，数量配额规则就能更好地发挥作用，正如储水供应和森林砍伐一样。

第五，当上述几项规则和执行机制设计好后，事实证明，具有前瞻眼光的使用者可以轻松获得的信息特别重要。虽然每个人都有事后欺骗的动机，但他们有共同的先验利益，去设计一个优良的制度。他们可以充分利用自己对资源及资源开采技术，察觉各种违规行为的可行性，以及在集体中实施各种制裁的可信度的认识。事实证明，集中式和自上而下的管理模式会让此类事情大量出错，不能很好地发挥作用。

关于人们可以利用局部信息及规范机制，找到许多集体行动的解决方法这个问题，虽然奥斯特罗姆和她的拍档持总体乐观态度，但她给出了事情并非完美的忠告："困境永远不会彻底消失，即使在最佳的运作机制中……监督和制裁无论怎样也不能将诱惑降低至零。不要只想着如何克服或征服公财悲剧，有效的管理机制比什么都管用。"

自然界的腥牙血爪

正如你所料，除了人类，在其他物种之间也会发生囚徒困境。在搭建住所、采集食物、逃避捕食者之类的事情中，动物的行为可能是对自己或直系亲属有利的自私行为，也可能是对较大的群体都有利的行为。什么样的环境能促成好的集体结果？进化生物学家们已经研究了这个问题，并发现了一些有趣的例子和观点。这里给出一个简单的例子。[24]

曾经有人问过英国生物学家 J.B.S. 霍尔丹（Haldane）这样的问题：他是否会冒着生命危险去救一个同伴，霍尔丹回答："如果是救 2 个以上的兄弟，或者 8 个以上的堂兄弟，那么我会的。"你和你的兄弟拥有一半相同的基因（同卵双胞胎除外），和堂兄弟有 1/8 的基因相同；因此，你这样做，会使复制到下一代的你的基因数的期望值增加。这样的行为具有很大的生物学意义，因为进化过程会促进这种行为。这种近亲之间合作行为的纯基因基础，解释了在蚁群和蜂房中所观察到的令人惊叹的复杂的合作行为。

在动物中，没有这种基因纽带的利他行为非常罕见。但是，如果一个动物群体中的成员之间的相互作用足够稳定和长久，那么即使没有太多的基因一致性，互惠的利他行为也有可能发生，并持续下去。结群猎食的狼及其他动物就是这样的例子。下面的例子有点儿可怕，却令人吃惊：哥斯达黎加的吸血蝙蝠通常 12 只左右群居在一起，但是单独猎食。每天，总有一些吸血蝙蝠运气较好，而其他蝙蝠运气不好。幸运的吸血蝙蝠饱餐后飞回到整个群体居住的洞穴，可以把它们从猎物吸食的血液反刍出来，分给其他蝙蝠。三天没有吸到血的蝙蝠会面临死亡的危险。这个群体通过这样的分享，形成了相互"保险"、对抗死亡危险的有效方法。[25]

马里兰大学生物学家杰拉尔德·威尔金森（Gerald Willkinson）将不同地区的吸血蝙蝠集中起来放在一起，探讨了这种行为的原因。他有规律地扣留其中一些蝙蝠的血，观察其他蝙蝠是否会把血分给它们。他发现，只有当蝙蝠快要饿死时，才会有其他蝙蝠把血分给它。蝙蝠似乎能够将真正的需要和暂时性的坏运气区分开来。更有趣的是，他发现只有在以前群体中彼此相识的蝙蝠才会相互分食，而且它们也更愿意分给以前帮助过自己的蝙蝠。也就是说，蝙蝠能够认出其他蝙蝠，记住它们过去的行为，从而形成有效的互惠利他制度。

案例分析

捷足先登

加拉帕戈斯群岛是达尔文雀的故乡。在这些火山岛上生存十分艰难，因而进化压力巨大。即使雀喙的一点微小变化，也会使得生存竞争变得截然不同。⊖

每座岛的食物来源都不同，雀喙正反映了这些差异。在戴费尼岛上，仙人掌是主要的食物来源。在这个岛上，名为仙人掌雀的鸟已经进化出理想的喙，很适合在仙人掌开花时采集花粉和花蜜。

鸟类不会有意识地彼此博弈。然而，每种鸟喙的演变都可以看作它生存的策略。有利于采集食物的策略，将促进生存、配偶选择和繁殖后代。雀喙是这种自然选择与性别选择相结合的产物。

即使看来一切正常，遗传也会给这种结合带来些许波折。有句老话说得好，早起的鸟儿有虫吃。在戴费尼岛上，是早起的雀儿有花蜜吃。很多雀鸟不是等到上午九点仙人掌自然开花的时候去采集花粉和花蜜，而是尝试一种新方法。它们会瓣开仙人掌花，抢占先机。

乍一看，这样做似乎使这些雀鸟比它们晚到的对手更有优势。唯一的问题在于，在瓣开花的过程中，雀鸟们往往会弄断花柱。正如温纳解释的：

［花柱］是中空管的顶端，它像一根直长的吸管那样从花中心伸出来。花柱断了，花就会绝育。因为花粉中的雄性细胞触不到花蕊中的雌性细胞。于是，仙人掌花没有结果便枯萎了。26

仙人掌花一旦枯萎，仙人掌雀的主要食物来源就没有了。你可以预测这个策

⊖ 这个例子最先出现在乔纳森·韦纳（Jonathan Weiner）的著作 The Beak of The Finch: A Story of Evolution in Our Time（New York: Knopf, 1994），详见 chapter 20: "The Metaphysical croosbeak"。

略的最终结果：没有花蜜，没有花粉，没有种子，没有果实，于是就没有了仙人掌雀。这是否意味着，进化导致雀鸟陷入了囚徒困境，而这个困境的最终结果是灭绝？

案例讨论

不完全是这样，原因有两点。由于雀鸟是区域性的，所以那些仙人掌灭绝地区的雀鸟（及其后代）结果会成为失败者。不值得为了今天能多采一点儿花粉，就切断来年邻近地区的食物供给。因此，相对于其他鸟类来说，这些变异的雀鸟看起来不具有适应优势。但是，如果该策略能得到普遍运用，结论就大不相同了。变异雀鸟可以扩大它们的食物搜寻范围，即使是那些等在那儿的雀鸟也救不了仙人掌花柱。假定接下来一定会发生饥荒，那么最有可能生存下来的是那些从一开始就处于最强势地位的雀鸟。额外的一点儿花粉可能会导致这种差别。

我们这里讨论的是癌扩散式的适应性。如果这种适应性一直很微弱，它可能会消失。但是，如果它变得很强，它就会成为处于正在下沉的船只上的最佳策略。一旦这种策略变得有利——即使是相对有利，解决它的唯一方法是淘汰整个种群，重新开始。戴费尼岛上没有了雀鸟，就不会有鸟弄断花柱，仙人掌就会再开花。当两只幸运的雀鸟飞落在这个岛上，它们就有了重新开始进化的机会。

我们接下来讨论的博弈类似于囚徒困境，它是关于哲学家让 - 雅克·卢梭分析的"猎鹿"博弈的一个生死攸关的例子。⊖在猎鹿博弈中，如果人人合力捕鹿，他们就能成功，所有人吃得很好。但一旦某些猎人在猎鹿过程中突然碰上野兔，问题就产生了。如果太多猎人转而追逐野兔，就没有足够的猎人去捕鹿。在这种情形下，每个人都最好去追逐野兔。当且仅当你有信心确定大多数人都会猎鹿的时候，你最好的策略才是猎鹿。你就没有任何理由不去猎鹿，除非你缺乏信心，不确定其他人会怎么做。

⊖　关于卢梭的猎鹿博弈，还有一些其他的解释，我们将在第 4 章再继续讨论。

结果就成了一个信心博弈。博弈进行的方式可以有两种：齐心合力，生活美好；或者，各为己利，生活穷困短缺。这不是经典的囚徒困境，因为在经典囚徒困境中，不论别人怎么做，人人都有欺骗的动机。而在这里，只要你相信别人跟你做的一样，就不存在欺骗的动机。但你能信任他们吗？即使你信任他们，你能相信他们也同样信任你吗？或者，你能相信他们会相信你信任他们吗？就像富兰克林·德兰诺·罗斯福（在不同的背景下得出）的名言：除了恐惧本身之外，我们没什么可恐惧的。

更多关于囚徒困境的实例，请参阅第 14 章中的案例研究："1 美元的价格"和"李尔王的难题"。

第 4 章

美丽的均衡

协调大博弈

弗瑞德与巴尼是石器时代的猎兔者。在一个狂欢的晚上，他们偶然进行了一次关于狩猎的交谈。在交流信息和想法时，他们意识到，若他们合作，就能猎到更大的猎物，比如雄鹿和野牛。若一个人单独行动，则不能指望成功猎到雄鹿或野牛。若两个人联合起来，每天猎到的雄鹿或野牛肉可以达到每人每天猎到的野兔肉的 6 倍。合作意味着巨大的利益：每个猎人从大猎物捕猎中分得的肉相当于他单独猎到野兔肉的 3 倍。

两人一致同意第二天一起捕猎大猎物，并回到各自的洞穴中。遗憾的是，在兴奋中他们高兴得忘乎所以，以至于都忘了当时的决定是猎雄鹿还是猎野牛。这两种动物的捕猎地点方向恰好相反。在那个时代没有手机，而且他们两个人不是邻居，因此不可能很快去拜访对方来确认该去哪边。第二天早上，他们必须独立地做出决定。

从而，两人最终要进行一场决定去哪个方向的同时行动博弈。如果我们把每人每天猎到的野兔肉数量定为 1，那么，每人每天从成功捕杀大猎物的合作中分得的雄鹿或野牛肉将是 3。该博弈的赢利表如下图所示。

巴尼的选择

		雄鹿	野牛	野兔
弗瑞德的选择	雄鹿	3 / 3	0 / 0	1 / 0
	野牛	0 / 0	3 / 3	1 / 0
	野兔	0 / 1	0 / 1	1 / 1

这个博弈与第 3 章的囚徒困境存在多方面差异。我们重点看一个重要区别。弗瑞德的最佳选择取决于巴尼的行动，反之亦然。对任何一个参与

者来说，都不存在这样一个策略：不论对方如何行动，这个策略总是最佳的。这个博弈不像囚徒困境，它没有优势策略。因此，每个参与者不得不考虑另一个参与者的选择，然后根据对方的选择，找出自己的最佳选择。

弗瑞德是这样想的："如果巴尼去了雄鹿所在地，那么，我要是也去那里，就能分到大猎物，但我要是去了野牛所在地就什么也得不到。如果巴尼去了野牛所在地，情况就正好相反了。与其冒到了其中一个地方却发现巴尼去了另一个地方的风险，我是不是该去猎野兔以确保虽然少但却正常的肉量？换句话说，我该不该放弃有风险的 3 或者 0，而确保得到 1 呢？这取决于我认为巴尼可能怎么做，那么，让我来设想自己正处于他的位置，来看看他是怎么想的。噢，他正在想我可能怎么做，而且正设想他处于我的位置！这个我认为他认为的循环有没有尽头？"

价格竞争博弈

约翰·纳什的美丽的均衡是一种理论方法，它可以解开策略博弈中的此类我认为他认为其他人的选择的循环⊖。这种思想是要寻找一个结果，在该结果下，博弈中的每个参与者对另一个参与者的策略做出回应，选择最符合其自身利益的策略。如果这样的策略组合产生，任何一个参与者都没有理由单方面改变其策略。从而，在参与者各自同时做出策略选择的博弈中，这是一个潜在的稳定结果。我们先运用几个实例来阐明这种思想。之后，我们讨论它预测各种博弈结果的准确度如何；找出需要谨慎乐观的原因，以及为何要将纳什均衡作为几乎所有博弈分析的出发点。

⊖　对于那些没有观看过由拉塞尔·克罗（Rusell Crowe）主演纳什的电影《美丽心灵》，或者没有阅读过西尔维亚·娜萨的同名畅销书的读者，我们想补充几句，约翰·纳什在 1950 年前后提出了博弈均衡的基本概念，之后又继续在数学界做出了同等重要甚至更重要的其他贡献。持续数十年严重的精神疾病痊愈后，他被授予 1994 年度诺贝尔经济学奖。这是博弈论第一次获得诺贝尔奖。

让我们通过考虑彩虹之巅（RE）与比比里恩（BB）之间一个更为一般的定价博弈，来提出上述概念。在第 3 章，我们只允许每家公司为衬衫选择两种定价，80 美元和 70 美元。我们也承认每家公司都有动机削减价格。所以，且让我们允许各家公司在更低的范围内有更多的选择，即 42 美元到 38 美元之间以 1 美元为调整步长⊖。在先前的例子中，当两家公司都定价 80 美元时，每家公司的销售量是 1 200 件。如果其中一家公司将价格削减 1 美元，而另一家保持价格不变，那么，削减价格的公司将获得 100 个新顾客，其中 80 个是从另一家公司转移过来的，20 个是从未参与该博弈的其他公司转移过来的，或者是那些本不打算购买但在此情形下决定购买衬衫的人。如果两家公司都将价格削减 1 美元，则现存顾客保持不变，但每家公司都会获得 20 个新的顾客。所以，当两家公司都定价 42 美元而不是 80 美元时，每家公司在最初的 1 200 个顾客的基础上可获得 38×20=760 个新顾客。这样，每家公司的衬衫销售量是 1 960 件，利润为（42–20）× 1 960 = 43 120 美元。对其他的定价组合进行类似的计算，我们得到下面的博弈表。

比比里恩

		42	41	40	39	38
		43 120	43 260	43 200	42 940	42 480
	42	43 120	41 360	39 600	37 840	36 080
		41 360	41 580	41 600	41 420	41 040
	41	43 260	41 580	39 900	38 220	36 540
彩虹之巅		39 600	39 900	*40 000*	39 900	39 600
	40	43 200	*41 600*	*40 000*	38 400	36 800
		37 840	38 220	*38 400*	38 380	38 160
	39	42 940	41 420	39 900	38 380	*36 860*
		36 080	36 540	36 800	36 860	36 700
	38	42 480	41 040	39 600	38 160	36 700

⊖ 选择 1 美元的增量，以及价格的限制范围，仅仅是为了限定每个参与者的可选策略的数目，以简化博弈的分析。在本章的后面部分，我们将要简单地考虑每家公司可以从一个连续取值范围内选择价格的情况。

这个表格看起来比较棘手，但实际上，运用 Microsoft Excel 或其他电子表格程序，很容易建立这样一个表格。

健身之旅 2

试着运用 Excel 建立这个表格。

最优反应

考虑一下 RE 公司定价主管的想法。（从现在起，将其简单地称为"RE 的想法"，对于 BB 也类似。）如果 RE 认为 BB 将选择 42 美元，则 RE 选择各种不同价格时的利润在上表第一列的左下角给出。这 5 个数字中，最大值是 43 260 美元，此时 RE 的定价是 41 美元。所以，这是 RE 对于 BB 的 42 美元选择的最优反应。同样，如果 RE 认为 BB 将选择 41 美元、40 美元或 39 美元，那么它的最优反应是 40 美元；而如果它认为 BB 将选择 38 美元，其最优反应是 39 美元。我们用粗斜体表示这些最优反应利润额，使其更加清晰明了。我们也在适当的单元格中的右上角，用粗斜体数字表示出了 BB 对于 RE 的各种可能定价的最优反应。

在继续分析之前，我们必须对最优反应做出两点说明。首先，这个术语本身需要进一步澄清。两家公司的选择是同时进行的。因此，与第 2 章的情形不同，每家公司将无法观察到另一家公司的选择，也就不能据此对另一家公司的实际选择做出"回应"来决定自己的最佳选择。相反，每家公司都会对另一家公司的选择形成一个信念（该信念可能基于想当然的、经验的或有根据的推测），然后对这个信念做出回应。

其次，需要注意，对于任何一家公司，其定价低于对方并不总是最佳的。若 RE 认为 BB 将选择 42 美元，则 RE 应该选择一个相对较低的价格，即 41 美元；但是若 RE 认为 BB 会选择 39 美元，RE 的最优反应就是相对较高的价格，即 40 美元。在选择最优价格时，RE 必须权衡考虑两种相反的情况：低于对方的价格会增加它的销售量，但也会带来较低的单位销售利润。如果 RE 认为 BB 的定价将非常低，那么 RE 的定价低于 BB 的利润损失可能非常大，所以 RE 的最佳选择可能是，为了获得较高的单位衬衫利润，而接受较低的销售量。一个极端是，RE 认为 BB 将以成本定价，即 20 美元，这个定价会使 RE 的利润为零。RE 最好是选择一个更高的价格，保住一些忠诚顾客，并从他们那里赚取利润。

纳什均衡

现在我们回到博弈表，观察这些最优反应。一个事实立即凸现出来：两家公司都定价 40 美元的那个单元格中，两个数字都是粗斜体，每家公司的利润均为 40 000 美元。若 RE 认为 BB 将选择 40 美元的定价，则它自己的最佳定价是 40 美元，反过来 BB 也是如此。如果两家公司都选择将衬衫的单位价格定为 40 美元，则每家公司关于对方定价的信念由这一实际结果得到证实。这样，如果关于对方选择的事实比较明显，那么任何一家公司都没有理由改变它的定价。因此，该博弈中的这两个选择构成了一个稳定的组合。

如果有这样的博弈结果，即，给定关于对方行动的信念，每个参与者的行动是其对他人行动的最优反应，而且每个参与者的行动与对方关于其行动的信念是一致的，那么这类博弈结果就可以巧妙地解开"我认为他认为"的循环。这样的结果有一个非常好的名号，叫参与人思维过程的静止点，或者叫作博弈的均衡。是的，这正是纳什均衡的定义。

我们在博弈表中用灰色单元格突出显示纳什均衡，且对以后出现的所有的博弈表均做同样的处理。

第 3 章的定价博弈是一个囚徒困境，其中只有两种定价选择，即 80 美元和 70 美元。此处具有多个价格选择的更一般的博弈仍然具有此种特性。如果两家公司达成一个可信的、强制性的合谋协定，它们就都可以将价格定在远高于纳什均衡价格的 40 美元。正如我们在第 3 章所看到的，一致定价 80 美元可以使每家公司都获得 72 000 美元，而在纳什均衡的水平，每家公司只能得到 40 000 美元。这个结果使我们认识到，行业垄断或厂商卡特尔使消费者受害有多么深！

上述例子中，在自己与对手的每个价格组合下，这两家公司的成本相同，销售量也相同。一般而言，这个条件并非必须，在纳什均衡结果下，两家公司的价格可以有所差异。对于那些想更深入掌握此方法和概念的读者，我们将这个作为"练习"；普通读者可以随意地浏览一下"练习"中的答案。

健身之旅 3

假设彩虹之颠（RE）为衬衫生产找到了较便宜的原材料，因而其单位成本由 20 美元下降到 11.60 美元。而比比里恩（BB）的单位成本仍为 20 美元。重新计算盈利，找出新的纳什均衡。

定价博弈还有其他许多特性，但这些特性相对于目前的材料而言太复杂了。所以我们将其推迟到后半章来讨论。对这一节进行总结，我们对纳什均衡做出几点主要说明。

每个博弈都存在纳什均衡吗？答案是"基本如此"，只要我们将行动或策略的概念一般化，且允许混合行动的存在。这正是纳什提出的著名理论。我们将在第 5 章引入混合行动的思想。不存在纳什均衡的博弈，即使允许有混合行动，也是非常复杂难解的，所以我们将它们留给博弈论的高级方法去解决。

对于同时行动博弈，纳什均衡是不是一个好的解？在本章后面部分，我们将就有关上述问题的一些论点与论据进行讨论，答案将是有所保留的肯定。

每个博弈只有一个纳什均衡吗？不。在本章的剩余部分，我们将考虑一些有多个纳什均衡解的重要博弈案例，并讨论由它们引发的一些新问题。

哪个均衡

让我们试着用纳什的理论来分析狩猎博弈。很容易就能找到狩猎博弈中的最优反应。弗瑞德应当简单地做出与他认为的巴尼的选择相同的选择。结果如下。

巴尼的选择

		雄鹿	野牛	野兔
弗瑞德的选择	雄鹿	3　3	0　0	1　0
	野牛	0　0	3　3	1　0
	野兔	0　1	0　1	1　1

看来，该博弈有三个纳什均衡解[⊖]。哪一个解将成为最终结果呢？或者，这两个人会不会根本达不到任何一个均衡？纳什均衡思想本身给不出答案。我们需要进行一些额外的、不同的考虑。

如果弗瑞德和巴尼曾经在他们共同的朋友的雄鹿聚会上见过面，他们就会认为选择雄鹿更加重要。如果他们的社会习惯是，一家之主当天准备出去狩猎时，在告别时要大声喊："再见，儿子"，那么选择野牛就可能成为首要的。但如果社会习惯是，在告别时家人对他说："注意安全"，那么，不论对方如何选择，首要选择可能是确保一定肉量的比较安全的做法，即猎野兔。

但是确切地说，什么构成了"首要选择"？一个策略，比如为明确选择雄鹿起见的一个策略，在弗瑞德看来可能是首要的，但这一点并不足以使他做出这个选择。他必须自问，同样的策略对于巴尼而言是不是首要的。反过来，巴尼也会想，它对于弗瑞德而言是不是首要的。在多个纳什均衡解中进行选择时，需要解决类似的"我认为他认为"问题，正如说明纳什均衡概念本身时一样。

要解开这个循环，"首要选择"必须是一个多层次的、反复的概念。

⊖　如果允许混合行动，还会存在其他纳什均衡解。但这些解有些奇怪，且主要是学术趣味。我们将在第 5 章对其进行简要讨论。

对于两人独立的思考和行动，成功选择出的均衡必须是对弗瑞德而言很显然，对巴尼来说很显然，对弗瑞德来说很显然……这才是恰当的选择。如果一个均衡以这种方式在无穷层次上都很显然，即，参与者的期望均汇合于这个均衡，我们就称其为**聚焦点**（focal point）。这个概念的提出正是托马斯·谢林对博弈论的诸多开创性贡献之一。

博弈是否有聚焦点取决于许多情况，包括参与者重大的共同经验，这可以是经验的，也可以是历史的、文化的、语言的，或者纯粹偶然的。以下是一些例子。

首先，我们来看谢林的那个经典例子。假设你被告知要于某天在纽约市会见一个人，但未被告知具体时间和地点。你甚至不知道要见的那个人是谁，所以不可能提前与他取得联系（但你知道见面后如何认出对方）。你还被告知对方得到的指示相同。

你成功的机会看起来可能十分渺茫；纽约市太大了，而且一天的时间也很长。但实际上出人意料的是，处于这种情形的人们通常能够成功会面。时间的确定很简单：正午是个明显的聚焦点；两个人的期望几乎是本能地汇合于这一点。地点的确定要困难一些，但恰好存在几个标志性的地点，可以使两个人的期望汇合在一起。起码这大大缩小了选择范围，增加了成功会面的可能性。

谢林做了几个实验，实验的对象来自波士顿或纽哈芬地区。在那个年代，他们乘坐火车到达纽约中央火车站；对他们而言，车站的时钟就是聚焦点。现在，由于电影《西雅图夜未眠》的影响，许多人会认为帝国大厦是聚焦点；而另有一些人会认为泰晤士广场明显是“世界的中心”。

我们中的一个（奈尔伯夫）在美国广播公司（ABC）一个叫《生活：博弈》的“黄金时段”节目中做了这个实验[1]。将 6 对互不相识的人带到纽约市的不同地方，然后让他们找到其他几对，除了知道其他几对也要在同

样的情形下寻找他们之外，他们对其他几对的情况一无所知。每对内部的
讨论很显然遵循谢林推论。每一对考虑他们认为哪里是明显的见面地点，
还会考虑其他几对认为他们如何认为。每一组，如组 A，在考虑的时候会
认识到这样的事实，即另一组，如组 B，同时也在考虑对 A 而言什么是明
显的。最终，三对去了帝国大厦，另外三对去了泰晤士广场。他们都把时
间选在了正午。还存在一些进一步的问题需要解决：帝国大厦有两个不同
高度水平的瞭望甲板，而泰晤士广场又是个很大的地方。但只用了点小计
谋，包括手势，这六对就都成功地会合了◯。

　　成功的关键，不在于这个地点对你们组来说是显然的，也不在于对其
他组来说是显然的，而在于这个对每个组都显然的地点对其他组也很显
然，并且，一旦帝国大厦有这种特点，那么，即使对他们而言去那里不甚
方便，每个组也仍会去那里，因为那是每个组可以指望其他组去的唯一地
点。如果只有两个组，其中一组可能认为帝国大厦是明显的聚焦点，而另
一组可能认为泰晤士广场是明显的聚焦点；那么这两组的会合就会以失败
告终。

　　斯坦福商学院（Stanford Business School）的大卫·克雷普斯（David
Kreps）教授在他的课堂上做了以下实验。他选了两个学生参与这个博弈，
每个学生都必须在不能与对方交流的情况下，做出他的选择。他们的任务
是，将清单上的城市在他们之间进行分割。一个学生分派到了波士顿，另
一个学生分派到了旧金山（这两个分派是公开的，每个学生都知道对方的
城市）。然后，他给了每个学生一张清单，清单上列出了其他九个美国城

　◯　其中一对在帝国大厦外面坐了将近一个小时，一直等到正午。如果他们当时决定在里
　　　面等，情况就会好很多。更有意思的是，由男士组成的各个组从一个地点奔跑到另一
　　　个地点（港务局、宾州车站、泰晤士广场、中央火车站、帝国大厦），却不做任何使他
　　　们更容易被其他组找到的手势。正如所料，男士组甚至在路上相遇了也没有认出对方。
　　　相反，所有的女士组都做手势或者挥帽子。她们选了一个特定的地点，在那里等着被
　　　其他组找到。

市：亚特兰大、芝加哥、达拉斯、丹佛、休斯敦、洛杉矶、纽约、费城和西雅图，然后让学生分别选择一个这些城市的子集。如果他们的选择结果恰好是完整的、无重叠的分割，那么他们都可以得到一个奖品。但如果他们的选择组合中缺少一个城市，或者有任何重复，他们就什么也得不到[⊖]。

这个博弈有几个纳什均衡解？如果分派到波士顿的这个学生选择了，比如，亚特兰大和芝加哥，而分派到旧金山的学生选择了剩下的几个城市（达拉斯、丹佛、休斯敦、洛杉矶、纽约、费城和西雅图），这就是一个纳什均衡：当其中一个参与者的选择不变时，另一个参与者的选择的变化会造成缺失或重叠，进而降低赢利。如果，一个学生选择了丹佛、洛杉矶和西雅图，另一个学生选择了其他 6 个城市，则同样的道理也试用于此。换句话说，有多少种方法可以把这 9 个城市的清单分成 2 个不同子集，就有多少个纳什均衡解。这样的方法总共有 29 种，或 512 种；因此，该博弈有大量的纳什均衡解。参与者的期望能否汇合起来，形成一个聚焦点？当两个参与者都是美国人或者长期的美国居民时，在超过 80% 的情况下，他们会从地理上进行城市分割的选择；分派到波士顿的学生选择密西西比河以东的所有城市，而分派到旧金山的学生选择密西西比河以西的那些城市[⊖]。如果一两个学生都是非美国居民，达成这种合作的可能性就会小得多。所以，国籍或文化可能有助于形成一个聚焦点。当克雷普斯的两个学生缺乏这样的共同经验时，有时可以按照字母顺序进行选择，但即便如此，也没有明确的分割点。如果城市的总数是偶数，平分可能是聚焦点，但对于九个城市而言，平分是不可能的。所以，我们不应断定参与者总是可以找到

⊖ 这个分割城市的博弈可能看起来十分无趣或者毫无意义，但我们来考虑这样一个问题：两家公司正试图分割美国市场，每家公司可以在它分到的领域内取得无竞争垄断地位。美国反托拉斯法禁止显性勾结。要达成默契，期望必须汇合于一点。克雷普斯的实验表明，相对于一家美国公司与一家外国公司而言，两家美国公司更容易达成这种默契。

⊖ 如果关于美国学童的地理知识退化的新闻报道是真实的，或许几年后，这种方法就不再奏效了。

一种方法，通过期望的汇合，从多个纳什均衡解中选出一个解；找不到聚焦点的情况是极有可能发生的。

接下来，假设让两个参与者都选择一个正整数。如果两个人选择了相同的数字，那么他们都能得到奖励。如果两个人选择了不同的数字，则他们什么也得不到。最常出现的选择是 1：它是所有数字（正整数）中的第一个数字，是最小的数字，等等；因此，它就是聚焦点。在这里，选择 1 的原因是基于数学的。

谢林给出了这样一个例子：两个或两个以上的人一起去了某个人群拥挤的地方，他们走散了。每个人应该期望去哪里找到对方？如果在这个地方，比如百货商场或者火车站，有一个失物招领窗口，那么这个窗口就是聚焦点。在这里，选择窗口的原因与语言有关。有时候，会面地点是为了保证期望的汇合而特意建立的，例如，德国和瑞士的许多火车站都有一个很明显的标志 Treffpunkt（会面处）。

会面博弈的灵活性不仅在于两个参与者可以找到对方，还在于聚焦点最终与很多策略互动有关。最重要的会面博弈可能是股票市场了。堪称 20 世纪最著名的经济学家约翰·梅纳德·凯恩斯，曾将股市与一场报纸选美比赛进行类比分析，对股市行为做出了解释。在他那个时代，报纸选美赛是普遍存在的。该选美赛是在报纸上登出许多人的头像，读者必须猜出哪张面孔是大多数投票者认为漂亮的[2]。当每个人都这样考虑时，问题就演变成大多数人认为，大多数其他人认为其他大多数人会认为……哪张脸是最漂亮的。如果一个选手比其他选手漂亮得多，那么这个选手必然就是聚焦点。但读者的工作远远不是这么简单。换个角度想象一下，假设 100 个决赛选手除了头发的颜色以外，几乎没有差别。在这 100 个选手当中，只有一个人是红头发。你会选择这个红头发的选手吗？

目标不再是做出谁最漂亮的绝对判断，而变成了找到这一思考过程的聚焦点。在这一点上我们如何达成一致？读者必须在无法互相交流的情况下，找出共同的规则。"选择最漂亮的"可能是一条规则，但与选择那个红头发的，或两颗门牙中间有一条有趣的缝隙的 [劳伦·赫顿（Lauren Hutton）]，或脸上有一颗痣的 [辛迪·克劳馥（Cindy Crawford）] 选手相比，达成这个规则要困难得多。任何独有的特征都成为聚焦点，使人们的期望汇合。正因为如此，我们不必为许多世界最美的模特不具备完美的脸蛋而感到惊奇；相反，她们即使近乎完美，也会有点有趣的瑕疵，这些瑕疵使她们的容貌非常有个性，从而成为聚焦点。

凯恩斯用选美赛来比喻股票市场，在股票市场上，每个投资者都想购买其价格在未来会上升的股票，这意味着，大部分投资者认为的价格会上升的股票一定会升值。热门股票就是每个人认为的其他每个人认为的……热门的股票。有多种原因可以解释为什么不同时期的热门行业或股票也不同——最初公开发售时的良好宣传、知名分析家的建议，等等。聚焦点的概念还解释了为什么人们会注意约整数：道琼斯指数 10 000，或者纳斯达克指数 2 500。这些指数仅仅是特定股票组合的价值。像 10 000 这样的数字没有任何本质意义；它之所以成为聚焦点，仅仅是因为期望更容易汇合于约整数。

这些例子都得出了这样的结论，即，均衡可以轻易地由于突发奇想或一时狂热而确定。没有什么基本原则可以保证最漂亮的选手会被选中，或者最好的股票会升值最快。存在一些可以使事情朝着正确的方向发展的力量。高额预期回报无非如同选美参赛者的肤色，只不过是用以避免恣意狂想的许多必要但并不充分的条件之一。

许多数学博弈论学家反对如下说法，即：博弈结果受博弈的历史、文化或语言方面的影响，或者纯粹取决于像约整数这样的武断的因素；他们更倾向于认为，博弈结果完全取决于与博弈相关的各种抽象的数学事实——参与者人数、每个参与者可选策略的个数，以及与所有参与者策略选择相联系的每个参与者的赢利。我们不同意上述观点。我们认为如下的说法非常恰当，即：由社会中相互影响的人们参与的博弈的结果，应当取决于博弈的社会和心理方面。

考虑一下议价的例子。在这里，参与者双方的利益似乎是完全冲突的；一方利益的增加意味着另一方利益的减少。但在许多谈判中，如果双方达不成一致，那么双方都不得到任何利益，而且可能还会遭受巨大的损失，就像在工资谈判中所发生的一样，如果谈判失败，就会由此引发罢工或停工，从而雇主和工人都会因此遭受损失。双方的利益可以在都想避免不一致的基础上达成一致。如果他们能够找到一个聚焦点，就能避免这种不一致，他们共同的期望是，在这一聚焦点上，双方都不会做出让步。这就是为什么50：50平分随处可见的原因。这种分配方法简单明了，有利于表现公平，而且，一旦这样的考虑占据一席之地，就有助于期望的汇合。

考虑一下首席执行官（CEO）的超高薪酬问题。通常，CEO对声誉非常在乎。一个人获得的报酬是500万美元还是1 000万美元，这对他的生活并不会真正产生巨大差别。（在我们的立场这样说更容易，因为两个数字对我们而言都很抽象。）CEO关注的会合点是哪里？它高于平均水平。每个人都想拿到高于平均水平的薪水。他们都想在那个水平会合。问题是，这个会合点的薪水只允许有一半人获得。但是，他们解决这一问题的方法是逐步抬高薪水。每家公司支付给其CEO的薪水都高于前一年的水平，所以每个人都认为他们的CEO薪水高于平均水平。最终，CEO的薪水疯狂上涨。要解决这个问题，我们需要找出另一个会合聚焦点。例如，从历史上看，CEO利用公共服务提高了他们在社区的声望。这种程度的竞争总体说来不错。当前，薪水的聚焦点是由《商业周刊》调查和薪酬顾问确定的。要改变这个聚焦点可不是件容易事。

公平问题也是选择聚焦点时的问题之一。《千禧年发展目标》以及杰夫·萨克斯（Jiff Sachs）的《贫困的终结》一书中强调，每个国家贡献其 1% 的国内生产总值，到 2025 年，贫穷就会结束。这里的关键是，贡献量的聚焦点基于收入的比例，而不是一个绝对量。所以，富裕的国家应该比贫穷的国家多贡献一些。这种显著的公平可能有助于期望的汇合。承诺基金会不会真正实现，这仍然是个谜。

争斗与懦夫

在狩猎博弈中，两个参与者的利益是完全一致的；他们都更愿意达成其中一个大猎物均衡解，唯一的问题是，他们怎样才能使他们关于聚焦点的信念一致。现在我们转向另外两个博弈，这两个博弈也有多个纳什均衡解，但还有一个利益冲突的元素。由它们引出的策略思想不同。

这两个博弈都可以追溯到 20 世纪 50 年代，它们涉及的故事适合那个时代。我们将用我们的石器时代猎人弗瑞德和巴尼之间的博弈的变体，来阐述这两个博弈。但我们也将触及原始的性别歧视事实，一方面是因为这解释了出现在这两个博弈中的名字，另一方面也因为回顾古代的陈腐观点和标准还有点轻松搞笑的价值。

第一个博弈通常被称为性别战。其思想是，丈夫和妻子对电影的偏好不同，且两种备择选择也截然不同。丈夫喜欢动作片与战争片，他想去看《斯巴达 300 勇士》。妻子喜欢催人泪下的情感剧，她想选择《傲

		巴尼的选择	
		雄鹿	野牛
弗瑞德的选择	雄鹿	4 　3	0 　0
	野牛	0 　0	3 　4

慢与偏见》或《美丽心灵》。但是，他们都更愿意与对方一起去看一部电影，而不愿意单独看任何电影。

我们将狩猎博弈中的野兔选项去掉，只保留雄鹿和野牛选项。但是，假定弗瑞德更偏好于雄鹿肉，他对联合猎鹿的结果评价不再是3，而成了4，而巴尼的偏好恰好相反。修正之后的博弈赢利表如上图所示。

最优反应仍然用粗斜体表示。我们立刻可以看出，该博弈有两个纳什均衡，一个是两人都选择雄鹿，另一个是两人都选择野牛。两个参与者都更喜欢得到一个纳什均衡结果，而不是在一个非纳什均衡的结果下单独狩猎。但是，他们对于两个均衡的偏好存在冲突：弗瑞德更喜欢雄鹿均衡，巴尼则更喜欢野牛均衡。

怎样才能维持这个或那个结果呢？如果弗瑞德能用某种方式向巴尼传达一个信息：他，弗瑞德，说一不二并坚决选择雄鹿。那么巴尼只有遵从其选择，才能保持良好的局势。然而，弗瑞德在利用这样的策略时，面临两个问题：

第一，在做出实际选择前，需要某种沟通方法。当然，沟通通常是一个双向的过程，所以巴尼可能也在尝试同样的策略。弗瑞德异想天开地想要一个可以用来发送信息，而不能接收信息的工具。但这不仅仅是工具自身的问题；弗瑞德怎样才能确定，巴尼已经接收而且理解了这个信息？

第二，更重要的是，所传递的坚决信息的可信性问题。坚决信息有可能并不那么坚决，所以巴尼可能会反抗弗瑞德而选择野牛，以检验这个信息是否真的坚决；而这将使弗瑞德面临两个糟糕的选择：要么做出让步，选择野牛，这一选择将使他变得卑贱，名誉扫地；要么坚持先前的雄鹿选择，这一选择意味着错过联合狩猎的机会，得不到一丁点儿肉，结果是全家挨饿。

在第 7 章我们将考察一些方法，利用那些方法，弗瑞德可以使他的决定变得可信，从而达到他的偏爱的结果。但我们也会考察一些可以使巴尼破坏弗瑞德承诺的方法。

　　在博弈开始前，如果他们可以进行双向交流，这本质上就是一个谈判博弈。这两个参与者偏好于不同的结果，但是，他们又都偏好于共同抵制不一致。如果博弈可以重复进行，他们就有可能认同妥协，例如，在不同的日子轮流选择两个地点。即使在单次博弈中，他们也可以根据统计平均的道理，通过抛硬币达成妥协。正面朝上时选择一个均衡，背面朝上时选择另一个均衡。我们在以后将用一整章来探讨这一重要的谈判问题。

　　第二个经典博弈叫懦夫博弈。该故事的标准说法是，两个年轻人在笔直的大路上相向驾驶，第一个改变方向避免冲撞的人就是窝囊废，或是懦夫。然而，如果两个人都保持直行，他们就会相撞，对他们两人而言，这是最糟糕的结果。为了通过狩猎博弈创建一个懦夫博弈，可去掉野牛和雄鹿选项，但假设有两个猎野兔的地点。一个地点位于南边，面积较大但野兔稀疏；两个人都可以去那里，每人得到 1 单位的肉。另一个地方位于北边，野兔密集但面积较小。如果只有一个猎人去了那里，他就可以得到 2 单位肉。如果两个人都去了那儿，他们只会相互妨碍，开始互相争斗，最终两个人什么也得不到。如果一个往南，另一个往北，那么往北的那个人可以独享他的 2 单位肉。往南的那个人得到他的 1 单位肉。但是，看到对方晚上带着 2 单位肉回来，往南的人和他家人的嫉妒会减少他的喜悦，所以我们把他的赢利定为 1/2 而不是 1。这样，博弈赢利表如右图所示。

　　同样，最优反应用粗斜体表示。我们立刻可以看出，这个博弈有两个纳什均衡解，即一个往北，另一个往南。后者就是懦夫；他对对方

		巴尼的选择	
		北	南
弗瑞德的选择	北	0 0	*1/2* **2**
	南	**2** *1/2*	1 1

往北的选择做出了最优反应，造成了一个糟糕的局面。

性别战和懦夫这两个博弈中，既有共同利益，又有利益冲突：在这两个博弈中，两个参与者都更喜欢均衡结果，而不喜欢非均衡结果，在这一点上他们达成一致。但是，在哪个均衡更好的问题上，他们的意见不统一。该冲突在懦夫博弈中更显尖锐，因为如果每个参与者都试图达到其偏爱的均衡，最终只会导致最坏的结果。

懦夫博弈中选择均衡解的方法与性别战博弈类似。其中一个参与者，比如弗瑞德，可以承诺选择他偏爱的策略，即往北。和前面一样，让承诺可信并确保对方了解这个承诺至关重要。我们将在第6章和第7章，更全面地考虑承诺及其可信性。

在懦夫博弈中也存在妥协的可能性。在重复博弈下，弗瑞德和巴尼可能一致同意在南和北之间进行交替；在单个博弈中，他们也可以用抛硬币或其他随机方法来决定谁去北边。

最后，懦夫博弈表明了一个博弈的一般观点：即使参与者在策略与赢利方面是完全对称的，博弈的纳什均衡解也可能是非对称的。即，参与者选择不同的行动。

一段小小的历史

在本章以及前几章举例的过程中，我们介绍了几个已成为经典的博弈。囚徒困境，当然，众所周知。不过，石器时代两个猎人会合的博弈几乎同样尽人皆知。卢梭在一个几乎完全相同的场景下引入了这一博弈；当然，他没让《摩登原始人》中的角色为故事增色。

猎人的会合博弈不同于囚徒困境，因为弗瑞德的最优反应是采取与巴尼相同的行动（反之亦然），而在囚徒困境博弈中，弗瑞德会有一个优势策略（不论巴尼怎么做，只有一种行动，例如猎野兔是他的最佳选择），巴尼也同样如此。这种区别的另一种表述方式是，在会合博弈中，如果弗瑞德能得到巴尼也去猎雄鹿的保证，不论是通过直接沟通还是由于聚焦点的存在，那么，他就会去猎雄鹿，反之亦然。正因为如此，该博弈通常被称为**确信博弈**（assurance game）。

卢梭没有将他的思想用精确的博弈论语言表达出来，他的措辞使他的意思有多种解释。在莫里斯·克兰斯顿的译本中，最大的动物是鹿，且对这一问题的陈述如下："如果是猎鹿的情况，每个人都会充分认识到他必须坚守自己的岗位；但是，如果碰巧有一只野兔从其中一人面前跑过，我们毫不怀疑，这个人将离开岗位去追逐野兔，捉到他自己的猎物后，他丝毫不会关心他的行为已经导致他的同伴们没有猎到鹿。"[3] 当然，如果其他人也去追逐野兔，那么，任何一个猎人试图猎鹿都没有意义了。所以，这个陈述似乎暗示，每个猎人的优势策略都是去追逐野兔，这使得这个博弈变成了一个囚徒困境。然而，更普遍的是该博弈被解释为确信博弈，如果认为其他人都选择猎鹿，那么每个猎人也都倾向于猎鹿。

因影片《无故的反叛》而名声大噪的懦夫博弈版本中，两个年轻人驾车并排驶向悬崖；第一个跳出车外的人是懦夫。这个博弈的隐含喻义被伯特兰·罗素（Bertrand Russell）和其他人用于核边缘政策。托马斯·谢林在他开创性的策略行动的博弈论分析中，详细讨论了这个博弈，我们将在第 6 章进一步探讨。

就目前我们所掌握的知识来看，性别战博弈在哲学或通俗文化中没有这样的根由。它出现在邓肯·卢斯（R.Duncan Luce）和霍华德·雷夫（Howard Raiffa）的《博弈与决策》一书中，那是一部早期的博弈论经典著作。[4]

寻找纳什均衡

我们怎样才能找出一个博弈的纳什均衡？在博弈表中，最笨的方法是一个单元格一个单元格地检查。如果某个单元格中的两个赢利都是最优反应，那么，这个单元格对应的策略和赢利就构成一个纳什均衡。如果博弈表很大，这个过程就变得十分烦琐了。但是感谢上帝，他派电脑义不容辞地将人们从烦琐的检查与计算中解脱出来。可以找出纳什均衡解的程序包已经开发出来了。[5]

有时候，存在着一些捷径；现在我们描述其中最常用的一种。

逐步剔除法

回到彩虹之巅（RE）与比比里恩（BB）之间的定价博弈。赢利表如下所示。

RE 不知道 BB 将选择什么价格。但它可以找出 BB 不会选择什么价格：BB 永远不会将价格定在 42 美元或 38 美元。原因有二（两个原因都适用于此例，但只有一个原因可能适用于其他情况）。[6]

比比里恩的定价

		42	41	40	39	38
	42	43 120 / 43 120	43 260 / 41 360	43 200 / 39 600	42 940 / 37 840	42 480 / 36 080
彩虹之巅的定价	**41**	41 360 / 43 260	41 580 / 41 580	41 600 / 39 900	41 420 / 38 220	41 040 / 36 540
	40	39 600 / 43 200	39 900 / 41 600	40 000 / 40 000	39 900 / 38 400	39 600 / 36 800
	39	37 840 / 42 940	38 220 / 41 420	38 400 / 39 900	38 380 / 38 380	38 160 / 36 860
	38	36 080 / 42 480	36 540 / 41 040	36 800 / 39 600	36 860 / 38 160	36 700 / 36 700

首先，对 BB 而言，这两种策略的每一种都严格劣于另外一种备选策略。不论 BB 认为 RE 会选择什么，41 美元总是优于 42 美元，而 39 美元总是优于 38 美元。要想明白这一点，请将 41 美元和 42 美元进行比较；

另一种情况的比较方法与此类似。观察并对比 BB 选 41 美元（深灰色阴影部分）与选 42 美元（浅灰色阴影部分）时的五组利润。在 RE 的五个可能选择的每一种选择下，BB 选择 42 美元的利润都低于选择 41 美元的利润：

$$43\ 120 < 43\ 260，41\ 360 < 41\ 580，39\ 600 < 39\ 900$$

$$37\ 840 < 38\ 220，36\ 080 < 36\ 540$$

因此，无论 BB 预期 RE 怎么选择，BB 都不会选择 42 美元，从而 RE 可以确信 BB 将排除 42 美元的策略，同样，38 美元也会被排除。

当一个策略，如 A，对于某参与者而言严格劣于另一个策略，如 B，我们就说 A **劣于** B。在这种情况下，该参与者就不会采用策略 A，虽然他采不采用策略 B 仍是个问题。另一个参与者可以放心地在这一基础上进行考虑；特别是，他完全不需要考虑采用针对策略 A 的最优反应策略。在求解博弈时，我们可以剔除劣势策略，不予考虑。这就缩小了博弈表的规模，进而简化了分析[⊖]。

第二个剔除和简化的方法是，找出针对另一个参与者所有可能选择都**绝非最优反应**的策略。该例中，在我们的考虑范围内，无论 RE 可能选择什么，42 美元都绝不是 BB 的最优反应。所以，RE 可以确信，"不论 BB 认为我的选择是什么，它都绝对不会选择 42 美元"。

当然，任何一个劣势策略永远不会成为最优反应。通过考虑 BB 的 39 美元定价的选择，可以更好地说明这一点。由于它不是最优反应，所以几乎可以将其剔除。39 美元的价格仅仅是 RE 定价 38 美元时的最优反应。只要我们了解到 38 美元是劣势策略，我们就可以得出结论：无论 RE 如何选择，BB 定价 39 美元都绝不会成为最优反应策略。寻找绝非最优反应策略的优点是，你可以剔除掉那些不是劣势策略，但也不会被选择的策略。

⊖ 如果 A 劣于 B，那么反过来，B 优于 A。所以，如果 A 和 B 是那个参与者的唯一两种可选策略，那么 B 就是优势策略。但是，存在两种以上的可选策略的情况下，有可能是 A 劣于 B，但 B 不是优势策略，因为 B 不优于第三种策略 C。总之，即使在没有优势策略的博弈中，剔除劣势策略也是可能的。

我们可以对另一个参与者进行类似的分析。剔除 RE 的 42 美元和 38 美元的策略后，得到一个 3×3 的博弈表：

在这个简化的博弈中，每家公司都有一个优势策略，即 40 美元。因此，由我们的法则 2（第 3 章中）可知，40 美元就是博弈的解。

在最初的较大的博弈中，40 美元的策略不是优势策略。例如，如果 RE 认为 BB 会选择 42 美元，那么，它选择 41 美元时的利润，即 43 260 美元，大于选择 40 美元时的利润，即 43 200 美元。剔除一些策略后，可以在第二轮继续剔除其他策略。

		比比里恩的定价		
		41	40	39
彩虹之巅的定价	41	41 580 / 41 580	41 600 / 39 900	41 420 / 38 220
	40	39 900 / 41 600	*40 000* / **40 000**	39 900 / 38 400
	39	38 220 / 41 420	38 400 / 39 900	38 380 / 38 380

在这里，进行两轮就足以得出结果。其他例子可能需要更多轮的剔除，而且即使结果的范围在某种程度上缩小了，也不会总是缩小到只剩下一个结果。

如果通过劣势策略（或绝非最优反应策略）的逐步剔除及优势策略选择，确实得到了唯一结果，那么，这个结果就是一个纳什均衡。如果这一方法行之有效，就很容易找出纳什均衡解。如此，我们可总结一下寻找纳什均衡解的讨论，得到两个法则：

法则 3

　　剔除所有劣势策略和绝非最优反应策略，不予以考虑，如此一步步进行下去。

法则 4

　　走完寻找优势策略或剔除劣势策略的捷径后，下一步就是在博弈表的所有单元格中，寻找同一单元格中互为最优反应的策略对，这就是该博弈的纳什均衡。

有无限多个策略的博弈

到目前为止，在我们讨论过的定价博弈的每个版本中，我们只允许每家公司有少数几个价格选择点：第 3 章中只有 80 美元和 70 美元两个价格，而本章中只有 42 美元到 38 美元每变化 1 美元的几个价格。我们的目的仅仅是，以最可能简单的方式，引出囚徒困境和纳什均衡的概念。在现实中，价格可以是由美元和美分组成的任意数值，而且，不论意图和目的是什么，定价似乎都可以从一个连续数值域中选出。

我们的理论只采用基本的高中代数和几何，就可以轻松地处理这个进一步扩展了的博弈。我们可以用一个平面图来显示两家公司的价格，横轴或 X 轴表示 RE 的价格，纵轴或 Y 轴表示 BB 的价格。我们不再用由离散价格点构成的博弈表中的粗斜体，而是用这个图来表示最优反应。

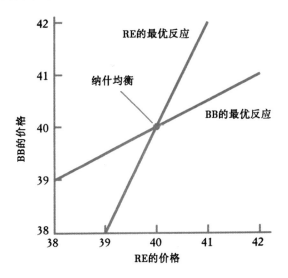

我们用该图来分析最初那个例子，其中两家公司的衬衫单位成本都是 20 美元。我们把数学细节省略掉，仅仅告诉你最后结果[7]。BB 对 RE 的定价的最优反应方程（或 BB 对 RE 的定价的信念）是

$$BB\text{ 的最优反应定价} = 24 + 0.4 \times RE\text{ 的定价}$$

（或 BB 对它的信念）。

如上图中两条线中较平坦的那条所示。我们可以看出，RE 的定价每降低 1 美元，BB 的最优反应是相对小幅地降价，即降价 40 美分。这是 BB 的计算结果，是在其顾客流失到 RE 与接受较低利润之间的最佳平衡点。

图中的两条直线中，较陡峭的是 RE 对 BB 的定价的最优反应或信念。在两条曲线的交点处，每家公司的最优反应都与对方的信念达成一致；我们得到了一个纳什均衡。这张图表明，当两家公司都定价 40 美元时，纳什均衡就产生了。而且它还表明，该博弈只有一个纳什均衡。在价格必须是 1 美元的倍数的博弈表中，我们找出的唯一的纳什均衡解，不是人为限制的结果。

在这些简单的例子中，这种允许更多细节的图表或表格，是计算纳什均衡解的标准方法。纸笔方法可能使计算或绘图很快变得非常复杂，而且十分枯燥，计算机正好解决了这一问题。这些简单的例子使我们对这一点有了基本的了解，而我们应该积累我们的人脑思维技能，来解决更高级的问题，即评估它的有用性。没错，这正是我们接下来的话题。

美丽的均衡

许多观念主张，在参与者可自由选择的博弈中，约翰·纳什提出的均衡就是博弈的解。或许，对上述观点最有力的论证就是反驳任何其他的建议解。纳什均衡是一个策略组合，在这个策略组合中，每个参与者的选择都是对另一个参与者的选择（或者当博弈中有两个以上参与者时，所有其他参与者的选择）的最优反应。假如某个结果不是纳什均衡，那么，必定至少有一个参与者选择了非最优反应的行动。这样的参与者将有明显的动机背离所提议的行动；这种背离破坏了建议解。

如果有多个纳什均衡解，我们确实需要某种附加方法，找出哪个均衡将作为结果出现。但这仅仅是说，我们需要纳什均衡方法附加上其他方法；这与纳什均衡并不相互矛盾。

所以这是一个漂亮的理论。但这个理论在实际中有效吗？你如何回答这个问题？你可以在真实世界中找一些这样的博弈，或者，你可以对此类博弈进行实验，然后将实际结果与该理论的预言进行比较。如果两者非常一致，该理论就是正确的；如果不一致，该理论就应该抛弃。很简单，是不是？但事实上，这个过程很快会变得复杂，不论是在实施上还是在解释上。结论是含混的，不仅有一些支持该理论的审慎乐观的理由，也存在一些扩展与改变该理论的方法。

这两种方法，观察与实验，各有优缺点。实验室实验允许适当的科学"控制"。实验者可以精确地规定博弈的规则以及参与者的目标。例如，在受试者扮演两家公司经理角色的博弈中，我们可以规定两家公司的成本，以及与两家公司的定价相关的每家公司的销售量公式，然后通过利润分成，给予参与者适当的激励，其中，利润是参与者在博弈中为他们的公司获得的。我们可以保持其他因素不变，从而研究我们想要关注的某个因素的效应。但与此形成鲜明对照的是，在实际发生的博弈中，有太多我们不能控制的其他因素，以及太多关于参与者的因素，他们的真实动机、公司的生产成本，等等，这些因素我们并不了解。因而我们很难通过对结果的观察，推断出潜在的条件和起因。

另一方面，实验室实验有一种人为元素，使其无法充分反映真实世界。受试者通常是学生，他们之前没有从业经验，也没有类似的激励博弈的实践。许多学生甚至对博弈发生的实验背景也很陌生。他们不得不对博弈规则进行了解，然后参与其中，所有这些要耗费一两个小时。想象你要弄明白简单的棋盘游戏或电脑游戏的规则，需要花费多长时间；这会使你明白，在这种背景下的博弈将多么幼稚！我们已经在第 2 章讨论过关于这个问题的一些例子。第二个问题关系到激励。尽管实验者可以通过设计与学生在博弈中的表现挂钩的货币报酬结构，给予学生正确的激励，但报酬的规模通常较小，即使是大学生也可能不看重这些报酬。相反，真实世界中的商业博弈和职业体育竞赛，是由有经验的参与者，为了较大的利益而参与其中的。

基于这些原因，我们不应仅仅局限于其中一种形式的证据——不论它是支持还是排斥一个理论，而是应该两种都采用，并相互学习。了解了这些注意事项，我们来看看这两种实证方法是如何运作的。

在经济中的工业组织领域，有大量的企业间博弈竞争的实证检验。人们已经深入研究过诸如汽车制造业这样的行业。这些实证研究人员从几个障碍入手。他们无法从任何独立的材料中，了解到企业的成本和需求情况，所以必须根据与他们用于检验定价均衡的数据相同的数据，对其进行估计。他们无法精确地知道，每家企业的销售量如何取决于所有企业的定价。在本章的这些例子中，我们简单地假设它是一种线性关系，但在真实世界中，这种关系（经济学术语中的需求函数）可能以十分复杂的方式表现为非线性。研究人员必须假设出一种具体的非线性形式。现实中的企业竞争不仅仅是价格的竞争；还有许多其他方面的竞争——广告、投资、研发。现实中的经理的目标也可能不是经济理论通常假设的利润（或股东利益）最大化。而且现实中企业之间的竞争通常持续好几年，所以，必须适当地结合倒后推理和纳什均衡概念。另外，许多其他条件，如收入和成本，每年都有变化，而且不断地有企业进入或退出该行业。研究人员必须考虑所有这些其他因素可能是什么，并适当地考虑（统计术语中的控制）

它们对产量和价格的影响。实际结果还受许多随机因素影响，因而，还必须考虑不确定性。

在每一种情况下，研究人员必须做出选择，然后推导出囊括（并量化）所有相关因素的公式。接着将数据代入这些公式，进行统计检验，看看这些公式是否正确。又一个难题产生了：我们可以从这些研究结果中得出什么结论？例如，假设这些数据与你的公式匹配的不好。在你的推导过程中，一定有某处出错了，但是哪里出错了呢？可能是你选择的方程的非线性形式；可能是忽略了某个相关变量，如收入，或竞争的某个相关方面，如广告；或者可能是用于你的推导过程的纳什均衡的概念无效；或者可能是所有这些原因的综合。你不能得出这样的结论：当其他方面可能出错的时候，纳什均衡不正确。（但如果你对纳什均衡的概念更加怀疑了，那么，你是正确的。）

在所有这些情况下，不同的研究人员做出的选择不相同，可以预料，得出的结论也不同。斯坦福大学的彼得·赖斯（Peter Reiss）和弗兰克·沃拉克（Frank Wolak）对这项研究做了彻底调查，得出一个模棱两可的结论："坏消息是，深层的经济学可能使实证模型极端复杂。好消息是，目前为止的一些实验已经开始对需要解决的问题进行解释。"[8] 换言之，还需要更深入的研究。

另一个活跃的实证估计领域涉及拍卖，其中，少数有策略意识的企业在物品（如电视广播频谱带宽）竞价中会相互影响。在这些拍卖中，信息不对称是竞争者和拍卖者面临的主要问题。所以我们把对拍卖的讨论推迟到第 10 章，在第 8 章检验过博弈的一般信息问题之后。这里，我们只提及拍卖博弈的实证估计已经获得了很大的成功。[9]

对于博弈论的预测能力，实验室实验要怎么解释？这里，记录也是含混的。最早的实验之一是由弗农·史密斯（Vernon Smith）建立的市场。他惊奇地发现了对博弈论和经济理论而言都合意的结论：少数交易者——每个交易者都无法直接了解其他交易者的成本和价值，可以很快达到纳什均衡。

其他对不同类型博弈的实验得出的结论似乎与理论预测相悖。例如，在最后通牒博弈中，两个参与者分割既定的总额，一个参与者向另一个参与者提出一个要么接受要么放弃的提议，这些提议人出人意料的大方。在囚徒困境中，友善行为发生的次数，比理论引导人们认为的次数多得多。我们已经在第2章和第3章讨论过这些结果。我们的一般结论是，这些博弈中的参与者有不同的偏好或评价，与经济学自然假设中的纯粹自利的人不同。这本身是一个有趣而重要的发现；然而，一旦将现实中"社会的"或"关心他人的"偏好考虑进去，均衡的理论概念，在相继行动博弈中是倒后推理，在同时行动博弈中是纳什均衡，就能很好地解释观察结果。

当一个博弈没有唯一的纳什均衡时，参与者就会遇到额外的问题，即，找到一个聚焦点，或者其他某种在可能均衡解中进行选择的方法。只从理论表述来看，他们是否成功取决于背景环境。如果参与者在期望汇合时，能充分达成共识，那么，他们将会成功地选择出一个好的结果；否则，非均衡可能会持续下去。

大多数实验是由没有先前经验的受试者参与特定博弈的。这些新手最初的行为与纳什均衡理论不一致，但当他们获得经验后，他们的行为通常就能汇合于均衡点。但是，关于其他参与者行动的某种不确定性仍然存在，好的均衡概念应该使参与者意识到这种不确定性，并且对其做出回应。对纳什均衡概念这样的一种扩展已经日益流行，这就是**定性反应均衡**，是由加州理工学院的理查德·麦凯威（Richard McKelvey）教授和托马斯·帕弗雷（Thomas Palfrey）教授提出的。这对我们这本书而言，技术性太高了，但一些读者阅读和研究过它之后，可能会受到启发。[10]

实验经济学领域的两个领军研究人物，弗吉尼亚大学的查尔斯·霍特（Charles Holt）和哈佛大学的艾尔文·罗斯（Alvin Roth），对相关工作进行详细回顾之后，做出了一个谨慎的论断："在过去 20 年中，纳什均衡概念已经成为经济学家和其他社会与行为科学家的必备工具……曾经有过修正、一般化和细化，但基本的均衡分析仍是开始（有时是结束）策略互动分析的支撑点。"[11] 我们认为这就是正确的态度，所以把这种方法推荐给我们的读者。当研究或参与一个博弈时，先从纳什均衡开始，然后考虑为什么结果与纳什预测不相同，以及不相同的方式是什么。不论是与完全的虚无主义（万事皆空）的态度相比，还是与天真地依附于带有附加假设（如自利）的纳什均衡的态度相比，这种二元法都更可能使你深入地了解一个博弈，或者在实际参与中取得成功。

案例分析

半途

纳什均衡是两个条件的组合：

（1）每个参与者都针对他所认为的其他参与者在博弈中采取的行动而选择一个最优反应。

（2）每个参与者的信念都是正确的。其他参与者做的正是其他每个参与者认为他们正在做的事情。

在两个参与者的博弈中，描述这一结果比较容易。我们的两个参与者，阿贝（Abe）和比伊（Bea），每个参与者对对方的行动都有一个信念。基于这些信念，阿贝和比伊都选择最大化赢利的行动。信念被证明是正确的：阿贝对他所认为的比伊的行动所采取的最优反应，恰好是比伊认为阿贝会选择的行动，而且，比伊对她所认为的阿贝的行动所采取的最优反应，确实也恰好是阿贝期望她选择的行动。

让我们分别考虑这两个条件。第一个条件很自然。如果不是这样，你就必须辩解说某人不会选择他认为的最佳行动。如果他有更好的选择，为什么不呢？

大部分情况下，相互作用出现于第二个条件——每个人在他们的信念上是正确的。对于夏洛克·福尔摩斯和莫里亚蒂教授来说，这不是什么问题：

"我要说的话已经穿过你的脑海。"他说。

"那么，或许我的答案已经穿过了你的脑海。"我回答说。

"你坚持？"

"当然。"

正确地预见对方将怎么做，对于我们其余的人而言，通常是个挑战。

下面这个简单的博弈将有助于说明这两个条件之间的相互作用，以及为什么你应该或不应该接受它们。

阿贝和比伊按照下列规则进行博弈：每个参与者要在0～100之间选出一个数字，包括0和100。其数字最接近于另一个人的数字的一半的那个参与者，将获得100美元的奖励。

我们将扮演阿贝，你可以扮演比伊。有什么问题吗？

如果打成平局怎么办？

好，如果那样，我们就平分奖品。还有其他问题吗？

没有了。

好，那我们开始。我们已经选择了我们的数字。该你选了。你的数字是什么？为了使你自己保持坦诚，把它写下来。

我们选择了50。不，我们没选50。要想知道我们实际选了哪个数字，你得继续往下读。

让我们先倒后一步，然后运用寻找纳什均衡的两步法。第一步，我们认为，你的策略必须是对我们的可能行动的最优反应。因为我们的数字必须在0～100之间，所以我们得出，你不可能选择任何大于50的数字。例如，60只能是在你认为我们会选120时的最优反应，而我们在这里的规则不可能选择120。

这告诉我们，如果你的选择确实是我们的可能选择的最优反应，你就必须在 0～50 之间选一个数字。同样的道理，如果我们在你的可能选择的基础上选择数字，我们就会在 0～50 之间进行选择。

信不信由你，很多人恰好在这儿停止。当这个博弈是在没有读过这本书的人们之间进行时，最常见的回应是 50。坦率地说，我们认为这是一个非常差劲的答案（如果你也这么选了，我们向你道歉）。记住，50 只是你认为对方将选择 100 时的最佳选择。但是，要使对方选择 100，除非是他们没搞懂这个博弈。才选择了一个（几乎）没有胜算的数字。任何小于 100 的数字都将战胜 100。

我们将假设你的策略是我们的可能行动的最优反应，因而它在 0～50 之间。这意味着我们的最佳选择应该在 0～25 之间。

需要注意的是，在这个关口，我们走出了关键的一步。它看起来如此自然，你甚至没有注意到。我们不再依赖第一个条件，即我们的策略是最优反应。我们已经走出了第二步，假设我们的策略是你的最优反应的最优反应。

如果你将要做的事情是最优反应，那么我们将要做的事情应当是最优反应的最优反应。

在这一点，我们开始形成关于你的行动的一些信念。我们不设想你可以做规则允许的任何事情，而是假设你实际上会选择最优反应的行动。在你不会做没有意义的事情这个十分合理的信念下，我们可以得出，我们只应在 0～25 之间选择一个数字。

当然，同样的道理，你应该意识到我们不会选择比 50 大的数字。如果你这样想，你就不会选择比 25 大的数字。

正如你所猜想的，实验证据表明，在这个游戏中，50 是最常见的猜测，25 次之。坦白地说，25 是比 50 更好的猜测。至少，如果其他参与者愚蠢到选择 50，它还有机会赢。

如果我们认为你只会选择 0～25 之间的一个数字，那么现在，我们的最优反应范围缩小到 0～12.5 之间的数字。事实上，12.5 是我们的猜测。如果相对于你的数字与我们的数字的一半的接近程度而言，我们的猜测更接近你的数字的一半，那么我们就将取胜。这意味着，如果你选择任何大于 12.5 的数字，我们就会赢。

我们赢了吗？

我们为什么选择 12.5？我们之所以认为你会选择 0～25 之间的一个数字，是因为我们认为你会认为我们会选择 0～50 之间的一个数字。当然，我们可以继续推理，然后得出结论说，你会料到我们将选择 0～25 之间的一个数字，这一想法引导你在 0～12.5 之间进行选择。如果你那样想了，你就会比我们提前一步，然后取胜。我们的经验表明，至少在他们第一回合中，大多数人的考虑不会多于两层或三层。

因为你已经有了一些实践，而且更深入地了解了这个博弈，所以你可能要求再次博弈。这是公平的。因此，再次写下你的数字——我们保证不偷看。

我们非常肯定，你预期我们会选择小于 12.5 的数字。这意味着，你将选择小于 6.25 的数字。而且，如果我们认为你会选择小于 6.25 的数字，那么我们就应该选择一个小于 3.125 的数字。

现在，如果这是第一回合，我们可能在这里停止。但是，我们刚刚解释过，大多数人会在两层推理后停止，而且这次我们预期你决定打败我们，所以，你至少会再往前多思考一层。如果你预期我们选择 3.125，那么你会选择 1.562 5，这又引导我们考虑 0.781 25。

在这一点，我们猜测你可以看出所有这些将如何向前发展。如果你认为我们将选择 0～X 之间的一个数字，那么你应当选择 0～$X/2$ 之间的数字。并且，如果我们认为你将选择 0～$X/2$ 之间的数字，那么我们应当选择 0～$X/4$ 之间的数字。

我们都能选对的唯一的途径是我们都选择 0。我们这么做了。这就是纳什均衡。如果你选择 0，我们也应选择 0；如果我们选择 0，你也应该选择 0。因此，如果我们正确地预期到对方将怎么做，那么我们最好都选择 0，这也是我们期望对方做的。

我们也应该在第一轮就选择 0。如果你选择 X，而我们选择 0，那么我们赢。这是因为相对于 X 与 0/2 而言，0 更接近于 $X/2$。我们自始至终都明白这个道理，但是在我们第一次博弈时，我们不想泄露它。

事实证明，我们要选择0，实际上不需要知道你可能怎么做。但是，这是一种极度不寻常的情况，而且人为设定了博弈中只有两个参与者。

我们通过添加更多的参与者来修正这个博弈。现在，谁的数字与平均数字最接近，谁就取胜。在这些规则下，0总是会赢就不再成立了⊖。但是，最优反应汇合于0这一点仍然成立。在第一轮推理时，所有参与者都会在0～50之间进行选择。（选择的数字平均值不可能大于100，所以平均值的一半的上限是50。）在第二轮逻辑互动中，如果每个人都认为其他人会选择最优反应，那么每个人都应该相应地选择0～25之间的数字。在第三轮逻辑互动中，他们都将选择0～12.5之间的数字。

人们在这个推理过程中能走多远，需要对此进行判断。我们的经验再次表明，大部分人在第三层推理就停止了。纳什均衡的案例要求参与者自始至终都遵循逻辑。每个参与者选择他认为的其他参与者将要采取的行动的最优反应。纳什均衡的逻辑引导我们得出所有参与者都会选择0的结论。当参与者都选择他们认为的其他参与者的行动的最优反应，且每个参与者对其他参与者的行动的信念都正确时，0是每个人都选择的唯一策略。

人们进行该博弈时，很少有人在第一回合选择零。这是反对纳什均衡预测力的有力证据。另一方面，当他们博弈过两二次后，他们的结果就非常接近纳什结果。这是支持纳什均衡的有力证据。

我们的看法是，两种观点都是正确的。要达到纳什均衡，所有参与者都必须选择最优反应——这相对比较简单。他们还必须有关于其他参与者在博弈中将要选择的行动的正确信念。这要困难得多。不参与到博弈中，建立一套内部一致的信念在理论上是可能的，但是，参与到博弈中通常会更简单。参与者通过参与博弈，得知他们的信念是错误的，从而学会怎样更好地预测其他人的行动，这样，他们就能汇合于纳什均衡。

⊖　如果有三个参与者，另外两个参与者分别选了1和5，那么，这三个数字（0，1，5）的平均值是2，平均值的一半是1，因而选择1的人将会取胜。

虽然经验是有用的，但却不能保证成功。当存在多个纳什均衡解时，一个问题就产生了。想想这个恼人的问题吧：手机通话中断时该怎么办。你应该等着对方打给你，还是应该打给对方？如果你认为对方会打给你，等待就是最优反应，而如果你认为对方会等待，打电话就是最优反应。这里的问题在于，存在两个同等诱人的纳什均衡解：你打电话，对方等待；或者你等待，对方打电话。

经验不会总能帮你达到纳什均衡。如果你们两个人都等待，接下来，你可能决定打电话，但如果你们碰巧同时打电话，那么，你就会听到忙音（或者，至少在等电话之前，你们打过电话，听到过忙音）。为了解决这个困境，我们通常借助社会惯例，比如让先打电话的人再次把电话打过去。这样，起码你知道那个人有你的电话号码。

第一篇结语

在前面四章中，我们举了一些商业、运动、政治乃至交通工具的例子，介绍了几个概念和几种方法。在接下来的章节中，我们将应用这些思想和技巧。在这里，我们对它们进行简要重述并总结，以备参考。

博弈是一种策略相互依赖的情形：你的选择（策略）的结果取决于另一个或更多有目的的人的选择。参与博弈的决策者称为参与者，他们的选择称为行动。博弈中参与者的利益可能是严格冲突的；一个人的所得总是另一个人的损失。这样的博弈称为零和博弈。更具代表性的是共同利益和利益冲突共存，所以，可能存在一些相互有益或相互有害的策略组合。即便如此，我们通常把博弈中的其他人说成是某个参与者的对手。

博弈中的行动可能序贯发生，也可能同时进行。在相继行动的博弈中，存在思考的线形链：如果我这么做，我的对手可能那样做，反过来，我可以根据以下方法进行回应。我们通过画博弈树来研究这类博弈。运用法则 1：向前展望，倒后推理，可以找到行动的最佳选择。

在同时行动的博弈中，存在一个推理的逻辑循环：我认为，他认为，我认为……必须解开这个循环；当一个人做出行动选择时，即使他看不到对手的行动，也要看穿对手的行动。为了解决这样的博弈，建立一个表格，表示出所有能想象到的选择组合的相应结果。然后按照下面的步骤进行下去。

首先，先看看各方有没有优势策略——对这一方而言，不论对手如何选择，总是优于其他策略的策略。由此引出法则 2：如果你有一个优势策略，那么选择它。如果你没有优势策略，但你的对手有，那么，鉴于他会选择优势策略，你选择你的相应的最优反应。

接下来，如果各方都没有优势策略，看看各方有没有劣势策略——对这一方而言，总是劣于其余策略的策略。如果有，运用法则 3：剔除劣势策略，不予以考虑。连续进行剔除步骤。如果在这个过程中，这些较小的博弈中有任何优势策略出现，那么就应该连续地选择它们。如果这个过程最终得出了唯一结果，你就已经找到了针对参与者行动的处理方法，以及博弈的结果。即使这个过程得不出唯一结果，它也可以将博弈的规模缩减到更容易操作的水平。最后，如果既没有优势策略，也没有劣势策略，或者在采用第二个步骤将博弈尽可能简化之后，既没有优势策略，也没有劣势策略，那么，运用法则 4：寻找均衡——每个参与者的行动都是对方行动的最优反应时的一对策略。如果这种均衡只有一个，那就很容易解释为什么所有参与者都选择它。如果存在多个这种均衡，参与者需要一个共同理解的规则或惯例，来选择一个策略而不是其他策略。如果不存在这样的均衡，这就意味着任何系统性的行动都会被对手看穿，所以参与者需要混合行动，这将是本书下一章的主题。

在现实中，博弈可以既有序贯行动，也有同时行动；在这种情况下，参与者必须混合采用这些技巧，考虑并决定其最优行动选择。

THEORY AT WORK

How to Use Game Theory to
Outthink and Outmaneuver
Your Competition

II

第二篇

第 5 章

选择与机会

聪明人的结局

《公主新娘》是一部精彩的幻想喜剧，在众多值得回忆的场景中，英雄（维斯特利）与恶棍（西西里岛人威兹尼）之间的智慧对弈尤其令人印象深刻。在下面的博弈中，维斯特利向威兹尼挑战。维斯特利将在威兹尼看不到的情况下，在两杯酒中的一杯放入毒药。然后威兹尼将选择喝下其中一杯酒，而维斯特利必须喝下另一杯酒。威兹尼声称自己远比维斯特利聪明得多："你听说过柏拉图、亚里士多德、苏格拉底吗？……你这个白痴。"因此，他认为自己可以通过推理获胜。

> 我要做的是根据我对你的了解来进行推测：你是那种会把毒药放进自己酒杯的人，还是那种会把毒药放进敌人酒杯的人？现在，聪明的人会把毒药放进自己的酒杯，因为他知道，只有十足的傻瓜才会伸手去拿给他的酒杯。我不是一个十足的傻瓜，所以，很明显我不能选择你面前的酒。但是，你一定知道我不是一个大傻瓜，你可能是根据这一事实做了决定，所以很明显我不能选择我面前的酒。

他继续考虑其他的因素，所有这些因素都陷入了类似的逻辑循环。最后他分散了维斯特利的注意力，交换了酒杯，当两个人都喝下了各自酒杯中的酒时，他自信地笑了。他对维斯特利说："你沦为受害人是因为犯了一个典型的错误。最著名的说法莫过于'绝不要卷进亚洲的陆地战争，'但还有一个非常有名的说法是'当死亡临近时，千万别跟西西里岛人斗。'"他继续为他预料中的胜利笑着，正在这时，他突然倒地身亡。

为什么威兹尼的推理失败了？他的每一步推理本来就都是自相矛盾的。如果威兹尼推断维斯特利将在酒杯 A 中下毒，他的推论是他应该选择酒杯 B。但是维斯特利也可能得出同样的逻辑推论，在这种情况下，他应该在酒杯 B 下毒。但是威兹尼能预见到这一点，所以应该选择酒杯 A。但是这个逻辑循环将永远没有尽头⊖。

许多博弈中都可能出现威兹尼困境。设想一场足球比赛中，你即将踢一个点球。你会把球踢向守门员的左边还是右边？假定某些考虑因素，你是惯用左脚还是惯用右脚、守门员是左撇子还是右撇子，或者上次你踢罚球所选择的方向表明，你这次应该选择左边。如果这个守门员能够预料到你的想法，那么无论在精神上还是在身体上，他都会准备保护左边，所以，你反过来选择守门员的右边会更好。但是，如果守门员再多考虑一层呢？那么，你最好还是坚持原来把球踢向他左边的想法。如此一直循环下去，哪里才是尽头？

在这种情况下，逻辑上唯一有效的推论就是，如果你的选择遵循任何规律或者模式，另一个参与者就会利用它，把它变成自己的有利条件，而这将变成你的不利条件；因此，你不应遵循任何规律或者模式。如果你是以习惯向左射门而闻名的球员，守门员就会更多地防守他的左边，并且也能更经常地阻碍你进球得分。你不得不通过有时不规则的或者随机的射门，让他们不停地猜测。尽管刻意地随机地选择行动在一些理性策略思维中看起来似乎不太理性，但表面的疯狂下未尝不存在一种方法。随机选择的价值可以被量化，而不仅仅只是在含混的一般意义上的理解。在本章，我们将详细介绍这种方法。

⊖ 读者中若有看过这部电影或者读过这本书的人都应知道，威兹尼的推理还有一个更低级的错误。这些年来，维斯特利已经对 Iocane 粉（一种不可察觉的毒药）产生了免疫，因而他在两杯酒中都下了毒。因此，无论威兹尼选择喝哪杯酒都会死，而维斯特利却不会有性命之忧。威兹尼并不知道这些，他是在信息不完全的不利条件下进行博弈的。更一般地，当其他人提议与你进行博弈或者交易时，你都应该思考："他们知道一些我不知道的事情吗？"回想下斯凯·马斯特森的父亲的忠告：别跟有办法让梅花 J 从扑克牌里跳出来，并把苹果汁溅到你的耳朵里的家伙打赌（第 1 章故事 9）。在本书稍后，我们将重新对博弈中的这种信息不对称问题进行更全面地考虑。这里，我们将继续讨论循环逻辑的缺陷，因为它本身有独立的利害关系和很大的应用价值。

足球赛场上的混合策略

关于需要随机行动，或者博弈论行话所谓的混合策略的一般情形，足球比赛中的点球确实是最简单也是最著名的例子。在博弈的理论和实证研究中，有关混合策略的研究很多，媒体也讨论过混合策略[1]。

判罚球是因为球员犯了一系列指定的不当行为，或者是由于球员在球门前有标记的矩形区域内的防守犯规。罚球在足球比赛结束时也被用做打破平局的最后方法。球门宽 8 码，高 8 英尺。球放在距离球门线 12 码的地方，恰好在球门中点的前方。踢球者必须从这点直接射门。而守门员必须站在球门线的中点上，并且在踢球者踢球前不准离开球门线。

如果这个球踢得好，这个球只需 0.2 秒就可以从发球点到达球门线。如果守门员一直等待着，看球会从哪个方向射过来，那么他不能指望可以把球拦住，除非球恰好是瞄准他射过来的。球门很宽，因此守门员必须事先决定是否应该跳起来防守一边，如果需要这样，那么是向左边跳还是向右边跳。踢球者在跑向发球点时，也必须在看见守门员向哪边倾斜之前，决定把球踢向守门员的哪边。当然，每个人都会尽力向对方掩饰自己的选择。因此，把这个博弈看作同时行动博弈是最合理的。事实上，守门员很少会站在中点不动，既不向左起跳也不向右起跳，相对地，踢球者也很少把球踢向球门的中点，这种行为理论上也是可以解释的。因此，我们将通过限制每个运动员只有两种选择来简化问题的阐述。因为踢球者通常使用脚的内侧踢球，所以，一个惯用右脚的踢球者踢球的自然方向是守门员的右边，而惯用左脚的踢球者踢球的自然方向是守门员的左边。为了书写简便，我们将把自然边看作"右边"。因此每个运动员的选择为左边和右边。当守门员选择右边时，这意味着踢球者的自然边是右边。

在每个运动员有两种选择并且同时行动的情况下，我们可以在一个

2×2 的博弈赢利表中描述结果。在两个运动员左边和右边选择的每种组合下，仍然存在一些偶然因素；例如，球可能越过球门的横梁，或者守门员可能触到了球，不料却让球偏转进了网内。对于参与者的选择的每种组合，我们用进球得分的时间百分比来度量踢球者赢利，用没有进球的时间百分比来度量守门员赢利。

当然，这些数字对于特定的踢球者和守门员都是特定的，详细数据可以从许多国家的最高专业足球联盟得到。为了进一步说明，考虑许多不同踢球者和守门员的平均值，这些数据是由帕兰乔斯－韦尔塔（Ignacio Palacios-Huerta）根据 1995～2000 年间意大利、西班牙以及英国最高联盟的数据收集而来的。请记住，在每一个单元格中，左下角的数字表示的是行参与者（踢球者）的赢利，右上角的数字表示的是列参与者（守门员）的赢利。当两人选择不同边时，踢球者的赢利比两人选择同一边时高。而当两者选择不同边时，不管该边是不是自然边，踢球者的成功率几乎相等；失败的唯一原因是球踢得太偏或太高了。在这两个结果中，当两个参与者选择同一边时，踢球者选择自然边时比他选择非自然边时得到的赢利要高。这些都是很直观的。

让我们寻找这个博弈的纳什均衡。两个参与者都选择左边的情况将不是一个纳什均衡。因为当守门员选择左边时，踢球者可以通过变换到右边，使他的赢利从 58 提高到 93；但是这也不是纳什均衡，因为

接下来守门员也可以通过转换到右边，使他的赢利从 7 提高到 30。但是这样的话，踢球者又可以通过变换到左边得到更好的结果，守门员也可以通过变换到左边得到更好的结果。换句话说，像刚才描述的这类博弈根本不

存在纳什均衡。

这个转换的循环完全遵循威兹尼关于哪个酒杯中含有毒药的逻辑循环。并且在规定的策略对中，博弈没有纳什均衡。这一事实恰好从博弈论角度说明了混合行动的重要性。我们需要做的是把混合策略作为一种新的策略，然后在扩展后的策略集合中找出纳什均衡。为了准备这些，我们将把最初规定的策略，每个参与者选择左边或者选择右边，称作**纯策略**。

在继续分析之前，且让我们先简化一下博弈表。这个博弈有个特殊的性质，即两个参与者的赢利是完全相对的。在每一个单元格中，守门员的赢利总是等于 100 减去踢球者的赢利。因此，通过比较单元格就会发现：只要踢球者的赢利较高，守门员的赢利就较低，反之亦然。

许多人对博弈论的自然直觉是，每个博弈必须有一个胜利者和一个失败者，这一直觉来源于他们的运动经历，就像这个例子一样。然而，在策略博弈的一般领域中，这种纯冲突博弈相对不太常见。经济学的博弈中，参与者为了共同利益而自愿交易，可能会出现每个参与者都是赢家的结果。囚徒困境说明了每个参与者都是失败者的情形。而议价博弈和懦夫博弈可能出现赢利倾斜的结果，在这种结果下，一方的胜利以另一方的失败为代价。因此，大多数博弈是冲突和共同利益的混合。然而，在理论上，我们首先研究了纯冲突的情况，且仍保留了一些特殊的利益。就像我们所看见的那样，这种博弈称为零和博弈，主要思想是一个参与者的赢利恰好是另一个参与者赢利的相反数，或者，更一般地说，参与者的总赢利是固定值，就像目前的案例中那样，两个参与者总赢利总是等于 100。

我们可以只显示出一个参与者的赢利，以便使这种博弈的博弈表看起来比较简单，因为另一个参与者的赢利可以理解为第一个参与者赢利的相反数，或者是一个固定值（例如 100）减去第一个参与者的赢利，正如这个例子中的情形那样。通常是只明确显示行参与者的赢利。因此，行参与者更喜欢数字大一些的结果，而列参与者更喜欢数字小一些的结果。按照这种惯例，罚球博弈的赢利表就像这样：

如果你是踢球者，这两个纯策略中你更喜欢哪一种？如果你选择你的左边，守门员就可以通过选择他的左边，使你的成功率降到58%；如果你选择右边，守门员也可以通过选择他的右边，使你的成功率降到70% [⊖]。这两个纯策略中，你更喜欢（右，右）组合。

		守门员	
		左	右
踢球者	左	58	95
	右	93	70

你能不能做得更好？假定你以 50 ：50 的比例随机地选择左边或右边。例如，当你站着准备跑去踢球时，在守门员看不到的情况下，你抛起一枚硬币落在你手掌中，如果硬币反面朝上，你就选择左边；如果正面朝上，就选择右边。如果守门员选择他的左边，你的混合策略成功率是 $1/2 \times 58\% + 1/2 \times 93\% = 75.5\%$；如果守门员选择他的右边，你的混合策略的成功率等于 $1/2 \times 95\% + 1/2 \times 80 = 82.5\%$。如果守门员认为你是根据这种混合策略做出你的选择，那么他将选择他的左边，以使你的成功率降到75.5%。但是这仍然比你通过使用两种纯策略中较好策略所获得的70%的成功率要高。

检查是否有必要随机行动的一种简单的方法是，看看让另一个参与者在做出回应之前，看穿你真实的选择是否对你有害。若这会对你不利，让别人保持猜测的随机行动就是有利的。

50 ：50 是你的最佳混合策略吗？答案是否定的。尝试一下这个混合策略，40% 的时间你选择你的左边，而 60% 的时间你选择你的右边。为了

⊖ 这可能发生，因为你树立了"总是惯选左边的人"或者"总是惯选右边的人"的名声。当然，你并不想建立这样的模式和名声，但是这恰好是我们在成长过程中随机选择的优点。

能这么做，你可以在口袋里放一小本书，当你站着准备跑去踢球时，在守门员看不到的情况下，把它拿出来随机翻到一页。如果页码的最后一位数是 1 到 4 之间，那么选择左边；如果是 5 到 0 之间，那么选择右边。现在，当守门员选择左边时，你的混合策略的成功率等于 $0.4 \times 58\% + 0.6 \times 93\% = 79\%$，当守门员选择右边时，你的混合策略的成功率等于 $0.4 \times 95\% + 0.6 \times 70 = 80\%$。守门员可能会通过选择他的左边使你的成功率降到 79%，但是这也优于 50 ： 50 的混合策略的成功率 75.5%。

观察一下，踢球者的连续更优的混合策略比例是如何使自己在守门员选择左边时和选择右边时的成功率差距缩小的：从踢球者选择两种纯策略中较好的策略时的 93% 到 70% 的差距，到选择 50 ： 50 混合策略时 82.5% 到 75.5% 的差距，再到选择 40 ： 60 的混合策略时的 80% 到 79% 的差距。非常清晰直观的是，不管守门员选择他的左边还是右边，你的最佳混合比例都会使你得到相等的成功率。这也符合混合行动比较好的直觉，因为它阻止另一个参与者利用任何规律的选择或者选择模式。

我们把一个小小的计算过程推迟到本章后面的部分，这个小小的计算表明，踢球者的最佳混合策略是 38.3% 的时间选择左边，67.3% 的时间选择右边。这样，守门员选择左边时，他的成功率为 $0.383 \times 58\% + 0.617 \times 93\% = 79.6\%$，而守门员选择右边时，他的成功率为 $0.383 \times 95\% + 0.617 \times 70\% = 79.6\%$。

那么守门员的策略怎么样？如果他选择纯策略"左边"，踢球者可以通过选择自己的右边达到 93% 的成功率；如果守门员选择纯策略"右边"，踢球者可以通过选择自己的左边达到 95% 的成功率。通过混合策略，守门员能使踢球者的成功率降到一个更低的水平。守门员的最佳策略是使踢球者选择左边和选择右边的成功率相等的策略。结果证明，守门员应当分别以 41.7% 和 58.3% 的比例选择自己的左边和右边，这时踢球者的成功率为 79.6%。

注意一个看似巧合的现象：踢球者通过选择其最佳策略所能保证的成功率，即 79.6%，等于守门员通过选择其最佳混合策略降低了的踢球者的成功率。实际上这并不是巧合；在纯冲突（零和博弈）博弈中，这是混合策略均衡的一个重要的普遍性质。

这个结果称为最小最大定理，由普林斯顿数学通才约翰·冯·诺依曼提出。之后又在他与普林斯顿经济学家奥斯卡·摩根斯特恩合著的经典著作《博弈论与经济行为》[2] 中得到了详细说明，这本著作堪称开创了整个博弈论学科。

最小最大定理指出，在零和博弈中，参与者的利益严格对立（一个人的所得等于另一个人的所失），每个参与者尽量使对手的最大赢利最小化，而他的对手努力使自己的最小赢利最大化。当他们这样做的时候，会出现一个令人惊讶的结果，即最大赢利的最小值（最小最大赢利）等于最小赢利的最大值（最大最小赢利）。对最小最大定理的一般证明非常复杂，但其结论却很有用，值得我们记住。假如你想知道的只不过是当两个参与者都采取他们的最佳混合策略时，一个选手的所得或另一个选手的所失，那么，你只需计算其中一个参与者的最佳策略并得出结果就可以了。

理论和现实

踢球者和守门员的实际表现与我们对各自最佳混合策略的理论计算结果有多接近？根据帕兰乔斯－韦尔塔的数据以及我们的计算结果，我们构造了如下表格。[3]

	左边混合策略		其他玩家选择后目标结果比例	
			左	右
踢球者	最优	38.3%	79.6%	79.6%
	实际	40.0%	79.0%	80.0%
守门员	最优	41.7%	79.6%	79.6%
	实际	42.3%	79.3%	79.7%

接近度很高，是不是？在每种情况下，实际的混合比例与最佳混合比例非常接近。不管另一个参与者如何选择，实际混合策略得到的成功率几乎是相等的，因此，混合策略的成功率几乎不受另一个参与者选择影响。

高水平的专业网球比赛中也可发现实际博弈和理论预测一致的类似证据。[4] 这是意料之中的事情。同一批人经常互相较量，并研究其对手的打法；他们会留意任何较为明显的模式，并对其加以利用。比赛关系重大，涉及金钱、成就，以及声誉。因此，运动员有强烈的动力避免失误。

法则 5

在纯冲突博弈（零和博弈）中，如果让你的对手事先看清你的真实选择对你不利，那么你可以通过随机选择自己备选的纯策略而获益。你的混合比例应该是这样的：对手采取任何特定的备选纯策略，都不可能利用你的选择，即，当你以混合策略对付他的混合策略中任一纯策略时，你得到的平均赢利都相等。

当一个参与者遵循该规则时，另一个参与者采取一种纯策略所得到的结果，不会比采取另一种纯策略得到的结果更好。因此，两种纯策略对他来说是无差异的，并且不优于他根据同样规则所确定的混合策略。于是，当两人都遵循该规则时，谁也不能通过偏离这种行为得到任何更好的赢利。这恰好是第 4 章中纳什均衡的定义。换句话说，当两个参与者都利用这个规则时，我们得到的是一个混合策略的纳什均衡。因此，冯·诺依曼–摩根斯特恩的最小最大定理可被认为是纳什的更一般的理论的一个特例。最小最大定理只对双人零和博弈起作用，而纳什均衡概念可以应用于包含任何数量的参与者，以及任何冲突与共同利益混合的博弈中。

零和博弈的均衡没有必要一定涉及混合策略。作为一个简单的例子，假定当踢球者把球踢向左边（他的非自然边）时，即使是守门员猜错了，他的成功率也非常低。这种情况可能发生，因为，当踢球者用他的脚外侧踢球时，他射偏目标的概率无论如何都非常高。具体地，假定赢利表为：

那么，踢球者的优势策略将是右边，他没有理由去选择混合策略。更一般地说，在没有优势策略的情况下，可能会存在纯策略均衡。但是不必为此费心；寻找混合策略均衡的方法也会得到这种纯策略均衡，它是混合策略均衡的一个特例：在纯策略均衡中，该策略在混合策略中的比例为100%。

		守门员	
		左	右
踢球者	左	38	65
	右	93	70

孩子的游戏

2005年10月23日这天，多伦多的安德鲁·贝格尔夺得了2005年度剪刀－石头－布国际世界锦标赛的冠军，并且荣获世界剪刀－石头－布协会的金牌。加利福尼亚州纽瓦克的斯坦·龙赢得银牌，纽约的斯图尔特·瓦尔德曼获得铜牌。

世界剪刀－石头－布协会维护有一个网站www.worldrps.com，网站上公布了游戏的官方规则以及不同的策略指南。它每年举行一次世界锦标赛。你可知道，你小时候玩的小游戏现在已经变得这么大了吗？

游戏规则与你孩提时遵守的规则相同，也与第1章所描述的一样。两个选手同时选择（用游戏的专门术语说叫"出"）三种手势中的一种：石头的手势是拳头，布则是摊开的手掌，而剪刀则由张开一定角度指向对手的食指和中指来表示。如果两个选手做了相同的手势，就是平局。如果两个选手做了不同的手势，那么，石头战胜（砸坏）剪刀，剪刀战胜（剪断）布，布战胜（包住）石头。每一对选手连续进行多次对局，赢得半数以上对局的就是获胜者。

世界剪刀 – 石头 – 布协会的网站上贴出的详细规则确保了两件事。首先，它们以精确的术语描述了组成每种类型"出"的手形；这阻止了任何作弊的企图，即，一个选手出了某个模棱两可的手势，之后再声称他出的是能击败对手的那个手势。其次，它们描述了一连串的行动，称为准备、预备和出招，目的是确保两个选手同时行动；这防止了一个选手事先看到对方的手形，然后再做出能够击败对方的回应。

由此，我们得到了一个双人同时行动博弈，博弈中的每个参与者有三种基本策略或纯策略。如果赢一局计 1 分，输一局计 –1 分，平一局计 0 分，博弈表如下。安德鲁和斯坦 2005 年世界锦标赛的比赛成绩就是据此计算的。

		斯坦的选择		
		石头	布	剪刀
安德鲁的选择	石头	0 0	1 –1	–1 1
	布	–1 1	0 0	1 –1
	剪刀	1 –1	–1 1	0 0

博弈论对此有何建议？这是一个零和博弈，并且表明事先行动对你不利。如果安德鲁只是选择一种纯行动，那么斯坦总是能做出打败他的回应，使安德鲁的赢利降低到 –1。如果安德鲁以每种 1/3 的相等的比例混合

三种行动，那么，针对斯坦的任何一种纯策略，他的平均赢利为（1/3）×1 +（1/3）×0 +（1/3）×（-1）= 0。根据该博弈的对称结构，很明显这是安德鲁的最佳策略，计算结果也证实了这种直觉。同样的认证也适用于斯坦。因此，以相等的比例混合三种策略对双方来说都是最佳策略，且由此可得到一个混合策略纳什均衡。

然而，这不是大多数选手在锦标赛中的做法。网站把这种做法标为"混沌出招"，并反对这样做。"对这种策略的批评者坚持认为，不存在随机出招这类事。人类总是会因为某种冲动或者倾向来选择一个招数，因此会陷入一些无意识但仍可预测的模式。由于锦标赛统计数据表明其他策略的效力更大，最近几年混沌学派已经日益衰微。"

"陷入无意识但仍可预测的模式"这个问题的确是一个非同小可、需要进一步讨论的问题，我们稍后将讨论这个问题。但是，首先让我们看一下，在剪刀–石头–布世界锦标赛中，哪些种类的策略更受参赛者青睐。

网站上罗列了几种"金牌招数"，例如，被巧妙命名的"官僚作风"，它包括连续三次出布；或者"雪崩"，它包括连续出三次石头。另一个是"排除策略"，它省略其中一个"出"。这些策略背后的思想是，对手会集中他们的整个策略来预测什么时候模式会改变，或者什么时候错过的"出"会出现，所以，你可以利用他们推理中的弱点。

还有一些身体上的欺骗技巧，以及识破对手欺骗的技巧。选手互相观察对方的身体语言和手势，因为这标志着他们即将出什么；他们也通过以某种动作表明他们即将出一种手形，结果却选择出另一种手形，试图欺骗对手。足球罚球时，踢球者和守门员同样也盯着对方的腿和身体动作，以猜测对方将选择哪个方向。这些技巧很关键。例如，在决定2006年世界杯英国队和葡萄牙队1/4决赛结局的点球大战中，葡萄牙队的守门员每次都猜得很准，拦截了三个球，为他的球队带来了胜利。

实验室中的混合策略

足球场和网球场上混合策略的理论与现实之间呈现出显著的一致性，与此相比，来自实验室实验的证据却是混杂的甚或是相反的。第一本关于实验经济学的书单调地声称："人们很少（如果有的话）看到实验对象抛掷硬币。"[5] 什么可以解释这种差异呢？

有些原因与我们在第 4 章中比较两种实证证据时讨论的那些原因相同。实验环境涉及某些人工构造的博弈，初学者为了相对较小的利害关系进行博弈。然而实际环境中，有经验的参与者参与到熟悉的博弈中，并且他们有着巨大的利害关系，这些利害关系涉及名誉、声望，也常常涉及金钱。

实验环境的另一个局限性可能是在操作上。实验总是从一个会议开始，在会议上，实验者认真地解释博弈规则，并确保实验对象理解了规则。规则并没有明确涉及随机选择的概率，也没有提供硬币、骰子或说明书，"如果你希望通过抛硬币或者掷骰子来决定你将要做什么，没问题。"这样一来，被要求严格遵循所陈述的规则的实验对象没有抛硬币，这一点儿也不奇怪。自从斯坦利·米尔格罗姆做了著名的实验，我们就已经知道，实验对象把实验者看成必须服从的权威人物。[6] 他们完全遵守规则，却没有想到随机行动，这也一点儿都不奇怪。

然而，事实仍然是，即使实验室博弈被构建得与足球罚球类似，即使混合行动的价值是明显的，自始至终，实验对象也似乎并没有正确地或恰当地使用随机选择策略。[7]

因此，对于混合策略的理论，我们得到的是成功和失败混合的记录。让我们稍微对这些发现进行进一步发展，一是为了了解在我们观察到的博弈中，我们应当预期到什么，二是为了学习如何更好地博弈。

怎样随机行动

随机选择并不意味着在纯策略之间转换。如果一个棒球投手被命令以相等比例混合快球和指叉球，他并不应该先扔一个快球，然后一个指叉球，然后又一个快球，如此等等，以严格轮换的方式进行投球。因为击球手将很快注意到这种模式并且利用这种模式。同样地，快球和指叉球的比例为 60 ∶ 40，但是这不意味着先扔 6 个快球，接着再扔 4 个指叉球，依此类推。

当以相等的比例随机地混合快球和指叉球时，投手应该怎么做？一种方法是在 1～10 之间随机挑选一个数字。如果这个数字小于等于 5，就投快球；如果数字大于等于 6，就投指叉球。当然，这在简化问题的方向上只走了一步而已。你怎样才能从 1～10 之间挑选一个随机数字呢？

我们从一个更简单的问题开始，即写下连续随机抛一枚硬币可能得到的结果。假如这个序列的确是一个随机序列，谁要是打算猜测你究竟写的是正面还是反面，他猜中的机会平均不会超过 50%。不过，写下这么一个"随机"序列比你想象的要困难得多。

心理学家已经发现，人们往往忘记这样一个事实，即抛硬币翻出正面之后再抛一次，这时抛出正面的可能性与抛出反面的可能性相等；这么一来，他们连续猜测的时候就会不停地从正面跳到反面，很少有人连续把宝押在正面上。假如一次公平的投掷硬币连续 30 次抛出正面，第 31 次抛出正面的机会还是与抛出反面的机会相等。根本没有"正面已经抛完"这回事。同样，在六合彩中，上周的号码在本周再次成为得奖号码的机会，与其他任何号码相等。

对人们陷入过多颠倒性错误的了解，以及利用这种弱点的努力，特别是接下来的更高水平，即轮流利用这些努力的努力，解释了世界剪刀 – 石头－布锦标赛中参赛者们采用的很多战略和策略。连续 3 次出布的参赛者，是希望对手认为第 4 次出布是不可能的；在连续多次比赛中，省去其中一种手势，只混合其他两种手势的参赛者，是想利用对手的想法：没出过的那个手势"该出"了。

为了避免一不小心在随机性里加入规律因素，你需要一个更加客观或者更加独立的机制。一个诀窍在于选择某种固定的规则，但要是一个秘密的、足够复杂以致让人难以破解的规则。举个例子，看看我们的句子长度。假如一个句子包含奇数个字，把它当作硬币的正面；假如一个句子包含偶数个字，把它当作硬币的反面。这应当是一个很好的随机数字发生器。回过头来计算前面的 10 个句子，我们得到反、正、正、反、正、正、正、正、正、反[⊖]。假如我们这本书不够轻便，没关系，其实我们随时随地都带着一些随机序列。比如朋友和亲属出生日期的序列。若出生日期是偶数，当作正面；若是奇数，当作反面。也可以看你的手表秒针。假如你的手表不准，别人没有办法知道你的秒针究竟处于什么位置。对于必须使自己的混合策略比例维持在 50 ：50 的棒球投手，我们的建议是，每投一个球，先瞅一眼自己的手表。假如秒针指向一个偶数，就投一个快球；假如指向奇数，就投一个指叉球。实际上，秒针可以帮助你获得任何混合策略比例。比如，现在你要用 40% 的时间投快球，而用另外 60% 的时间投指叉球，那么，在秒针落在 1～24 之间的时候选择投快球，落在 25～60 之间的时候选择投指叉球。

网球和足球的顶级专业选手在正确的随机选择方面，成功率有多高？对大满贯网球决赛的数据的分析表明，确实存在某种倾向，即在实际的随机选择中，反转攻正手与攻反手的频率高于正常水平；用统计学的行话说，存在负的序列相关性。但是这种负序列相关性看起来似乎非常不明显，对

⊖　与原文句子中的字数对应。——译者注

手不能成功地发现并利用它，正如我们从这两种策略的成功率统计上的不显著差异可以看到的一样。在足球罚球的案例中，随机选择接近正确值；反转（负序列相关）的发生率在统计上是不显著的。这是很容易理解的；同一个运动员踢的两个罚球之间可能要隔几个星期，因此反转的趋势可能没有那么明显。

剪刀－石头－布锦标赛的选手似乎非常重视背离随机选择的策略，并试图利用对方努力想解释各种模式的心理。这些努力有多成功？一种证据来自于成功的连续性。如果一些选手更擅长采用非随机性策略，那么他们在年复一年的各场比赛中应当比较得心应手。世界剪刀－石头－布协会"并没有人工记录锦标赛中每一个参赛者是如何比赛的，而且该项运动还没有足够发展到其他的选手能追踪信息的地步。总的来说，在统计上显著的程度上，并没有太多能连续成功的选手，而2003年的银牌得主，却在下一年的比赛中退至倒数第8。"[8]这表明，精心制定的策略并没有产生持久优势。

为什么不依赖对方的随机选择呢？如果一个参与者正使用他的最佳混合策略，那么不管另一个参与者选择哪种策略，他的成功率都相等。假如你是足球例子中的踢球者，而且守门员正在使用他的最佳混合策略：41.7%的时间选择左边；58.3%的时间选择右边。那么不论你选择踢向左边，还是选择踢向右边，还是选择任何这两种策略的混合，你都会在79.6%的时间内成功进球得分。意识到这一点，你可能打算免去计算自己最佳混合策略的麻烦，只随便选定其中一种行动，并指望对手使用他的最佳混合策略。问题在于，除非你采用你的最佳策略，否则你的对手没有动机继续选择他的最佳策略。例如，假如你坚持选择左边，守门员也会转而防守左边。你应该选择自己的最佳混合策略的原因在于，要迫使对方继续使用他的最佳混合策略。

独一无二的局势

所有这些推理过程都适用于足球、篮球或者网球这样的比赛，在同一场比赛中，相同的情形多次出现，而且每场比赛中对垒的都是相同的参与者。于是，我们有时间和机会看出任何有规律的行为，并采取相应的行动。反过来，很重要的一点，在于避免一切会被对方利用的模式，坚持自己的最佳策略。不过，若是遇到只比一次的比赛，又该怎么办？

考虑一场战役中攻守双方的选择。这种情况通常都是独一无二的，彼此都不能从对方以前的行动中推出任何规律。但是，派出间谍侦察的可能性会引起一个随机选择的情况。假如你选择了一个具体的行动方针，却被敌人发现了你的打算，他就能选择对你最不利的行动方针。你希望让他大吃一惊；最稳妥的办法就是让你自己大吃一惊。你应该留出尽可能长的时间考虑各种可能的方案，直到最后一刻才通过一种不可预测的从而也是不可侦察的方法做出你的选择。这个办法包含的相对比例应该符合这样的要求：敌人就算发现了这个比例，也不能以此占据上风。这其实就是我们前面已经讲过的最佳混合策略。

最后给你一个警告。即便在你采取了自己的最佳混合策略的时候，你还是有可能得到相当糟糕的结果。即便踢球者不可预测，有时候守门员还是可以碰巧猜中他射什么球，将球挡在球门外。在橄榄球比赛中，当第三次触地且距离底线只剩一码的时候，稳扎稳打的选择是中路推进；不过，重要的是射出一个出其不意的球，迫使防守方不敢轻举妄动。一旦这样的传球得逞，球迷和体育解说员会为选择这一策略而欢呼雀跃，赞扬教练是一个天才。假如传球失败，教练就会遭到众人批评：他怎么可以把宝押在一记长传之上，而不是选择稳扎稳打的中路推进？

评判这名教练的策略的时机，是在他将这个策略用于任何特定情况之前。教练应该公告天下，说混合策略至关重要；中路推进仍然是一个稳扎稳打的选择，其原因恰恰在于部分防守力量一定会被那个代价巨大的长传吸引过去。不过，我们怀疑，哪怕这名教练真会在比赛之前将这番理论通过所有的报纸和电视频道公告天下，只要他仍会在比赛里选择一个长传且不幸落败，他还是会免不了遭到众人批评，就和他此前根本没费心教给公众有关博弈论的知识差不多。

混合动机博弈中的混合策略

本章到目前为止，我们只考虑了参与者的动机纯冲突的博弈，即零和博弈或者常和博弈。但是我们总是强调，现实中大多数博弈既有共同利益的一面，也有利益冲突的一面。在这些更一般的非零和博弈中，混合策略会起作用吗？会，但存在一些限制。

为了说明这一点，我们来考虑第 4 章中狩猎版的性别战博弈。记住，那天，我们勇敢的猎手弗瑞德和巴尼各自在自己的洞穴中，决定是去猎雄鹿还是猎野牛。一次成功的狩猎需要两人共同努力。因此，如果两人做出了相反的选择，两人都不能得到任何肉食。在避免这种结果发生方面，他们存在共同利益。但是在他们在同一猎场的两种成功的可能性之间，弗瑞德更偏好雄鹿，他把联手猎雄鹿的赢利估计为 4 而不是 3，而巴尼拥有相反的偏好。因此，博弈表如下所示。

我们可以发现这个博弈存在两个纳什均衡，用阴影区表示。现在，我们把这些均衡称为纯策略均衡。是否有可能存在混合策略均衡呢？

为什么弗瑞德会选择一个混合策略？可能是因为他不确定巴尼的选择。如果弗瑞德的主观不确定性

		巴尼的选择	
		雄鹿	野牛
弗瑞德的选择	雄鹿	4　　　3	0　0
	野牛	0　　　0	3　4

是这样的：他认为巴尼选择雄鹿和野牛的概率分别为 y 和（$1-y$），那么，他自己选择野牛时的期望赢利为 $4y + 0（1-y）= 4y$；选择雄鹿时的期望赢利为 $0y + 3（1-y）$。假如 y 满足 $4y = 3（1-y）$，或者 $3 = 7y$，或者 $y = 3/7$，那么，不管弗瑞德选择雄鹿还是野牛，他得到的赢利都相等，并且如果他选择以任何比例混合这两种纯策略，他得到的赢利也不会改变。但是，假定弗瑞德选择雄鹿和野牛的混合策略，以致巴尼在他的纯策略之间的选择是无差异的。（这个博弈是完全对称的，因此你可以猜出，也可以计算出：这意味着弗瑞德会以 $x = 4/7$ 的时间选择雄鹿。）那么，巴尼可以以恰当的比例混合自己的策略，以保持弗瑞德的两种选择是无差异的，因此他愿意选择自己的恰当的混合策略。$x = 4/7$ 与 $y = 3/7$ 这两种混合，构成了混合策略的纳什均衡。

这种均衡在任何情况下都令人满意吗？不是。问题在于这两个参与者要独立地做选择。因此，当巴尼在（$4/7$）×（$4/7$）$= 16/49$ 的时间选择野牛时，弗瑞德将选择雄鹿，相反，当巴尼在（$3/7$）×（$3/7$）$= 9/49$ 的时间选择雄鹿时，弗瑞德将选择野牛。这样，将有 $25/49$ 时间或是刚好超过一半的时间，双方发现他们在不同的地方，赢利为 0。我们运用这些公式计算时，看到每个参与者得到的赢利都为 $4 × （3/7）+ 0 × （4/7）= 1.71$，这小于不利的纯策略均衡下的赢利 3。

为了避免出现这样的错误，他们需要相互协调混合策略。在没有即时沟通方法的情况下，他们在各自的洞穴中能做到这一点吗？或许，他们可以事先基于他们知道的事情达成一个协议，当他们出发打猎时，他们都将遵守这个协议。假定在他们的区域内，一半的天数清晨会下雨。他们可以达成一个协议：如果下雨，他们猎雄鹿；如果不下雨，他们猎野牛。这样的话，他们每人将得到一个平均赢利 $1/2 × 3 + 1/2 × 4 = 3.5$。因此，协调的随机选择为他们提供了一种简洁的方式去消除有利纯策略与不利纯策略纳什均衡之间的分歧；也就是说，协调的随机选择是一种协商方法。

不协调的混合策略纳什均衡不仅会得到低赢利，而且该均衡也很脆弱或不稳定。如果弗瑞德对巴尼选择雄鹿的概率的估计稍微大于 $3/7 = 0.4285$，比如说 0.43，那么，弗瑞德选择雄鹿的赢利，即 $4 \times 0.43 + 0 \times 0.57 = 1.72$，就会超过他选择野牛的赢利，即 $0 \times 0.43 + 3 \times 0.57 = 1.71$。因此，弗瑞德不再采取混合策略，而是选择雄鹿。这样，巴尼的最佳回应也是雄鹿，混合策略均衡便瓦解了。

最后，混合策略均衡具有一种奇怪的、非直观的特性。假设我们分别把巴尼的赢利改为 6 和 7，而不是 3 和 4，而保持弗瑞德的赢利值不变。这会对混合比例产生什么影响？仍然令 y 表示巴尼被认为选择雄鹿的时间比例。那么，弗瑞德选择雄鹿的赢利仍然为 $4y$，选择野牛的赢利仍然是 $3(1-y)$，从而 $y = 3/7$ 使得弗瑞德保持无差异，因此他愿意采取混合策略。然而，令 x 表示弗瑞德的混合策略中选择雄鹿的比例，那么，巴尼自己选择雄鹿时的赢利为 $6x + 0(1-x) = 6x$，选择野牛时的赢利为 $0x + 7(1-x) = 7(1-x)$。令这两个表达式相等，我们得到 $x = 7/13$。因此，巴尼赢利的变化并没有影响自己的均衡混合策略，但是却改变了弗瑞德的均衡混合比例！

通过进一步思考发现，这个结果其实并不那么奇怪。巴尼愿意混合其策略，可能仅仅因为他不确定弗瑞德将要做什么。因此计算结果涉及巴尼的赢利和弗瑞德的选择概率。如果我们使赢利表达式相等并且求解出结果，我们会发现弗瑞德的混合概率是由巴尼的赢利"**决定**"的。反之亦然。

然而，这个推理是如此微妙，乍一看上去又如此怪异，以至于在实验情形中，大多数参与者不能领悟它，即使提醒他们要随机化。当他们自己的赢利改变时，而不是当其他参与者的赢利改变时，他们改变了自己的混合概率。

商业与其他对抗中的策略混合

我们之前提到的运用混合策略的例子都来自体育赛场。为什么在现实世界，如商界、政界或战争中，见不到几个采取随机行动的例子呢？首先，这些领域中的大多数博弈都是非零和博弈，而且我们看到，这些情形下的混合策略的作用更加有限，也更加脆弱，并且不一定会带来好的结果。当然也存在其他原因。

在试图努力控制结果的企业文化中，很难推广由概率决定结果的主张。出了问题之后就更是如此，因为随机选择行动的时候总会出现偶然问题。虽然（有些）人们认为，一名橄榄球教练为了迫使守方不敢轻举妄动，必须时不时踢一个悬空球；但是，在商界中，类似的冒险策略一旦遭到失败，你就可能被炒鱿鱼。不过，关键并不在于冒险策略总能成功，而在于冒险策略可以避免出现固定模式，并防止别人轻易预测自己的行动。

折扣券是运用混合策略改善企业业绩的一个例子。公司使用折扣券来建立自己的市场份额。想法是为了吸引新的消费者，而不仅是向现有消费者提供折扣。假如几个竞争者同时提供折扣券，消费者就没有特别的动机转投其他牌子。相反，他们满足于自己现在使用的牌子，并接受该公司提供的折扣。只有在一家公司提供折扣券而其他公司不提供的时候，消费者才会被提供折扣券的公司吸引过去，尝试这个新牌子。

诸如可口可乐与百事可乐这样的竞争对手之间的折扣券策略博弈，与猎手的协作问题其实极为相似。两家公司都想成为唯一提供折扣券的公司，就像弗瑞德和巴尼每人都想选择他自己喜欢的猎场一样。但是如果它们同时这么做，折扣券就不能发挥原来设想的作用，两家的结局甚至会比原来更糟糕。一种解决方案是遵守一种可预测的模式，每隔半年提供一次折扣券，几个竞争者轮流提供折扣券。这个方案的问题在于，当可口可乐预计到百事可乐快要提供折扣券的时候，它就应该抢先一步提供折扣券。

要避免他人抢占先机，唯一的途径就是保持出人意料的元素，而这一元素源于随机化策略的应用。

当然，独立的随机选择有"出错"的危险，就像我们这个石器时代的猎手弗瑞德和巴尼的故事一样。相反，通过合作，这两个竞争者都可以得到更好的结果，并且一些有力的统计证据表明，可口可乐和百事可乐确实达成了这样一个合作方案。曾经有一段长达 52 个星期的时间，可口可乐和百事可乐分别发放了 26 周折扣券，其间没有出现两家同时发放折扣券的现象。若是没有事先约定，两家独立地以 50% 的概率随机选择在任何一周发放折扣券，那么，它们各自发放 26 周折扣券而不会出现同时发放现象的概率是 1/495 918 532 948 104，或是小于 $1/1\ 000^5$（10 亿的 10 亿次方）！这一发现是如此的令人惊奇，以至于许多媒体都有报道，其中包括哥伦比亚广播公司的节目《60 分钟时事》。[9]

折扣券的目的是扩大市场份额。但每家公司都意识到，要想获得成功，必须在对方没有提供类似的促销时提供促销。随机选择促销周的策略可能是想乘对方不备。但是当两家公司遵循相似的策略时，就会出现在许多周两家同时提供促销的情况。而在这些星期，它们的促销活动仅仅是相互抵消；没有一家公司能够增加市场份额，而它们获得的利润却更低。因此这个策略造成了囚徒困境。有着持续关系的这两家公司认识到，通过解决这个困境，双方都能做得更好。对于每家公司而言，解决困境的方法是轮流实行最低的价格，然后一旦促销活动结束，每个消费者将回到他们经常用的牌子。它们确实这样做了。

还有其他例子可以说明，在商界，我们必须避免陷入一个固定模式，防止对手轻易预测我们的行动。一些航空公司向愿意在最后一分钟买票的乘客提供优惠机票。不过，这些公司不会告诉你究竟还剩下多少座位，而这个数字本来有助于你估计成功得到机票的机会有多大。假如最后一分钟所剩机票的数量变得更加容易预测，那么乘客利用这一点占便宜的可能性就会大得多，航空公司也会因此失去更多本来愿意购买全价机票的乘客。

在商界，随机策略的最广泛用途在于以较低的监管成本促使人们遵守规则。这适用于从税收审计、毒品测试到付费停车计价器的许多领域。同时还解释了惩罚不一定要和罪行吻合的原因。

由付费停车计价器记录的违章停车的典型罚金是正常收费标准的好几倍。设想一下，假如正常收费标准是每小时 1 美元，按照每小时 1.01 美元的标准进行处罚能不能让大家从此变得服服帖帖呢？有可能，条件是交通警察一定可以在你每次停车而又向计价器投钱的时候逮住你。这样一种严格的监管方式可能代价不菲。交通警察的薪水将成为首要议题；此外，为了保证警方说到做到，必须经常检测收费机，这笔费用可能也是巨大的。

相反，监管当局采用了一个同样管用、代价却更低的策略，那就是提高罚款金额，同时放松监管力度。比如，罚金若是高达每小时 25 美元，此时，哪怕 25 次违章只有 1 次会被逮住，也足够让你乖乖付费停车了。一支规模更小的警察队伍就能胜任这项工作，而收取的罚金也更接近弥补监督成本的水平。

这是又一个证明随机策略用途的例子。在某些方面，这个例子与足球比赛的例子类似，但在其他方面存在区别。我们再次看到，当局选择一种随机策略的原因在于这么做胜过任何有规律的行动：完全不监管意味着浪费稀缺的停车空间，而百分之百监管的代价又高得难以承受。不过，处于另一方的停车者不一定也有一个随机策略。实际上，当局希望通过提高侦察的概率和罚金数目，规劝大家遵守停车规则。

随机毒品测试与监管付费停车有许多相同点。若让每位职员每天都接受毒品测试，从而确定是不是有人吸食了毒品，这种做法不仅浪费时间，代价高昂，而且也没有必要。随机测试不仅可以查出瘾君子，还能阻止其他人由于觉得好玩而以身试"毒"。这种做法和监管付费停车的例子一样，虽然查处瘾君子的可能性不大，但罚金很高。国税局（IRS）审计策略的一个问题在于，在被逮住的小概率下，罚金数目其实很小。假如监管属于随机性质，我们必须定出一个超过罪行本身的惩罚。规则在于，**预期**惩罚应该与罪行相称，而从统计意义上讲，这种预期应该将被逮住的概率考虑在内。

那些希望击败监管当局的人，也可以利用随机策略为自己谋利。他们可以将真正的罪行隐藏在许许多多虚假警报或罪行里，从而使监管者的注意力和资源大大分散，以至于不能有效发挥作用。举个例子：防空体系必须保证摧毁几乎百分之百的入侵导弹。对进攻方而言，击败防空体系的一个办法是用假导弹掩护真导弹。一枚假导弹的成本远远低于一枚真导弹。除非防守方真的可以百分之百地识别真导弹和假导弹，否则防守方就不得不开动防空体系摧毁所有入侵导弹，不管它们是真是假。

发射哑弹的做法起源于第二次世界大战，那时人们其实不是有意设计假导弹，而是为了解决质量控制问题。"销毁生产过程中出现的次品炮弹的成本很高。有人想到一个主意，说生产出来的哑弹可以随机发射出去。对方的军队指挥官担不起任凭一枚延时起爆炮弹落在自己阵地的风险，而他也辨别不了哪些是不会爆炸的哑弹，哪些是真会爆炸的延时起爆炮弹。面对真真假假的炮弹，他不敢大意，只好竭尽全力摧毁发射过来的每一枚炮弹。"[10]

本来，防守方的成本与可能被击落的导弹相比只是九牛一毛，但攻击方也有办法使防守成本高到难以承受的地步。实际上，这个问题正是卷入"星球大战"的各方所面对的挑战之一；他们可能找不到任何解决方案。

怎样寻找混合策略均衡

许多读者满足于在定性概念水平上理解混合策略，把真实数据的计算问题留给计算机程序，这些程序可以处理当每个参与者拥有任意多个纯策略时的混合策略，其中一些纯策略甚至可能没有在均衡中用到。[11] 在没破坏连贯性的情况下，这些读者可以跳过本章余下的部分。但是对于那些对高中代数和几何有一定的了解，并想了解更多有关计算方法的读者，我们提供一些详细说明。[12]

首先，考虑代数方法。在踢球者的混合策略中，选择左边的比例就是我们想要解出的未知数；我们把它设为 x。这只是其中一部分，所以选择右边的比例是（$1 - x$）。当守门员选择左边时，踢球者采取该混合策略的成功率为 $58x + 93（1 - x）= 93 - 35x$，而守门员选择右边时，成功率为 $95x + 70（1 - x）= 70 + 25x$。因为这两个成功率相等，所以，$93 - 35x = 70 + 25x$，或 $23 = 60x$，或 $x = 32/60 = 0.383$。

我们也可以通过在图中（见下一页）表示各种混合策略的结果，找到几何的解决方法。踢球者的混合策略中，选择左边的时间比例 x，在横轴上用 0 到 1 表示。对于每一种混合策略，两条直线中的其中一条表示当守门员选择其纯策略左边（L）时踢球者的成功率；另一条直线表示了当守门员选择其纯策略右边（R）时，踢球者的成功率。前者从最高值 93 开始——当 $x = 0$ 时表达式 $93 - 35x$ 的值，一直降到 58——当 $x = 1$ 时表达式 $93 - 35x$ 的值。后者从纵轴上的 70 这一点开始——当 $x = 0$ 时表达式 $70 + 25x$ 的值，一直上升到 95——当 $x = 1$ 时表达式 $70 + 25x$ 的值。

守门员想让踢球者的成功率尽可能低。因此，如果踢球者的混合策略的组成暴露给守门员，那么守门员就会选择 L 或 R，无论哪种选择，都对应着两条线较低的部分。这两条线的这些部分用粗线条表示，当守门员为了自己的目的，最优地利用踢球者的选择时，踢球者能预期的最低成功率呈倒 V 型。踢球者想在这些最小的成功率中选择最大值。只有在倒 V 的最高点，也就是两条直线的交点上他才能做到。利用位置逐步逼近考察法或者代数方法，显示这点的位置是 $x = 0.383$，成功率为 79.6%。

类似地，我们可以分析守门员的混合策略。让 y 表示守门员混合策略中选择左边（L）的时间比例。那么（$1 - y$）表示守门员选择右边（R）的时间比例。当守门员采取混合策略时，若踢球者选择 L，则其平均成功率为

$58y + 95（1 - y）= 95 - 37y$。若踢球者选择 R，则其平均成功率为 $93y + 70（1 - y）= 70 + 23y$。因为这两个表达式相等，所以，$95 - 37y = 70 + 23y$，或 $25 = 60y$，或 $y = 25/60 = 0.417$。

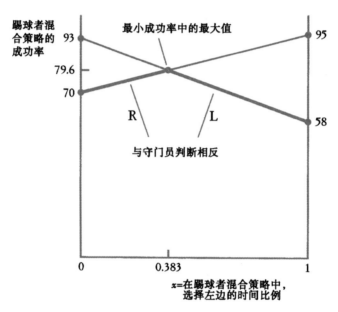

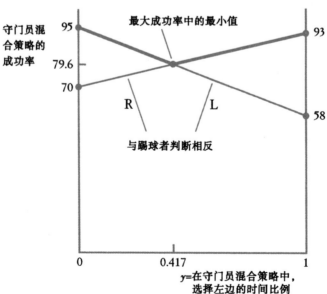

从守门员的角度进行的图示分析，只需对踢球者图示分析做简单修改即可。我们图示了守门员选择各种混合策略时的结果。守门员混合策略中选择左边的时间比例为 y，以 0 到 1 在横轴上表示。图中两条直线表示守门员采取这些混合策略时踢球者的成功率，其中一条直线对应于踢球者选择 L，另一条对应于踢球者选择 R。对于守门员的任何混合策略，踢球者通过选择 L 或者 R 使自己的成功率较高，以达到最佳赢利。两条直线的粗线部分显示这些最大值成 V 字形。守门员想使踢球者的成功率尽量低。他通过把 y 设定在 V 的底端，也就是通过选择这些最大值中的最小值，来达到这个目的。这个最小值出现在 $y = 0.417$ 时，此时踢球者的成功率为 79.6%。

踢球者最小赢利的最大值（最大最小赢利）与守门员最大赢利的最小值（最小最大赢利）相等，正是冯·诺依曼和摩根斯特恩的最小最大定理在起作用。或许更准确地说，它应该被称为"最大最小值–等于–最小最大值定理"，但是，那个标准的名称更简洁，也更容易记住。

混合策略中的意外变化

即使在零和博弈领域，混合策略均衡也有一些看似奇怪的性质。回到足球罚球的例子，假定守门员提高了拦截踢向自然边（右边）的罚球的技能，这样一来，踢球者的成功率从 70% 降低到 60%。这对守门员的混合概率会产生什么影响？我们通过变换图中相应的直线得到了答案。我们看到，在守门员的均衡混合中，使用左边策略的比例从 41.7% 上升到 50%。当守门员提高了拦截右边罚球的技能时，他使用右边的频率却降低了！

乍看起来，这似乎有点儿奇怪，但其原因很容易理解。当守门员更善于拦截踢向右边的罚球时，踢球者踢向右边的频率将降低。踢球者会更多地把球射向左边，针对这一事实，守门员在他的混合策略中以更大的比例选择左边。改进弱点的作用在于，你不必那么频繁地使用它。

读者可以通过重新计算踢球者针对这一变化的混合策略来证实这一点；你将发现，在他的混合策略中，选择左边的比例从 38.3% 上升到 47.1%。

而且，守门员致力于提高他的右边拦截技巧确实有利：均衡中，踢球者的平均进球得分率从 76.9% 降到了 76.5%。

进一步考虑还可发现，看似自相矛盾的观点最终都有一个非常自然的博弈论逻辑。你的最佳策略不仅取决于自己的行动，还取决于其他参与者的行动。这就是策略的相互依赖作用，而且所有有关的策略都应该是这样的。

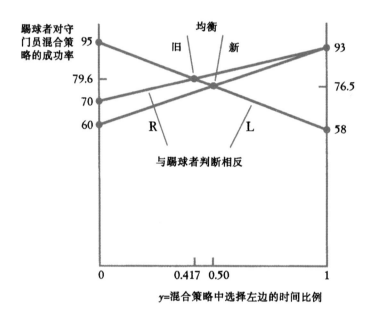

y=混合策略中选择左边的时间比例

 案例分析

剪刀 – 石头 – 布爬楼梯游戏[⊖]

这一幕情景发生在东京闹市的寿司店中。隆志和裕一坐在寿司店中，边喝

⊖ 这个例子首先出现在日本版的策略思维中。是由当时就读于耶鲁大学管理学院的菅野隆志（Takashi Kanno）和岛津裕一（Yuchi Shimazu）承担的一个项目得出的结果。他们同时也是这本书的日语版译者。

着米酒,边等着他们的寿司。他们两人都点了该寿司店中的特色寿司,云丹生鱼片(海胆)。不幸的是,厨师说他只剩下一份云丹可以提供。他们中谁会让步呢?

在美国,这两个人可能会抛硬币决定。而在日本,这两个人更有可能玩剪刀–石头–布游戏。当然,到现在为止,你已经是剪刀–石头–布的专家,所以,为了使这个问题更具有挑战性,我们引进一种变异版本,称为剪刀–石头–布爬楼梯游戏。

该游戏通常在楼梯上进行。跟以前一样,两个选手同时出石头、布或者剪刀。但是现在,胜利者将向上爬楼梯:如果布(五个手指)获胜,则向上爬五级阶梯;剪刀(两个手指)取胜,则向上爬两级楼梯;石头(没有手指)取胜,则向上爬一级楼梯。假如是平局的话要重新再来一局。通常来说,第一个爬到楼梯顶端的是胜者。我们稍微简化这个游戏,假定每个参与者的目标只是尽可能远地超过对方。

案例讨论

因为每向上爬一级楼梯都会使胜者更靠前,败者更落后,所以我们得到一个零和博弈。考虑所有可能的行动对,我们得到下面的博弈表格。赢利以向前走的楼梯级数来度量。

裕一的选择

		石头	布	剪刀
隆志的选择	石头	0 / 0	5 / -5	-1 / 1
	布	-5 / 5	0 / 0	2 / -2
	剪刀	1 / -1	-2 / 2	0 / 0

我们怎样找到出剪刀、石头和布的混合策略均衡?前面我们展示了简单的计算和图示方法,这些方法只适用于每个参与者仅两种选择的情况,比如正

手击球和反手击球。但是在剪刀－石头－布爬楼梯游戏中，每个参与者有三种选择。

第一个问题是：哪些策略会是均衡混合策略中的一部分。这里的答案是三者缺一不可。为了证实这一点，设想裕一从来都不出石头。那么，隆志将永远不出布，而在这种情况下，裕一将永远不使用剪刀。沿着这条思路继续下去，表明隆志将永远不使用石头，这样的话，裕一将永远不使用布。裕一从来不使用石头的假定排除了他所有的策略，所以，这一定是错误的。类似的论证表明，另外两种策略对裕一（隆志）的混合策略均衡也是必不可少的。

现在，我们知道了在均衡混合策略中这三种策略都必须用到。问题变成了什么时候这三种策略都要用到。参与者都只对最大化自己的赢利感兴趣，而不是为了混合而混合。当且仅当三个选择具有同等程度的吸引力时，裕一才愿意在石头、布和剪刀之间随机选择。（如果对裕一而言，石头带来的赢利高于布和剪刀的赢利，那么他应该只选择石头；但是那样的话将得不到均衡。）因此，三种策略使裕一得到相同期望赢利的特别情况，就是隆志的均衡混合策略。

让我们假定隆志采用如下的混合规则：

$$p = 隆志出布的概率；$$

$$q = 隆志出剪刀的概率；$$

$$1-(p+q) = 隆志出石头的概率。$$

因此，假如裕一出石头，那么，若隆志出布（p）他就会落后五步，若隆志出剪刀（q）他就会前进一步，因此净赢利为 $-5p+q$。利用同样的方法，裕一从每种策略中得到的赢利如下：

$$石头：-5p+1q+0[1-(p+q)] = -5p+q$$

$$剪刀：2p+0q-1[1-(p+q)] = 3p+q-1$$

$$布：0p-2q+5[1-(p+q)] = -5p-7q+5$$

只有当 $-5p+q = 3p+q-1 = -5p-7q+5$ 时，这三种选择对裕一而言才具有同等的吸引力。

求解上述三个方程得到：$p = 1/8$，$q = 5/8$，以及（$1-p-q$）$= 2/8$。

这就是隆志的均衡混合策略。由于这个游戏是对称的，因此裕一将以同样的概率进行随机选择。

注意：当裕一和隆志都使用他们的均衡混合策略时，他们从每种策略中得到的期望赢利为零。虽然这并不是混合策略结果的一般特征，但对于对称的零和博弈而言却总是正确的。我们没有任何理由偏爱裕一多于隆志，反之亦然。

注意考虑法则 5：其他参与人可能只采用其混合策略中的一个可行的纯策略子集，因为其他的策略将给他一个特别低的赢利（或给你一个特别高的赢利）。均衡解将告诉你，在对手的混合策略中那些策略是活跃的。

第 14 章的"有时骗倒所有人：拉斯维加斯的老虎机"，提供了又一个关于机会和选择的案例分析。

第 6 章

策略行动

改变博弈

数百万人每年至少要制定一个"新年决心"。在 Google 搜索中，"新年决心"这个词占了 212 万页。据美国官方网站，这些决心中最流行的是"减肥"。接下来依次是"偿还债务""省钱""找份更好的工作""健身""健康饮食""接受更高的教育""少喝酒"和"戒烟"。[1]

维基百科全书——免费的在线百科全书，将新年决心定义为"一个人针对一项任务或一种习惯所做出的承诺，通常是一种大众认可的有益的生活方式的改变"。注意"承诺"这个词。大多数人对它有一种直观的理解，将其理解为约束自己的一种决心、一种保证或一种行动。稍后，我们将在它的博弈论应用中，让这一概念更加精确。

这些精彩的生活改善计划有什么问题吗？美国有线新闻网的一份调查报告声称，30% 的人其决心甚至坚持不到 2 月份，只有 1/5 的人能坚持 6 个月或 6 个月以上。[2] 这种失败归咎于多种原因：人们给自己定的目标太高了，他们无法正确衡量自己的进步，他们没有足够的时间，等等。但是到目前为止，失败的最重要的原因是，大多数人无法抵制诱惑，就像奥斯卡·王尔德一样。当他们看到或闻到那些牛排、炸薯条和甜品时，他们的健康饮食计划就烟消云散了。当那些新型的电子玩具向他们招手时，再说起不要把信用卡从皮夹中抽出来的决心时，他们就开始支支吾吾了。当他们舒舒服服地坐在沙发中，在电视机前观看体育比赛时，实际上对他们来说，做运动似乎太辛苦了。

许多医学和生活顾问提供了一些成功坚持决心的建议。这些建议包括一些基本的东西，例如，设定合理且易衡量的目标、一小步一小步地向目标努力、制定一个多样而不无聊的健康饮食与锻炼计划、遇到任何困难都不气馁不放弃。不过这些建议也包括一些形成正确激励的策略，这些策略的一个重要特性是，它们乃是一个支持系统。它们建议人们在加入健康饮食群体的同时也加入健身群体，并把他们的决心在家人和朋友面前公开。一个人不是在孤军奋战的感觉固然有用，然而潜在的在公众面前失败的羞耻感可能也很管用。

在美国广播公司黄金时段节目《生活：博弈》[3]中，本书作者中有人（奈尔伯夫）使羞耻感这一要素得到了强有力的运用。正如之前所描述的，超胖的参与者同意只穿一件比基尼来拍照。接下来的两个月后，所有未能成功减重 15 磅的人，都要把他的照片在国家电视台上公开亮相，并登在该节目的网站上。想要避免这种灾难，就成为一种强有力的激励。除了一个人，所有参与者都减掉了 15 磅或者 15 磅以上；那个人虽然失败了，但只差一点儿。

从哪里引入博弈论？努力减肥（或更加省钱）是现在的自己（长期希望改善健康或体重）与未来短期内的自己（受到诱惑饮食过度或花费过度）之间的一个博弈。现在的自己所下的决心构成了一个要好好表现的承诺。但这个承诺必须无法逆转；未来的自己应当没有食言的可能性。现在的自己通过采取相关行动做到了这一点——如果减肥失败，就拍一张窘迫的肥胖照片，并放弃对照片用途的控制，让节目制作人将照片公开展示。该行动通过改变未来自己的动机，改变了博弈。过度饮食或过度花费的诱惑仍然存在，但令人羞耻的曝光的可能性阻断了这种诱惑。

改变博弈，以确保参与者采取行动能得到更好的结果，此类行动称为**策略行动**。在本章，我们将对这些行动进行解释与说明。有两个方面需要考虑：应该做什么，以及如何去做。前者隶属于博弈论科学，而后者在每种情形下都是特定的——在每种特定背景下，想出有效的策略行动与其说是一门科学，不如说是一门艺术。我们将通过一些例子，使你了解这门科学的基本思想，并教你一些这门艺术的基本思想。但进一步发展这门艺术的工作，还得留给你自己，你应基于自己对局势的洞察根据需要采取行动。

　　至于第二个改变博弈的例子，不妨想象你自己是 20 世纪 50 年代美国的某个男青年。那是一个云淡风轻的周末之夜，你正和一群朋友展开对抗赛，要决出谁是第一男子汉。今晚的比赛从一个懦夫博弈开始。你们驾车相向疾驶，你们也知道，先转向的那个人就是失败者，或是懦夫。大家都希望能胜出。

　　这是一个危险的博弈。如果你们都想赢，结果可能是你们都住进医院，或者更糟。在第 4 章，我们从纳什均衡的角度（在石器时代的猎人弗瑞德和巴尼的背景下）分析过该博弈，得出它有两个纳什均衡解。一个解是你直行，你的对手转向，另一个解是你转向，你的对手直行。当然，你喜欢第一个均衡，不喜欢第二个。这里，我们将这个分析推向更高的层次。你能不能做些事情，以达到自己偏爱的结果？

　　你可以建立一种声誉，说自己绝对不会转向。然而，你必须过去曾经赢得过类似的博弈，才可以这样做，所以问题本身变成了你在那些博弈中你本可以怎么做。

　　这里有一种奇怪但却有效的方法。假设你用一种能让对手看得见的方式，把你的方向盘从轴上拆下来，扔出窗外。现在，他知道你无法转向了。整个避免冲撞的重担落在了他的肩上。你改变了博弈。在新的博弈中，你只有一个策略，那就是直行。这样，你对手的最优（事实上是最不糟糕的）回应是转向。你作为一个司机非常无助，但这种无助让你在懦夫博弈中成为胜出者。

　　你把博弈变得对你有利了，这种方式乍看起来令人惊讶。你通过扔掉方向盘，限制了自己的行动自由。选择少了，怎么反而对自己更有利呢？因为在这个博弈中，转向的自由只不过是变成懦夫的自由；选择的自由只不过是失败的自由。我们对策略行动的研究，还会得出其他一些看似惊人的结论。

这个例子也对策略行动提出了相当程度的警告。策略行动不能保证一定成功，而且，它们有时可能面临极大的危险。在现实中，行动和观察通常具有滞后性。在懦夫博弈中，如果你的对手也有同样的想法，你们两人同时看到了对方的方向盘飞出窗外，这时你该怎么办？一切都太晚了。现在，你绝望地驶向一场碰撞。

所以，招数有风险，用招需谨慎。如果你失败了也请不要指控我们。

一段小小的历史

人民和国家都曾为千禧年做出过承诺、威胁和许诺。他们直觉地认识到了这类行动可信性的重要性。他们不仅采用这样的策略，还会设计出应对其他参与者采用类似策略时的相应策略。当荷马笔下的奥德修斯把自己拴在桅杆上时，他实际上是在制定一个可信的承诺，承诺自己不受海妖塞壬的歌声诱惑。父母们都知道，对于小孩，严酷惩罚其错误的威胁并不可信，而"你想让妈妈生气吗？"这种威胁的可信性就大得多。历史上的国王们也都明白，质子交换，让心爱的孩子或其他亲人到对方君王的家中生活，有助于使他们之间的和平共处承诺显得可信。

博弈论有助于我们理解并一般化这种策略的思想体系。然而，在博弈论最初的十年中，它侧重于描述特定博弈中不同类型的均衡，序贯行动博弈中的倒后推理均衡、双人零和博弈中的最小最大均衡、更一般的同时行动博弈中的纳什均衡，并在重要的背景下，如囚徒困境、信心博弈、性别战、懦夫博弈，[4] 对它们进行解释说明。托马斯·谢林首先提出了博弈论的主题，即一个参与者或参与者双方可能采取改变博弈的行动，他因此获得了荣誉和声望。其《冲突的战略》（1960）和《军备与影响》（1965）[5] 两本书中，收录并详细阐述了他在 20 世纪 50 世纪末 60 年代初的文章，这些文章准确地表述了承诺、威胁和许诺的概念。谢林不仅说明了提高可信性需要做什么，还分析了微妙的边缘政策风险策略，而这一策略之前常被人们曲解。

几年后，莱因哈德·泽尔腾更为严谨地发展了可信性的概念化形式，即子博弈完美均衡，它是对我们在第 2 章讨论的倒后推理均衡的一般化。莱因哈德·泽尔腾与约翰·纳什和约翰·海萨尼一起，成为第一组获得诺贝尔奖的博弈论学者。

承诺

当然，你不必非要等到新年来临才能下一番决心。每天晚上，你可能决心第二天清晨早起，使这一天有一个良好的开端，或者可能决心跑步五英里。但是你知道，当第二天清晨来临时，你会更愿意在床上再赖半小时或一小时（或者更长时间）。这是夜间坚决的自己与清晨意志薄弱的自己之间的一个博弈。在我们建立的这个博弈中，清晨的自己具有后行动的有利条件。但是，夜间的自己可以通过设定闹钟来改变博弈，以创造并抓住先行者的有利条件。这种做法被看作一种承诺，承诺闹铃一响就起床，但是，它有效吗？闹钟设有贪睡按钮，清晨的自己可能会重复地按下按钮。（当然，在这之前，自己可以寻找并买下一个不带贪睡按钮的闹钟，但这是不可能的。）夜间的自己还可以通过把闹钟放在房间里的衣柜上，而不是放在床头柜上，使承诺可信；这样，清晨的自己将不得不下床去关闹钟。如果这还不行，清晨的自己又直接跌跌撞撞地回到床上，那么，夜间的自己就必须想出另外的方法，或许可以使用一个同时开始煮咖啡的闹钟，这样，诱人的清香就会诱惑清晨的自己起床。⊖

⊖　市场上有一些令人惊奇的小玩意儿。落跑闹钟是种带有轮子的闹钟。当闹铃响时，这个闹钟就跳下你的床头柜，匆匆跑开。等你抓住它并把闹铃关掉后，已经完全没有睡意了。

这个例子很好地解释了承诺和可信性的两个方面：是什么与如何做。"是什么"这部分属于科学的或博弈论的方面——抓住先行者的有利条件。"如何做"这部分是实践的或艺术的方面——想出使策略行动在特定情形下可信的方法。

我们可以利用第 2 章的博弈树，来说明闹钟承诺的原理或科学性。在最初的博弈中，夜间的自己不采取行动，博弈非常简单：

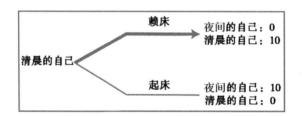

清晨的自己赖在床上，得到其偏爱的赢利，我们记为 10 分，而夜间的自己得到其较糟糕的赢利，我们记为 0 分。这些分数精确不精确无关紧要；重要的是，对每个自己而言，最受偏爱的选择被赋予了比其次偏爱的选择更高的分数。

夜间的自己可以将博弈改成如下所示：

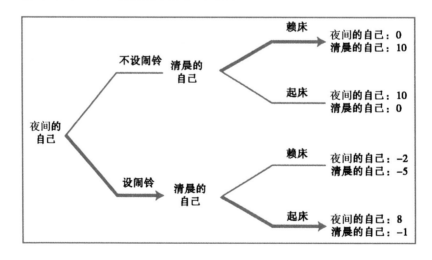

现在，赢利的数字有点儿重要了，需要更多的解释。顺着较高的枝可以看到，夜间的自己不设闹铃，博弈树与前面的相同。顺着较低的枝可以看到，假设夜间的自己设定闹铃需要付出一个较小的成本，我们将其设为2分；如果清晨的自己听到闹铃后起床了，夜间的自己将得到 8 分，而不是最初的博弈中的 10 分。但是，如果清晨的自己无视闹铃，那么夜间的自己将得到 –2 分，因为设定闹铃的成本（2 分）被浪费了。清晨的自己听到闹铃要付出一个厌恶成本；如果它迅速起床关掉闹铃，该成本只有 1；但如果它赖在床上，闹铃继续不停地响下去，那么，该成本就非常大（15分），把待在床上的愉悦转变成了 –5（=10–15）的赢利。如果设了闹铃，清晨的自己就会更愿意得到 –1，而不是 –5，于是选择起床。夜间的自己向前展望推理得出，设定闹铃将使它在最终结果中得到 8 分，这比它在最初的博弈中得到零分要好得多。[⊖]因此，在该博弈的倒后推理均衡中，如果设了闹铃，清晨的自己就选择起床，而夜间的自己选择设定闹钟。

如果我们利用博弈表而不是博弈树来表示该博弈，我们将看到承诺的更为惊人的一面。

下图显示，对于清晨的自己的每个**特定策略**，夜间的自己设定闹铃的赢利都小于不设闹铃的赢利：–2 小于 0，且 8 小于 10。因此，对夜间的自己而言，设定闹铃劣于不设闹铃。然而，此前的分析中却是夜间的自己发现设定闹铃更可取！

为什么选择一个劣势策略，而不选择优势策略反而更好？为了理解这一点，我们需要更清晰地理解

		清晨的自己	
		赖床	起床
夜间的自己	不设闹铃	10 0	0 10
	设闹铃	–5 –2	–1 8

⊖　如果行动的代价太高，例如，为了清晨的自己起床，如果夜间的自己不得不设定一个引床着火的定时纵火装置，那么，对夜间的自己而言，做出这一承诺就不是最优的。

优势策略的概念。从夜间的自己的角度来看，不设闹铃优于设定闹铃，因为对于清晨的自己的每个**特定**策略，夜间的自己不设闹铃的赢利高于设定闹铃的赢利。如果清晨的自己选择赖床，那么，夜间的自己不设闹铃得到 0，设定闹铃得到 –2；如果清晨的自己选择起床，那么，夜间的自己不设闹铃得到 10，设定闹铃得到 8。如果行动是同时发生的，或者夜间的自己后行动，那么，他不可能影响清晨的自己的选择，而是必须接受它。但是，策略行动的真正目的是**改变**另一个参与者的选择，而不是接受它。如果夜间的自己选择设定闹铃，清晨的自己就会选择起床，而夜间的自己的赢利将是 8；如果夜间的自己选择不设闹铃，清晨的自己就会选择赖床，而夜间的自己的赢利将是 0；8 大于 0。赢利 10 和 –2，以及它们分别与 8 和 0 的比较，已经变得无关紧要了。所以，对序贯行动博弈中的先行者而言，优势策略的概念已经失去了意义。

对于我们本章中给出的大部分例子，你无须画出任何这种详细的树图或表格，便可以了解它们。所以，我们一般只提供口头的陈述和推理。但是，如果你希望加深对博弈及树图方法的理解，你可以自己画一画博弈树。

威胁和许诺

承诺是无条件的策略行动；正如耐克的广告语所说，你"想做就做"；于是，其他的参与者就成了追随者。夜间的自己只是简单地把闹钟放在衣柜上，把定时器设在咖啡机上。在该博弈中，夜间的自己没有进一步的行动；我们甚至可以说，到了清晨，夜间的自己就不复存在了。清晨的自己是追随参与者，或者是后行者，它对夜间的自己的承诺策略的最佳（或最不坏的）回应是起床。

另一方面，威胁和许诺属于更为复杂的**条件**行动；它们要求你提前确定一个**回应规则**，规定在实际博弈中，你如何对另一个参与者的行动做出回应。威胁是惩罚那些不按你的意愿行事的其他参与者的一种回应规则。许诺是奖励那些按照你的意愿行事的其他参与者的一种给予。

回应规则将你的行动描述为对其他参与者的行动的回应。尽管在实际博弈中，你是一个追随者，但回应规则必须在其他参与者做出行动决策**之前**实施。教育孩子"除非吃了菠菜，否则不能吃甜点"的父母，实际上就是在建立这样一个回应规则。当然，该规则必须实施，且在孩子把菠菜喂狗之前明确地宣布。

因此，这种行动要求你用更复杂的方式来改变博弈。当你确定回应规则，并将其传达给对方时，你必须夺取先行者的地位。你必须确保你的回应规则可信，即，若你按规则回应的时机真的来临，你确实一定会选择它。这可能需要以某种方式改变博弈，以确保在这种情形下，该选择对你而言实际上是最佳的。但是，在随后的博弈中，你必须后行动，所以你将有能力回应对方的选择。这可能需要你重组博弈的行动顺序，而这本身就给你的策略行动决策带来了困难。

为了说明这些思想，我们将采用比比里恩（BB）和彩虹之巅（RE）两家销售商之间定价竞争的例子，在第 3 章，我们曾把该例子刻画为一个同时行动博弈。让我们重述一下其基本观点。这两个厂商在高档格子衬衫这一特定项目上互相竞争。如果两家勾结起来，制定一个 80 美元的垄断价格，那么他们的共同利益最大。在这种情形下，每家将获得 72 000 美元的利润。但是，每个厂商都有动机制定低于对方的价格，而且，如果它们都这么做了，则纳什均衡结果下每家都将定价 40 美元而仅仅获得 40 000 美元的利润。这就是它们的囚徒困境，或者双输博弈；当两个厂商都企图让自己获得更高的利润时，它们却都输了。

现在，让我们看看策略行动能否解决这个困境。其中一个厂商保持高价的承诺不会有用；对方会简单地将其看作先行者的不利条件。条件行动怎么样？RE 可以采用一个威胁（"如果你定低价，我也会定低价"），或者一个许诺（"如果你把价格保持在垄断水平，我也会保持垄断价格"）。但是，如果商品目录的价格选择的实际博弈是同时行动，而且它们在印刷自己的目录前，都无法观察到对方的目录，那么，RE 又该如何回应 BB 的行动呢？RE 必须改变博弈，使它有机会在知道对方的定价后，选择自己的定价。

一种普遍采用的聪明的办法，竞争反抗条款，可以达到这个目的。RE 的目录中印刷价格是 80 美元，但附有一个脚注："我们的价格将始终与任何竞争者的任何低价保持一致。"现在，目录已经印刷好，并同时邮递了出去，但是，如果 BB 作弊，印刷的价格低于 80 美元，或许会一直降到纳什均衡价格 40 美元，那么，RE 就会自动与那个削价一致。任何稍微地偏好或忠诚于 RE 的顾客，都没有必要因为低价而转向 BB，他可以简单地像往常一样在 RE 那里订购，却支付 BB 的目录列出的较低的价格。

下面我们将再次回到这个例子中，说明策略行动的其他方面。现在，只需注意两个不同的方面：科学的或"是什么"方面（与任何价格削减一致的威胁）和艺术的或"如何做"方面（使威胁可能或可信的竞争反抗条款）。

吓阻与强迫

在整体目标上，威胁和许诺与承诺是相似的，即诱导他人采取与其本来要采取的行动不同的其他行动。在考察威胁与许诺时，有必要把整体目标分成两种不同的类型。当你想要阻止其他人做他们想要做的事情时，这就是**吓阻**。而其镜像就是迫使其他人做他们不愿做的事情，这可称为**强迫**。[6]

当一个银行劫匪挟持雇员作为人质，并宣布其回应规则说，如果他的要求被拒绝，他就杀死人质，他实际上在进行强迫性威胁。在冷战中，美国威胁声称，如果苏联进攻任何一个北约国家，它就使用核武器，此时它实际上在进行吓阻性威胁。这两种威胁有一个共同点：如果威胁实施，双方都将遭受额外的损失。如果银行劫匪在他最初的持枪抢劫罪上又犯了谋杀罪，他就要面临被捕后的更大惩罚；当美国本可以忍受苏联统治下的欧洲时却发动了核战争，它将会在核战争中遭受巨大的损失。

许诺也可以是强迫性的或吓阻性的。强迫性许诺用于引诱某人采取符合你的意愿的行动。例如，一位起诉人需要证人来支持他的案件，他向其中一个被告许诺，如果他能拿出他的共同被告的犯罪证据，就能得到宽大处理。吓阻性许诺用于阻止某人采取违背你的利益的行动，例如，犯罪团伙向一个同伙保证，如果他不泄露秘密，他们就会保护他。与两种威胁一样，这两种保证也有一个共同点。另一个参与者遵循了某人的意愿后，保证者就不再需要付出奖励成本，而有了食言的动机。因而，当接受审判的暴徒们由于缺乏证据而被宣告无罪时，他们无论如何都想杀死这个同伙，以避免以后遇到麻烦或被勒索的风险。

（迷你）健身之旅 4

画出冷战博弈的博弈树，找出美国的威胁怎样改变了博弈的均衡结果。

快速查阅向导

我们粗略快速地向你介绍了许多概念。为了帮你记住它们，并能迅速地查阅，在此给出一个图表：

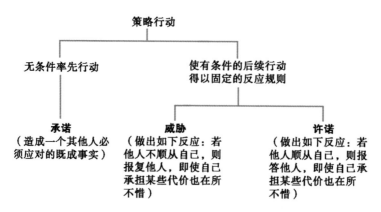

	吓阻	强迫
威胁	……若做了我不希望你做的事……	……若未做我希望你做的事……
	……则我会针锋相对伤害你（尽管这也会伤害我自己）	
许诺	……若未做我不希望你做的事……	……若做了我希望你做的事……
	……则我会礼尚往来报答你（尽管这会让我付出代价）	

这个图表以策略行动者预先博弈命题的形式，总结了威胁和许诺是如何达到吓阻和强迫这两个目的的。"在随后的博弈中，如果你……"

警告和保证

一切威胁与许诺都有一个共同点：回应规则要求你采取在没有回应规则时你不会采取的行动。如果这个规则只是泛泛指出，无论什么时候你都应采取最佳行动，那就跟没有规则差不多：别人对你以后的行动的预期毫无改变，因而他们的行动也不会有什么改变。然而，即使在没有规则的情况下，说明什么事情将要发生，仍然具有公告的作用；这些说明称为警告与保证。

当实践一个"威胁"对你有利时，我们称之为警告。例如，如果总统警告说他会否决一个他不喜欢的法案，这只不过是表明了他自己的意图。

如果他本来很愿意签署这个法案，但为了促使国会提出更好的法案，他决定策略地指出要行使否决权，这就是一种威胁。

为了在商业背景下说明这一点，让我们来检验一下，比比里恩（BB）与彩虹之巅（RE）削减后的价格保持一致的策略，是构成了威胁，还是构成了警告。第 4 章中，我们考虑了 BB 对 RE 的不同可能定价的最佳回应。我们得出，它在零回应与全回应之间。如果 BB 保持其价格不变，而 RE 削减其价格，那么，BB 就会有很多顾客流失到它的对手那边。但是，如果 BB 与 RE 削减后的价格完全保持一致，它的利润就会大大缩减。在我们之前讨论过的这个例子中，RE 每降价 1 美元，BB 就降价 40 美分，通过这样，BB 找到了这两种考虑之间的最佳平衡点。

但是，如果 BB 想要威胁 RE，以阻止它发起降价，它就需要采取比 RE 实际降价时的最佳回应（每美元 40 美分）更大的回应进行威胁。事实上，BB 希望以大于 1 美元的超强回应进行威胁。它可以通过在其目录中印出殊死搏斗条款，而非匹配竞争条款，来做到这一点。用我们的术语来说，这种方法叫作真正的威胁。BB 将发现，如果 RE 确实降价了，实践这一行动将付出很大的代价。BB 在目录中印出它的政策，使其威胁变得可信，所以，它的顾客们可以完全信赖这一政策，且 BB 不能对其进行更改。如果 BB 的目录中提到："RE 在 80 美元的基础上每降价 1 美元，我们就会在我们的目录价格 80 美元的基础上降价 40 美分"，这只不过是对 RE 的一种警告；如果事情真的发生了，BB 总是愿意实践目录中所说明的回应。

当实践一个"许诺"对你有利时，我们称之为保证。在衬衫定价的例子中，BB 背地里可能希望告知 RE，如果它们坚持 80 美元的串谋价格不变，BB 也会坚持这一价格。在单次博弈中，作弊发生会对 BB 不利。因此，这是一个真正的策略行动，即许诺。如果博弈是重复的，从而持续的相互合作成为一个均衡——正如我们第 3 章中所见，那么，BB 的说明就是一种保证，它仅仅是为了告知 RE，BB 熟知重复博弈的性质，以及重复博弈如何解决它们的囚徒困境。

我们重申一下这一点，威胁与许诺是真正的策略行动，而警告与保证更多的是起一个告知的作用。警告或者保证不会改变你为影响对方而制定的回应规则。实际上，你只不过是告知他们，针对他们的行动，你打算采取怎样的措施作为回应。与此截然相反，威胁或保证的唯一目的是，一旦时机来临，就改变你的回应规则，使其不再成为最佳选择，这么做不是为了告知，而是为了操纵。

由于威胁和许诺表明了你将采取与自身利益冲突的行动，所以，它们的可信性就成了主要问题。等到其他人行动之后，你就有动机打破自己的威胁或许诺。你必须同时对博弈进行其他改变，以确保可信性。如果没有可信性，其他参与者就不会受只言片语的影响。孩子知道他们的父母很乐意送他们玩具，所以，除非父母提前采取行动令威胁可信，否则他们不会受拒送玩具的威胁的影响。

因此，策略行动包含两个要素：计划好的行动路线，以及使该路线显得可信的相关行动。我们将采取两种途径来说明这些思想，以使你更好地理解这两个方面。在本章余下部分，我们着重考察前者，或者说做出威胁和许诺需要做什么。想象这是一个行动菜单。在第 7 章，我们将把重点转向提高可信性的方法，即怎样使威胁与许诺显得可信并有效。

其他参与者的策略行动

大家想到自己可以从策略行动中获利这一点是很自然的，但是，你还应当考虑其他参与者的行动会对你产生什么影响。在一些情况下，甚至是放弃采取策略行动的机会，有目的地让其他人采取策略行动，也可能对你有利。存在三种这样的逻辑可能：

> 你可以允许其他人采取一个无条件行动，然后再做出回应。
> 你可以等待其他人发出一个威胁，然后再采取行动。
> 你可以其他人提出一个许诺，然后再采取行动。

我们已探讨过一些例子，在这些例子中，本来可以先行的一方放弃先行权，让对方采取一个无条件行动，反而可以得到更好的结果。只要追随比领导更有利，这么做就是明智的，正如第 1 章中的美国杯竞赛（以及第 14 章关于剑桥五月舞会中的赌博案例研究）的故事所说明的。更笼统一点说，如果在序贯行动博弈中后行动更有利，那么，通过改变一些事情令对方必须先行，从而对方做出一个无条件承诺，你便可以从中获利。虽然放弃先行权可能有利，但这并非一个一般规则。有时，你的目标是阻止你的对手做出无条件承诺。这就是中国策略家孙子所提出的"围师遗阙"——这一思想让敌人难以做出拼死一搏的承诺。

让别人威胁你永远不是好事。即使没有威胁，你也可以一直按他们的意愿行事。你若不合作，他们就不会给你好果子吃，这一事实不能作为你允许威胁的借口，因为它限制了你的选择空间。但这一格言只适用于允许对方发出威胁时。如果对方可以做出可信的许诺，那么双方都会得到好的结果。一个简单的例子就是囚徒困境，只要有一个参与者能做出保持沉默的可信许诺，就对双方都有利。注意，那必须是一个条件行动，一个许诺，而不是一个无条件承诺。如果对方承诺保持沉默，那么，你可以通过坦白，轻而易举地打破这个承诺，而对方了解到这一点，便不会保持沉默了。

威胁与许诺的异同

有时候，威胁和许诺的界限很模糊。一个朋友在纽约遭到歹徒袭击，并得到以下许诺：只要你"借给"我 20 美元，我保证不伤害你。更性命攸关的是歹徒没有明说的威胁：如果我们这位朋友不借给他钱，就一定会受到伤害。

正如这个故事表明的那样，威胁与许诺的界限只取决于你怎样称呼当前的情形。老派的歹徒会威胁说，如果你不给他钱，他就要伤害你。如果你没给他钱，他就开始伤害你，从而造成一种新的情形，然后许诺说只要你给他钱，他就立即住手。随着形势转变，一个强迫性许诺变得和一个吓阻性许诺差不多了；同样，吓阻性的威胁与强迫性的威胁的区别也只在于当时的情形。

因此，你是该采用威胁，还是该采用许诺？答案取决于两个考虑的因素。首先是代价。威胁的代价可能低一些；事实上，成功的话，威胁便毫无代价可言。如果威胁改变了对方的行为，使其按你的意愿行事，你就没必要再实践你曾经威胁过的有代价的行动了。如果许诺成功，就必须履行诺言——如果对方按你的意愿行动，你就得采取你曾经许诺过的有代价的行动。只要公司可以威胁其员工说，绩效不好的后果会非常严重，公司就可以大大节省平时履行奖励红利的许诺时所支出的资金。

在威胁和许诺之间进行选择需要考虑的第二个因素是，你的目的是吓阻还是强迫。两者的时间限度不同。吓阻没必要设最后期限。它只是简单地让对方不要做这做那，并确切地告知他采取禁止行动后的糟糕后果。所以，上帝对亚当和夏娃说："不能吃苹果。""什么时候能吃？""永远不能吃。"⊖因此，通过威胁，可以更容易、更好地达到吓阻的目的。

⊖ 如果威胁者改变主意，他可以一直增大威胁。因而，如果最后美国受够了戴高乐的调戏，那么，它可以简单地暗示苏联：你们现在可以进攻法国了。

相反，强迫必须有个最后期限。当一位母亲对她的孩子说"打扫你的房间"时，应当同时给出一个时间限制，如"在今天下午一点之前"。否则，孩子就会拖延时间，说："我今天下午要练习足球，我明天再打扫。"而到了明天，又说有其他更紧急的任务。这样，母亲的目的就无法实现了。当母亲威胁说会有可怕的后果时，她实际上并不想因为每次小小的拖延而实践这个威胁。孩子可以"一点儿一点儿"地打破她的威胁，谢林把这一策略称为**腊肠战术**（salami tactics）。

因此，通过激励对方不要拖延，通常可以更好地达到强迫的目的。这意味着，越早行动，得到的奖励就越多，或者惩罚就越轻。这是一个许诺。母亲说："只要你打扫完你的房间，我就给你甜点吃。"歹徒说："只要你给了我钱，我就把架在你脖子上的刀拿开。"

清晰性与确定性

当你做出威胁或承诺时，你必须让另一个参与者清楚地知道，什么样的行为会得到什么样的惩罚（或什么样的奖励）。否则，对方就会误解什么不能做、什么应该去做，而对他的行动后果判断失误。

但是，清晰性不一定是简单的二选一。事实上，这样刻板的选择可能是一个拙劣的策略。美国意欲阻止苏联进攻西欧。但是，如果威胁说，即使是小小的越界——比如有几个士兵在边界周围出现，也要发动核战争，风险就未免太大了。当一个公司对其工人许诺提高生产率就可以得到奖励时，奖金随产出或利润增加而增加的政策，与未达到绩效目标便什么也不给而超过目标时却奖励很多的政策相比，前者的效果将会更好。

一个威胁或一个许诺要达到其预想效果，就必须使对方相信它。没有确定性的清晰性便不能保证对方相信它。确定性并不意味着完全无风险。

当一个公司为其经理们提供股票红利时，所许诺的奖励价值是不确定的，它受许多影响市场、却不受经理控制的因素的影响。但是，公司应该让经理知道，红利这种即时绩效衡量指示剂，他可以得到多少份额。绩效是红利的基础。

确定性也不需要所有事情立即发生。分成许多小步的威胁和许诺，对付腊肠战术尤其管用。当学生考试时，总有几个学生在考试时间到了后还在继续写，希望能多得几分。准许他们再写一分钟，他们就会超过一分钟，再准许一分钟，他们再超过，直到五分钟，等等。考试拖延两三分钟就拒收试卷的可怕惩罚常常不可信，但是，每拖延一分钟就扣几分的处罚就非常可信。

巨大的威胁

如果威胁成功，威胁的行动就没必要实践了。即使你实践这一行动的代价很高，但因为你不必要实践了，代价大小也就毫无意义了。那么，为什么不采用一个巨大的威胁来唬住对方，让他顺从你的意愿呢？与其礼貌地请求你的餐桌邻居把盐递给你，为什么不吓唬他说："你要是不把盐递给我，我就打碎你的脑袋"？与其耐着性子与贸易伙伴国家谈判，以说服它们降低我们的出口壁垒，为什么美国不直接威胁说，如果它们不购买更多的美国牛肉、小麦或橘子，我们就要对它们发动核攻击呢？

这显然是个可怕的想法；这些威胁太大了，不适用，也不可信。一方面因为，它们会造成人们对所有违反社会规范的行为的恐惧与反感。另一方面也因为，你永远不会实践威胁过的行动。假设并不总是百分百正确，有可能在某个地方出差错。你的餐桌邻居完全有可能是一个厌恶一切威胁行为的固执家伙，或者是一个喜欢打架的恶棍。倘若他拒绝顺从你，那么你就必须在以下两者之间选择：要么将你威胁过的行动付诸实践；要么尽弃前言，面临羞辱及颜面扫地的尴尬境地。如果美国在经济纠纷中以残酷的军事行动来威胁另一个国家，类似的考虑同样适用。即使出现这种巨大代价的风险很小，也应使威胁保持在有效的最低水平上。

很多时候人们并不知道，为吓阻或强迫对手应具体发出多大的威胁。人们会想尽可能降低威胁的规模，以确保事情出错时，将行动付诸实践的代价最低。所以，你应先发出一个小威胁，然后逐渐提高威胁的规格。这就是微妙的边缘政策（brinkmanship）策略。

边缘政策

在《洛城机密》电影中，"好脾气警察"埃德·埃克斯利正在审讯嫌疑犯雷若伊·方丹，这时，脾气暴躁的警察巴德·怀特插手了。[7]

> 门"砰"的一声开了。巴德·怀特走了进来，把方丹扔向墙壁。
> 埃德沉默着。
> 怀特拔出他的点 38 手枪，打开弹膛，把弹壳扔到地上。方丹深深地低下了头；埃德继续沉默着。怀特猛地关上弹膛，把枪口戳进方丹的嘴里。[所以，现在风险是 1/6。]"那女孩在哪？"
> 方丹含着枪；怀特两次扣下了板机：咔嗒，是空膛。[所以，现在风险上升到 1/4 了。]方丹的身体顺着墙壁往下滑；怀特拔回枪，抓着他的头发把他提起来。"那女孩在哪？"
> 埃德仍然沉默着。怀特扣下板机——又是小小的一声咔嗒。[所以，现在是 1/3 了。]方丹吓得瞪大了眼。"西……西……西尔威斯特·费奇，阿瓦隆 109 号，灰色的房子，求求你别杀我——"
> 怀特跑了出去。

很显然，怀特是在威胁方丹，强迫他说出真相。但是，这个威胁是什么？它不是简单的"如果你不告诉我，我就杀死你。"而是"如果你不告诉我，我就扣下扳机。如果子弹恰好在开火的这个弹膛里，你就死定了。"这个威胁实际上是在制造方丹被杀死的风险。每重复一次威胁，风险就增大一次。最后，当风险达到 1/3 时，方丹发现风险太大了，于是吐出了真相。但仍存在其他的可能性：怀特可能担心真相会随着方丹的死永远消失，这个风险太大了，于是他放弃这一威胁，改用其他的方法。或者他们都担心的事情（子弹到了开火的弹膛，方丹死了）有可能会发生。

类似的情形也出现在电影《上帝也疯狂》中。曾经有一些人企图谋杀非洲某国家的总统，但没有成功。总统护卫队抓住了其中一个袭击者，正在对他进行审讯，要求他供出其团伙中其他人的情况。他的眼睛被蒙了起来，背朝敞开的直升机门口站着。直升机的旋翼正急速旋转着。对面的警官问他："你们的头儿是谁？哪里是你们的藏身之处？"没有回答。这个警官一把将他推出直升机门外。镜头转向了外面。我们可以看到，直升机实际上只是在距离地面一英尺处盘旋着，这个人背朝地摔了下去。这名审讯官出现在门口，哈哈大笑，然后说："下次，直升机就会再高一点儿。"这个人吓坏了，赶紧供出了实情。

这种逐渐增加风险的威胁的目的是什么？在前一节中，我们讨论得出，之所以把威胁的规模保持在能达到预期效果的最低水平，有许多充分的理由。但是，你可能事先不知道威胁的最小有效规模是多大。这就是为什么要先发出小的威胁，然后逐渐增大直到有效的道理。随着威胁行动的规模的增加，实践威胁的成本也同时增加。在上面的那些例子中，增加威胁规模的方法，同时也提高了坏结果产生的风险。这样，由于该成本或风险的存在，威胁的制造者和接受者，便都卷入了考察对方忍耐力的博弈当中。对方丹或怀特而言，方丹被杀死的概率 1/4 是不是太高了？如果不高，那就试试 1/3 吧。他们继续着这种面对面的"对视",直到他们中的一人先"眨眼",或者直到他们都担心的结果发生。

这就是被谢林称为边缘政策的策略。⊖这一术语通常被解释成,为了使对手先动摇,先把他带到灾难的边缘。站在危险的边缘,你威胁说如果他不遵从你愿,你就把他推下去。当然,他很可能会连你也带下去。谢林说,这就是为什么把对手推下边缘这一单纯简单的威胁不可信的原因。

> 如果边缘有明显的记号并有安稳的立足点,你脚下没有松动的碎石,也没有阵阵大风会把你刮下护栏。如果每个登山者可以完全控制自己,而且永远不会眩晕,也不会由于他接近边缘而对另一个人造成风险……〔虽然〕每个人都有可能故意跳下去,但他不能令人信服地假装自己即将跳下去。任何胁迫或吓阻另一个登山者的努力,都取决于滑倒或绊倒的威胁……〔一个人〕通过站在边缘附近,可以令人信服地威胁说意外地跌下去……对吓阻的理解就与这种不确定性有关……如果在某个时期,发动常规战争的最后、最终决定不可信或者不合理,那么,通过混合作用与反作用、正确的计算与错误的计算、真实警报与虚假警报……有战争的风险的回应……便可能是可信的,甚至是合理的。[8]

1962 年的古巴导弹危机可能是最著名的边缘政策的例子。苏联在赫鲁晓夫的领导下,开始在古巴装备核导弹,那儿距离美国本土只有 90 英里。10 月 14 日,美国的侦察机带回了在建的导弹基地照片。约翰 F. 肯尼迪总统在他的政府内部进行了一周的紧张讨论,于 10 月 22 日宣布要对古巴实施海上封锁。如果当时苏联接受了这一挑战,此次危机很有可能升级为超级大国之间一场倾巢而出的核战争。肯尼迪本人估计,发生这种情况的可

⊖ 很多人说成"brinksmanship",听起来更像是抢劫装甲车的艺术。

能性"介于1/3到1/2之间"。但是，经过几天紧张的公开表态和秘密谈判，赫鲁晓夫的目光越过了核边缘，看到了他不想看到的景象，因此宣布撤退。为挽回赫鲁晓夫的面子，美国做了一些妥协，包括最终从土耳其撤走美国导弹。作为回报，赫鲁晓夫下令拆除苏联在古巴装备的导弹，并且装运回国。[9]

古巴导弹危机的边缘在哪里？举个例子，即使苏联企图挑战美国的封锁，美国也不大可能立即发射它的战略导弹。但是，整个事件和冲突会上升到一个新的水平，世界大战爆发的风险也加大了。

士兵和军事专家说到"战争迷雾"——在该情形下，双方的通信线路被阻断，每个人心中都充满了胆怯或勇气，以及大量的不确定性。一切都不在控制之中。这有助于达到制造风险的目的。甚至总统也发现，一旦对古巴实施海上封锁，将很难控制海上封锁的操作。为了给赫鲁晓夫更多的时间，肯尼迪曾试图海上封锁从距离古巴海岸800英里缩短到500英里。但是，第一艘船——"Marcula"（苏联租赁的一艘黎巴嫩货船）上的种种迹象表明，封锁从未被移动过。[10]

理解边缘政策的关键在于，必须意识到边缘不是一座险峻的悬崖，而是一道光滑的、越来越陡峭的斜坡。肯尼迪让全世界沿着斜坡下滑，赫鲁晓夫不敢冒险再往下走，于是双方达成协定，合力将世界拉回到安全的平地上。[⊖]

边缘政策的本质在于故意创造风险。这个风险应该大到让你的对手难以承受，从而迫使他遵从你的意愿，以化解这个风险。在前面几章中讨论

⊖ 当然，把古巴导弹危机看作两个参与者——肯尼迪和赫鲁晓夫之间的博弈是不正确的。每一方都面临着另外的一个内部政治博弈，在该博弈中，政府当局和军事当局双方的意见不一致，每个当局内部的意见也不统一。格雷厄姆·艾利森（Graham Allison）的《决策的本质》（*Essence of Decision*）（Boston: Little, Brown, 1971）一书中提供了一个令人信服的案例，认为此次危机正是这样一个复杂的多人博弈。

过的懦夫博弈，就属于这种类型。我们之前的讨论假设每个司机只有两个选择：要么转向，要么直行。但是在现实中，要做出选择的不是该不该转向，而是应该什么时候转向。两个参与者保持直行的时间越长，碰撞的风险就越大。最后，两辆车距离实在太近了，这时，即使其中一个司机意识到危险太大而转向，也可能为时已晚，免不了一场碰撞了。换句话说，边缘政策是"现实中的懦夫博弈"：风险逐渐增大的博弈，就像电影中的审讯博弈一样。

一旦我们意识到这一点，边缘政策便随处可见。在大多数对峙中，例如，公司与工会之间的对峙、丈夫与妻子之间的对峙、父母与孩子之间的对峙，以及总统与国会之间的对峙，一个参与者或参与者双方无法确定对方的目的和能力。因此，大多数威胁都存在出错的风险，而且，几乎所有的威胁都含有边缘政策的元素。事实将会证明，了解这种策略行动的潜力与风险，在你一生中至关重要。你要小心地采用边缘政策，要知道，即使你倍加小心，也有可能失败，因为当你增加赌注时，你和对方参与者都担心的坏结果可能就会出现。如果你估计在这次对峙中你会"先眨眼"，也就是说，在对方的承受力到达底线之前，坏结果发生的概率已经高到让你难以承受了，那么，建议你最好不要先采用边缘政策的方法。

我们将在下一章，重新对边缘政策运用的某些方面进行讨论。现在，我们以一个告诫作为结尾。在运用边缘政策时，总有一种跌落边缘的风险。虽然我们回顾古巴导弹危机时，把它当作边缘政策的一个成功应用，但如果超级大国之间爆发一场战争的风险变成现实，我们对这一案例的评价就会完全不同。那时，幸存者一定会责怪肯尼迪完全不计后果，毫无必要地把一场危机升级为一场大灾难。然而，在运用边缘政策时，跌落边缘的风险很有可能变成现实。当参与边缘政策博弈的双方都不妥协时，局势就会完全失去控制，最终酿成悲剧。

案例分析

错错得对

父母在惩罚做了坏事的孩子时，通常会面临一个难题。当父母的惩罚威胁可能不可信时，孩子会有一种奇特的预感。他们知道，惩罚对父母造成的伤害可能与对孩子造成的伤害一样大（尽管受到伤害的原因不同）。父母利用这种矛盾管教孩子的标准对策是，惩罚完全是为孩子自己着想。父母怎样才能使他们惩罚不良行为的威胁显得可信呢？

案例讨论

父亲、母亲、孩子之间构成了一个三人博弈。团队合作有助于父母做出一个可信的威胁：要惩罚做了坏事的孩子。比方说，儿子做了坏事，按照计划，父亲打算实践惩罚。如果儿子试图通过指出他父亲这么做的"不理智性"以求自救，那么，父亲可以回应说，如果他有选择余地的话，他宁可不惩罚儿子。但是，如果他不实践惩罚，就会破坏与妻子之间的协定。而破坏协定的产生的代价将超过比惩罚孩子带来的代价。所以，惩罚孩子的威胁就变得可信了。

单亲家庭也可以进行这个博弈，只不过认证起来复杂得多，因为必须和孩子之间达成惩罚协定。现在，如果儿子试图通过指出父亲行为的"不理智性"以求自救，那么，父亲可以回应说，如果他有选择的余地，他宁可不惩罚儿子。但是，如果他不实践惩罚，他就等于失职了，而他应当为失职受到惩罚。因此，他惩罚儿子的目的只是为了让自己不受到惩罚。但是，谁来惩罚他？他的儿子！儿子会说，只要父亲原谅他，他也会原谅父亲，不会因为父亲没有惩罚自己而惩罚父亲。父亲回应说，如果儿子不因他对儿子的过分宽容而惩罚他，这将是儿子在同一天内犯的第二个该受惩罚的错误！这样一直循环往复下去，他们之间就相互信任了。这似乎有些牵强，但却并不比大多数用于支持惩罚犯错孩子的认证过程来得简单。

一个关于两个人怎样才能保持相互信任的说服力很强的例子与耶鲁经济学家迪安·卡尔兰有关。迪安渴望减肥，所以他与一个朋友签订了一个合同：如果谁的体重超过了 175 磅，超重的那个人就要按照每磅 1 000 美元的标准付给对方钱。迪安是个教授，在他看来，这是一种严厉的金钱惩罚。这一威胁对他和他的朋友都有效。但是，总是存在这样一个问题：这对朋友会不会真的拿走对方的钱？

迪安的朋友变懒了，他的体重上升到 190 磅。迪安叫他称了称体重，并要求他拿出 15 000 美元。迪安并不想拿他朋友的钱，但他知道，如果他不拿钱，他的朋友就会毫不犹豫地把钱从迪安那里拿回去。于是迪安实践了惩罚，以确保他超重时也受到相应的惩罚。知道威胁的真实性对迪安来说很有用。如果你也想减肥，他还想向其他人提供这种服务，我们将在第 7 章对此进行讨论。

我们简要大略地总结了威胁和许诺的"要素"。（要想再看一些实例，可以看一看第 14 章中的案例研究"大洋两岸的武装"。）尽管我们已经涉及一些关于可信性的问题，但到目前为止，那还不是重点。在第 7 章，我们将把注意力转到使策略行动可信的问题上。对此我们只能提供一个大概的指南；这是一门博大精深的艺术，你必须对你自身的特定情形的变化进行反复思考并总结，才能真正掌握它。

| 第 7 章 |

让策略可信

连上帝都不能信

《圣经》中《创世纪》一篇中有个故事，上帝向亚当说明了吃了智慧树上的果实会受到什么样的惩罚。

> 园中任何树上的果实，你们可以随便吃。但是你们不能吃善恶智慧树上的果实，因为吃了以后你们肯定会死。（2∶16-17）[1]

你会吃那种果实吗？获得知识之后马上就会死掉，那还有什么意义呢？但是，狡猾的蛇想引诱夏娃尝一口。它说上帝只是在虚张声势。

> "你们不一定会死的，"蛇对这个女人说，"因为上帝知道，如果你们吃了这种果实，你们的眼睛就明亮了，而且你们就能像上帝一样，知道了善与恶。"（3∶4-5）

正如我们所知，亚当和夏娃一起吃了果实，上帝很快便抓住了他们。现在，我们回想一下上帝的那个威胁。那时上帝应该杀死他们，然后再重新创造一切。

但是那时存在这样一个问题。对上帝来说，实践威胁的代价太高了。那样的话他就不得不摧毁他根据自己的想象创造出来的生灵，而整整六天的工夫就会白费了。于是上帝修改了他的规则，执行了一个轻得多的惩罚。亚当和夏娃被逐出了伊甸园。亚当必须在贫瘠的土地上耕作，而夏娃则必须忍受分娩的痛苦。是的，他们是受到了惩罚，但离被杀还远得多。蛇终究是对的。

这就是使威胁可信的问题的起源。如果我们连上帝的威胁都不能相信，那我们还能相信谁的威胁呢？

哈利·波特？他是一位英雄，是一个心地善良而且勇敢无畏的年轻巫师，为了对付那个"神秘人"，他情愿牺牲自己的生命。但是，在《哈利·波特与死亡圣器》的最后一幕，波特向妖精拉环许诺说，如果拉环能帮助哈利进入古灵阁巫师银行的保险库，他就把格兰芬多之剑作为奖励送给他。虽然哈利确实想最后把剑还给妖精，但他还是先计划用剑来销毁一些魂器。赫敏指出，拉环希望马上把剑拿到手。哈利想误导甚至欺骗拉环来实现自己的远大目标。结果，拉环确实得到了剑，但只不过是他在哈利逃离古灵阁的时候抢过来的。即使在哈利身上，也存在可信性的问题。

我们想要让别人（孩子、同事、对手）相信，他们应该或不应该采取某种行动……否则他们不会有好果子吃。我们做出许诺，想要说服别人向我们施以援手。但是践行这些威胁或许诺通常也不太符合我们的利益。我们如何改变博弈，让威胁或许诺变得可信？

如果承诺、威胁和许诺不可信，它们就不会改善你的博弈结果。我们已经在第6章强调过这一点，还讨论了可信性的某些方面。但那时我们更多强调的是策略行动的技术方面，也就是，我们需要做什么来改变博弈。我们之所以要把这个话题像这样分开两部分，是因为策略行动的"是什么"方面可以按照博弈论科学来处理，而"如何做"这方面更像一门艺术，一言难尽，我们只能提供些许建议。在本章我们会把几个例子分门别类，告诉你什么时候用什么方法更容易取得成功。你必须自行发展这些思想，以适应你所处的博弈环境，磨炼技艺，用你自己的经验来去芜存菁。尽管科学通常给出清晰的答案，有时管用，有时没用，但是艺术的成功或完美则通常是个程度问题。所以别指望什么时候都能成功，也不要因为偶然的失败而丧失信心。

通往可信的八条正途

绝大多数情况中，单凭口头承诺是不足为信的。正如萨姆·戈德文（Sam Goldwyn）所形容的，"口头合同还比不上记录它的那张纸值钱。"[2]

在由达希尔·汉密特（Dashiell Hammet）所著，戈德文的竞争对手华纳兄弟拍摄的经典影片《马耳他之鹰》里，亨弗莱·鲍嘉（Humphrey Bogart）饰演萨姆·斯佩德，悉尼·格林斯特里特（Sydney Greenstreet）饰演古特曼。其中有一幕进一步说明了这一点。古特曼递给萨姆·斯佩德一个信封，里面装着 10 000 美元。

> 斯佩德微笑着抬起头来。他平静地说："我们原先说好的数目可比这多得多呢。"
>
> "是的，先生，"古特曼表示同意，"但那时我们只是说说而已。这可是真正的钱，如假包换的银子，先生。就这么 1 块钱，可以让你买到比说说而已的 10 块钱更多的东西。"[3]

实际上，这个教训可以一直追溯到 18 世纪哲学家托马斯·霍布斯（Thomas Hobbes）的名言："言语的束缚实在软弱无力，根本抑制不了人们（男人）的贪婪"[4]，李尔王则发现，其实女人也一样。如果单凭言语就想影响到其他参与者的信念和行动，那么这些言语一定要有适当的策略行动来支持。⊖

这些行动可以提高你的无条件策略行动（承诺）和条件策略行动（威胁和许诺）的可信性，还可以帮助你运用边缘政策。我们把这些行动分成 3 大类，其中有一些还可以进一步细分，这样总共有 8 小类。我们先简明陈述，然后再一一详细说明。

⊖ 如果其他参与者的目标和你的完全一致，你就可以相信他的话。例如，在弗瑞德和巴尼的会合打猎的保证博弈中，如果其中一个人能够告知对方他要去的地方，那么另一方就可以相信他的话。如果参与人的利益只有部分一致，你可以从对方的陈述中得出一些有效的推论。这就是博弈的"廉价交谈"（cheap talk）理论，由文森特·克劳福德（Vincent Crawford）和乔尔·索贝尔（Joel Sobel）创立，它在更高级的博弈理论中起着非常重要的作用。然而，在大多数策略情形下，只有伴随行动支持的言语才是可信的，所以接下来我们将集中讨论这样的情形。

第一个原则是改变博弈的赢利（payoffs）。也就是说，使遵守你的承诺变得符合你的利益：把威胁变成警告，把许诺变成保证。要做到这一点，有两大方法：

- 写下合同来支持你的决定。
- 建立和运用声誉。

这两种方法都可以使破坏承诺的代价高于遵守承诺的代价。

第二个原则是改变博弈，使你背弃承诺的能力受限制。在这方面，我们考虑三种可能性：

- 切断联系。
- 破釜沉舟。
- 让结果失控，或者听天由命。

这两个原则可以结合起来：可能的行动及其赢利都有可能改变。

如果一个大的承诺被分割成许多小的承诺，那么，破坏其中一个小承诺的得益很可能不足以抵消失去余下合同所造成的损失。所以我们说：

- 跬步前进。

第三个原则是利用他人，帮助你遵守承诺。一个团队也许比单独一个人更容易建立可信性。或者你也可以雇用其他人来代替你行事。

- 通过团队来建立可信性。
- 雇用授权代理人。

接下来，我们开始对每种方法的用法进行详细说明。但是请记住，对这门艺术，我们提供的仅仅是一个大略的指导。

合同

要让你的承诺变得可信，一个直截了当的办法就是，同意在你没有遵守承诺的时候接受某种惩罚。如果你的厨房装修工一开始就可以拿到一大笔钱，那他就会有动机拖延工程进度。但是一份具体说明了酬金与工程进度有关，同时附有延误工期惩罚条款的合同能使他意识到，严格遵守时间进度表才是符合自己利益的决定。这份合同就是将装修工的工期许诺变得可信的手段。

实际情况并不会像这个例子这样简单。设想一名正在节食减肥的男子悬赏 500 美元，如果谁逮到他正在吃高热量的食品，谁就能得到这笔赏金。每次这个人想起一道甜品，他就会判断出这东西不值 500 美元。不要以为这个例子难以置信而嗤之以鼻；实际上，这样一份合同已经由尼克·拉索（Nick Russo）先生提出——唯一的区别在于赏金高达 25 000 美元。根据《华尔街日报》报道，"于是，受够了各种各样减肥计划的拉索先生决定将他的问题公之于众。除了坚持每天 1 000 卡路里的饮食之外，他还为任何一个发现他在餐厅吃饭的人士提供一笔赏金——高达 25 000 美元，这笔钱将捐给对方指定的慈善机构。他已经在当地的餐饮场所……张贴了他自己的照片，上面注明'悬赏缉拿'。"[5]

但是，这份合同有个致命的纰漏：没有预防再谈判的机制。拉索先生脑子里想着诱人的法式小甜饼，嘴上却说，没有人会获得这 25 000 美元的赏金，因为他永远不会违反这份合同。这样，这份合同对监督他的大众就一文不值了。而再谈判符合双方的共同利益。比如，拉索先生可能会请客，支付一轮酒水费用，以此换取在座各位放他一马。在餐厅就餐的人更愿意免费享用一杯饮料，这总比一无所获要好，于是也就乐意让他暂时丢掉那份合同。⊖要使合同方式奏效，负责强迫执行承诺或者收取罚金的一

⊖ 即便如此，拉索先生可能会发现很难同时和一大群人进行再谈判。哪怕只有一个人不同意，再谈判也会失败。

方必须具备某种独立的动机来完成自己的使命。在这个减肥的问题上，拉索先生的家人大概也希望让他苗条一点，所以他们不会为区区一杯免费饮料所动。

合同的方式更适用于商业交易。违反合同通常会造成损失，所以受害方一定不会在一无所获的问题上善罢甘休。例如，一个制造商可能会要求没能按时送货的供应商支付罚金。这个制造商不会对供应商究竟有没有送货漠不关心。他更愿意得到的是他订购的货物，而不是罚金。在这种情况下，对这份合同进行再谈判就不再对双方有什么吸引力了。如果供应商使出那位减肥先生的理论，又会怎么样？假定供应商希望进行再谈判，理由是罚金数目实在太大，因此人人都会遵守这份合同，这样制造商永远也收不到罚金。而这正是制造商所希望看到的结果，所以他不会有兴趣进行再谈判。这份合同之所以奏效，是因为制造商并不仅仅对罚金感兴趣；他关心的是人们在合同里许诺的行动。

在一些情况下，假如合同监督人任凭别人重写合同，他就可能因此而丢了饭碗。托马斯·谢林提供了一个绝妙的例子来说明如何实施这种想法。[6]在丹佛，一家康复中心治疗那些富有的可卡因瘾君子的方法是，让他们写一份自首书，如果他们不能通过随机尿检，那这封自首书就会公告天下。很多人在自愿地陷入这样的困境之后，都想方设法要赎回这份合同。但是，如果那个监管合同的人让他们重写合同，他就会被炒鱿鱼；而康复中心如果不炒掉这个同意让瘾君子重写合同的员工，它的声誉也会大打折扣。

我们在第1章里讨论过的美国广播公司"黄金时段"的减肥节目，也有一个类似的特点。根据合同，任何一个减肥者如果没有在两个月内减掉15磅，他们的比基尼照片就会在黄金时段节目和美国广播公司网站上公开展示。结果，一位女性参与人只差一点点没有达标，却被节目制作人放了一马。她已经减掉了 13 磅，能穿上比以前小两号的衣服，看起来相当不错。问题的关键不在于美国广播公司有没有真的公开他们的照片，而在于减肥者是否相信美国广播公司会公开他们的照片。

这种仁慈的举动似乎会降低美国广播公司在后续节目中强迫执行类似的合同的可信性。即便如此，节目仍在重复进行。第二次，参加节目的减肥者是布里奇波特（Bridgeport）的小联盟棒球队"蓝鱼队"的管理层员工。因为他们不可能再指望美国广播公司把照片公开，所以这次这个减肥小组一致同意，把他们的照片公开展示在称重当晚的主场比赛的超大屏幕上。和上次一样，大部分减肥者都成功了，唯独一位女性差一点点没有达到减重 15 磅的目标。她声称，如果她的照片被展示在大屏幕上，她的心理会崩溃的。这意味着面临一场官司的威胁，于是美国广播公司和减肥小组做出了让步。现在，以后的任何节目中的参与者都不可能相信这种手段了，巴里和美国广播公司不得不再想些别的法子。⊖

大部分合同都会指定某个第三方来负责合同的强迫执行。合同能不能得到遵守，并不牵涉第三方的个人利益。强迫执行合同的激励来自于其他方面。

我们的同事伊恩·艾尔斯（Ian Ayres）和迪恩·卡兰（Dean Karlan）开了一家公司，正是提供这种合同执行的第三方服务。他们它称为"承诺商店"（www.stickk.com）。如果你想减肥，可以上网签订一个合同，注明你想减掉多少，以及如果你失败了会有什么后果。例如，你可以公开拿出250 美元，如果你没能达到目标，就把这 250 美元捐献给注册慈善机构。（如果你成功了，就把钱拿回去。）你还可以选择同注分彩。你和一个朋友可以下注，打赌你们能在两个月内减掉 12 磅。如果你们俩都成功了，那

⊖　如果美国广播公司没有遵守合同，就给美国广播公司的制作人和他们的律师各拍一张泳裤照，然后授权巴里把这些照片张贴到网上。这种方法怎么样？当然，不管怎样，都不会有什么结局——巴里如果张贴了照片，就永远不可能再在这家公司上班了。要记住，总是存在更大的博弈。

么钱会退回来。但是如果一个人失败而另一个人成功了，那么，败者就把钱支付给胜者。如果你们都失败了，那么减得多的一方获胜。

你怎么能相信承诺商店会信守诺言？一个原因就是，它们从中得不到什么好处。如果你失败了，钱就会捐给慈善机构，而不是给它们。另一个原因是，它们得维护它们的声誉。如果它们同意再谈判，那它们的服务就没有任何价值了。而且，如果它们再谈判，你甚至可以起诉它们违反合同。

这自然而然把我们引向了我们最了解的合同执行机构：法院系统，国家机器的一部分。在由合同纠纷引起的民事诉讼案中，不论哪一方获胜，法官和陪审团都不会从中直接获得什么好处，最起码至今这套体系还未被腐蚀。他们有动机在法律之光照耀下审查案件，做出公正的裁决。对于陪审团而言，这主要是因为他们接受的教育和社会公德教会他们将此视为公民义务的一个重要部分，但同时，他们也害怕违反陪审团宣誓后遭到惩罚。而法官有着他们的职业自尊心和职业道德，这激励他们小心谨慎，做出正确的裁决。他们还有强烈的事业发展动机：如果他们犯太多的错误，屡屡被上级法院推翻裁定，那他们就不会获得晋升了。

很遗憾，在许多国家，国家法院腐败、效率低、不公正，或者简单说就是不可靠。在这种情况下，其他的非政府合同执行机构应运而生。中世纪欧洲创立了一部法规，叫作"商人法"（Lex Mercatoria）或"商事法"（Merchant Law），规定在商场交易会上，由私人法官来执行商业合同。[7]

如果政府不把合同执行作为公共服务的一部分提供给民众，那么就会有人提供这种服务，以此获利。有组织犯罪经常钻法律执行上的空子。⊖

⊖ 那些靠正规法律体系无法达成所愿的人，也可能求助于这种超乎法律之外的方法，以寻求私"正义"。在小说以及影片《教父》（The Godfather）的开头，殡仪馆主亚美利哥·波纳席拉（Amerigo Bonasera）得出结论，美国的法院对像他这样的移民持有偏见，只有"教父的正义"才能为他女儿蒙受的耻辱复仇。

牛津大学的社会学教授迭戈·甘伯特（Diego Gambetta）研究了西西里黑手党（Sicilian Mafia）给私有经济活动提供保护的一个案例，这些保护包括产权执行和合同执行。他引用了他曾经采访过的一个养牛农场主的话："当屠夫来找我买一头牛时，他知道我想骗他（给他一头劣质牛）。但我也知道他也想骗我（赖账不还）。所以我们需要中间人（就是某个第三方）来帮我们达成协议。而且我们都按某个比例向中间人支付一部分交易数额。"[8]农场主和屠夫不利用正规的意大利法律来解决问题，原因在于他们想要避税，做的是非正规交易。

甘伯特的中间人使用以下一种或者两种方法来执行他的客户之间的合同。第一，在他所在的领域里，他扮演了一个角色：交易人过去的交易行为的信息储备器。一个交易人向中间人支付订金，从而成为中间人的客户。当客户考虑和陌生人做生意的时候，他就会向中间人咨询此人过往的记录。如果记录不好，客户就可以拒绝这笔交易。在这个角色中，中间人就像是一个信用评级机构（credit-ratingagency）或者商业服务监督局（Better Business Bureau）。第二，中间人还可以对欺骗他的客户的人施加惩罚，通常是施加身体暴力。当然，中间人可能和对方勾结起来共同欺骗自己的客户；中间人能保持诚实，仅仅是因为这涉及他的长期声誉。

非正规的执行机构，如黑手党，通过建立声誉来获得可信性。他们也可能提供专门的技术，使其能够比法院系统更快更准地评估证据。即使法院系统既可靠又公平，但是这些优点也占有一定的优势，使得这些非正规的法庭能够和正规法律机构得以并存。许多行业都会有这样的仲裁委员会，来裁决它们的成员之间，以及成员和顾客之间的纠纷。芝加哥大学法学院教授丽莎·伯恩斯坦（Lisa Bernstein）对纽约钻石商采用的这种体系做了一个著名的研究。该体系还有一些其他的优点；对违反合同进而又违抗委员会裁决的成员，它可以对其施以严厉的制裁。委员会把这个恶徒的姓名和照片张贴在钻石商俱乐部的公告板上面。这有效地将该恶徒驱逐出了交易，他甚至面临着社会的排斥，因为许多交易商本身就是紧密的社会网络和宗教网络的一部分。[9]

这样，我们就有很多执行合同的组织和机构。但是事实证明，它们都无法防止再谈判。只有合同的一方决定把合同交给机构，才会受到第三方的注意和裁决。但是如果合同的双方都有再谈判的动机，那么，他们就可以在共同意愿下进行再谈判，而最初的合同就不会被执行。

因此，单凭合同不足以克服可信性的问题。此时可以利用一些额外的增强可信性的工具来提高成功率，比如，在利害关头雇用与执行合同的利益无关的或有着良好声誉的第三方。实际上，如果声誉的效果足够强大，可能就没有必要签订正式合同了。这就是一言九鼎！

一个精彩的例子说明了强大的声誉如何省去了签订合同的必要，这个例子来自威尔第的歌剧《弄臣》。迭戈·甘伯特引述道：

> "杀了那个驼背？！你这是什么鬼主意？"斯巴拉夫奇勒（Spara-fucile）——歌剧中那位可敬的杀手的原型，听到让他杀掉他的客户利哥莱托的建议时厉声说道。"我是贼吗？我是强盗吗？我欺骗过哪个客户？这个男人付钱给我，他买的是我的忠诚。"[10]

所以斯巴拉夫奇勒和利哥莱托之间的协议无须详细说明："特此声明，协议的第一方在任何情况下不得谋害第二方。"

声誉

如果你在博弈中尝试了一个策略行动，然后又反悔，你就可能会丧失可信性方面的声誉。在一生只遇到一次的情况下，声誉可能无关紧要，所以也没有多大的承诺价值。但是，一般情况下，你会在同一时间和很多不同的对手开展多个博弈，或者在不同的时间和同一个对手开展多次博弈。你未来的对手会记着你过去的行动，也可能在与其他人交易时对你过去的行动有所耳闻。因此你有建立声誉的动机，这有助于使你未来的策略行动显得可信。

在对西西里黑手党的研究中，甘伯特考察了其成员如何建立和维护一种"强硬"的声誉，使得他们的威胁可信。哪些方法有用，哪些方法没用呢？戴墨镜是没用的。人人都可以这样做；这对区分一个人是否真的强硬毫无帮助。西西里口音也不会有什么用；在西西里，几乎每个人都有西西里口音，即使在其他地方，西西里口音也只不过可能会偶然成为强硬的标志。这些都不管用，甘伯特说道，唯一真正有用的是一份实施强硬行动的记录，包括谋杀。"最后，还要经过测试，包括某人在其生涯之初以及以后使用暴力的能力；那时，他已建立的声誉要受到真正的对手以及假冒的对手的攻击"。[11] 对于"割喉竞争"，在大多数商业背景下，我们只不过口头说说而已；黑手党却真的这么做了！

有时候，将你的声誉公开化，当众声明你的决心会很有效。在 20 世纪 60 年代早期，冷战剑拔弩张的时期，约翰 F. 肯尼迪总统作了几次演讲，正是为了建立和维护这种公众声誉。这个过程是从他的就职演说开始的："让每一个国家知道，不管它期盼我们好抑或期盼我们坏，我们将不惜代价、忍辱负重，排除千难万险，支持一切朋友，反对一切敌人，以确保自由的存在和实现。"1961 年柏林危机期间，他通过说明策略声誉的思想，解释了美国声誉的重要性："如果我们不能遵守自己对柏林的承诺，日后我们又怎能有立足之地？如果我们不言出必行，那么，我们在共同安全方面已经取得的成果，那些完全依赖于这些言语的成果，也就变得毫无意义。"他说的最著名的话或许是在古巴导弹危机时期，那时他说道："从古巴发射出来的攻击西半球任何国家的任何导弹，（都会被视作）对美国的攻击，我们需要对苏联进行彻底的报复。"[12]

然而，如果一个政府官员做出这般声明，之后却反其道而行，那他的声誉就会遭到无法弥补的破坏。1988年，乔治·布什在其总统竞选期间发表了一项著名的声明："看清楚我的嘴形，绝不增税。"但是一年之后，经济环境使他不得不增税，而这成为他在1992年竞选连任时失利的重要原因。

切断联系

切断联系之所以成为一种有用的确保承诺可信的工具，原因在于它可以使一个行动真正变得不可逆转。这种方法的一种极端形式就是临终遗言或者遗嘱。一旦这一方死亡，事实上就没有进行再谈判的可能了。[举个例子，英国国会不得不专门通过一个法案，才得以修改塞西尔·罗得斯（Cecil Rhodes）的遗嘱，从而使女性也能成为罗得斯奖学金的获得者。]一般来说，只要有心，总会有办法使你的策略变得可信。

我们没必要通过死亡使自己的承诺显得可信。不可逆转性其实就站在每个邮箱旁担任警戒。谁没有寄过一封信，然后又觉得后悔，想要把它拿回来？反过来也一样：谁没有收到过一封信，却又但愿自己没收到过？但是一旦你打开了这封信，你就不能把它再退回去，假装自己从来没有读过。事实上，仅仅是签收挂号信的行为，就足以断定你已经读了这封信。

影片《奇爱博士》充满了聪明或者不那么聪明的策略行动，它的开场就是一个不可逆转性应用的很好的例子。场景设在20世纪60年代早期，那时是冷战最紧张的时期，四处弥漫着对美苏核战争的恐惧。美国战略空军司令部（SAC）一直保持着数架轰炸机在空中时刻待命，只要总统一声令下，就飞向苏联境内的目标。影片中，杰克 D. 力普[⊖]将军指挥一个备有 SAC 飞行器的基地，他篡改了某条规定（R 计划），这样一来，假如上一级的总统和指挥系统的其余人被苏联先发制人击败的话，那么，低一级的指挥员就可以发出攻击指令。他命令他的一架飞机攻击目标，希望总统在这一既成事实面前，能抢在苏联发动不可避免的反击之前发动全面的攻击。

为了使他的行动变得不可逆转，力普做了几件事。他封锁了基地，切断了工作人员和外界的沟通，还扣留了基地所有的无线电设备，这样，无人意识到情况真的很紧急。直到飞机已经飞到他们在苏联领空边界附近的故障保险点，他才发出授权攻击的指令，这样，他们继续前进就无须再进一步授权。他对飞行员需要执行的相反指令（召回指令）进行保密。实际上，在影片的随后部分，他自杀了（最终不可逆转的承诺），避免了在严刑逼供之下泄密的风险。最后，他给五角大楼留下了电话留言，告诉他们他所做的事，将来对他便没有什么争议了。在五角大楼的总结会议上，一个官员念了力普的留言：

> 他们已经上路了，没有人可以把他们召回来。为了我们国家的利益，为了我们的生活方式，我建议您把 SAC 剩下的人也派出去。否则，我们会被红色报复彻底摧毁。我的战士会使您有一个最好的开端，14 亿吨炸药，现在谁都没法让他们停下来。所以让我们行动起来吧。我们别无选择。若能如愿，我们将从恐惧中走出，进入和平与自由，利用我们血液的纯洁与浓烈，达到真正的健康。愿上帝保佑你们。¹³

官员满腹怀疑地得出结论："他上吊自杀了！"力普的自杀其实是使

⊖ 据推测，力普这个角色的原型是叼雪茄的美国空战将军柯蒂斯·勒梅（Curtis LeMay），他因为在第二次世界大战时期对日本采取的轰炸策略以及冷战时期对极端鹰派政策和战略的支持而闻名。

他的行动不可逆转的最后一步。即使是总指挥，美国总统，也无法联络到他，命令他召回攻击。

但是，力普试图达成美国承诺的努力没什么用。总统没有采纳他的建议；而是附近的军队攻击力普的基地，这项任务完成得又迅速又成功。总统和苏联部长会议主席取得了联络，甚至详细告诉他执行攻击任务的飞机的情况，以使他们能够将飞机击落。基地也没有被完全封锁：交换项目的英国官员莱昂内尔·曼德拉发现了一部正在播放音乐的收音机，之后又发现了一部用来打电话给五角大楼的投币式公用电话（还有一部提供硬币的贩卖机）。最重要的是，力普的随意涂鸦使曼德拉猜出了召回指令。

即便如此，一架由一位积极主动的得克萨斯机长所驾驶的飞机还是闯过了防线。所有这些给我们上了一堂重要的策略实践课。通常从理论看来，似乎我们讨论过各种行动要么百分之百有效，要么一点用处都没有。而现实几乎总是处在这两者之间。所以，运用你的策略思维，全力以赴，但是，如果某件出乎意料的事情——"未知的不确定因素"，正如前国防部长唐纳德·拉姆斯菲尔德（Donald Rumsfeld）所说——使你的努力付诸东流，也不要感到惊讶。[14]

将切断联系用做一个维持承诺的工具，会遇到一个极大的困难。假如你被单独囚禁，与外界隔绝，那么，你要想确保你的对手按照你的意愿行事，即使并非没有可能，那也是非常困难的。你必须雇用其他人，确保你的合同得到遵守。例如，遗嘱是由受托人而不是死者本人负责执行的。父母立下的孩子不许吸烟的规矩，虽然在父母外出的时候仍然可能是毋庸置疑的，却也不能强制执行。

破釜沉舟

军队经常通过切断自己的退路来达到遵守承诺的目的。尽管色诺芬没有真的照字面意思把他身后的桥烧掉，他确实写到了背靠溪谷作战的优势。[15] 孙子却认可相反的策略，即为对手留出逃跑后路，以降低他们战斗的决心。然而，当希腊人来到特洛伊营救海伦时，特洛伊人就通过逆推法洞悉了这一策略。特洛伊人企图烧毁希腊人的船只。他们没能成功，但如果他们成功了，那只会使希腊人成为更加坚定不移的对手。

还有许多人采用过破釜沉舟的策略。1066 年，征服者威廉的军队在入侵英格兰时烧掉了自己的船只，从而立下了一个许战不许退的无条件承诺。埃尔南·科尔特斯在进攻墨西哥的时候也运用过相同的策略，他下令烧毁或捣毁自己所有的船只，仅留下一条船。尽管他的士兵面对数量大大超过自己的敌人，但他们别无选择，只有战而胜之。"如果（科尔特斯）输了，那么他的做法可能被视为疯狂……但这是深思熟虑的结果。在他的心里，除了胜利就是灭亡，再没有别的选择。"[16]

破釜沉舟的策略也出现在影片《猎杀红色十月》中。影片中，俄国舰长马科·雷缪斯叛逃到美国，他把苏联最新的潜艇技术带到了美国。尽管他的幕僚们依然忠于祖国，他还是想让他们义无反顾地走上这条新的道路。在向他的幕僚透露了自己的计划之后，雷缪斯解释道，就在他们离港之前，他给舰队司令尤里·帕都灵寄了一封信，详细告诉他自己叛逃的计划。现在，俄国正想尽办法要击沉这艘潜艇。他们已经无路可退了，唯一的出路就是抵达纽约港。

在商界，这个策略不仅用于海上攻击，还用于陆路攻击。多年以来，埃德温·兰德（Edwin Land）的宝丽来公司一直有意拒绝关闭自己的快速成像业务。随着该公司把自己所有的筹码押在快速成像技术上，它等于许下了一个承诺，必须全力打击闯入这个市场的侵略者。1976 年 4 月 20 日，在宝丽来公司独占快速成像市场长达 28 年之后，伊斯曼·柯达公司（Eastman Kodak）闯了进来。它推出了一款新的快速成像胶卷和相机。宝丽来公司对此的反应咄咄逼人，它起诉了柯达公司，说它侵犯了自己的专利权。作为该公司的创办人和主席，埃德温·兰德已经做好准备，决心捍卫自己的领域："这是我们全心全意投入的领域。这是我们的整个生命所在。而对他们来说，这只不过是另一个领域罢了……我们一定要坚守我们的阵地，保卫这个阵地。"[17] 1990 年 10 月 12 日，法庭判决柯达向宝丽来赔偿 9.094亿美元，柯达公司被迫从市场上收回自己的快速成像胶卷和相机。⊖

让结果失控，或者听天由命

让我们回到电影《奇爱博士》中，总统莫肯·马福利邀请苏联大使到了五角大楼作战室，让他目睹现在的形势，并让他相信这并不是美国对他们国家的常规进攻。但大使解释说，即使只有一架战斗机成功入侵，也会引爆"末日毁灭机"，这台机器由埋藏在地底的大量核装置组成，一旦引爆就会释放大量辐射污染大气，毁灭"地球上所有生物"。总统问道："是（苏联）部长会议主席威胁说要引爆这台机器吗？"大使回答："不，阁下。这不是一个明智的人会做的事。末日毁灭机被设计成了自动引爆……甚至任何停止这台机器的企图也会引爆它。"总统咨询他的核专家奇爱博士，问这究竟有没有可能，奇爱博士回答道："这不仅可能，而且不可缺少。您知道，自动引爆正是整台机器的关键所在。阻吓是让敌人对进攻产生恐惧心理的艺术。因此，正是由于这种人类无法干涉的自动的、不可改变的决策过程，末日毁灭机才如此可怕。这很容易理解，而且完全可信且有说服力。"

这台机器是一个绝妙的阻吓手段，因为它将一切入侵变成自杀。面对美国的攻击，苏联部长会议主席季米特里·科索夫可能有所犹豫，不愿意实施报复，冒同归于尽的风险。只要苏联部长会议主席有不做回应

⊖ 尽管宝丽来公司夺回了快速成像市场上的垄断地位，之后却在便携式摄像机以及只要 1 小时就能冲印普通胶卷的微型冲印室，以及后来的数码摄影的竞争下节节败退。早已破釜沉舟的宝丽来公司终于开始意识到，自己陷入了一个正在沉没的岛屿。改变了经营理念之后，宝丽来公司开始涉足这些新的领域，但是没能取得大的成功。

的自由，那美国就有可能冒险发动进攻。但是由于末日毁灭机的存在，苏联的回应将由这台机器自动做出，其阻吓的威胁也就变得可信了。在实际的冷战中，现实世界中的苏联总理赫鲁晓夫试着采用了类似的策略，威胁说一旦柏林发生军事冲突，苏联的火箭就会自动发射。[18]

　　然而，这一策略优势并非毫无代价。可能会发生一些小事故或者未经授权的小规模攻击，而事情发生后，苏联人也不想实施他们可怕的威胁，但是他们别无选择，因为执行权已经超出了他们的控制。这正是《奇爱博士》里面发生的事情。想要减轻出错的后果，你一定希望找到一个刚好足够阻吓对手的威胁。假如行动不可分割，比如一场核爆炸，你该怎么办？你可以通过创造一种风险而不是一种确定性，使你的威胁变得温和一些，表明可怕的事情可能发生。这便引入了边缘政策的思想。

　　在边缘政策的思想里面，创造同归于尽的风险的方法就像末日毁灭机一样，也是自动的。如果对手违抗你的意愿，是否引爆装置就不再由你控制了。但这种自动引爆并非一种确定性，它只不过是一种概率。这就像俄罗斯轮盘赌。往左轮手枪里面装进一颗子弹，转动弹膛，然后扣下扳机。此时，射手已经无法控制开火的弹膛里是否有子弹了。但是他能预先控制风险的大小——1/6。所以，边缘政策是一种"可控的失控"：发出威胁的人可以控制风险的大小，但不能控制结果。如果他碰到的是空弹膛，然后决定再次扣下扳机，那么，他就将风险提高到了1/5，正如影片《洛城机密》中巴德·怀特所做的。他选择做到什么时候，取决于他对风险的承受力。他一直希望对手的承受力较低，能先屈服，并希望在任何一方认输之前，对双方都不利的爆炸不会发生。

　　难怪边缘政策是一种相当脆弱的策略，这种策略充满了危险。这就需要你在遇到危险时多练习使用这种策略。而且，在真正重要的场合运用边缘政策之前，你最好先试着在相对无害的情况下使用它，以获取一些经验。比如，你先尝试控制你孩子的行为，这样，糟糕的结果只不过是乱七八糟的房间或者孩子发脾气，然后你再试着和你的配偶进行轮盘赌似的谈判，这时，糟糕的结果可能就成了纠缠不清的离婚或者法庭大战了。

跬步前进

虽然当信任对方有很大的风险时，双方可能会互不信任，但是，如果承诺的问题可以减小到足够小的规模，那么可信性的问题就会自动得到解决。威胁或者许诺可以被分解为许多小问题，每一个问题可以单独解决。如果江洋大盗每次能信任对方一点点，那么相互之间的声誉就能继续存在。考察这两种情况的区别：一是一次性向另一个人支付100万美元来购买一公斤瘾品，二是把交易分成1 000次，每次交易不超过1 000美元价值的瘾品。虽然在前一种情况下，为了100万美元而欺骗你的"同伴"可能是值得的，但在后一种情况下，只得到区区1 000美元就太少了，因为你的欺骗过早地终止了这种持续有利可图的关系。如果大的承诺不可行，我们应该选择一个小的承诺，然后重复使用。

这对相互怀疑的房主和承建商也有用。房主担心提前付款只会换来对方偷工减料或者粗制滥造。承建商则担心竣工之后房主可能拒绝付款。因此，在每天（或者每周）结束之际，承建商按照工程进度领取报酬。这样，双方面临的损失顶多只是一天（或者一周）的劳动或者报酬而已。

就像边缘政策一样，跬步前进缩小了威胁或许诺的规模，相应地也缩小了承诺的规模。只有一点需要特别小心：深谙策略思维的人懂得瞻前顾后，他们最担心的是最后一步。如果你预料自己会在最后一轮受到欺骗，你就应该提早一轮终止这段关系。但是，这样一来，倒数第二轮就变成最后一轮了，所以你还是没有摆脱上当受骗的问题。要想避免信任瓦解，千万不能出现任何确定无疑的最后一轮。只要仍然存在继续合作的机会，那欺骗就是不值得的。因此，如果某个商店打出"结业大甩卖"的标语，出售大批大减价商品，你就要特别小心你要买的这些东西的质量了。

团队

其他人常常可以帮助我们立下可信的承诺。虽然人们在独立行事时可能显得弱不禁风，但是大家团结起来，就可以形成坚定的意志。成功运用同伴压力而立下承诺的著名例子来自匿名戒酒组织（Alcoholics Anonymous，AA）以及节食减肥中心。AA 的办法是改变你食言的结果。它建立了一个社会组织，谁要是不遵守承诺，荣誉和自尊就会付诸东流。有时候，团队可以走出社会压力的范畴，它通过运用一个强有力的策略，迫使我们遵守自己的许诺。考察一支行进中的军队的前锋部队。如果其他士兵都勇往直前，那么，某位士兵只要稍微落后一点就能大大增加他幸存的机会，同时又不会显著地改变进攻取胜的可能性。但是，如果每一个士兵都这么想，那么进攻就会变成撤退。

当然，这种事情是不会发生的。士兵早就受过训练，要为祖国增光、对同胞忠诚，并且相信一个严重到足以将他遣送回家、不能继续参与行动，却又不至于永远不能复原的创伤，才是千金难买的光荣。[19] 对于那些缺乏意志与勇气的士兵，可以通过惩罚临阵脱逃者来激发他们的斗志。如果临阵脱逃一定会受到惩罚，并且意味着耻辱的死亡，那么，另一种选择（勇往直前）就会更具吸引力。当然，士兵并没有兴趣杀死自己的同胞，哪怕对方是临阵脱逃。既然士兵已经觉得立下一个进攻敌人的承诺相当困难，他们又怎么能立下一个可信的承诺，杀死临阵脱逃的同胞呢？古罗马的军队曾对进攻中落后的士兵处以死刑。按照规定，当军队排成直线向前推进的时候，任何士兵，只要发现自己身边的士兵开始落后，就必须立即处死这个临阵脱逃者。为了使这个规定显得可信，未能处死临阵脱逃者的士兵也会被判处死刑。这样一来，即使一个士兵本来宁可向前冲锋陷阵，也不愿回头去捉拿一个临阵脱逃者，此时他也不得不这么做，否则他就有可能赔上自己的性命。[⊖]

罗马军队的这一策略直到今天仍然存在于西点军校、普林斯顿大学以及其他一些大学的荣誉准则之中。考试是无人监考的，作弊属于重大过失，会导致开除。但是，因为学生不愿意"告发"他们的同学，于是学校规定，发现作弊而未能及时告发也是违反荣誉准则，同样会导致开除。这样一来，一旦有人违反了荣誉准则，学生就会举报，因为他们不想因为保持缄默而成为违规人的同伙。类似地，刑法也将未能举报罪行者视作罪犯同谋予以惩罚。

授权谈判代理人

如果一个工人声称他不能接受任何小于5%的工资涨幅，雇主凭什么应该相信他一定不肯退让而接受4%的涨幅呢？摆在桌面上的钱可以引诱人们回头再做一次谈判。如果这名工人有其他人代为谈判，那么他的处境就会得到改善。工会领袖担任谈判者的时候，他的处境可能就不够灵活了。他可能被迫遵守自己的许诺，否则就会失去工会会员的支持。这位工会领袖要么从他的会员那里获得一份有条件的委托，要么公开宣布自己的强硬立场而使自己的声望面临考验。实际上，工会领袖变成了一个授权谈判代理人。他作为谈判者的权威建立在他的地位之上。有时候，他根本无权妥协；批准合同的必须是工人，而不是这名工会领袖。有时候，这位工会领导的妥协，可能导致他下台走人。

如果你正和某人谈判，这个人与你有共同的朋友关系或者社会关系，而你又不愿意破坏这种关系，那么，雇用授权谈判代理人的方法就特别管用。

⊖ 如果临阵脱逃者可以通过杀死他身边那个未能处罚自己的人而获得宽大处理，那么，惩罚临阵脱逃者的动机就会愈演愈烈。这样一来，如果一名士兵未能及时杀死一个临阵脱逃者，就会有两个人可以对他实施惩罚：他身边的士兵，以及那个临阵脱逃者，后者可以通过惩罚那个未能惩罚他的士兵来挽救自己的性命。

在这种情形下，你可能会发现坚决坚持自己的谈判立场非常困难，而且可能会因为顾及这种关系而再三做出让步。一个中立的代理可以较好地避免陷入这种困境，使你达成一个较合意的交易。职业运动队的队员们之所以雇用代理，一方面就是因为这个原因。作者在与编辑和出版商交易时也同样如此。

在实践中，我们不仅关注承诺实现之后的结果，还关注承诺实现的方法。假如一名工会领袖自愿用其声望来换取某种地位，你应不应该（会不会）把他的这种屈辱行为当作受到外界压力而不得已为之的行动来对待？将自己绑在铁轨上企图阻止列车前进的人，比起其他并非出于自愿而被人绑在铁轨上的人，得到的同情可能更少。

第二种授权谈判代理人是机器。几乎没有人会和一台自动售货机讨价还价；讨价还价成功者更是寥寥无几。⊖这也是很多商店职员和政府官僚被要求严格遵守规则的原因。商店或者政府可使其政策显得可信；只要能够说明谈判或者通融"超出了他们的权限"，那么，即使是雇员也能从中获益。

降低对手的可信性

如果你可以通过使自己的策略行动显得可信而获得好处，那么类似地，你同样可以通过阻止他人使其策略行动可信而获益。是吗？不，没有这么快。这种思想是一种思想的残余，即博弈一定是赢输博弈或者零和博弈，这是我们一贯批判的思想。很多博弈可能是双赢博弈或者是正和博弈。在这种博弈中，如果另一个参与人的策略行动可以得到对双方都有利益的结果，那么，加强该行动的可信性便对你有利。

举个例子，在囚徒困境中，如果对方能够向你许诺，你若选择合作，他会报答你，那么这时你就应该尽量让他能使这个诺言显得可信。甚至是对方

⊖　据美国国防部统计，在过去 5 年内，有 7 名军人或者军人家属由于摇晃自动售卖机，希望它吐出饮料或硬币，结果被倒下来的自动售卖机砸死，另外还有 39 人由于同样的原因而受伤（《国际先驱论坛报》，1988 年 6 月 15 日）。

发出的一个威胁，也可能与这个参与者的利益相关。在第 6 章中，我们考察了彩虹之巅和比比里恩这两个邮购销售商如何运用匹配竞争条款和殊死一搏条款来威胁对手：如果对手降价，就会实施报复。当双方都采用这种策略时，他们就消除了对方首先减价的企图，从而使得两家公司都得以保持高价。每家公司一定都希望对方有能力使其策略显得可信，而且如果有哪一家公司想出了使策略可信的方法，它就应该告诉对方，这样双方都可以运用这种方法。

但是，在许多情况下，其他参与者的策略行动可能使你受到伤害。通常情况下，其他人的威胁确实对你不利；某些无条件行动（承诺）也是如此。在这种情况下，你一定希望阻止对方使他的这种行动变得可信。以下是几条实践这门艺术的建议。在给出这些建议时，我们再次提醒你，这些手段十分复杂甚至还有风险，所以你不要指望会完全成功。

合同　我们讲到过的拉索先生有两个自己，一个是法式巧克力甜饼出现在甜点推车上之前的自己（BCE），另一个是之后的自己（ACE）。BCE 设立了合同来抑制 ACE 的诱惑，但是 ACE 可以通过提议再谈判，说这样对当时在场的所有人都有利，从而使合同失效。BCE 本来可以拒绝 ACE 的建议，但可惜 BCE 已经不存在了。

如果最初订立合同的各方依然在场，那么，要想逃避这份合同，你必须提议一个新的交易，这个新交易必须对当时在场的所有人都有利。不过，这确实有可能发生。假定你在进行一个重复的囚徒困境博弈。有一份明确的或者隐含的合同规定，所有人必须合作，直到有人作弊；如果作弊出现，合作就会瓦解，而所有人都会选择自私的行动。你可以侥幸作弊一次，然后解释说这只不过是一次愚蠢的失误，我们不应该仅仅因为合同的规定，就放弃今后合作的所有好处。但你不要指望太频繁地耍这种花招，即使是第一次，也会引起别人的怀疑。不过，这确实像小孩子一样，一次又一次地说"我再也不敢了"而侥幸逃脱处罚。

声誉　假定你是个学生，想请求你的教授把你交作业的最后期限宽限几天。他希望维护自己的声誉，于是告诉你："如果我这次宽限你几天，那以后谁来找我，我都没法拒绝了。"你可以这么回答："这件事不会有人知道的。告诉他们对我也没什么好处；如果他们依靠宽限把作业完成得更好，那我的得分就会降低，因为这门课程是强制相对等级评分的。"类似地，如果你是个零售商，正和你的供货商谈降价的事宜，你也可以做出可信的许诺，说不会把这事泄漏给你的零售商对手。声誉只有在公开的情况下才有价值；你可以通过保密来使其无效。

沟通　切断联系可能有助于参与者通过使自己的行动不可逆转，做出一个可信的策略行动。但是，如果对方无法提前接收到他们对手的承诺或者威胁的相关信息，这个策略行动就毫无意义了。父母的威胁，"如果你再哭，今晚就没有甜点吃了"，对于一个由于哭声太大而没听到的孩子来说，是没什么用处的。

破釜沉舟　回忆一下孙子的策略："围师遗阙。（围攻敌人的时候，一定要给他们留出退路）"[20] 给敌人留条出路，不是让他真的逃跑，而是让他相信还有条安全的退路。⊖如果敌人看不到逃跑的出路，他就会拼命战斗。孙子的目的是，不给敌人任何机会做出殊死战斗的可信承诺。

跬步前进　把大的行动分成一系列小的行动可以提高相互承诺的可信性。但是你也可以通过一小步一小步地违背对手的意愿，破坏他的威胁的可信性。相对于对方威胁要开展的代价高昂的行动，每一步都应该足够小，使得对方不至于实施他的威胁。如前所述，这种方法称为腊肠战术。每次你只切掉一片威胁。最好的例子来自谢林："我们可以肯定，腊肠战术是小孩子发明的……如果你叫孩子别到水里去玩，他就会坐在岸上，光脚伸进水里；这样他还不算是在水'里'。如果你默许了，他就会站起来；

⊖　在脚注里，孙子建议应该伏击撤退的军队。当然，这只对没有读过《孙子兵法》的敌人有效。

他泡在水里的部分和刚才一样。你若是考虑再三，他就会开始淌水，但不会走到水深的地方；如果你过会儿再思考这究竟有何不同，他就会走到稍微深一点的地方，还争辩说他只是来回走动，这没什么不同。很快，我们就叫他别游出我们的视线，一边奇怪自己刚才的叮嘱怎么变成这样了。"[21]

授权代理人　如果对方为了使自己的谈判地位比较灵活，想通过雇用授权代理人建立可信性，那么，你可以简单地拒绝和这个代理人交易，并要求直接和委托人谈话。委托人和代理人之间一定有某种联系渠道；毕竟，代理人必须向委托人汇报谈判的结果。委托人究竟同不同意和你直接交易，取决于他的声誉，或者是他的决心的其他方面。举个例子，假定在百货商店里，你想对某件商品讨价还价，而店员告诉你他没有提供折扣的权利。这时你可以要求见经理，他可能有这个权利。你要不要这么做取决于你对成功的可能性的判断，以及你究竟多想买这件东西，还有你失败后不得不按标价付款时，你丢脸的代价有多大。我们应该告诉你，我们中有一人（奈尔伯夫）非常擅长这种谈判；另一个人（迪克西特）就不太行了。

至此，我们的例子就列举完毕了，这些例子说明了使你自己的策略行动变得可信的各种方法，以及对付其他参与者的策略行动的各种方法。在实践中，任何一个特定的情形都可能用到不止一种这些方法。但即使是把这些方法组合起来用，它们也未必百分之百有效。记住，世上无完事。（而王尔德让我们相信"人无完人"。）我们希望，我们的小指南能够引起你的兴趣，并为你在博弈中发展这些技巧打开大门。

案例分析

关于可信性的教科书例子

美国大学教科书的市场规模是 70 亿美元（包括课程包）。再看一下其他市场，电影业的收入大约是 100 亿美元，职业体育产业的收入是 160 亿美元。教科书行业也许没有海斯曼奖杯，也没有奥斯卡奖，但它依然是个巨大的产业。或许，你对一本教科书定价超过 150 美元不觉得有多奇怪，这大概是萨缪尔森和诺德豪斯（Nordhaus）的《经济学》（第 18 版）的价钱，或者是《托马斯微积分》（第 11 版）的价钱，而且一个学生每年可能买上 8 本左右这样的书。

国会提出了一种解决方法。它让大学书店保证他们会回购二手书。乍一看，这种办法似乎能为学生节约一半的代价。如果你可以在学期末把一本 150 美元的书按 75 美元的价格卖回去，那么，实际的代价就减半了。真是这样吗？

案例讨论

让我们倒后一步，从出版商的视角来看这个世界。假如某本特定的教科书能在二手市场上转手 2 次，那么，出版商其实只把书卖了 1 次，而不是 3 次。如果他们希望从每个学生身上赚 30 美元的利润，那么现在，他们只有在第一次销售时赚 90 美元，才能达成所愿。这就是为什么出版商把教科书的定价一路抬高到 150 美元，因为这可以让他们预先得到 90 美元。一旦书卖出去之后，他们就有充分的动机尽快推出新版本，以削弱来自二手教科书市场的竞争。

对比这样一个世界：出版商许诺不推出修订版，学生也许诺不卖二手书。在三年里，出版商可以以每本 50 美元的价钱卖出 3 本书，而获得的收益不变。实际上，这里忽略了额外的印刷代价（更不用说砍树的环境代价），所以，我们暂且把价钱提到每本 60 美元。在这个世界里，出版商还是那么快乐，教授也节约了不必要的修订的时间，同时学生也可以买到更便宜的书。他们可以用 60 美元来买一本书，还可以留着做参考，而不必花 150 美元买一本书，然后（为了 75 美元的净价格）希望以 75 美元的价格再把它卖出去。

有一类学生在现行体制下确实要承担很大的开销：那些在一版的最后一年才买新书的同学。因为明年就要出新版本了，所以他们无法把用过的书再卖回给书店。这些倒霉的同学支付了 150 美元的全价。⊖

⊖　很奇怪的一点是，为什么新书和旧书的价格不会随着修订的周期而变化。一个可能的解释是，在修订的前一年，出版商会把书定价在 75 美元，而不是 150 美元。用过一年的旧书的回购价会是定价的 2/3，第二次回购的价格会是定价的 1/3。

学生不是笨蛋，他们可不想把烫手山芋留在手里。一本教科书在市场上出现两三年后，他们就会意识到修订版就要推出了。学生预计那些书的实际代价会变得很高，所以他们的反应是不买新教材。[22]（作为教育工作者，我们惊奇地发现，在有些地方大约 20% 的学生没有买指定教材。）

消除二手书市场对学生、教职员和出版商都有好处。受损失的是书店；因为在现状下他们能赚更多的钱。对于一本转手 2 次的 150 美元的教科书，书店最初卖新书时可以获利 30 美元，以后的 2 次卖二手书，他们每次可以获利 37.5 美元：他们用半价回购，然后按定价的 3/4 再卖出去。如果他们以 60 美元的价格卖 3 次新书，他们的获利就会少得多。

强制书店回购二手教科书不能解决这个问题。这只会导致他们压低回购的价格，因为他们预计可能陷入教科书过时的僵局。比起强制书店回购二手书，一个更好的办法是，让学生许诺不卖书；这样二手市场就相应消失了。但是，这个许诺怎样才能可信呢？严惩二手书的销售行为可不是个可行的办法。

一种解决方法就是让学生租借教科书。学生租书时，可以先交一定的押金，然后在还书（给出版商，而不是书店）时把押金拿回来。这就相当于让出版商许诺，不论他出不出新版，都要回购二手教科书。再简单一点，出版商可以向班里每个学生出售教科书许可证，就像出售软件许可证一样。[23]这个许可证准许学生获得一份教科书的副本。大学可以先买下许可证，然后再向学生收费。既然出版商的所有利润都来自于出售许可证，那么，书就可以按照接近生产成本的价格出售，因而也就不存在什么再次卖书的动机。

一般来说，当存在承诺问题时，解决这个问题的一个办法是以租赁产品代替销售产品。这样，就没有人有动机通过囤积二手书来获利了，因为根本无利可图。

还有两个关于可信的策略案例，参见第 14 章中的"仅有一次生命可以献给你的祖国"和"美国起诉艾科亚"。

第二篇结语：诺贝尔奖小史

博弈论最早是由约翰·冯·诺依曼提出。早年，博弈论的研究重点是纯冲突博弈（零和博弈）。其他博弈则被当作一种合作的形式进行考察，也就是说，参与者可以共同选择和实施行动。在现实中的大部分博弈里，人们各自选择行动，但是他们的行动对别人产生的影响并非是纯粹冲突的。现在我们可以研究同时存在冲突与合作的一般博弈，这个突破要归功于约翰·纳什，他于 1994 年被授予诺贝尔奖。我们在第 4 章解释过他的纳什均衡概念。

在介绍均衡概念时，我们假定博弈中的每个参与者都知道其他参与者的偏好。他们可能不知道其他参与者将要做什么，但是他们了解对方的目标是什么。与纳什一起获得 1994 年诺贝尔奖的约翰·海萨尼指出，纳什均衡可以扩展到参与者对其他人的偏好不确定的博弈中。

应用纳什均衡的另一个挑战是有可能出现多个均衡解。2005 年诺贝尔奖得主罗伯特·奥曼在其著作中指出，在重复博弈的情况下这个挑战更为艰巨。在一个重复次数足够多的博弈中，几乎任何结果都可能是一个纳什均衡。幸运的是，还是有一些方法可以帮助我们选出一个均衡，排除另一个均衡。莱因哈特·泽尔腾通过引入一种思想，即存在参与者在行动时可能犯错的小概率事件，从而证明了纳什均衡概念可以更精炼，从而剔除一些多余的解。这就迫使参与者确保他们的策略是最优的，即使是在博弈出现意外变化的情况下。结果证明，这就好比向前展望、倒后推理的思想，只不过是应用在人们同时行动的博弈中而已。

当我们意识到博弈的参与者可能拥有不完全信息时，明确谁知道什么信息就变得尤为重要，甚至必不可少。我可能会知道你倾向一种结果而不是另一种结果，或者知道你会对我说谎，但是如果你不知道我知道这些信息，那么博弈就改变了。[⊖]罗伯特·奥曼的另一个贡献就是把共同知识的思想引入了博弈论。当两个参与者共识某件事情时，他们不仅都知道这件事，而且还知道对方也知道这件事，同样也知道对方知道自己知道这件事，如此反复下去以致无穷。

缺乏共识是更为常见的情况。在这些博弈中，一个或一个以上参与者缺乏某些关键的信息，而其他人却拥有这些信息。信息较多的参与者可能想隐瞒或者扭曲这些信息，或者有时候，他可能想把真相告诉满腹狐疑的对手；一般情况下，信息较少的参与者则希望找出真相。这就使得他们之间的实际博弈变成了操纵信息的博弈。隐瞒、透露和解释信息，都需要他们采用自己的特殊策略。

在过去的 30 年里，信息操纵的思想和理论已经对经济学和博弈论产生了革命性的影响，也对其他社会科学以及进化生物学产生了很大的冲击。我们已经讨论过 2005 年诺贝尔奖得主托马斯·谢林的贡献，他提出了承诺和策略行动的思想。还有三个诺贝尔经济学奖被授予了这些理论及其应用的先驱们，而且今后可能还会出现更多的诺贝尔经济学奖。第一个诺贝尔学奖于 1996 年授予给詹姆斯·米尔利斯和威廉·维克里，他们创立了一种理论，即如何设计一个可以完全揭露其他参与者私有信息的博弈。《经济学人》杂志用他们对这个问题的回答来描述他们的贡献："你怎么对付那些知道的比你多的人？"¹ 米尔利斯设计了一个当政府不知道人们

⊖ 对于知道谁知道关于谁的信息的问题，电影《神秘人》提供了一个很好的说明。惊奇上尉（Captain Amazing，CA）遇到了他的天敌弗兰肯斯坦上尉（Captain Frankenstein，CF），他刚刚从精神病院里面逃了出来：

CF：惊奇队长！这真是让人喜出望外啊！

CA：真的吗？我看未必。你逃出来的第一晚就把精神病院炸了。真有意思。我知道你本性难移。

CF：我知道你知道了。

CA：噢，是的，我知道，我也知道你知道了我知道你知道。

CF：但是我不知道。我只知道你知道了我知道。你知道了吗？

CA：当然。

的收入创造潜能时的收入所得税制度，以此回答了这个问题；而维克里通过拍卖分析了销售的策略。

2001 年，诺贝尔奖被授予了乔治·阿克劳夫，他的私人二手车市场模型说明了在一方拥有私有信息的情况下市场是如何失灵的；迈克尔·斯宾塞，他提出了"信号传递"和"筛选"的策略，用于解决这类信息不对称的问题；以及约瑟夫·斯蒂格利茨，他将这些思想运用到了保险市场、信贷市场、劳动力市场以及其他许多种市场，得出了一些关于市场局限性的惊人的见解。

2007 年的诺贝尔经济学奖也是颁发给信息经济学的。筛选仅仅是用于获取关于其他人信息的一种策略。更一般地，一个参与者（通常被称为委托人）可以设计一份合同，创造出一些激励，让其他参与者直接或间接地透露他们的信息。举个例子，如果 A 想知道 B 做了些什么，但又不能直接监视 B 的行动时，那么，A 可以设计一个激励报酬，引导 B 采取接近 A 的意愿的行动。我们把激励计划的话题放到第 13 章。设计这类机制的一般理论是在 20 世纪 70 年代到 20 世纪 80 年代发展起来的。2007 年的诺贝尔奖授予给从事这项研究的最杰出的三位先驱，他们是莱昂尼德·赫维奇、埃里克·马斯金，以及罗杰·迈尔森。获奖时赫维奇已届 90 岁高龄，成为最年长的诺贝尔经济学奖得主；而 56 岁的马斯金和 57 岁的迈尔森属于最年轻的诺贝尔奖得主。看来信息经济学和博弈论适合所有年龄段的人。

在接下来的章节，我们将介绍这些诺贝尔奖得主的一些思想。你将了解到阿克劳夫的柠檬市场、斯宾塞的就业市场信号功能、维克里的拍卖，以及迈尔森的收入等价定理。你还将学会如何在拍卖中竞价、如何组织选举，以及如何设计激励方案。博弈论最妙不可言的方面之一就是，你不必花几年去念研究生，就有可能理解诺贝尔奖得主的这些贡献。确实，有些思想甚至看起来显而易见。我们也认为这没有错，不过这样说就有点事后诸葛亮的意思了；因为他们的思想才是真正天才见解的标志。

THEORY AT WORK

How to Use Game Theory to
Outthink and Outmaneuver
Your Competition

III

第三篇

第 8 章

理解和操纵信息

真爱情深吗

这是一个真实的故事：我们的朋友，在此姑且叫她苏，坠入了爱河。她的白马王子是一位事业有成的高管。他聪明、专一且直率。他向她表白了爱慕之心。这是一个幸福永远的童话故事。哦，差不多算是吧。

问题是到了 37 岁时，苏想结婚生子。她的男友也正考虑着这个计划，只可惜他前段婚姻的小孩还没有做好他再婚的心理准备。解决这些事情需要时间，他解释道。只要苏知道黑暗的尽头是光明，她就愿意等待。但是她怎么知道他的话真诚不真诚？不幸的是，她不能向他公开示威，因为小孩一定会发现。

她想要的是可信的信号。它和承诺策略是一对表兄弟。前面的章节中，我们强调了确保人们说到做到的策略。在这里，我们是在探寻一种较弱的策略。苏想要的是某种能够帮她看清他是否真正认真对待他们之间关系的策略。

经过深思熟虑，苏要求他做个文身，且该文身里要包含她的名字。一个小小的、独特的文身就好。其他任何人不会看到这个文身。如果他能够长期带着这个文身，那么永远印在那里的苏的名字将是他们爱情的一个合适见证。但是，如果承诺并非他计划的一部分，那么他下次征服的女人发现这个文身，将会令他十分难堪。

他犹豫不决，因此苏离开了。她另觅新爱，还有了小孩，过着幸福生活。至于她的前男友，他仍然在跑道上，一直逗留着。

实话实说吗

为什么我们不能单纯地指望别人说出真相？答案很明显：因为真相可能与他们的利益相悖。

在大部分时间，人们的利益和言语交流是一致的。当你点一份三成熟的牛排，服务员完全相信你真的是要一份三成熟的牛排。服务员想要让你满意，因此你最好说实话。当你要求他推荐主菜或酒时，事情变得有点棘手。这时，服务员可能想要引导你点更昂贵的东西，这样他的小费就有可能增加。

英国科学家及小说家斯诺（C. P. Snow）把刚才这种策略的洞见归功于数学家哈迪（G. P. Hardy）："如果坎特伯雷大主教说他信仰上帝，那完全是生意场上的套话，但如果他说他不信仰上帝，则人们可以认为他说的是实话。"[1]同样地，当服务员向你推荐比较便宜的腰窝牛排或者廉价的智利酒时，你完全有理由相信他。当服务员推荐昂贵的主菜时，他也有可能是出于实在，但你很难知道他说的到底实不实在。

冲突越大，可信的信息就越少。回忆一下第 5 章的点球罚球队员和守门员。假设当罚球者准备射门时，说道："我会射向右边。"守门员应该相信他吗？当然不能。他们的利益是完全对立的，如果罚球者提前让对方知道了其真正意图，他就会失败。但是，这难道意味着守门员应该推断罚球者会把球踢向左边吗？这也错了。罚球者可能是在进行第二层欺骗——通过讲真话说谎。对于那些利益与自己完全对立的对手，你对其言论的唯一理性反应就是完全忽略它。不要以为它是真的，而且也不要以为它不是真的。（应该忽略对方的话，考虑实际博弈的均衡，然后采取相应的行动；在本章后面小节，我们将利用扑克赌博中虚张声势的例子来解释应如何做到这一点。）

政客、广告制作人以及孩童们，都在与其自身利益和动机进行博弈。而且，他们告诉我们的信息将有助于其实施自己的计划。那么你应该如何理解出于此种动机的信息？反过来，当你知道其他人会怀疑你的话时，你应该怎样使你的话显得可信？我们的分析将从一个猜测各利益方真相的例子开始，该例子已颇负盛名。

所罗门国王的困境

两个妇人来找所罗门国王，争论谁才是孩子的亲生母亲。《圣经·列王记（上）》讲述了以下故事（3：24-28）：

> 于是国王吩咐："拿刀来。"侍卫们便拿来一把刀。国王下令："将这个活着的孩子劈成两半，一半给那妇人，一半给这妇人。"孩子的生母悲怜孩子，于是说："大人，把孩子给那妇人吧，千万别杀他！"而另一个妇人却说："你我都别想要这孩子，把他劈了吧。"于是国王做出裁决："将孩子给这妇人，万不可杀他。这妇人是他的亲生母亲。"以色列众人听见国王如此判决，都很敬畏他。因为发现他心中有神的智慧，故能主持正义。

唉，可惜策略专家不能只留下一个好故事。倘若第二个妇女——假言蒙众者，早就知道事情将如何发展，国王的策略还会起作用吗？不会。

第二个妇人犯了一个策略错误。正是她支持把孩子劈成两半的回答，排除了她是孩子亲生母亲的可能性。她本应该简单重复第一个妇人的话；因为如果两个妇人说的话相同，国王就不能辨别哪一个是亲生母亲了。

看来所罗门国王不只聪明，而且非常幸运；他的策略之所以能起作用，恰是第二个妇女策略失误所致。至于所罗门国王本来应该怎样做，我们将在第 14 章把它作为一个案例分析来讨论。

操纵信息的方法

苏和所罗门国王面临的问题，在大多数策略互动中都会出现。某些参与者比其他参与者知道得更多，而这些信息将会影响所有参与者的赢利。

拥有额外信息的人渴望隐瞒信息（如假言蒙众者）；其他人同样也渴望揭露真相（如真的母亲）。而拥有较少信息的参与者（如所罗门国王）通常希望从知道信息的那些人口中探出实情。

博弈理论家似乎比所罗门国王更具智慧，他们已仔细研究过几种服务于上述目的的策略。本章我们将简明扼要地阐释这些策略。

主导所有此类情形的一般原则是：行（包括文身）胜于言。其他人理应关注某个参与者的行动，而不是他嘴上说的。而且，在知道其他人会以此方式理解行动的情况下，每个参与者都应该针对其信息内容反过来操纵其行动。

通过操纵自己的行动来操纵别人的推断，并看穿他人对我们的推断之操纵，这样的博弈在我们每个人的生活中天天都在上演。借用并附会《J. 阿尔弗雷德·普鲁弗洛克》情歌中的一句歌词来说，就是你必须不断地"装出一副面容去拜会你要见的脸"。如果你没有意识到你的"面容"，或者更一般地说，你的行动，正在被其他人以此种方法理解的话，那么你表现的方式就可能对自己不利，且后果通常很严重。因此，本章这些经验教训将是你在整个博弈论中学到的最为重要的经验教训。

对于拥有任何特别信息的策略博弈参与者而言，如果其他参与者发现真相会使他们的利益受损，那么，他们就会试图隐瞒信息。而且，当行动被正确地理解时，他们将采取行动泄露任何对其有利的信息。他们知道，自己的行动，比如面容，会泄露信息。他们将选择促进有利信息泄露的行动；这种策略称为**信号传递**。他们将采取行动减少或者消除不利信息的泄露；这就是**信号干扰**。它通常包括模仿一些适用于各种情形而不是局限于目前情形的信号。

如果你想从其他人那里探出信息，你应该设计一种环境，在这种环境下，那个人发现在某种信息下采取某个行动是最优的，而在另一种信息下采取另一个行动是最优的；这样，行动（或不行动）就泄露了信息。[⊖]这种策略称为**甄别**。例如，苏要求一个文身就是她的甄别方法。接下来我们将阐释上述策略的作用机理。

在第1章，我们曾说明扑克牌参与者应该通过不可预测地叫牌，隐瞒其手中牌的真正实力。但是最佳混合叫牌将因牌的实力不同而不同。因此，参与者可以从叫牌中得到对方持有好牌概率的有限信息。当某人想要传达而不是隐藏信息时，行胜于言的原则同样适用。为了使一个行动成为一个有效的信号，该行动必须不能被理性的欺骗者所模仿：若他们的真相与你希望信号所承载的信息不同，则他们模仿你的信号将毫无好处可言。²

你的个性，能力、偏好、意图，构成你拥有而其他人没有的最重要的信息。尽管他们观察不到这些，但是你可以采取行动，可信地向他们传递这些信息。同样地，他们也会试着从你的行动中推断你的个性。一旦意识到这一点，你就会随时见到信号，并根据他人的信号内容审视自己的行动。

当一家律师事务所招聘工作高度热情的暑期实习生时，它会说："你们将在这里得到很好的待遇，因为我们对你们的估价很高。你们可以相信我们，因为如果我们对你们的估价不高，在你们身上花这么多钱对我们就太不值了。"反过来，实习生应该意识到，饮食不好或者娱乐活动无聊死板都没关系；重要的是价格。

许多大学都受到其毕业生的指责，说学校教给他们的知识最后被证实对其日后的工作没多少用处。不过，这种指责忽略了教育的信号价值。在

⊖ 有时候甚至很难观察和理解行为。最困难的是判断一个人工作努力的质量。努力的数量尚易于测度，但除了最简单的重复性工作之外，所有的工作都需要一些思维和创新，从而雇主或监工将无法准确地估计一个雇员是否有效利用了其时间。在这种情形下，雇主不得不通过结果来推断绩效。要促使雇员提供高质量的努力，雇主必须设计一种合适的激励机制。这就是第13章的主题。

特定公司和专门工作中取得成功所需的技能，通常在工作过程中学得最好。雇主很难观察到但又确实想知道的是潜在雇员思考和学习的综合能力。从一所好大学得到的好学位，就是反映这种能力的信号。这些毕业生实际上是在说："如果我的能力差，我还能拿到普林斯顿大学的学位吗？"

但是，此种信号传递可能会演变成一场激烈的竞争。如果能力较高的人只是得到稍微多一点儿的教育，那么能力较低的人就会发现，继续接受稍微多一点儿的教育是有利可图的；那样的话，他就会被误认为是能力较高的人，并且能获得更好的工作和更高的工资。如此一来，真正能力较高的人就必须接受更加多的教育，才能使自己有别于低能力者。过不了多久，就连简单的文员工作也需要硕士学位了。其实真正的能力仍然没变；从信号传递所引起的过度教育投资中，唯一得益的人是大学教授。单个工人或公司对这种浪费性竞争根本无能为力，因此需要用公共政策来解决这种状况。

质量有保证吗

假设你想在市场中买一辆二手车。你看中了两辆车，依你的能力判断，这两辆车的质量似乎差不多。但是第一辆车提供保修单，而第二辆车没有。你一定更偏好第一辆车，并愿意支付更高的价格。首先，你知道如果这辆车出了故障，你可以免费维修。然而，你还是不得不花费大量时间和忍受诸多不便，而且你不会因为这些麻烦事得到任何补偿。于是，另一方面变得更加重要了：从一开始你就确信，提供保修单的车发生故障的可能性更小。为什么？要回答这个问题，你必须考虑到卖家的策略。

卖家更加清楚这辆车的质量。如果他知道车的状况良好，而且可能不需要费用昂贵的维修，那么，对他来说提供保修的成本相对较低。然而，如果他知道车的状况很差，他就会预料到履行保修一定会导致高昂代价。因此，即使考虑到提供保修单的车的价格较高，但事实仍然是，车的质量越差，卖车者提供保修单后亏损的可能性也越大。

因此保修单成为卖家的一个隐含声明："我知道车的质量足够好，所以我能提供得起保修单。"但你不能仅仅相信这样简单的陈述："我知道这辆车的质量非常好。"卖车提供保修单，实际上是在用金钱来证明自己话语的真实性。提供保修单的行为取决于卖家对自己的得失计算；因此，从某种意义上说，这是可信的，但仅凭言语是不可信的。知道自己的车质量很差的人是不会提供保修单的。因此，提供保修单的行为有助于买家区分出只是"说说而已"的卖家和能够"言行一致"的卖家。

一个参与者把私人信息传达给其他参与者的行动称为信号。一个信号要成为一条特定信息的可信的载体，必须符合这样的情况：**对参与者来说，当且仅当他拥有这条特定信息时，采取这种行动才是最佳的**。因此我们说提供保修单可以作为保证汽车质量的一个可信的信号。当然，在特定情况下，这个信号是否可信取决于各种情况，包括这辆车发生故障的潜在可能性、维修成本，以及提供保修单的车与看起来差不多但不提供保修单的车之间的价差。例如，如果维修一辆好质量的车的期望成本是 500 美元，而维修差质量的车的期望成本是 2 000 美元，且提供和不提供保修单的价差为 800 美元，那么你可以推断出，提供这种保修单的卖家知道自己的车质量很好。

假如卖车者知道自己的车质量好，你就不必等他把所有这些事情彻底想清楚后再提供保修单。如果事实如我们所陈述的那样，你可以采取主动，说："如果你向我提供保修单，我会额外付给你 800 美元。"对卖车者来说，当且仅当他知道车的质量好时，这会是一桩好买卖。事实上，你本来可以先提议出 600 美元，而他会还价 1 800 美元。任何高于 500 美元低于 2 000 美元的保修单价格，都有助于引导不同质量的车的卖家采取不同的行动，从而泄露他们的私人信息，而你和车主可以在这个价格范围内讨价还价。

当信息较少的参与者需要信息较多的参与者采取泄露信息的行动时，甄别便开始起作用了。卖主可以采取主动，通过提供保修单传达车质量的信号，或者买家可以采取主动，通过要求提供保修单来甄别出卖主。这两种策略对揭露私人信息同样都有用，尽管从专业博弈论知识来讲，这两种策略得到的均衡不同。当两种方法都可行时，采取哪一种方法取决于交易的历史、文化或者制度背景。

可信的信号将与知道其车子质量差的车主的利益相冲突。为了弄清楚这一点，你如何解释车主提议你找个机修工检查车的质量情况？这并不是一个可信的信号。即使机修工发现了一些严重的问题，你也因此而离开了，然而不管车的状况如何，车主较以前没有任何损失。因此，质量差的车的车主仍然可以提出相同的提议；该行动并不能可信地传达信息。[⊖]

之所以说保修单是可信的信号，是因为它们具有重要的成本差异性。当然，保修单本身必须是可信的，这样，当需要时，你可以执行保修单条款。这里，我们看到，私人卖主与汽车经销商之间存在很大的差别。指望私人卖主执行保修单可能困难得多。在卖出车到车需要维修这段时间内，私人卖主可能会搬迁，没留下目标地址便离开了。或者他可能承担不起支付维修的费用；而对买主来说，把他送上法庭执行判决的成本可能太高了。经销商则更可能长期经营，而且可能要维护信誉。当然，经销商也有可能想要逃避支付维修费用，声称出现这种问题是因为你没有恰当地维护车，

⊖ 车主可能自己花钱检查了车的质量，并且提供了一份质量保证书，但是你肯定会怀疑机修工可能与车主合谋。为了使信号可信，车主可能会同意，一旦机修工发现了问题，他就偿还你的检查费。比起卖高质量车的车主来说，这对低质量的车主的成本更高。

或者鲁莽驾车所致。但是总的来说，对私人交易而言，通过保修单或其他方法表明车（或者其他耐用消费品）的质量，问题可能比知名经销商销售多得多。

对于还没有建立高质量声誉的新车制造商而言，也存在类似的问题。20 世纪 90 年代末期，现代公司提高了其轿车的质量，但是还没有得到美国消费者的认同。为了以一种令人印象深刻的、可信的方式使其质量承诺得到认可，1999 年，公司通过对传动系统提供了史无前例的 10 年、100 000 英里的保修服务，对剩余部位提供 5 年、50 000 英里的保修服务，向消费者传递了它的质量信号。

一段小小的历史

事实上，乔治·阿克劳夫在其经典论文中正是选择了二手车市场作为主要例子，来说明信息不对称可能导致市场失灵。[3] 为简单说明，假设市场中只有两种类型的二手车：次品（差质量）和佳品（好质量）。假定每辆次品的所有者愿意以 1 000 美元的价格出售次品，而每个潜在的买家愿意为一辆次品支付 1 500 美元。再假设每辆佳品的所有者愿意以 3 000 美元的价格卖出，而每个潜在的买家愿意为每辆佳品支付 4 000 美元。假如各方能够立即观察出每辆车的质量，那么市场就会运行良好。所有的二手车都能卖出，次品以 1 000～1 500 美元的某个价格卖出，而佳品以 3 000～4 000 美元的某个价格卖出。

但是，假设每个卖家都知道车的质量状况，而每个买家知道的只是市场中存在数量相等的次品和佳品。如果两种车以同样的比例提供销售，那么每个买家愿意出的最高价格为：

$$（1/2）（1 500 美元 + 4 000 美元）= 2 750 美元$$

知道自己的汽车属于佳品的车主，不愿意以这个价格出售汽车。[⊖]因此，市场上提供销售的将只有次品。买家知道这些，于是最高只愿意支付1 500美元。佳品市场将完全崩溃，尽管想要购买佳品的买家愿意支付一个卖家乐于接受的价格。那种对市场的过于乐观的解释，即市场是引导经济活动的最佳及最有效的制度，从此崩溃了。

当阿克劳夫的文章首次出现时，我们其中一个人（迪克西特）当时还是研究生。他记得，当时所有研究生都立即把它视为一个杰出的、令人震惊的思想，它掀起了一场科学革命。这种思想只有一个问题：几乎所有的学生都开二手车，而且大多数二手车是通过私人交易买来的，但大多数二手车并非次品。因此市场参与者一定有什么方法来处理阿克劳夫在这个戏剧性的例子中引起我们注意的信息问题。

存在一些显而易见的方法。一些同学对车的机械知识相当了解，其他同学可以找朋友帮忙检查他们想要购买的车。他们也可以从网络中获得有关车历史的信息。高质量车的车主被迫以几乎任意的价格把车卖给他们，是因为他们将搬到很远的地方，甚至出国，或者由于家庭成员增加而不得不换辆更大的车，如此等等。因此，市场中存在很多实用的方法，可以减轻阿克劳夫的次品市场问题。

但是我们还得等下去，直到迈克尔·斯宾塞做出了下一个概念突破，即策略行为如何传递信息。[⊖]他提出了信号传递思想，并且阐明了其主要

⊖ 有一个没有经验的买者出价2 750美元，因为他认为这是随机选择的车辆的平均价值，这个买者将沦为"赢家的诅咒"的牺牲品。他买了这辆车，却发现它不值他认为的价格。当正在出售的商品的质量不确定，且你只拥有这个难题的一丁点儿信息时，就会出现这种问题。卖者愿意接受你出的价格这一事实，恰好说明了遗漏的信息并没有你猜测的那样好。有时候"赢家的诅咒"会导致二手车市场的完全崩溃，就像在阿克劳夫的例子中一样。在其他情况下，它只是意味着你应该出更低的价格，以避免损失金钱。稍后，在第10章，我们将向你说明如何避免陷入"赢家的诅咒"陷阱。

⊖ 这种情况的原文非常值得一读：A. Micheal Spence, *Market Signaling*（Cambridge, MA: Harvard University Press,1974）。欧文·戈夫曼（Erving Goffman）的经典文章, *The Presentation of Self in Everyday Life*（New York:Anchor Books, 1959），在心理学背景下表述了同样的思想。

性质，拥有不同信息的参与者采取相同行动获得的赢利却不同，这可以使信号显得可信。

信息甄别的思想在詹姆斯·米尔利斯和威廉·维克里的著作中便形成了，但在迈克尔·罗斯切德（Michael Rothschild）和约瑟夫·斯蒂格利茨关于保险市场的著作中才得到最清楚的阐述。与保险公司相比，人们更清楚自己的风险。保险公司可以要求他们采取行动，通常是要求他们从各种具有不同的免责条款和共同保险条款的方案中进行选择。风险较小的投保人偏好于保险费较低但要求其本人承担大部分风险的方案；不过这个方案对那些知道自己有较高风险的人的吸引力较小。这样，方案选择便反映出投保人的风险类型。

让人们从恰当设计的菜单中做出选择的甄别思想，已经成为我们理解不同市场中许多共同特征的关键，例如，航空公司对机票折扣的限制。我们将在本章的后面部分讨论其中一些市场。

保险市场又一次把我们引入了这个信息不对称的主题。长期以来，保险公司早已知道他们的保单会选择性地吸引风险最大的投保人。比如，保险费为每 1 美元 5 个美分的人寿保险单，对死亡率超过 5% 的人特别具有吸引力。当然，很多死亡率较低的人仍然购买这种保单，因为他们需要保护家人，但是那些死亡风险最高的人将会大量涌入，购买更大的保单。提高价格可能使事情变得更糟。因为这时，风险较低的人发现保单太贵而放弃了，结果投保的只剩下风险较高的人。我们再次得到了格鲁秋·马克斯（Groucho Marx）效应：任何愿意以这些价格购买保险的人都不是你希望为之提供保险的人。

在阿克劳夫的例子中，潜在买家不能直接知道一辆私家车的质量，因此也就无法对不同的车提供不同的价格。这样，销售开始选择性地吸引次品所有者。由于相对"差"的类型被选择性地吸引去交易，所以保险行业中出现的这种问题被称为**逆向选择**，而博弈论研究以及针对信息不对称问题的经济学研究中，沿用了这一名称。

就像逆向选择是一个问题一样，有时候这种效应可以被扭转过来，形成"正向选择。"从 1994 年首次公开上市以来，第一资本投资国际集团（Capital One）一直是美国最成功的公司之一。它连续十年的综合增长率为40%——这还不包括兼并与收购。它成功的秘诀在于对选择的巧妙运用。第一资本投资国际集团是信用卡业务的新参与者。其最大的创新在于余额结转的选择权，这样，顾客可以从另一张信用卡结转出未清余额，获得一个较低的利率（至少在某段时期内）。

为什么这种服务如此有利可图，原因归结为正向选择。粗略地来说，存在三种类型的信用卡用户，我们分别称之为最大支付者、循环用户和赖账者。极大支付者是那些每月全额支付账单且从来不借用信用卡上的钱的人。循环用户是那些借了卡上的钱并在一段时间内偿还的人。赖账者也属于借贷者，但是不像循环用户，他们会拖欠贷款。

从信用卡发行人的角度来看，很显然，他们会在赖债者那里亏损。循环用户则是所有用户中最有利可图的，特别是当信用卡的利率较高时。信用卡公司也会在最大支付者那里亏损，这可能令人大吃一惊，但确实如此。原因是对商人收取的费用刚好等于支付给这些用户一月的免费贷款。这点儿利润根本不能支付账单成本、欺骗成本，以及最大支付者将来离婚（或者失去工作）后拖欠贷款的风险，虽然这种风险很小但却不能忽略不计。

考虑一下那些发现余额结转选择权有吸引力的人。因为最大支付者不会从信用卡上借款，因此没有理由把余额结转到第一资本投资国际集团。而赖账者本来就不打算偿还款，所以在这里，结转余额对他们几乎没什么好处。第一资本投资国际集团提供的这个服务对那些拥有大量未清余额且打算偿还贷款的用户最具有吸引力。虽然该集团可能不能辨别哪些是有利可图的用户，但该服务的性质导致最终只对有利可图类型的用户具有吸引力。因此余额结转选择权的方案过滤掉了无利可图类型的用户。这就是格鲁秋·马克斯效应的反效应。在这里，任何接受你的方案的顾客都是你希望拥有的顾客。

信息甄别与信号传递

假如你是一家公司的人事部门主管，想招募一批天生具有管理者才能的聪明年轻人。每个候选人都很清楚自己是否具有这种才能，但是你不知道。甚至那些缺乏管理才能的人也会来到你的公司寻找工作，指望在被揭穿之前获得高薪。一个优秀的管理者可以带来几百万美元的利润，但一个糟糕的管理者只会很快导致巨大的亏损。因此，你非常谨慎地寻找着能证明这种必要才能的证据。可惜这种信号很难获得。任何人都可以穿得像模像样、态度恭恭敬敬地来参加你的面试；因为这两点都是非常普遍的，很容易模仿。而且任何人都可以让父母、亲戚以及朋友写信证实他的领导才能。你需要的是可信且难以模仿的证据。

如果有一些候选人去商学院学习并取得 MBA 学位，会怎么样？获得 MBA 学位需要花费约 200 000 美元（把学费和失去的薪水都考虑进去）。没有 MBA 学位的大学毕业生，在一种与特殊管理才能无关的环境中工作，每年可赚 50 000 美元。假设人们需要在 5 年内分期偿还获得 MBA 的费用，那么，你必须向拥有 MBA 的候选人每年至少支付额外的 40 000 美元。也就是说，每年总共需要支付 90 000 美元。

然而，如果缺乏管理才能的人能像拥有管理才能的人那样容易地拿到 MBA 学位，这就没有任何意义了。两种类型的候选人都可以出示 MBA 证书，期望赚得足够高的收入以偿还额外的费用，并且还可以赚到比在其他行业更多的钱。只有当那些具有管理才能的人更容易、更便宜地获得这个学位时，MBA 证书对于区分这两种类型的候选人才起作用。

假设任何拥有这种才能的人都一定能通过考试，获得 MBA 学位，但是任何没有这种才能的人成功的机会只有 50%。现在，假设你向任何拥有 MBA 学位的人提供的年薪比 90 000 美元多一点，比如 100 000 美元。这样的话，真正有才能的人会发现去获得这个学位是值得的。没有这种才能的人呢？他们有 50% 的机会获得学位，然后获得年薪 100 000 美元，但也有 50% 的机会失败，而不得不从事另一份平均年薪为 50 000 美元的工作。由于他们获得双倍薪水的机会只有 50%，MBA 只会给他们带来平均 25 000 美元的净额外薪水，所以他们不能指望 5 年内能够分期偿还完自己的 MBA 费用。因此，他们会算出：努力获得 MBA 学位并不符合他们的利益。

这样，你便可以确定，任何拥有 MBA 的人确实拥有你需要的管理者才能；所有的大学毕业生已经以恰好有利于你的方式，把他们自己分为了两类。因此 MBA 发挥了甄别机制的作用。我们之所以再次强调其有效性，原因在于，使用这种方法吸引你想要吸引的那些人的代价，低于使用同样的方法避免你想要避免的那些人的代价。

对此的一个反讽是，公司不妨雇用开学第一天的 MBA 学生。当这个 MBA 甄别机制起作用时，只有拥有管理才能的人才会在学校出现。因此，公司不必等到学生毕业时才知道谁有才能，谁没有才能。当然，假如这成为普遍做法，那么无能的学生就会在开学时出现，然后成为第一个退学的人。结果只有当人们确实花费 2 年时间获得 MBA 学位时，甄别才能起作用。

这样一来，甄别机制的代价很大。如果你可以直接辨别出有才能的人，那么你可以用略高于 50 000 美元的薪水让他们为你工作，而 50 000 美元是他们在其他地方可以得到的工资。但是现在，你不得不向这些

MBA 们支付高于 90 000 美元的年薪，才能使有才能的学生值得花额外的代价以区别自己。连续 5 年的年额外代价 40 000 美元就是克服你信息劣势的代价。

该代价的产生仅仅是因为人口中存在着无管理才能的人。假如每个人都是好的管理者，你就没有必要进行任何甄别。因此，无能者的存在性，对其余人造成了负向溢价，或者用第 9 章的知识来说，负外部性。有才能的人起初付出了代价，但是后来公司不得不支付给他们更多的薪水，因此，最终代价还是落在公司头上。这种"信息外部性"在下面所有例子中皆普遍存在；为了正确地理解每个例子，你应该试着准确指明这些信息外部性。

MBA 真的值得你付出这些代价吗？或者以 50 000 美元的薪水从所有人中随机雇用人员，冒着可能雇到一些浪费你钱的无能者的风险，这样做对你来说会更好吗？答案取决于两个因素：总人口中有管理才能的人所占比例，以及每个人给公司带来的损失大小。假设大学毕业生中有 25% 的人缺乏管理才能，且每个人在被揭穿之前都有可能导致 100 万美元的损失。那么，随机雇用政策将导致平均每人 250 000 美元的损失。这超过了利用 MBA 甄别庸才的代价 200 000 美元（连续 5 年的年额外薪水 40 000 美元）。事实上，具有管理才能的人的比例可能低得多，差策略导

读取 MBA 的一个原因

未来的雇主可能担心雇用并培训了一个年轻的女性后，不料却发现她放弃了工作去生小孩。不管是否合法，这种歧视仍然存在。一个 MBA 证书如何有助于解决这个问题？

MBA 证书起了一个可信的信号作用，它表明这个人打算工作几年时间。如果她计划一年后离开劳动力市场，那么投资两年的时间获得 MBA 学位就没有意义了。她最好还是工作三年。从实际上来说，要弥补 MBA 成本——包括学费和损失的薪水，可能需要至少五年的时间。所以，当一个 MBA 说她计划逗留几年时，你可以相信她的话。

致的潜在损失也要大得多，因此，利用昂贵的信号甄别工具的情况要可靠得多。而且，我们情愿认为 MBA 教育确实很少教给学生有用的技能。

通常有几种办法可以让你辨别出人才，而你将采用成本最低的办法。一种方法是通过公司内部培训或者试用期雇用员工。你可以让他们在监督的情况下承担一些小项目，并观察他们的绩效。这样做的代价是你在此期间必须支付薪水给他们，并面临无能者在试用期间造成某些小损失的风险。第二种方法是提供恰当设计的遣散合同或者支付绩效报酬。有才能的人自信其才能可以让他们在公司站稳脚跟，并给公司带来利润，所以他们将更愿意接受这样的合同，而其他人将更喜欢在其他地方工作，获得确定的 50 000 美元薪水。第三种方法是观察其他公司的管理者的绩效，然后努力把这些好的管理者挖到自己的公司。

当然，当所有的公司都这样做时，他们对雇用见习生的成本、工资成本以及绩效支付结构成本等的计算，就全部改变了。最重要的是，公司之间的竞争将迫使有才能者的薪水高于可以吸引他们的最低水平（例如，MBA 的最低年薪 90 000 美元）。在我们的例子中，年薪不可能涨到130 000 美元以上。⊖因为如果他们这样做，那些缺乏管理才能的人也会发现读取 MBA 学位有利可图，而 MBA 人才库将被这些无能的、幸运地通过考试的人"污染"。

这样，我们已经深入考察了 MBA 这个甄别手段——公司选择它作为一个雇用条件，并将初始工资与拥有的学位联系起来。但是，它也可以作为一个信号传递的手段，这个信号是由候选人发出的。假设你，人事部主管，还没有想到这一点。你正以 50 000 美元的年薪随机雇用员工，且这些无能的雇员的行为使得公司正遭受着一些损失。这时，一个人拿着 MBA

⊖ 没有才能的人有一半机会获得该学位，获得 130 000 美元的薪水，得到净额外收入80 000 美元，或者平均 40 000 美元，这恰好足够弥补五年的学位代价。

证书来找你，向你解释 MBA 怎样识别出他的才能，并说："知道了我是一个好管理者，雇用我将使你公司的期望利润提高 100 万美元。如果你付给我的年薪高于 75 000 美元，我就会为你工作。"只要有关商学院辨别管理者能力的事实是明显的，对你来说，这将是一个有吸引力的提议。

即使不同的参与者都采用信号甄别和信号传递两种策略，它们潜在的原则也是一样的，即行动有助于识别各种可能类型的参与者，或者有助于识别其中一个参与者拥有的特殊信息。

通过官僚作风传递信号

在美国，政府启动了一个健康保险制度，称为劳工赔偿制度，支付与工作相关的伤残或者疾病的治疗费用。该制度的意图值得称道，但是制度的后果存在问题。对执行该制度的那些人来说，了解或判断伤残的严重性（或者在某些情况下，甚至它的存在性）以及治疗的成本大小非常困难。工人自己及其治疗医生拥有更多信息，但是他们主观上有强烈的动机夸大问题以获得更多的保险金。据估计，在劳工赔偿制度下，20% 或者更多的索赔涉及欺骗。俄勒冈州立劳工赔偿保险机构的 CEO 斯坦·龙曾说："如果你启动了一个机制，在该机制下，任何人向你要钱你都给他，那么，将会有很多人向你要钱。"[4]

通过监督，可以在一定程度上解决这个问题。暗中观察索赔者，或者至少观察那些有嫌疑填写了索赔表的假索赔者。如果发现他们做的事情与索赔的伤残不相符，例如，某人索赔的理由是背部受到严重伤害，结果却发现他能举起重担，那么他们的索赔就会被拒绝，并且他们会受到起诉。

然而，对这种机制而言，监督的成本很高，而且，我们对信息探测策略的分析表明，某些手段可以甄别出真正受伤或患病者与假的索赔者。例如，索赔者可能需要花费大量时间填写表格，在政府机构办公室坐一整天等着与一个官员谈 5 分钟话，等等。真正健康的且工作一天可以赚许多钱的那些人，将不得不放弃那些收入，从而发现这样等的代价太大。而真正受伤且无法工作的那些人，就能抽出这些时间。通常，人们认为政府机构做事拖拉和不便捷是政府没有效率的证据，但有时候，它们可能是处理信息问题的有价值的策略。

实物津贴有相似的作用。如果政府或保险公司把钱给残疾人，让他自己去买轮椅，那么人们可能会假装残疾。但是如果政府直接给他们轮椅，假装的动机就会小很多，因为不需要轮椅的人将不得不费力在二手市场上把它转卖掉，且只能得到较低的价格。经济学家通常主张现金优于实物转移支付，因为接受者可随意做出自己的最优选择，把现金花在最能满足自己偏好的方面。但是在信息不对称的背景下，实物津贴可能是更优的，原因在于它们是一种甄别工具。[5]

通过不传递信号来传递信号

"有什么事情你希望引起我的注意？"

"这只狗在夜间的古怪举动。"

"这只狗在夜间什么也没做啊。"

"这就是古怪的地方。"夏洛克·福尔摩斯谈论道。

这些对话出现在《福尔摩斯探案全集》的案件"银色马"中，这只狗没有吠叫的事实意味着闯入者是熟人。在这个例子中，某人没有发送信号，但也传递了信息。没有发送信号通常是坏消息，但并不总是这样。

如果对方知道你有机会采取行动，传递对你有利的一些信号，但你没能采取这个行动，那么对方将把这解释为你不具有这种良好的品性。你可能无意中忽略了采取或者不采取行动的策略信号作用，但这不会对你有任何好处。

　　大学生修课程时，可以选择字母等级（A～F）成绩评估法，也可以选择基于通过 / 不及格（P/F）的成绩评估法。许多学生认为，成绩单上的 P 将被解释为字母评分中的平均通过等级。随着字母等级的膨胀，就像美国现存的情况一样，这至少是一个 B+，或更有可能是 A–。因此，通过 / 不及格的选择看起来更好。

　　但是研究生院或者雇主考察成绩单时更有策略性。他们知道，每个学生都能很好地估计自己的能力。那些能力非常好以致可能得到 A+ 的学生，有强烈的动机传递关于他们能力的信号，方法是通过选修以字母评级的课程，从而把自己从平均水平中区别出来。许多可以得 A+ 的学生不再采取通过 / 不及格的选择，这样，选择通过 / 不及格的学生群将失去许多成绩拔尖的学生。在这些有限的学生中，平均等级不再是 A–，而只是 B+。然后，那些知道自己可能得 A 的学生，将获得更多的激励通过选修字母评级的课程，把自己从这些学生中区别出来。于是选择通过 / 不及格的学生群将失去更多的成绩拔尖的学生。这个过程可以一直继续下去，直到几乎只剩下那些知道自己可能得 C 或者更差的同学，他们将选择通过 / 不及格的评估方法。这就是成绩单的策略考察者解释 P 的方式。一些成绩非常优秀的学生没有想到这些，他们将承受自己的策略无知带来的后果。

　　我们的朋友约翰很擅长做生意。他通过至少 100 次收购，建立了一个分类广告纸全球网络公司。当他第一次出售公司时，交易的一部分是他可以与任何收购方共同投资。⊖就像约翰对买家解释的那样，他可以共同投资的事实，有助于使他们确信这是一桩好买卖而且价格合理。买家理解了

　　⊖　你可能已经注意到"第一次"这个词。这次买家是美国胜腾集团（Cendant），在美国国际旅游服务公司（UCU）并购中，它成为一起会计欺诈案的受害者。当胜腾的股票被套住时，我们的朋友能以折扣价买回他的公司。

这种推理，并且向前又推理一步。难道约翰也明白，如果他不共同投资，他们就会把这看作一个坏信号并且有可能不做这笔交易吗？这样，投资机会将确确实实变成对共同投资的需求。你做的任何事情都会传递信号，包括"不传递信号"。

反信号传递

基于前面几节，你可能会以为，如果你有能力传递信号表明你的类型，你就应该这么做。这样，你就可以把自己和那些无法传递相同信号的人区分开来。但是，一些最有能力传递信号的人却克制住自己不这样做。如同菲尔图维奇（Feltovich）、哈堡（Harbaugh）和图（To）所解释的：

> 年轻的富豪炫耀其财富，但是年老的富豪却鄙视这种低俗的炫耀；下级官员通过炫耀权力来证明自己的地位，而真正有权力的人通过高雅的姿态来表现自己的实力；接受普通教育的人炫耀他们刻意写得工工整整的字迹，但受过良好教育的人却常常字迹潦草难以辨认；成绩一般的学生会回答老师提出的简单问题，而拔尖的学生却羞于证明自己对琐碎知识点的了解；熟人通过有礼貌地忽视对方的缺点以表示其善意，而密友则通过嘲弄般地强调这些缺点以示亲密；资质平凡的人们努力用正规的资格证书给雇主和社会留下深刻印象，但天才们却常常对资格证书不屑一顾，尽管他们也曾劳神去获得资格证书；声望一般的人强烈驳斥人们对自己品行的指责，而德高望重的人却觉得对指责进行驳斥有损自己的人格。[6]

他们的洞见是，在一些情况下，用信号显示你的能力或类型的最好方法是根本不传递信号，拒绝参与信号传递博弈。设想有三种类型的潜在伴侣：钓金龟者、存疑者以及真爱者。一个伴侣要求对方用下面的话签一个婚前协议：我知道你说你爱我。若你确是为了爱情，签这个婚前协议的代价就比较低；但若你是为了金钱，则签这个协议的代价将非常高。

没错。但是伴侣可以轻松回答："我知道你能区别出真爱者和钓金龟者。让你糊涂的是存疑者。有时候你混淆了钓金龟者与存疑者，而另一些时候你混淆了存疑者与真爱者。因此，要是我签了这个婚前协议，那将表示我需要把自己与钓金龟者区别开。这样，结果就说明了我是存疑者。因此我要通过不签协议，帮你意识到我是真爱者，而不是存疑者。"

这真的是一个均衡结果吗？设想钓金龟者和真爱者没有签婚前协议，而存疑者签了。结果，任何签协议的人都将被看作存疑者。这比真爱者所处的局势还要糟糕。但是那些没有签协议的人没有混淆——剩下的只有钓金龟者和真爱者，而伴侣可以把他们区分开来。

如果存疑者也决定不签婚前协议，将会发生什么？他们的伴侣看到他们不签协议，就会把这解释为他们一定要么是钓金龟者要么是真爱者。存疑者被误认为是其中一类而不是另一类的概率有多大，决定了这是不是一个好主意。如果存疑者更容易被看成钓金龟者，那么对存疑者来说，不签婚前协议就是个坏主意。

这个更全面的观点很简单。除了人们传递的信号内容之外，我们还有办法弄清楚人们的类型。人们传递信号的事实正好也是一个信号，表明他们想把自己与不可避免要提供同样信号的其他类型区分开。在某些情况下，你能传递出的最强有力的信号就是你不要发出信号。⊖

西尔维亚·纳萨对约翰·纳什提出过下面的看法："（麻省理工学院数学）系主任法齐·莱文森（Fagi Levinson）曾在 1996 年说：'对于纳什来说，背离常规并没有你想象的那样令人震惊。他们都是主角。如果一个数学家很普通，那么他不得不循规蹈矩，按常规行事。但如果他是个杰出的数学

⊖　在我们的经历中只有一次，一个助理教授候选人来参加工作面试时穿着牛仔裤。我们的第一印象是：只有天才才胆敢不穿西装。后来我们发现，原来是航空公司弄丢了他的行李袋。

家，怎么样都行。'"[7]

哈堡教授及图博士对反信号传递做了进一步分析研究。他们收听了加利福尼亚大学和加利福尼亚州立大学 26 个语音邮件信息系统，结果发现：有博士点的学院中，只有 4% 的经济学家在语音信息中使用头衔，而与此相比，未设博士点的学院中却有 27% 的经济学家使用其头衔。[8] 在两种情况下，所有经济学家都拥有博士学位，但是向来访者提醒其拥有的学位和头衔，是表明这个人觉得需要一个凭证来区别出自己。而真正令人印象深刻的教员可以表明他们非常有名，无须传递信号。比如要叫我们，直呼阿维纳什和巴里就可以了，呵呵。

一个小测验　现在，对于有关信息操纵和理解的知识，你已经掌握得够多了，不妨来一个小测验。我们不叫它"健身之旅"，因为它不需要特别的计算或者数学知识。但是我们把它留作一次小测验，而不提供我们自己的任何讨论，因为正确答案将视每位读者的具体情况而定。基于同样的原因，我们请你自己为自己打分。[⊖]

酒吧之旅

你正与自己心仪的人首度约会，想给对方留下良好的第一印象——机不可失、时不再来啊。不过，你会想，对方会意识到这些印象可能只是假象，所以你必须拿出自身素质的可信的信号。同时，你也会试图甄别约会对象，看看自己的一见钟情是否有更持久的基础，并决定是否保持关系。那么，请为你的信号传递和信息甄别找出一些好的策略。

信号干扰

当你打算从某车主那里购买一辆二手车，你想弄清楚他对车的关心程度。你可能认为汽车目前的情况起到了一个信号作用，如果车身干净且进行了抛光打蜡，车内清洁，地毯一尘不染，那么车主可能曾经精心照管

⊖　从行文看来，作者在这里似乎提出了一个测试题，但是在原书上没有见到测试题，而下面的"信号干扰"是作者继续讨论的问题，也不是测试题。——译者注

车子。然而，即使是粗心的车主，在打算卖车时，也可以模仿这些信号。最重要的是，粗心车主清洁车的代价并不比细心车主保持车清洁的成本高。因此，该信号并不能区分上述两类车主。正如我们在前面的 MBA 作为管理才能信号的例子中所看到的，要使信号有效，代价的差异是非常重要的。

事实上，一些微小的代价差异确实存在。或许，那些总是细心照管自己车的车主为自己所做的事感到自豪，甚至可能喜欢上冲洗、抛光和清洁汽车。或许，粗心的车主非常忙，发现很难抽出时间去做这些事情或者让别人去做。这两种类型之间的微小的代价差异，能足以使信号有效吗？

答案取决于该群体中所有车主中这两种类型的比例。为了弄清楚原因，先考虑一下潜在的买家会如何解释一辆车的洁净或脏乱。如果每个车主在准备把车卖掉之前，都把车弄得干干净净，那么潜在的买主不会从观察到车子的洁净中得出什么结论。当他看到一辆洁净的车时，除了它是从所有可能的车主中随机抽取的之外，他对此做不出任何解释。而一辆肮脏的车一定会是粗心车主的标志。

现在，假设所有人中粗心车主的比例非常小。那么，一辆洁净的车子就会给人带来一个良好的印象：买主将认为车主细心的概率非常高。为了追求这种赢利，即使粗心的车主也会在卖车之前把车清洁一番。在这种情形下，所有类型的人（或者所有拥有不同类型的信息的人）都采取相同的行动，因此这个行动是完全没有信息价值的，这种情形称为信号传递博弈的**混同均衡**——不同类型的参与者最终使用了同样的信号。与此相反，还有一种均衡是一种类型传递了信号，另外一种类型没有传递信号，所以该行动精确地辨别或者区分了这两种类型，这种均衡叫作**分离均衡**。

接下来，假设粗心车主的比例很大。那么，如果每个车主都清洁自己的车，一辆洁净的车就不会给人留下良好的印象了，这样，粗心的车主就发现花费代价来清洁车不值得。（而细心的车主总是使车保持清洁。）因此，我们不能得到一个混同均衡。但是，如果粗心的车主都不清洁车，一个人这样做了就会被误认为细心的车主，于是他发现花费少量的代价是值得的。因此，我们也不能得到一个分离均衡。在混同均衡与分离均衡之间的某个地方发生的事情是：每个粗心的车主都遵循一个混合策略，清洁车的概率为正，但是不确定。结果，市场上清洁车的人是细心车主和粗心车主的混合。潜在的买主知道这个混合，而且能倒推出洁净的车辆的车主属于细心类型的概率。他们的支付意愿将取决于这个概率。反过来，支付的意愿应该满足：每个粗心的车主在花小代价清洁汽车和任凭汽车脏乱之间是无差异的，因而被认定为是粗心的车主，虽然他节省了代价，但却使这辆车的价格更低了。对所有这些的数学计算变得有点复杂了。

基于对他们行动的观察推断各种类型的概率需要一个公式，这个公式以贝叶斯法则著称。我们在下面的扑克赌博的背景下，说明了关于该法则运用的一个简单的例子，但只是简单地描述一下整体特性。因为现在行动传递的只是区别这两种类型的部分信息，这种结果称为**半分离均衡**。

谎言的保镖

战时的间谍提供了一些特别好的混淆对方信号的策略范例。就像丘吉尔（在 1943 年德黑兰会议上对斯大林）讲过的一句名言："在战争时期，真相是如此可贵，以至于有必要用一些谎言把它保护起来。"

这里有一个来自商场的故事，说的是两名竞争对手在华沙火车站狭路相逢。"你去哪儿？"第一个人问。"明斯克。"另一个人答。"去明斯克，嗯哼？你还真有种！我知道，你之所以告诉我说你要去明斯克，是因为你想让我相信你要去平斯克。可你没想到我当真知道你其实是要去明斯克。那么，你为什么要对我说谎呢？"[9]

当某人说出真相的目的是让别人不相信时，便产生了极棒的谎言。2007年 6 月 27 日，艾希拉夫·马旺（Ashraf Marwan）从位于伦敦圣杰姆士的四楼公寓阳台上坠楼身亡，人们对这次坠楼十分怀疑。这个人就这样死了，他或许是以色列关系最深的间谍，又或许是埃及杰出的双重间谍。[10]

艾希拉夫·马旺是埃及总统阿卜杜勒·纳赛尔（Abdel Nasser）的女婿以及情报部门联络人。他为以色列的海外情报局摩萨德工作，该机构决定其情报是否真实。马旺是以色列的间谍，刺探埃及的情报。

1973 年 3 月，马旺向摩萨德发送了代码"萝卜"，这意味着埃及即将向以色列开战。结果，以色列召集了成千上万的后备军人，耗资几千万美元，最后却证明是一次假情报。半年后，马旺再次发出"萝卜"信号。那天是 10 月 5 日。该情报内容是埃及和叙利亚将在次日（赎罪日）日落时分联合攻打以色列。这一次，马旺的情报不再被相信了。军事情报局局长认为马旺是个双重间谍，并把他的情报作为战争不会即将发生的证据。

袭击发生在下午 2:00，以色列军队差点被击溃。在这次惨痛的教训之后，以色列情报局局长泽拉（Zeira）将军被解除了职务。到底马旺是以色列的间谍还是双重间谍至今仍然是个谜。并且，如果他的死是谋杀，我们不知道是该责怪以色列还是埃及。

当使用混合或随机策略的时候，你不能每次都愚弄对手。你能得到最好结果的方法是让他们不断猜测，偶尔引诱他们上当。你可能知道自己成功的可能性，但不可能事先确定在任何特殊的场合下你能否成功。从这个意义上说，当你知道正在和你交谈的人想要误导你时，最佳策略可能是忽略他所说的一切，而不是按照表面意思相信他的话或者断定反过来理解才是正确的。

行动确实胜过言语。通过观察你对手的行动，你就能判断他想跟你说的事情究竟有几分可信。从我们的例子中可以很明显地看出，你不能单单按照表面意思相信对手所说的话。但这并不意味着你在努力识破其真实意图时，应该忽略他的行动。某个参与者混合均衡策略的正确比例，取决于他的赢利。因此，观察一个参与者的行动可以提供一些有关正在使用的混合策略的信息，同时这种观察也是一个很有价值的证据，有助于推断对手的赢利。扑克赌博中的下注策略就是一个很好的例子。

扑克玩家都熟知采用混合策略的必要性。约翰·麦克唐纳（John McDonald）给出了以下建议："扑克玩家手中的牌必须一直隐蔽在自相矛盾的面具后面。好的扑克玩家必须避免一成不变的策略，要随机行动，偶尔还要走过头，违反正确策略的基本原则。"[11]一个从不虚张声势的"谨慎的"玩家难得大胜一回；因为没有人会跟着他加注。他可能赢得许多小赌注，最后却不可避免会成为一个输家。一个经常虚张声势的"大大咧咧"的玩家，总会有人跟注，于是也免不了失败的下场。最佳策略是将这两种策略混合使用。

假设你已经知道，一个有规律的扑克对手，当他手中的牌很好时，有2/3的时间选择加注，1/3的时间选择跟注。如果他手中的牌很差，则会有2/3的时间选择弃牌，其余1/3的时间选择加注。（一般而言，你在虚张声势的时候跟注并不明智，因为你没有取胜的牌张。）于是，你可以构建出下面的表格，显示对手采取各种行动的概率。

为了避免可能的混淆，我们应该说明这并不是一个赢利表。纵列并不对应任何参与者的策略，而是可能采取的行动。单元格中的项目是指概率，而不是赢利。

假设在你的对手叫牌之前，你认为他拿到一手好牌和一手坏牌的可能性是相等的。由于其混合概率取决于他拿到什么牌，你就可以从他的叫牌方式中得到更多信息。假如你看见他弃牌，你可以肯定他拿到了一手坏牌。如果他跟注，你就知道他拿到了一手好牌。不论是哪一种情况，赌博都就此结束。假如他加注，他拿到一手好牌的机会为 2∶1。虽然他的叫牌方式并不总能精确反映他手中的牌的大小，但你得到的信息还是会比刚刚开始玩牌的时候多。如听到对方加注后，你可以将他手上拿到一手好牌的概率从 1/2 提高为 2/3。

		行为		
		加注	跟注	弃牌
一手牌的质量	好	2/3	1/3	0
	坏	1/3	0	2/3

在听到对方叫牌的条件下，对概率的估算是根据"贝叶斯法则"做出的。在听到对方叫"X"的条件下，对方有一手好牌的概率等于对方拿到一手好牌而又叫 X 的概率去除以他叫"X"的总概率所得的商。于是，听见对方叫"弃牌"就表示他必然拿到一手坏牌，因为一个拿到一手好牌的人绝对不会放弃。听见对方叫"跟注"则表示他拿到一手好牌，因为玩家只会在拿到一手好牌的时候这么做。若是听见对方叫"加注"，计算就会稍微复杂一点：玩家拿到一手好牌且加注的概率等于（1/2）（2/3）= 1/3，而玩家拿到一手坏牌且加注（即虚张声势）的概率为（1/2）（1/3）= 1/6。由此可知，听到对方加注的总概率等于 1/3+1/6 = 1/2。根据贝叶斯法则，在听见对方叫加注的条件下，对方拿到一手好牌的概率等于对方拿到一手好牌且叫加注的概率去除以他叫加注的总概率所得的商，即（1/3）/（1/2）=2/3。

通过信息甄别进行价格歧视

在甄别概念的应用中，对我们的生活影响最大的是价格歧视。对于几乎所有的商品或者服务，总有一些人愿意比其他人支付更高的价格——要么是因为他们更富有、需求更迫切，要么仅仅是因为他们拥有不同的口味。只要向一个顾客生产和销售产品的代价低于该顾客愿意支付的价格，销售商就愿意为这个顾客服务，索取尽可能最高的价格。但是，这将意味着对不同的顾客群制定不同的价格。例如，向那些不愿意花太多钱的顾客提供折扣，却不向那些愿意支付更多的顾客提供同样低的价格。

然而，这样做通常很难。因为销售商不能准确地知道每个顾客的意愿支付价格。即使他们知道了，公司也将不得不努力避免这种情况：低价值顾客以低价购买了商品，然后再以高价把商品转卖给高价值顾客。在这里，我们不讨论转卖的问题。我们集中讨论在信息问题上，即公司不知道哪些顾客有较高的支付意愿，哪些顾客没有较高的支付意愿。

为了解决这个问题，销售商普遍采用的方法是对同一种商品设计不同的版本，并对不同的版本制定不同的价格。这样，每个顾客自由选择版本，并支付销售商为该版本确定的价格，因此不存在公开价格歧视。但是销售者为每种版本确定了特性和价格，这样不同类型的顾客就会选择不同的版本。这些行动隐含地揭露了顾客的私人信息，即他们的支付意愿。销售者实际上是在甄别顾客。

一本新书出版时，有些人乐意花较多的钱去买；也有可能存在一些读者，他们想立即购买阅读该书，既可能是因为急于获得信息，也可能是想利用最新的阅读给朋友和同事留下深刻印象。而其他人希望支付更少并且愿意等待。出版商利用愿意支付和愿意等待这两种人之间的反向关系，先以较高的价格出版这本书的精装版，然后大约一年后，再以较低的价格发行平装版。印刷这两种书的代价差远远低于价差；"版本"只不过是甄别买家的一个手法。（问题：你读的这本书是哪种版本：精装版还是平装版？）

计算机软件生产商常常提供一种"缩减"或是"学生"版，该版本的功能较少，销售价格非常低。而一些用户愿意支付更高的价格，可能是因为他们的老板付款。他们也想拥有所有的功能，或者希望以后万一用到时能得到它们。其他人愿意支付较低的价格，只安装一些基本功能。服务每一个新顾客的代价非常低：只有制作和邮寄 CD 的代价，或者提供网上下载的代价就更低了。因此生产商愿意迎合那些愿意支付较低的价格的顾客，同时向那些愿意支付更高价格的顾客索取更高的价格。他们通过对不同功能的不同版本制定不同的价格来做到这一点。事实上，他们生产缩简版的方法通常是把完整版去掉一些功能。这样的话，生产缩简版的代价就有点儿高了，尽管它的价格还是较低。对这种看似自相矛盾的情况，我们不得不从它的目的来理解它，即生产商能够通过甄别实现价格歧视。

IBM 公司提供了两种版本的激光打印机。E 版打印机的打印速度是每分钟 5 页，而增加 200 美元你可以买到打印速度为 10 页 / 分钟的快速版打印机。这两种版本之间唯一的差别就是，IBM 公司在 E 版的固件上增加了一个芯片，这延长了等待状态，降低了打印速度。[12] 如果他们没这样做，他们就必须以同一价格出售所有的打印机了。但是有了这种速度降低了的版木，他们可以向那些愿意花更长时间等待打印资料输出的家庭用户提供较低的价格。

夏普（Sharp）的 DVE611 DVD 播放器及 DV740U 播放器都是由同一家上海工厂生产的。两者主要的差别是，在使用美国标准（称作 NTSC）的电视机上，不能播放欧洲标准（称作 PAL）的 DVD 格式。然而，结果证明，DVE611 播放器上一直都有这种功能，只不过是被隐蔽起来了，顾客不知道而已。夏普公司删掉了系统转换按钮，然后用一个远程控制面板遮住它。一个聪明的用户（戴维·P）发现了这个情况，补上了这个漏洞，于是恢复了全部功能。[13] 公司通常会花费很大的力气为他们的产品生产有缺陷的版本，而顾客通常会想尽一切办法恢复产品的全部功能。

航空公司的定价问题可能是大多数读者最熟悉的例子，因此我们在这里进一步讨论这种定价问题，让你了解一些设计这种机制的定量方面。为了达到这个目的，我们向你介绍"空中楼阁"（PITS），它是一家提供从普顿克（Podunk）到南萨克塔什（Succcotash）飞行服务的航空公司。它搭乘一些商务乘客和一些游客；前一种类型比后一种类型愿意支付更高的价格。为了使服务后一种类型有利可图，而不必为前一种类型提供同样的低价，PITS 想出了一个办法：为同一个航班设定不同的版本，并对不同的版本确定不同的价位，以促使不同类型的乘客选择不同的版本。头等舱和经济舱是实现这一目的的一种方法，因此我们把它作为一个例子；另一个常见的区别是非限制性票价和限制性票价。假定 30% 的乘客是商务人士，而70% 是游客；我们将以"每 100 个乘客"为基础做计算。下面的表格显示了每种类型的乘客愿意为每种服务支付的最高价格（用专业术语讲即**保留价格**），以及公司提供这两种类型服务的代价。

服务类型	PITS 的成本	保留价格		PITS 的潜在利润	
		游客	商务人士	游客	商务人士
经济舱	100	140	225	40	125
头等舱	150	175	300	25	150

我们先设定一种在 PITS 看来最理想的情形。假设它知道了每个乘客的类型，例如，通过观察来预订机票的顾客们的衣着。再假设不存在法律禁令，也不存在转卖的可能性。那么，PITS 可以实行所谓的完美价格歧视。对每个商务人士，它可以以 300 美元的价格向其销售头等舱机票，赚得利润 300 – 150 = 150 美元，或者以 225 美元的价格向其销售经济舱机票，利润为 225 – 100 = 125 美元。对 PITS 来说，前一种情况更好。对每一个游客，它可以 175 美元的价格向其销售头等舱机票，利润为 175 – 150 = 25 美元，或以 140 美元的价格向其销售经济舱机票，所得利润为 140 –100 = 40

美元；对 PITS 来说，后一种情况更好。对 PITS 最理想的情况是，它希望只卖头等舱机票给商务人士，只卖经济舱机票给游客，且每种情况下的价格都等于乘客愿意支付的最高价格。采用这种策略，PITS 公司从每 100 名乘客中得到的总利润将是

$$（140–100）\times 70 +（300 - 150）\times 30 = 40 \times 70 + 150 \times 30$$
$$= 2\,800 + 4\,500 = 7\,300$$

现在我们回到现实情境中，在现实中，PITS 不能识别每个乘客的类型，也不允许使用信息公开歧视。这样的话，它又怎能使用不同的版本来甄别顾客呢？

最重要的是，它不能向商务旅客索取他们愿意为头等舱座位支付的最高价格。当他们愿意支付 225 美元购买经济舱座位时，他们可以以 140 美元的价格购买经济舱座位；这样做将给他们带来额外的赢利，或者用经济学术语说是"消费者剩余"，即 85 美元。他们可以把这 85 美元用在其他方面，比如，在旅途中享受更好的食宿。为头等舱座位支付他们愿意支付的最高价格 300 美元，不会给他们带来任何消费者剩余。因此，这些商务旅客将转向乘坐经济舱，甄别就会失败。

PITS 能对头等舱索取的最高价格，必须让商务旅行者得到至少与他们购买经济舱机票可得到的 85 美元一样多的额外赢利，所以头等舱机票的价格最高只能是 300–85=215 美元。（或许应该是 214 美元，这样让商务旅行者完全有理由选择头等舱，但我们不考虑这种细微差别。）那么 PITS 的利润将是

$$（140 - 100）\times 70 +（215 - 150）\times 30 = 40 \times 70 + 65 \times 30$$
$$= 2\,800 + 1\,950 = 4\,750$$

因此，就像我所看到的那样，基于旅客对两种类型服务的自我选择，PITS 可以成功地甄别和分离开这两种旅客。但是要达到这种间接歧视，

PITS 必须牺牲一些利润。它必须向商务旅客索取低于他们的最高支付意愿的价格。结果，PITS 从每 100 名乘客中获得的利润，从它可以根据对每个顾客类型的直接了解，实行公开价格歧视时达到的 7 300 美元，降到了实行基于自我选择的间接价格歧视时达到的 4 750 美元。这

健身之旅 5

还有商务旅客的参与约束以及游客的激励相容约束。请检验这些规定的价格自动地满足这些约束。

2 550 美元的利润差恰好等于 85×30，其中 85 等于头等舱价格低于商务旅客对这种服务的最高支付意愿的价格，而 30 是这些商务旅客的人数。

PITS 不得不保持头等舱机票价格足够低，使商务乘客有足够的激励选择这种服务，而不是"背叛"去选择 PITS 为游客制定的选择。对甄别者策略的这样的要求或限制，称为**激励相容约束**。

在不引起商务旅客背叛的情况下，PITS 可以向他们索取高于 215 美元的价格的唯一方法是提高经济舱的票价。例如，如果头等舱的票价为 240 美元，而经济舱的票价为 165 美元，那么商务旅客购买这两种舱位得到的额外赢利（消费者剩余）相等：头等舱是 300–240 美元，经济舱是 225–165 美元，即两者都是 60 美元，因此他们（刚好）愿意购买头等舱的票。

但是，经济舱票价 140 美元已经是游客愿意支付的临界值。PITS 哪怕只把价格提高到 141 美元，也会失去所有这些顾客。这种要求，即使被谈论的顾客类型仍然愿意支付的要求，称为这种类型的顾客的**参与约束**。因而，PITS 的定价策略在游客的参与约束和商务人士的激励相容约束之间受到挤压。在这种情况下，上述甄别策略，即头等舱定价 215 美元，经济舱定价 140 美元，实际上对 PITS 来说是最有利可图的策略。严谨地证明它需要一点数学知识，因此这里我们仅仅是断言。

但是对 PITS 而言，这个策略是否最优取决于例子中乘客的具体人数。

假设商务乘客的比例高很多，如 50%。那么在每个商务旅客身上牺牲 85 美元可能太高了，以至于再保持少量游客不合算了。因此，PITS 最好是根本不向游客提供服务，也就是说，违背游客的参与约束，同时提高向商务旅客提供的头等舱服务的价格。的确，在这么多旅客中，甄别的歧视策略得到的利润是

$$（140 - 100）\times 50 +（215 - 150）\times 50 = 40 \times 50 + 65 \times 50$$

$$= 2\,000 + 3\,250 = 5\,250$$

而只向商务人士提供 300 美元的头等舱服务的策略将得到利润

$$（300 - 150）\times 50 = 150 \times 50 = 7\,500$$

如果只有几个顾客拥有较低的支付意愿，销售者可能会发现，相对于向大量高支付意愿的顾客提供足够低的价格，以阻止他们转换到低价版本而言，根本不要对这些顾客提供服务可以得到更好的结果。

只要你知道你在找什么，你会发现价格歧视的甄别无处不在。而且如果你翻一翻研究文献，你会发现对自我选择的甄别策略的分析同样也很多。[14] 有些策略非常复杂，并且这些理论需要很多数学知识。但是指导所有这些例子的基本思想仍然是激励相容约束和参与约束这两个要求之间的相互作用。

案例分析

秘密行动

我们的一位朋友坦娅（Tanya）是个人类学家。虽然大多数人类学家会到地球的尽头旅行，以研究一些不同寻常的部落，坦娅却是在伦敦做实地调查。她的研究对象是巫婆。

是的，巫婆。即使在现代的伦敦，仍然有多得惊人的人们聚集在一起交易咒语，研究巫术。并不是说成为一个现代巫婆很容易；因为要成为一个乘坐

地铁的巫婆，需要一定程度的理性。通常，人类学家很难获得其研究对象的信任。但是坦娅的团队很受欢迎。当她告诉巫婆们她是一个人类学家时，她们把这看成是聪明的骗术：她实际上是一个拥有大量封面故事的巫婆。

巫婆集会的不同寻常的特征之一是她们裸体开会。为什么会这样？

案例讨论

任何局外团队都不得不担心其成员会成为观察者而不是参与者。你坐在那里是在取笑这整个过程，还是成为这个过程的一部分？如果你裸体坐在那里，很难说你正在观察和取笑其他人。你已完全融入这个会议中了。

这样，裸体成了一个可信的甄别手段。如果你真正信任女巫大聚会，那么裸体坐在那里的代价相对较小。但如果你是一个怀疑论者，那么裸体坐在那里很难说得通，不论是对其他人还是对你自己。⊖根据同样的道理，帮派入伙仪式常涉及让申请入伙者采取一些行动，如果你是真的对帮派生活（文身、犯罪）感兴趣，那么采取这些行动的代价相对较低；但是如果你是一个试图渗入该帮派的警察卧底，那么采取这些行动的代价就非常高。

更多有关理解和操纵信息的案例，参阅第 14 章中的案例研究"别人的信封总是更诱人""仅有一次生命可以献给你的祖国""所罗门国王的困境重现"及"李尔王的难题"。

⊖ 在电影《格雷的独白》（*Gray's Anatomy*）中，独白者斯皮尔丁·格雷讲述了一个相似的故事，该故事是关于他在美国印第安人的蒸汗（桑拿）屋中的富有挑战性的经历。

第 9 章

合作与协调

钟形曲线为谁付出代价

20 世纪 50 年代，美国常春藤名校联盟面临一个难题。每个学校都想训练出一支战无不胜的橄榄球队，结果发现，各高校为了建立一支夺标球队，过分注重体育，却忽略了其学术水准。但是，无论各校怎样勤奋训练、耗资多少，赛季结束时，各队的排名都和以前差不多。平均胜负率仍是 50 ：50。一个避免不了的数学事实是，有一个胜者就必然有一个败者。所有的加倍苦练都将付诸东流。

大学体育比赛的刺激性同等地取决于两个因素：竞争的接近程度和激烈程度，以及技巧水平。许多球迷更喜欢观看大学篮球比赛和橄榄球比赛，而非职业球赛；虽然大学球赛的技巧水平稍逊一些，竞争却往往更刺激、更紧张。抱着这样的想法，各大高校也变聪明了。它们组织起来，达成协议，将春季训练时间限定为一天。虽然球场上出现了更多的失误，但是比赛的刺激性却一点也没减少。运动员们有更多的时间专心于学习。除了那些希望母校忘记学术水准，一心夺取橄榄球冠军的校友之外，每个人的结果都比原来更好。

许多学生都希望和同学在考试前达成类似协议。只要分数是以一条传统的"钟形曲线"为基础，你在班级的相对排名就比绝对的知识水平来得重要。这和你知道多少没有关系，有关系的只是别人知道的比你少。胜过其他同学的秘诀就是学习更多知识。如果他们都勤奋学习，也都掌握更多知识，但是相对排名以及底线（分数）很大程度上会保持不变。只要班级每个人愿意将春季学习限定为一天时间（最好是雨天），他们就都能花较少的努力而得到同样的分数。

这些情形的共同特点是，成功是由相对成绩而非绝对成绩决定。若某位参与者改善了自己的排名，他必然使另一个人的排名变差了。但是一人的胜利要求另一人的失败的事实，并不能使这个博弈为零和博弈。在零和博弈中，不可能出现每个人都得到更好结果的情况。但在这个例子中却有可能。收益的机会来自减少投入。虽然胜者和败者的数目一定，但对于所有参与者而言，参加这个博弈的代价却会减少。

为什么（有些）学生学习过于勤奋，问题的原因在于他们不必向其他学生支付任何价格或补偿。每个学生的学习好比一家工厂的污染，会使所有其他学生更加难以呼吸。由于不存在买卖学习时间的市场，结果就变成一场你死我活的残酷竞争：每个参与者都极为努力，却没什么机会展示自己的努力成果。但是，也没有任何一支队伍或一个学生愿意把自己变成唯一一个减少努力的人，也不愿意成为减少这种努力的领头人。这就好比参与者超过两个的囚徒困境。要想逃离这个困境，需要一种可强制执行的集体协议。

正如我们在欧佩克和常春藤名校联盟的例子中看到的那样，诀窍在于形成卡特尔，限制竞争。对于高校学生来说，问题在于，卡特尔不容易觉察出作弊的行为。对于这个学生集体而言，作弊者就是那个花更多时间学习，企图偷偷超过别人的学生。很难说得清谁正在偷偷学习，除非等到他们在测验中"一鸣惊人"的那一天。但那时已经为时已晚。

在一些小镇，大学生还真找到了一种办法，执行他们"不学习"的卡特尔协议：每到晚上大家聚集起来，在中央大街巡逻。谁要是在家学习而缺席，就会马上被发现，从而遭到排斥或更糟糕的惩罚。

很难安排一个自动执行的卡特尔协议。但若由一个局外人来执行这个限制竞争的集体协议，情况就会大为改观。而这正是香烟广告中发生的情况，虽然这一局面并非是有意造成的。过去，烟草公司常常花钱说服消费者"多走一英里"购买他们的产品，或"宁可打架也不换牌子"。这些各式各样的活动养肥了广告公司，但烟草公司的主要目的是防御——各家公司之所以做广告是因为其他公司也做广告。后来，1968 年，法律禁止通过电视做烟草广告。这些烟草公司认为这一限制会损害它们的利益，因此极力反对。但是，等到迷雾散尽，它们发现，这项禁令实际上有助于它们避免昂贵的广告活动，其利润状况因此大有改善。

人迹罕至的路线

从伯克利到旧金山，有两条主要路线可以选择：一是自己驾车穿越海湾大桥；二是搭乘公共交通工具，即"海湾地区快速运输"列车，简称BART。穿过海湾大桥的路线最短，假如不塞车，只需20分钟。但很少遇到不塞车的时候。海湾大桥只有四条车道，并且经常是"车满为患"。⊖我们假设（每小时）每额外增加2 000辆车，就会耽搁路上每个人10分钟的时间。比如，有2 000辆车的时候，行程时间就延长至30分钟；若有4 000辆车，则延长至40分钟。

BART列车沿途停好几站，而且乘客必须走到车站等车。客观地说，这么走的话也要将近40分钟，但列车从不堵塞。若是乘客多了，他们会加挂车厢，通行时间大致保持不变。

假如在运输高峰时间有10 000个人要从伯克利前往旧金山，这些人会怎样分布在这两条路线之间呢？每个人都会考虑自己的利益，选择最能缩短自己通行时间的路线。假如让他们自己决定，则40%的人将自己驾车，60%的人将搭乘列车。最后每个人的通行时间都是40分钟。这个结果就是这个博弈的均衡。

通过探究如果这个比例发生变化，结果会有什么变化，我们可以进一步讨论这个结果。假定只有2 000人愿意开车穿越海湾大桥。由于车辆较少，交通比较顺畅，这条路线的通行时间也会缩短，只要30分钟。于是，搭乘BART列车的8 000名乘客中，有一些就会发现，改为开车他们可以节省时间，于是他们就会选择开车。相反，若有8 000人选择开车穿过海

⊖ 有时候，地震过后，大桥干脆全部关闭。

湾大桥，每个人要花 60 分钟才能到达目的地，于是，当中又有一部分人会改为乘火车，因为乘火车花的时间没那么长。但是，当有 4 000 人开车上了海湾大桥，6 000 人搭乘列车时，这个时候谁也不会由于改走另一条路线而节省时间：旅行者们达到了一个均衡。

我们可以借助一张简图来描述这个均衡，从本质上说，这个图很接近第 4 章描述的囚徒困境课堂实验的均衡。图中，我们使总通行人数保持为 10 000 人不变，这样，当有 2 000 人正开车通过大桥时，表示有 8 000 人正在搭乘 BART 列车。上升的直线表示穿越海湾大桥的通行时间如何随开车人数的增加而增加。水平直线则表示搭乘列车所需的固定不变的 40 分钟时间。两条直线交于 E 点，表明当开车穿越海湾大桥的人数为 4 000 人时，两条路线的通行时间相等。图解是描述均衡一种很有用的工具，我们在本章后面的内容还会用到。

这个均衡对作为一个整体的旅行者们来说是不是最佳的？并非如此。我们很容易就能找出一个更好的模式。假设只有 2 000 人选择走海湾大桥。他们每个人可节省 10 分钟。至于另外 2 000 名改乘列车的人，他们花的时间仍然和原来开车的时候一样，还是 40 分钟。所以那 6 000 名已经选择搭乘列车的人也是如此。这样总的通行时间就节省了 20 000 分钟（几乎是两个星期）。

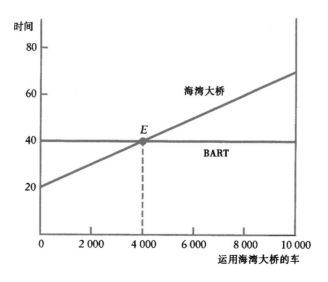

怎么有可能节省时间呢？或者换句话说，为什么这些司机自行决定，而不是让一只"看不见手"来引导他们达成最佳混合路线结果呢？我们再一次发现，答案在于每一个使用海湾大桥的人给其他人造成的损害。每多增加一个人选择这条路，其他人的旅行时间就会稍微上升一点。但是这个新增加的旅行者却不必为导致的这一损害而付出代价。他只是考虑自己的通行时间。

当这些旅行者作为一个整体的时候，怎样的旅行模式才是最佳的呢？实际上，我们刚刚确定的那个模式，即 2 000 人开车穿越海湾大桥，总共节省 20 000 分钟的模式，就是最佳模式。为了进一步理解这一点，我们再看看另外两个方案。假如有 3 000 辆车通过海湾大桥，则通行时间就是 35 分钟，每个人节省 5 分钟，总共节省 15 000 分钟。假如只有 1 000 辆车通过海湾大桥，则通行时间是 25 分钟，每人节省 15 分钟，总共节省时间还是 15 000 分钟。因此，2 000 人选择走海湾大桥，每人节省 10 分钟的中间点就是最佳模式。

如何才能达到这个最佳模式呢？信奉中央规划的人打算发出 2 000 份使用海湾大桥的许可证。假如他们还担心这种做法不公平：因为持有许可证的人只要 30 分钟就可到达目的地，而没有许可证的另外 8 000 人则要花 40 分钟，他们可以设计一个巧妙的系统，保证通行证每个月轮换一次，在这 10 000 人之间轮流使用。

一个以市场为基础的解决方案要求人们为自己对别人造成的损害付出代价。假设大家认为每小时的时间价值为 12 美元，换言之，每个人都愿意为节省一小时支付 12 美元。于是我们可以向穿越海湾大桥的车辆收取通行费；收费标准比 BART 列车票价高出 2 美元。这是因为根据我们的假设条件，人们认为每多花 10 分钟等于损失 2 美元。现在这个均衡旅行模式将有 2 000 辆车通过大桥，8 000 人选择搭乘 BART 列车。每一个使用海湾大桥的人要花 30 分钟到达目的地，外加多花 2 美元的过桥费；每个搭乘 BART 列车的人则要花 40 分钟。总的实际成本是一样的，没有人想要转换到另一条路线。在这个过程中，我们收取了 4 000 美元过桥费（外加 2 000 张 BART 列车票的收入），这笔钱可以纳入国家预算，造福每一个人，因为每个人可以比没有这笔收入时少纳一些税。

一个更接近自由企业精神的解决方案就是允许私人拥有海湾大桥。大桥所有者意识到人们愿意花钱换取一条不怎么堵塞的路线，以节约通行时间。因此他就会为这一特权开出一个价。他如何才能使自己的收入最大化呢？当然是要使总的节省时间的价值最大化。

只有给宝贵的"通行时间"标上价格，那只"看不见的手"才能引导人们选择最优通行模式。一旦大桥上安装了利润最大化的收费站，时间就真的变成了金钱。搭乘 BART 列车者实际上是在向这些使用海湾大桥者出售时间。

最后，我们承认，收取过桥费的成本有时超出了节约大家旅行时间所带来的收益。创造一个市场并非免费的午餐。收费站本身可能就是导致交通阻塞的主要源头。若是这样，忍受最初不那么有效的路线选择可能还好一些。

第 22 条军规

第 4 章首次提到了具有多个均衡的博弈例子。两个陌生人应该选择纽约市哪个地点会面：时代广场还是帝国大厦？谁应该拨回意外中断的电话？在这些例子中，选择了哪个协定并不重要，只要大家同意遵守同一个协定即可。不过，有时候一个协定会比另一个协定好得多。即便如此，也不表示更好的协定就会被人们所遵循。若某个协定已经确立了很长时间，接着环境发生了变化，另一种做法更可取，这时要改革就尤为不易。

大多数打字机的键盘设计就是一个很好的案例。直到 19 世纪后期，关于打字机的键盘字母应该如何排列仍然没有一个标准模式。1873
年，克里斯托弗·斯科尔斯（Christopher Scholes）协助设计了一种"新
的、改进了的"排法。这种排法取其左上方第一行前六个字母为名，称为
QWERTY。QWERTY 键盘的排法目的就是使最常用字母之间的距离最大
化。这在当时的确是一个很好的解决方法；它有意降低打字员的速度，从
而减少手动打字机容易卡键的现象。到 1904 年前，纽约雷明顿缝纫机公
司（Remington Sewing Machine Company）已经大量生产使用这一排法的
打字机，而这种排法实际上也成为产业标准。不过，随着电子打字机的
出现以及计算机的产生，卡键现象已经不是什么大问题。工程师们也曾
经发明一些新的键盘排列方法，比如 DSK（德沃夏克简化键盘），能使打
字员的手指移动距离缩短 50% 以上。同样一份材料，用 DSK 输入要比用
QWERTY 输入节省 5%～10% 的时间。[1] 但 QWERTY 是一种存在已久的
排法，几乎所有键盘都采用这种排法，我们所有人学的也是这种排法，因
此也不大愿意再去学习熟练一种新的键盘排法。于是，键盘生产商继续沿
用 QWERTY。一个包含错误的恶性循环就此形成。[2]

假如历史一开始不是这样发展，假如 DSK 标准一开始就被采纳，那
么今天的技术就会有更大的用武之地。然而，鉴于我们现在的情况，我们
是否应该转换标准这个问题，需要进一步考虑。在 QWERTY 之后，已经
形成了许多不易改变的惯性，包括机器、键盘以及受过训练的打字员。这
些值不值得重新改造呢？

从作为一个整体的社会的角度看，答案似乎是肯定的。在第二次世界大
战期间，美国海军曾大规模地使用 DSK 打字机，对打字员进行了再培训，教
他们使用这种打字机。结果表明，只要使用新型打字机 10 天就能全部弥补再
培训的成本。

尽管如此，斯坦·利博维茨（Stan Liebowitz）和史蒂芬·马格利斯

（Stephen Margolis）两位教授还是对这个研究以及 DSK 键盘的总体优势提出了质疑。[3]似乎是一个利益相关方，海军少校奥古斯特·德沃夏克（August Dvorak），做了这项最早的研究。1956 年，联邦总务署（General Services Administration）的一项研究表明，打字员要赶上他们以前用 QWERTY 时的打字速度，按每天培训四小时来算，至少需要一个月的时间。这样的话，对打字员进行再培训，让他们学会用德沃夏克的 DSK 键盘，还不如对 QWERTY 键盘打字员做进一步培训有效。某种程度上，DSK 键盘的确更胜一筹，但只有当打字员一开始就学习 DSK 键盘打字法时，才能获得最大的收益。

如果打字员变得非常熟练，几乎从来不必看键盘就可以打字，那么学习 DSK 键盘还讲得通。使用现在的软件工具，重新安排键盘排法是一件相对比较简单的事情（在苹果电脑上，使用键盘菜单便能很容易改变键盘排法。）这时键盘的排法几乎不重要了。问题在于：人们如何在一个标错位置的键盘上学习盲打技术呢？任何想要把 QWERTY 排法重新安排成 DSK 排法但是还不能盲打的人，必须看着键盘，在心中暗自将每个键转换成 DSK 键。这样做一点都不实际。因此初学者无论如何都不得不学习 QWERTY 打字法，而这大大降低了同时也学习 DSK 的收益。

没有一个个人使用者可以改变社会协定。个人之间的未经协调的决策把我们牢牢拴在了 QWERTY 之上。这个问题称为"从众效应"，可以借助图来说明。横轴表示使用 QWERTY 的打字员的比例。纵轴则表示一个新打字员愿意学习 QWERTY 而非 DSK 的概率。如图所示，若有 85% 的人正在使用 QWERTY，则一个新的打字员选择学习 QWERTY 的概率是 95%，而他愿意学习 DSK 的概率只有 5%。曲线的画法刻意强调了 DSK 排法的优势。假如 QWERTY 的市场份额低于 70%，那么，大部分新打字员都会选择 DSK，而非 QWERTY。不过，即便存在这么一个不利因素，

QWERTY 还是很有可能成为一个均衡的优势选择。(确实,这种可能性就是发生在占优均衡中的事情。)

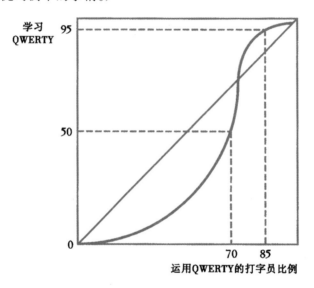

选择使用哪一种键盘是一种策略。当使用每一种技术的人员比例随着时间流逝基本保持不变时,就意味着达到了这个博弈的均衡。要描述这个博弈趋向均衡并不容易。每一个新打字员的随机选择都在不断破坏这个体系。当代威力强大的数学工具,即随机逼近理论(stochastic approximation theory),使经济学家和统计学家可以证明这个动态博弈的确趋向一个均衡。[4]我们现在就来介绍这些可能的结果。

假如正在使用 QWERTY 键盘的打字员人数超过 72%,可以预计,愿意学习 QWERTY 的人的比例甚至会超过这个数字。QWERTY 的势力范围会一直扩张,直至达到 98%。这时,所有人中愿意学习 QWERTY 的新打字员的比例恰好等于其优势比例,都是 98%,因此不再存在上升的压力了。⊖

⊖ 若正在使用 QWERTY 的打字员人数超过 98%,可以预期这个数字将回落到 98%。在新打字员当中总会存在那么一小部分人,比例大约不超过 2%,愿意选择学习 DSK,因为他们有兴趣了解这项更胜一筹的技术,并不担心两者不能兼容的问题。⊖

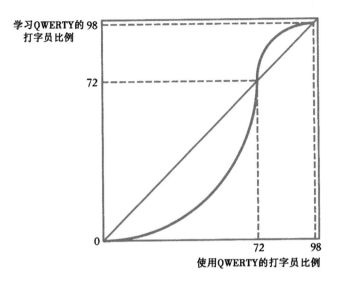

反过来，假如正在使用 QWERTY 打字员的人数跌破 72%，可以预计，DSK 将会后来者居上。不足 72% 的新打字员愿意学习 QWERTY，而现有使用者人数的不断下降，会使得新打字员更有兴趣去学习更胜一筹的DSK 排法。一旦所有打字员都在学习 DSK，新打字员就没有理由选择学习 QWERTY，于是 QWERTY 就会完全消亡。

这里的数学知识只说明我们将得到以下两个结果之一：要么人人使用DSK，要么 98% 的人使用 QWERTY。它并没有说明究竟会出现哪一个结果。假如我们从零开始，那么 DSK 排法有更大的机会占据市场优势地位。但现实并非从零开始。历史很重要。历史上那个导致几乎百分之百的打字员都在使用 QWERTY 的偶然事故，结果看来具有使自身永生不朽的本事，即便当初开发 QWERTY 的动机早已不存在。

既然霉运或向一个较差均衡收敛的事实一直维持下去，就有可能使得每一个人得到更好结果。但这需要协调行动。假如大多数计算机制造商经过协调，一致选择一种新的键盘排法，或者一个主要雇主，比如联邦政府，培训它的职员学习一种新的键盘排法，就能将这个均衡完全扭转，从一个极端走向另一个极端。至关重要的一点在于，没有必要改变每一个人，只要改变起决定性作用的那部分人就可以了。只要取得一个充分点，更先进的技术就能站稳脚跟，逐步扩张自己的地盘。

QWERTY 问题只是一个更具普遍意义的问题的小例子。我们之所以选择汽油引擎而非蒸汽引擎，选择轻水核反应堆而非气冷核反应堆，原因与其说是前者技术更胜一筹，倒不如说是历史的偶然因素造成的。斯坦福大学经济学家布赖恩·阿瑟（Brian Arthur），是将数学工具加以发展用于研究"从众效应"的先驱者之一，他这样描述我们如何选择汽油驱动汽车的理由：

> 在 1890 年，有三种方法给汽车提供动力：蒸汽、汽油和电力，其中有一种显然比另外两种更差，这就是汽油……（汽油的转折点出现在）1895 年由芝加哥《时代先驱报》主办的一场"不用马拉的车辆"比赛上，这次比赛的获胜者是一辆汽油驱动的杜耶尔，它是全部 6 辆参赛车中仅有的 2 辆完成比赛的车辆之一，据说它很可能激发了 R. E. 奥兹（R. E. Olds）的灵感，使他在 1896 年申请了一项汽油动力来源的专利，后来他把这项专利用于大规模生产"曲锐型奥兹车"。汽车因此后来者居上。蒸汽作为一种汽车动力一直用到 1914 年，那一年在北美地区爆发了口蹄疫。这一疾病导致了马匹饮水槽退出历史舞台，而饮水槽恰恰是蒸汽汽车加水的地方。斯坦利（Stanley）兄弟花了大概三年时间发明了一种冷凝器和供热系统，从而使蒸汽汽车不必每走三四十英里就得加一次水。可惜那时已经太晚了。蒸汽引擎再也没能重振雄风。[5]

毫无疑问，当今的汽油远远胜过蒸汽，但是，这不是一个公平的比较。假如蒸汽技术得到了长达 75 年的开发和研究，现在会变成什么样呢？虽然我们可能永远不会知道答案，但有些工程师坚信蒸汽获胜的机会还是较大的。[6]

在美国，几乎所有的核电力都是由轻水反应堆产生的。然而，我们仍然有理由相信，另外两种可选的技术，重水或气冷反应堆，本来有可能成为更好的选择，特别是，如果我们对这两种技术的知识和经验相同，情况更有可能是这样。加拿大人凭借他们对重水反应堆的经验，用重水反应堆发电的成本比美国人用同等规模的轻水反应堆发电的成本低 25%。重水反应堆不必重新处理燃料即可继续运作。最重要的一点可能还是安全性的比较。重水反应堆和气冷反应堆发生熔毁的风险低得多，这是因为重水反应堆是通过许多管道而非一条堆芯导管来分散高压，而气冷反应堆在发生冷却剂缺失事故时，温度上升的幅度远远小于其他反应堆上升的幅度。[7]

罗宾·考恩（Robin Cowen）在他的 1987 年斯坦福大学博士论文中已经对轻水反应堆如何逐渐取得优势地位的问题做了研究。核电力的第一个使用者是美国海军。1949 年，当时的里科弗（Rickover）上校以注重实效的眼光做出了有利于轻水反应堆的决定。他有两个很好的理由：轻水反应堆是当时设计最紧凑的技术，这一重要考虑主要是为当时空间狭小的潜水艇着想；它也是发展最快的技术，这预示着该项技术可能被最早投入使用。1954 年，世界第一艘核电力潜水艇"鹦鹉螺"下水，结果确实不出所料。

与此同时，民用核电力成为一个必须优先考虑的问题。苏联人已于1949 年成功引爆了他们的第一颗原子弹。作为对苏联的回应，原子能专员默里（T. Murray）警告说："一旦我们充分意识到那些（缺乏能源的）国家在苏联赢得核动力竞赛的时候纷纷投靠苏联的可能性，就会清楚认识到这根本不是什么攀登珠穆朗玛峰那样的争取荣耀的比赛。"[8]通用电气和西屋公司凭借它们为核动力潜水艇生产轻水反应堆的经验，很自然就成为发展民用核电站的最佳选择。对轻水反应堆经过多次实验证实的可靠性以及投入使用的速度的考虑，胜过了寻找最经济和最安全技术的想法。虽然轻水最初只被选择作为一种过渡技术，但这一选择却足以使轻水成为人们最早学会的技术，这一优势使其他选择再也无法赶上。

QWERTY、汽油发动机以及轻水反应堆只不过是关于历史因素如何决定当今技术选择的三个例证，虽然这些历史原因到了今天可能成为无关紧要的考虑因素。今天，在选择相互竞争的技术时，类似打字机卡键现象、口蹄疫以及潜水艇空间限制这样的问题与最终选择的得失已经毫无关系。来自博弈论的重要启迪在于，早日发现潜力，为明天取得优势做好准备。这是因为，一旦某项技术取得了足够大的先行优势，其他技术哪怕更胜一筹，恐怕也难以赶上。因此，假若早期花更多时间不仅研究什么技术适应当今需要，而且考虑什么样的技术最能适应未来，那么未来就可能获得更大的收益。

比超速罚单还快

你开车应该开到多快？说得具体一点，你应不应该遵守限速规定？和前面一样，要找出问题的答案，你需要考察一个博弈，在该博弈中，你的决定会与其他所有司机的决定相互影响。

若谁也不遵守这项法律，那么你就有两个理由也违反这项法律。首先，一些专家认为，驾车速度与路上车流速度保持一致实际上更安全。[9]绝大多数高速公路上，谁若是开车只开到每小时 55 英里，就会成为一个危险的障碍物，其他所有人都必须避开他。其次，若你尾随其他超速驾驶者，则你被逮住的机会几乎为零。警方根本没工夫去逮住大多数超速汽车，然后一一处理。只要你紧跟道路上的车流前进，那么总体而言你就是安全的。

　　若越来越多的司机遵守法律，上述两个理由就不复存在。这时，超速驾驶就变得越来越危险，因为超速驾驶者需要不断在车流中穿来插去。而你被逮住的可能性也急剧上升。

　　我们可以用一个图来表示这个问题，这个图跟我们之前讨论从伯克利到旧金山的通行路线时的图差不多。横轴表示愿意遵守限速法规的司机的百分比。直线 A 和 B 表示每个司机估计自己可能得到的好处，A 线表示遵守法规的好处，B 线表示违反法规的好处。我们认为，假若谁也不肯以低于法规限制的速度行驶（左端所示），那么你也不该那样做（这时 B 线高于 A 线）；假若人人遵守法规（右端所示），那么你也应该遵守（这时 A 线高于 B 线）。与前面一样，这里存在三个均衡。其中只有极端情况才会出现在司机调整各自行为的社会动态过程中。

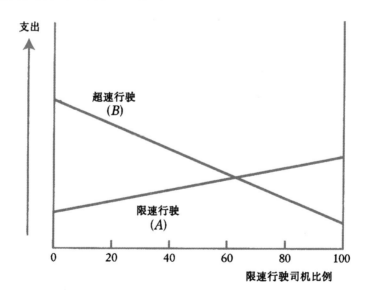

　　在海湾大桥和 BART 列车两条路线之间进行选择的那个案例中，整个动态过程趋向收敛于中间的均衡。而在这里，趋势是朝向其中一个极端。之所以出现区别，原因在于互动的方式。在路线选择的案例中，无论你选择哪条路线，一旦越来越多的人跟随你的选择，该路线的吸引力就会降低。而在超速行驶案例中，跟随你选择的人越多，这个选择的吸引力就越高。

一个人的决策会影响其他人的普遍原理在这里同样适用。若某个司机超速行驶，他就能稍稍提高其他人超速行驶的安全性。若没有人超速行驶，则谁也不愿意做第一个超速行驶、为其他人带来"好处"的人。因为他那样做不会得到任何"回报"。不过，这里出现了一个新的变化：如果人人都超速驾驶，那么谁也不会成为唯一减速的人。

这一情况会不会受到速度限制规定的影响呢？这里的曲线是根据某个具体的速度限制描绘的，即每小时 55 英里。假设这一限制提高到每小时 65 英里。超过这一限速行驶的好处就会减少，因为一旦超过某个点，车速若再加快就会变得非常危险，从每小时 65 英里加速为 75 英里与从每小时 55 英里加速为 65 英里相比，前者的好处小于后者。再者，速度一旦超过每小时 55 英里，耗油量就会随速度提高呈级数增长。每小时 65 英里的耗油量可能只比每小时 55 英里的耗油量超出 20%，但每小时 75 英里的耗油量很容易就比每小时 65 英里的耗油量超出 40%。

立法者若是希望驾驶者遵守限速规定，他们可以从以上讨论中得到什么启示呢？不一定要把速度限制设得很高，从而使大家乐于遵守。关键在于争取一个临界数量的司机遵守限速规定。这么一来，只要有一个短期的极其严格且惩罚严厉的强制执行过程，就能扭转足够数量的司机的驾驶方式，从而产生推动人人守法的力量。于是均衡将从一个极端（人人超速）转向另一个极端（人人守法）。在新的均衡下，警方可以缩减执法人手，而守法行为也能自觉保持下去。更一般地，这一讨论表明，一个短暂而严厉的执法过程，可能比一个投入同等力量开展的温和而长期的执法过程有效得多。[10]

同样的逻辑也适用于燃油经济性标准的问题。许多年来，绝大部分美国人都支持大大提高公司平均燃油经济性标准（CAFE）。最终，在 2007年，布什总统签署了一项能源法案，要求汽车提高燃料效率，实现每加仑行程数从 27.5 英里提高到 35 英里（对于货车也一样）。该方案将从 2011年开始逐步实施，并在 2020 年全面推行。但是，假如大多数人都希望节约更多燃料，他们完全可以去买一辆节能型汽车，没有什么阻挡他们。然而，为什么那些提倡更高的燃油经济性标准的人，却一直驾驶着高耗油的越野车呢？

一个原因在于，人们担心节能型汽车比较轻，因此没那么安全，更容易发生交通事故。轻型汽车被悍马汽车撞到时尤其危险。当人们知道路上的其他车和他们的车一样轻时，他们会更乐意驾驶一辆轻型车。正如一个人超速驾驶将导致所有人都超速驾驶，路上的重型车辆越多，人们就越需要驾驶一辆越野车以确保安全。就好比人一样，汽车的重量在过去 20 年间增加了 20%。这样，最终结果会导致燃油经济性标准较低，没有人会更加安全。向更高的 CAFE 标准转变是一种协调工具，它有助于使足够多的人从重型车转向轻型车，这样，（几乎）每个人都会更乐意驾驶轻型车。[11]或许，甚至比技术进步更重要的是可以改变车辆混合，从而使我们可以立即改善燃油经济性的协调性转变。

任何支持集体决策而非个体决策的观点，并不是自由主义者、左翼分子以及其他现存的社会党派的保护伞。伟大的保守主义经济学家米尔顿·弗里德曼在他的经典著作《资本主义与自由》一书中，就财富的再分配做了同样的逻辑认证：

> 目睹贫困，我深感悲伤；缓解贫困，我亦获益；但是，无论我抑或别人为减少贫困而付出代价，我都可以得到相同好处；故而我部分地获得了他人慈善行为的好处。换句话说，我们大家可能都乐于扶危

济困，假使他人也如我一样的话。倘若没有这种确信，那么，我们可能不愿意捐赠出同样的数量。在小的集体里，公众压力甚至在私人的慈善事业中也能足以实现上述确信。但在逐渐成为我们社会的主要形式的巨大的非个人集体中，要想做到这一点却困难得多。假如像我那样，人们接受这种道理，把它当作为政府采取行动来减少贫穷的理由……[12]

他们为何离开

美国的城市很少有种族杂居的社区。假如一个地方的黑人居民的比例超过一个临界水平，这个比例很快就会上升到接近 100%。假如这一比例跌破一个临界水平，可以预计，这里很快就会变成白人社区。维持种族间的平衡需要某些巧妙的公共政策。

这种实际存在的大多数社区的种族隔离现象是不是种族主义扩散的结果？今天，大多数居住在城市的美国人都赞成种族混居的社区模式。[○]困难更可能在于，各家各户选择住所的博弈均衡会导致隔离，即使人们都能承受某种程度的种族混居也无济于事。这一见解源于托马斯·谢林。[13] 我们现在就来阐述这一见解，看它是如何解释芝加哥郊区的橡树园得以成功维持一个种族和谐杂居社区的。

对种族混居的承受力不是黑或白的问题；其中存在灰色地带。不同的人，无论是黑人还是白人，对于什么是最佳种族混居比例有着不同的见解。比如，很少有白人坚持认为社区的白人比例应该达到 95% 甚至 99%；但大多数白人在一个白人只占 1% 或 5% 的社区也会感到没有归属感，多数人愿意看到一个介于上述两个极端之间的比例。

我们可以借助一个与 QWERTY 案例中相仿的图，说明社区动态的演

○ 当然，无论人们喜欢怎样的种族混合比例，其实都是某种形式的种族主义，只不过不如完全不能容忍其他种族来得极端而已。

化过程。纵轴表示下一个刚刚迁入的新住户是白人的概率。我们根据横轴所示的当前的种族混合比例描绘出这条概率曲线。曲线最右端表示，一旦一个社区变成了完全的种族隔离（全是白人），那么下一个迁入的住户就很有可能是白人。假如种族混合比例降到白人占 95% 或 90%，那么下一个迁入的住户为白人的概率仍然很高。假如混合比例沿着这个方向继续变化，那么下一个迁入的住户为白人的概率就会急剧下降。最后，随着白人的实际比例降为 0，这个社区变成了另外一种极端的种族隔离，即全是黑人，那么下一个迁入的住户为黑人的概率就非常高了。

　　在这种情况下，均衡将出现在当地人口种族混合比例恰好等于新迁入住户种族混合比例的时候。只有在这个时候，这一动态均衡才能保持稳定。一共存在三个符合这一条件的均衡：当地居民全是白人或全是黑人的两种极端情形，以及两个极端中间存在种族混居现象的某个点。不过，到目前为止，这一理论还没告诉我们，上述三个均衡当中哪一个最有可能出现。为了回答这个问题，我们必须研究推动这一体系趋向或背离均衡的力量，即，促使这种情况出现的社会动力。

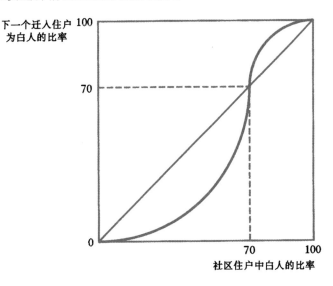

这种社会动力将一直推动社区向一个极端的均衡移动。谢林将这一现象称为"颠覆"(随后马尔科姆·格拉德威尔的著作《引爆点》使得这一思想变得盛行起来)。现在我们来看看为什么会出现这一现象。假设中间的均衡是存在 70% 的白人和 30% 的黑人。偶然地,一户黑人家庭搬走了,搬进来一户白人家庭。于是这一社区的白人比例就会稍稍高出 70%。如上图所示,下一个搬进来的人也是白人的概率就会高于 70%。这个新住户增强了向上移动的压力。假设种族混合比例变成 75︰25,颠覆的压力继续存在。一旦新住户是白人的概率超过 75%,可以预计整个社区将会变得越来越隔离。这一趋势将一直发展下去,直到新住户种族比例等于社区人口种族比例。如上图所示,这一情况只有在整个社区变成白人社区的时候才会出现。假如反过来,一开始是一户白人家庭搬走而一户黑人家庭搬进来,就会出现相反方向的连锁反应,那么整个社区将会变成全黑人社区。

问题在于,70︰30 的种族混合比例不是一个稳定均衡。假如这个混合比例稍微被破坏了,可以肯定的是,就会出现向其中一个极端移动的趋势。令人遗憾的是,无论到达哪个极端,都不会出现类似的回到中间的趋势。虽然隔离是一个早已料到的均衡,但这并不意味着人们在这一均衡下会过得更好。每一个人或多或少都希望住在一个混合社区。但这样的社区几乎不存在,即便找到了多半也维持不下去。

这里我们再次看到,问题的根源在于一户家庭的行动会对其他家庭的行动造成影响。从 70︰30 的比例开始,若有一户白人家庭取代一户黑人家庭,这个社区对打算搬进来的黑人家庭看来就会减少一分吸引力。但造成这一结果的人不会被罚款。用道路收费站打个比方吧,我们也许应该设立一个离开税。但这么做将会和一个更具根本性的原则相冲突,即每个人都有选择在哪里居住的自由。假如社会希望防止出现"颠覆",就不得不寻找其他政策方法。

假如我们不能向一户打算搬走的家庭收取罚金，指责他们对当地的住户以及现在可能也不想搬进来的住户造成损害，那么，我们就要采取措施，降低其他人可能跟随搬迁的动机。假如一户白人家庭搬走了，该社区对外面另一户白人家庭看来不应该减少一分吸引力。假如一户黑人家庭搬走了，该社区对外面另一户黑人家庭看来也不应该减少一分吸引力。公共政策有助于阻止这个颠覆过程加速。

芝加哥郊区的橡树园作为一个种族杂居社区，提供了一个绝妙的例子，说明了什么样的政策管用。这一社区采用了两种手段：一是该镇禁止在房屋前院使用写有"出售"字样的招牌；二是该镇提供保险，保证屋主的房屋和不动产不会因种族杂居比例的改变而贬值。

假如很偶然地，同一时间在同一街道上有两所房屋出售，"出售"的招牌就会将这一信息迅速传遍整个社区，传给潜在的买家。取消这样的招牌使得我们有可能隐藏这种可能被视为坏消息的信息。在这所房屋出售之前，没有人需要知道有这么一所房屋要出售。结果是避免了恐慌（除非恐慌有正当理由，在这个案例中恐慌只是被延迟罢了）。

光有第一个政策并不足够。业主们可能还是担心，觉得他们应该趁着还能出手的时候卖掉自己的房屋。假如等到整个社区"颠覆"以后再卖，就拖得太久了，你很可能发现自己的房屋已经大大贬值，而房屋往往是大部分人财产的主要部分。不过，假如该镇提供保险，这就不成问题了。换言之，这份保险消除了会加速颠覆过程的经济上的恐惧。假如这种保证可以成功阻止颠覆过程，房屋的价值就不会下跌，且这一政策也不会加重纳税人的负担。

从一个全白人均衡向一个全黑人均衡的颠覆在美国城市已经成为一个更加普遍的问题。不过，近年来的城市绅士化、贵族化，即仅向全富人均衡的颠覆开始成为主角。假如不加干预，自由市场常常会向一些令人不满意的结果发展。不过，公共政策加上我们对颠覆过程的认识，将有助于阻止向颠覆方向发展的势头，从而使脆弱的平衡得以维持。

高处可能不胜寒

顶尖律师事务所通常会从自己内部资历较浅的同事中选择合伙人，使之成为新的股东。没被选上的人必须离开，而且通常会转到一家不那么有名的律师事务所。在我们虚构的朱思廷－凯丝（Justin-Case）律师事务所，选择的标准是如此挑剔，以至于多年来根本选不出一个新股东。资历较浅的同事们对职位停滞不前的状况提出抗议。股东们于是推出了一个看上去非常民主的新体系。

以下就是他们的做法：到了一年一度决定股东人选的时候，10 名资历较浅的同事其能力会按 1 到 10 给予打分，10 分为最高分。这些资历浅薄的同事私下得知了自己的得分。然后他们被请进一个会议室，他们将在那里按少数服从多数的原则，自行投票决定成为股东的必须得分。

他们一致认为，大家都能当上股东是一个好主意，当然胜过从前人人都不是股东的日子。于是他们将必须得分定为 1 分。接着，其中某个得分较高的同事建议将必须得分改为 2 分。他的理由是这样可以提高整个股东团体的平均素质。这一提议获得 9 票赞成。唯一的反对票来自能力最差的同事，而这个人就永远失去成为股东的资格。

接下来，有人提议将标准从 2 分提高到 3 分。这时，还有 8 个人得分高于这个标准，他们一致赞成这一改善整个股东团体的提议。只有得分为 2 的同事反对，因为这一提议使他失去了成为股东的资格。令人惊讶的是，得分最低的同事对这一提高标准的提议投了赞成票。无论这一提议能不能通过，他都不可能成为股东。不过，若是这一提议通过，他能够跟得分为

2 的同事一起成为落选者。这么一来，其他律师事务所虽然知道他落选了，却猜不出他究竟得了几分。他们只能猜测他可能得了 1 分或 2 分，而这一不确定性显然对他本人有利。于是，提高得分标准的提议最后以 9 票赞成、1 票反对通过。

以后每通过一个新的得分标准，都有人建议提高 1 分。所有得分高于这一标准的人都会投票支持，希望提高整个股东团体的素质（而这又不会牺牲他们自身利益），而所有得分低于这一标准的人也投了赞成票，希望自己的落选原因变得更加扑朔迷离。每一回合都只有一个人反对，就是那个刚好处于现有得分标准、一旦建议通过就没有机会入选的同事。但他的反对以 1 : 9 的悬殊对比败下阵来。

如此下去，直到得分标准一路上涨为 10 分。最后，有人提议将得分标准提高为 11 分，因为这样一来就没人成为股东了。所有 9 分或低于 9 分的同事都觉得这个提议不错，因为这个建议和前面的建议一样，可以使落选者的平均素质看上去好些。外人不会认为他们当不上股东就是一个水平低劣的信号，因为这家律师事务所里面谁也没有当选。唯一的反对票来自能力最高的同事，他可不想失去成为股东的资格。可惜，他的反对也以 1 : 9 的比分落败。

这一系列的投票，最后使每个人都回到起点的位置，他们一致认为这个结果比大家都得到提升的结果更糟糕。不过，即便如此，整个过程中的每一个决议还是以 9 票赞成、1 票反对获得通过。这个故事有两个寓意。

当行动是一点一点推进时，每一小步的行动在绝大多数决策者眼里都可能显得很有吸引力。但结果却有可能使每一个人落得还不如原来的下场。原因在于，投票忽略了偏好的强度。在我们举的例子中，所有赞成的人只获得一点点好处，而唯一反对的那个人却失去了很多。在这一系列连续 10 次投票过程中，每一个资历较浅的同事都取得了 9 次小小的胜利，但一次重大失败的损失远远超过了所有这些小胜利带来的好处。类似的问题也出现在对一些法案的投票表决中，包括税收改革法案以及贸易关税改革法案；这些议案在经过多次修正后，最后便被否决了。每一小步的行动都有大多数人支持，不过，最后的结果总会出现足够大的致命缺陷，以至于使它失去了大多数支持者。

单单某一个人意识到这个问题并不意味着一个人的力量就可以阻止这个过程的发生。这是一道光滑的斜坡，实在太危险了，谁也不应该走上去。这个团体作为一个整体，必须以一种协调的方式向前展望、倒后推理，然后明确规则，避免向那道斜坡迈出一步。只要大家同意将改革视为一个一揽子方案，而不是一系列的小步行动，那就是安全的。采取一揽子方案，每个人都知道自己最后将会到达什么位置。一系列的小步行动起先可能看起来很诱人，但只要出现一个不利的行动，就足以毁掉整个过程的收益。

1989年，美国国会在投票决定要不要为自己加薪50%的时候遭到了失败，由此亲身领会了这一危险性。最初，加薪看起来得到了参议院和众议院两院的广泛支持。当公众听说他们将如此打算后，就向各自的国会议员代表提出了强烈的抗议。结果，他们每个人都认为即便自己投反对票，加薪议案也能获得通过，于是国会的每一位议员私底下都有了反对加薪的想法。最好的结果就是加薪方案在自己投反对票的情况下仍然能获得通过。（对他们来说）不幸的是，国会有太多议员这么做，于是突然之间这个提案能不能获得通过变得扑朔迷离。眼看每一次偏差推动议员们沿着那道斜坡下滑一点点，投反对票的理由反而显得越来越充分。假如加薪提案未能获得通过，那么，可能出现的最坏情况就是被人记录在案，说你投赞成票，这将使你付出政治代价，而且照样不能加薪。起初，确实可能只有几个人出于私心希望改善自己在选民心目中的地位。但每一次偏差都增强了随大流的激励，没过多久这个提案就胎死腹中。

朱思廷－凯丝这个案例还有另一个非同寻常的寓意。假如你注定失败，你可能愿意败在一项艰巨的工作上。失败会使其他人降低对你的前途的期望。这个问题有多严重，取决于你败在什么地方。没能跑完 10 公里显然会比没能攀登上珠穆朗玛峰更容易遭人耻笑。关键在于，如果其他人对你能力的了解确实非常重要，那么，你最好增大自己失败的可能性，从而降低遭到失败的严重性。向哈佛而非一般当地大学提出入学申请的人，以及邀请全校最受欢迎的学生而非一个普通学生做你正式舞会伴侣的人，采用的就是这一策略。

心理学家在其他场合也见过这样的行为。有些人害怕正视自己能力的极限。在这种情况下，他们的做法是提高自己失败的机会，从而回避自己的能力问题。比如，一个成绩处在及格线边缘的学生可能不肯在一场测验前夕复习，这样的话，若是他考试不及格，人们只会说这是他没学习的缘故，而非他自身能力不足。虽然这么做不正当，还会引起反效果，但你在和自己博弈的时候，并不会有"看不见的手"保护你。

政治家与苹果酒

两个政党就要决定自己处于自由－保守意识形态光谱的位置。首先是在野党提出自己的立场，然后执政党回应。

假设选民平均分布在整个光谱上。为了使问题具体化，我们把政治立场定为从 0 到 100，0 代表极"左派"，而 100 代表极右派。假如在野党选择一个位置 48，中间偏左，执政党就会在这一点和中点之间占据一个位置，比如 49。于是，喜欢 48 或 48 以下的选民就会投在野党的票；占所有选民比例 51% 的其他人就会投执政党的票。执政党就会胜出。

假如在野党选择高于 50 的立场，那么执政党就会在那一点和 50 之间站稳脚跟。同样这么做可以为执政党赢得超过 50% 的选票。

基于向前展望、倒后推理的原则，在野党可以分析出自己的最佳立场是在中点。（正如高速公路一样，道路中间的位置称为中点。）当选民的偏好不一定总是一致的时候，在野党会选择 50% 的选民选左、50% 的选民选右的位置。这一中点不一定就是平均位置。中点位置取决于支持各方的呼声数量是否相等，而平均位置则注重这些呼声离自己有多远。在这个位置，鼓动向左和鼓动向右的人在数目上势均力敌，因此执政党的最佳策略就是模仿在野党。两个政党选择的立场完全一致，所以它们将只在关系重大的情况下各得一半选票。这一过程的失败者是选民，他们得到的只是两党互相附和的回声，却没能真正地做出政治选择。

假设出现三个政党，还会不会存在这种过分的相似性？假定它们轮流做出选择和修改自己的立场，也没有意识形态的包袱束缚他们。原来处于中点外侧的政党会向他的邻里靠拢，企图争夺后者的部分支持。这种做法会使位于中点的政党面临很大压力，以至于轮到它做出选择的时候，它会跳到外侧去，确立一个全新的立场，赢得更广泛的选民。这个过程将会一直持续下去，完全没有均衡可言。当然，在实践中，政党肩负相当大的意识形态的包袱，选民也对政党怀有足够的忠诚，从而防止出现此类急剧的转变。

但在其他场合，立场并非总是一成不变。考虑三个正在曼哈顿等出租车的人。虽然他们同时开始等车，但是，最靠近住宅区的那个人将最先截到开往闹市区方向的出租车，最靠近闹市区的那个人将最先截到开往住宅区方向的出租车。于是站在两区之间的那个人就会被排挤出局。假如站在两区之间的那个人不想被排挤出局，他就会要么向住宅区的方向前进，要么向闹市区的方向前进，以占领另外两个人中任意一个有利位置。直到出租车到达之前，可能根本没有一个均衡；没有一个人甘心待在两区之间任凭被别人排挤出局。这里，我们看到非协调决策过程的另外一种不同的失败；这个过程可能根本没有一个明确的结果。遇到这种情况，社会必须寻找另一种不同的协调方法，来达到一个稳定的结果。

要点回顾

本章我们讨论了许多博弈案例，这些博弈的输家多于赢家。未经协调的选择之间相互影响，导致整个社会面临一个糟糕的结果。现在我们简要总结这些问题，而读者也可以借助案例分析，将这些思想用于现实。

首先我们讨论了某些每个人只能在二者中选其一的博弈。其中一个问题是大家非常熟悉的多人囚徒困境：每个人都做出了同样的选择，结果却是一个错误的选择。然后我们见到了另一些博弈，在这些博弈中，部分人做了一种选择，部分人却做了另一种选择，但从整个团体的立场来看，这两种选择都没有达到最优比例。这种结果产生的原因在于，博弈中一个人的选择会对其他人产生溢出效应，而做出这个选择的人没有预先将这个影响考虑在内。接着我们遇到了另外一些情况，在这些情况下，无论哪个极端——所有人都选择这一极端，或者所有人都选择另一极端——都会达到一个均衡。要做出选择，或确保做出正确的选择，需要考虑对人们的行为产生影响的社会惯例、惩罚或约束。即便如此，强大的历史力量仍有可能使得这个团体深陷错误的均衡。

把注意力转到具有多个选择的情形，我们看到了这个团体可能如何自愿地滑下那道光滑的斜坡，直至产生一个全体参与者都深感遗憾的结果。在另一些例子中，我们发现了一种过度相同的趋势。有时候人们彼此加强对他人想法的预计，可能会达成一个均衡。另外，在其他一些例子中，均衡可能根本不存在，我们不得不另觅途径，达成一个稳定的结果。

这些故事的关键在于，自由市场的运行结果并不总是好的。存在两个根本问题。一是历史因素很重要。我们选择汽油驱动、QWERTY 键盘和轻水核反应堆的经历，可能迫使我们不得不继续使用这些相对比较差的技术。历史上的偶然事件不一定就可以由今天的市场来修正。当我们向前展望的时候发现某项技术一旦占据支配地位，就有可能变成一个潜在的问题，因而政府有理由在技术标准确立之前制定有关政策，鼓励开发更加多样化的技术。又或者，假如我们无法摆脱一个相对较差的标准，那么公共政策可以引导大家协调一致，从一个标准转向另一个标准。将度量衡的英寸和英尺转为公制就是一个例子；另一个例子是为了充分利用日光而协调一致转用夏时制。

较差的标准得以存在，与其说是技术上的问题，不如说是行为上的问题。有关的例子都有一个均衡，在这一均衡点上，大家都在税单上做手脚，或者超速行驶，或者在事先约定的时间之后 1 小时才赶到晚会现场。要从一个均衡转向一个更好的均衡，最有效的办法可能是借助一场短期而严厉的运动。诀窍在于促使达到临界数目的人发生转变，然后，从众效应就能使这个新的均衡自动维持下去。相反，长期施加一点点压力的做法不可能达到相同的效果。

自由放任主义的另一个普遍问题在于，生活当中很多很有影响的事件都是发生在经济市场之外。从一般礼节到清洁空气，这些物品往往没有价格，从而也就没有什么"看不见的手"引导人们的自利行为。有时，给这些物品定价可以解决问题，好比解决海湾大桥堵塞问题的例子。但在其他时候，给物品定价就会改变它的本质。比如，一般来说，捐赠的血液比购买的血液更好，因为那些急于卖血换钱的人很可能自己的身体也不是那么健康。本章所阐述的协调失败的案例，其本意在于说明公共政策的作用。不过，在各位被本章吸引入迷之前，请看下面的案例。

牙医配置规定

在本案例分析中，我们会考察"看不见的手"如何配置或（错误配置）城市和乡村之间的牙医供给。在很多方面，这个问题与我们之前提到的自驾车还是乘列车从伯克利到旧金山的例子密切相关。"看不见的手"能否把正确数目的人分配到各个地方去呢？

人们通常认为，由于分配不当产生的牙医短缺问题，实际上没有那么严重。好比即便任凭大家自行选择旅行路线，可能还是会有很多人选择驾车跨越海湾大桥。现在这个问题中，是不是有太多牙医会选择城市而不是乡村呢？假如真是这样，这是否意味着社会应该向那些打算在城市开业从医的牙医征收一定费用呢？

为达到分析案例的目的，我们大大简化了牙医的选择问题。假设住在城市与住在乡村对牙医来说吸引力一样大。他们的选择仅仅取决于经济上的考虑，也就是说他们会去赚钱最多的地方。好比旅行者在伯克利和旧金山之间决定何种通行方式一样，这个选择是基于自利的本性做出的；牙医一心想使自己的收益最大化。

由于存在太多缺少牙医的乡村地区，这表明乡村具有容纳更多牙医开业行医的空间，而又不至于造成拥挤。于是在乡村行医就好比乘坐列车。在最理想的情况下，一个乡村牙医赚的钱比不上他在大城市的同行，但在乡村行医却是一个更稳妥的、能获得超过平均工资水平收入的方式。乡村牙医的收入及其社会价值随着牙医人数的增加基本保持不变。

在城市行医更像是开车穿越海湾大桥——整个城市只有你一个牙医时当然非常愉快，但是一旦城市变得拥挤，就不那么美妙了。一个地区的首位牙医具有极高的社会价值，他可以把生意做得很大。但如果周围出现过多的牙医，就可能出现拥挤和价格竞争。假如牙医人数增长过快，他们将不得不开始争夺病人，且其才能也无法得到充分发挥。假如城市牙医的数量增长得再快一些，他们的收入可能还比不上乡村的同行。简言之，随着城市牙医人数的增加，他们提供的服务的边际价值就会下降，收入也会随着下降。

我们可以用一个简单的图表来描述这个情况，你会发现，结果还是跟自驾车或乘火车的例子差不多。假定有 10 万名新牙医要在城市或乡村之间进行选择。因此，如果新的城市牙医有 25 000 人，则新的乡村牙医有 75 000 人。

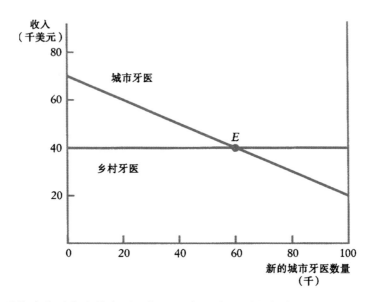

向下的直线（代表城市牙医）以及水平直线（代表乡村牙医）分别表示两种选择的经济优势。在最左端，人人都选择在乡村行医，城市牙医的收入就会超过乡村牙医。而在最右端情况完全相反，人人都选择在城市行医。

职业选择的均衡点出现在 E 点，此时两种选择的经济回报完全相等。为了证明这一点，我们假定职业选择在城乡之间的分布始于只有 25 000 名新的城市牙医。由于此时城市牙医的收入高于乡村牙医的收入，我们可以预计，会有越来越多的新牙医选择城市而不是乡村。这一变化将使牙医在城乡间的分布向右方移动。假如我们从 E 点右方的一点开始考察，在该点城市牙医的收入比不上乡村牙医，变动过程正好相反。只有在达到 E 点时，下一年的职业选择才会与今年的情况大致相仿，而整个体系也将稳定下来，达到一个均衡。

不过，这一结果对整个社会是不是最好呢？

案例讨论

正如前面提到的选择交通方式的案例，这一均衡不能使牙医的收入总和达到最大。不过，社会不仅关心牙医行业的从业者，同时也关心其消费者。实际上，假如不加干预，对于作为一个整体的社会，E 点是最好的市场解决方案。理由在于，只要多一个牙医选择在城市行医，就会带来两个方面的作用。这个后来者会降低所有其他牙医的收入，使所有正在行医的牙医受损。不过，价格降低对消费者倒是一件好事。两个副作用正好相互抵消。这种情况与选择交通方式的案例的区别在于，没有人会从海湾大桥堵塞导致行驶时间增加中得到好处。假如副作用是价格（或收入）的改变，那么购买者就会得到好处，生产者则会遭受相应的损失。这是一个净零和效应。

从社会的角度看，任何一个牙医都不应该担心降低同行的收入。每一个牙医都应该设法使自己的收入达到最高。由于每个人都做出自利的选择，从而在不知不觉之间实现了牙医在城市与乡村的恰当的分布。于是，城市牙医和乡村牙医都会得到同样的收入[⊖]。

当然，美国牙医联合会可能不这么看。面对城市牙医收入的减少与消费者就医支出的节省，它可能更看重前者。从牙医职业的角度看，确实存在一种分配不当，有太多的牙医挤在城市行医。假如能有多一些的牙医到乡村开业，那么，在城市行医的潜在优势就不会被竞争和拥挤"浪费"一空。从整体来看，假如我们有可能将城市牙医的数目维持在自由市场水平以下，那么牙医的收入总和就会提高。虽然牙医们不能向那些选择在城市行医者收取费用，不过，创立一笔基金用于补贴愿意投身乡村的牙医学生，倒是符合这个职业的利益的。

更多关于合作与协调的案例，请参阅第 14 章中的"祝你好运""价格的面纱"以及"李尔王的难题"等案例。

⊖ 或者说，某种程度上住在城市的成本应该高于住在乡村的成本，这一差别相应体现在城市牙医和乡村牙医收入的差别上。

第 10 章

拍卖、投标与竞争

在不久之前，拍卖的典型形象还是：一个操着傲慢的英格兰口音的拍卖人，将那些珠光宝气的艺术品收藏家召集在一个安静的房间；收藏家们坐在路易十四时代的椅子上，竖起耳朵来竞价。而今，由于 eBay 网上拍卖公司的成立，拍卖已经变得更大众化了，只需触摸鼠标便可参与拍卖。

人们最熟悉的拍卖方式是一件物品挂牌出售，出价最高者取胜。在苏富比的拍卖场，这件物品通常是一幅油画或者一件古董。而在 eBay 上，它通常是一个糖果盒，一个二手套鼓，或者其他物品。在 Yahoo! 网上，对关键词搜索旁边的广告位的拍卖，带给他们超过 100 亿美元的收入。在澳大利亚，甚至房子也是通过拍卖来销售的。普遍的特征是有一个卖家和许多个买家。买家为了得到物品相互竞争，出价最高者取胜。

若认为拍卖只是销售物品的一种途径，这样的观点未免太狭隘。拍卖还用来购买物品。一个很好的例子是，当地政府想要修建一条公路，于是采取招标的方式决定由谁来建这条路。在这里，出价最低者取胜，因为政府希望以尽可能便宜的代价购买到铺路服务。这就是所谓的采购拍卖。在此类拍卖中，有一个买家，还有许多想要得到买家生意的卖家。⊖

在拍卖中，竞价需要策略。当然，事实上你只需要一个竞价号牌或者

⊖　采购拍卖更加复杂，因为竞价者用的并非同一通货。在一个标准拍卖中，当阿维纳什出价 20 美元，巴里出价 25 美元时，卖者知道 25 美元是一个比较好的竞价。但是，在一个采购拍卖中，我们并不能确定阿维纳什出价 20 美元修路比巴里出价 25 美元更好——工程质量可能不同。这就解释了为什么逆向拍卖不能在 eBay 运行良好。设想你想买一架珍珠 Export 系列的套鼓。这种商品在 eBay 上很常见，而且通常在任何时候都有十多架待售。要发起一个采购拍卖，你需要让所有的卖者互相竞价。然后在拍卖结束时，你用最低的价钱购买到了套鼓（假设它低于你的保留价格）。问题在于，你可能考虑套鼓的颜色、年代以及卖家的可靠度及及时发货的声誉。出价最低的不一定就是最好的。但是，如果你不总是选择最低的出价，那么卖家就不知道他们需要出多低的价格才能赢得你的生意。一个通常在理论上比在现实中更有效的解决方法是，强制实施一个业绩标准。这种方法的问题在于，出价高于最低标准的竞价者在拍卖中通常得不到什么回报。由于采购拍卖比较复杂，我们主要集中讨论常规的拍卖。

拍卖账号。但这导致了一个问题：人们由于冲动或者兴奋而投了标，结果却使他们后悔终生。要在拍卖环境下表现良好就需要策略。你应该尽早出价，还是等到拍卖即将结束时才竞价呢？如果你对一件物品的估价是100美元，你应该出多高的价？如何避免赢得拍卖后又后悔自己出价过高的情况发生呢？如我们以前所讨论的，这种现象称为赢家的诅咒；在此，我们将解释如何避免此类现象。

你是否应该参加一场拍卖？澳大利亚的房屋拍卖市场说明了买家的困境。设想你对一栋定于7月1日拍卖的房子很感兴趣。但是，你更喜欢在那一周后将要拍卖的那栋房子。你愿一直等到第二个拍卖时再参与竞价，冒最后一栋房子都得不到的风险吗？

我们打算从描述某些基本的拍卖类型着手，继而讨论博弈论可以怎样助你竞价，以及帮你明白合适放弃竞价。

英式和日式拍卖

最有名的拍卖类型是英式拍卖或者增价拍卖。此种情形中，拍卖人站在拍卖室的前面，大声喊出不断增长的出价：

> 我听到的是30吗？戴粉红色帽子的女士出价30。
> 40？好，我左边的这位先生出价40。
> 有人要出50吗？50，有没有人？
> 40第一次，第二次，成交。

在这里，最优的竞价策略——尽管它几乎不值得用策略这个术语，非常简单。你应该一直出价，直到价格超出了你的估价，然后你就退出。

解决竞价增加的问题，通常有一点技巧。设想竞价以10为单位递增，但是你的估价是 95。那么你就应该在 90 的时候停止竞价。当然，知道了这一点，你可能想要考虑你应该在 70 的时候还是在 80 的时候成为高竞价者，因为你知道 90 是你的最后出价。在接下来的讨论中，我们将假设竞价的递增量非常小，只有一美分，这样，这些最后阶段就不重要了。

唯一棘手的部分是决定你的"估价"指什么。我们认为你的估价就是刚好让你转身离开的数字。它是你仍然想赢得这项物品的最高价格。再多一美元你就宁可放弃，而少一美元你就愿意支付这个价格，但只是勉强愿意支付。你的估价可以包括你不想让这件物品落到对方手中的某个溢价；还可能包括赢得竞价的兴奋；也可能包括将来转手卖出的预期价值。当把所有这些成分都放在一起考虑时，你的估价就是这样一个数字：如果你不得不支付这个价钱，你就不再在乎你是赢了还是输了这场拍卖。

估价分为两种，私人的和共同的。在一个私人价值的世界里，你对这件物品的估价根本不依赖于其他人认为它值多少钱。所以，你对一本带有作者个性化签名的《妙趣横生博弈论》的估价，与你的邻居认为它值多少钱没有关系。在一个共同价值的情况下，竞价者知道这件物品对他们所有人而言，价值是一样的，尽管每个人对共同价值是多少可能持有不同观点。一个标准的例子是对一份近海石油合约的竞价。那里的地底下有一些石油。尽管油的数量可能不确定，但是不管是埃克森石油公司还是壳牌石油公司赢得竞标，油的数量都是一样的。

实际上，一件物品的价值通常既包含私人成分的元素，也包含共同成分的元素。所以，一家石油公司开采石油的技术可能高于另一家公司，于是这在基本共同的东西上加上了个人价值元素。

在共同价值的情形中，你对某物品价值的最佳猜测可能取决于还有谁在竞价或者还有多少人竞价，以及他们什么时候退出。在英式拍卖中，这些信息是隐蔽的，因为你从来都不知道还有谁愿意竞价但还没有开始行动。而且，你也不确定某个人是什么时候退出的。你知道他们的最后出价，但却不知道他们出价能出到多高。

有一个英式拍卖的变体，其透明度比较高。这就是所谓的日式拍卖，所有竞价者开始时都举着手或者摁着按钮。出价通过一个仪表上升。这个表可能从 30 开始，然后是 31，32，……并继续上升。只要你的手是举着的，你就是在竞价。你通过放下你的手表示退出。规则是一旦你放下了你的手，你就不能再举起来了。当只剩下一个竞价者举着手时，拍卖就结束了。

日式拍卖的一个优点是，有多少个竞价者在参与竞价一直是很明确的。在英式拍卖中，即使一个人一直想出价，他也可以保持沉默。然后，这个人可以在竞争的最后意外地出价，参与到竞价中来。在日式拍卖中，你可以确切地知道有多少个竞争者，甚至每个人在什么价格上会退出。所以，日式拍卖就好比是一个人人都必须露出他们的手的英式拍卖。

一个日式拍卖的结果很容易预测。因为竞价者会在价格达到他们的估价时退出，所以最后剩下的人将成为估价最高的那个人。获胜者将要支付的价格等于次高出价。理由是拍卖在倒数第二个竞价者退出的时候就结束了。最后的价格是次高估价。

因此，这件物品就卖给了那个有最高估价的人，而卖家收到的支付等于次高估价。

维克里拍卖

1961 年，哥伦比亚大学的经济学家及后来的诺贝尔奖获得者威廉·维克里发明了一种不同类型的拍卖。他自己称之为次价拍卖，而现在，我们

为了向他表示敬意，将它称为维克里拍卖。⊖

在维克里拍卖中，所有的出价都放在一个密封的信封里。当打开信封决定获胜者时，最高出价胜出。但是这里有一个转变。获胜者并不支付自己的出价。而是只需支付次高出价。

这个拍卖的亮点甚至神奇之处在于，所有的竞价者都有一个优势策略：按照他们真实的估价出价。在一个常规的密封竞价拍卖中，出价最高者胜出，并且支付他的实际出价，竞价策略是一个复杂的问题。你应该出什么价取决于博弈中还有多少个其他竞价者，以及你认为他们对这件物品的估价是多少，甚至你认为他们认为你的估价是多少。结果，这变成了一个很复杂的博弈，每个人都必须考虑其他每个人在做什么。

在一个维克里拍卖中，你需要做的只是找出这件对你来说值多少，然后把这个数额写下来。你无须雇用一个博弈论学家来帮你竞价，我们可就遗憾了啊。实际上，我们喜欢这个结果。我们的目标是策略性设计这个博弈，以使参与者在参与博弈时无须进行策略性思考。

你的竞价策略为何如此简单？原因在于它是一个优势策略。无论博弈中的其他参与者如何行动，优势策略都是你的最佳策略。所以，你无须知道还有多少其他参与者，他们在想什么，以及他们在做什么。你的最佳策略不依赖于任何其他人的竞价。

这就给我们带来了一个问题：我们如何知道按自己的估价来出价的策略是一个优势策略呢？下面的例子就是上述一般结

健身之旅 6

设想在一场维克拍卖中，你可以在出价之前弄清楚还有多少其他竞价者参与到这个拍卖中。若暂时不考虑道德问题，那么这件物品对你来说值多少？

⊖ 其开创性的论文是 " Counterspeculation, Auctions, and Competitive Sealed Tenders ", Journal of Finance16（1961）：8-37。虽然维克里是第一个研究次价拍卖的，但它的使用至少可以追溯到 19 世纪，那时候它被集邮爱好者所使用。甚至有证据表明，歌德（Goethe）曾在 1797 年向公众出售他的手稿时，采用了次价拍卖。[见 Benny Moldovanu 与 Manfred Tietzel, " Goethe's Second-Price Auction, " *Journal of Political Economy*，106（1998）：854-59]。

论的基础。

你正在参与一个维克里拍卖，且你对这件物品的真实估价是 60 美元。但是你的出价不是 60 美元，而是 50 美元。为了说明这是一个坏主意，我们要以结果来论英雄。什么时候出价 50 美元而不是 60 美元会导致不同的结果？实际上，很容易把这个问题反过来问。什么时候出价 50 美元和 60 美元导致的结果相同？

如果其他某个人出价 63 美元或 70 美元，或者任何高于 60 美元的价格，那么 50 美元和 60 美元的出价就会失败。所以，它们之间没有差别。在这两种情况下，你输掉了拍卖，两手空空地离开。

如果其他最高出价低于 50 美元，如 43 美元、50 美元或 60 美元的竞价也会导致相同的（但这次是比较令人愉快的）结果。如果你出价 60 美元，那么你就会赢得拍卖，然后支付 43 美元。如果你出价 50 美元，你也会赢得拍卖，然后支付 43 美元。原因是在两种情况下你都是最高出价者，而且你的支付价是次高价格，即 43 美元。当次高出价是 43 美元或者任何低于 50 美元的价格时，出价 50 美元不会为你省下钱（与出价 60 美元相比）。

我们已经看了这两个竞价导致完全相同结果的情况。基于这些情况，没有任何理由喜欢一个竞价胜过另一个竞价。剩下的问题就是这两种竞价在哪里开始分道扬镳的。这就是我们可以判断哪个竞价产生更好结果的方法。

所有的对手竞价不论是都高于 60 美元，还是都低于 50 美元，结果没什么不同。剩下的唯一的情况是最高竞价在 50 美元到 60 美元之间，如 53 美元。如果你出价 60 美元，你将赢得拍卖并支付 53 美元。如果你出价 50 美元，那么你就会输掉拍卖。因为你的估价是 60 美元，你宁可赢得拍卖并支付 53 美元，也不愿意输掉拍卖。

收入等价

此时，你可能已经发现，维克里拍卖得到的结果与英式（或日式）拍卖相同，都是一步完成。在两种情况下，结果都是估价最高的那个人赢得拍卖；在两种情况下，获胜竞价者支付的都是次高估价。

在英式（或日式）拍卖中，每个人都根据自己的估价而出价，所以当出价达到次高估价时，拍卖便结束了。剩下的竞价者就是估价最高的那个人。且受出价间隔的不确定的影响，获胜的竞价者支付的价格是倒数第二个竞价者退出的出价，即次高估价。

在维克里拍卖中，每个人都根据自己的真实估价出价。所以估价最高的人是获胜的竞价者。根据规则，这个人只需要支付次高的出价，这也正好是次高的估价。

因此表面看来，这两种拍卖得到了完全相同的结果。同样的人胜出，且胜出者支付同样的价格。当然，总是存在一个出价间距的问题：若出价是以 10 为单位增长的，那么一个估价 95 的竞价者可能会在 90 的时候就退出了。若增长单位非常小，则这个人将恰好在其估价上退出。

这两种拍卖之间也存在着细微差别。在英式拍卖中，竞价者可以通过观察其他人的出价，获悉一些有关其他人认为该物品值多少的信息。（还有许多观察不到的潜在出价。）在日式变体中，竞价者可以了解更多。每个人都能看到别人在什么价格上退出。相反，在维克里拍卖中，获胜的竞价者在拍卖结束之前，都没有机会得知关于其他出价的任何信息。当然，在私人价值拍卖中，竞价者并不在乎其他人认为这件物品值多少。因此，额外的信息就无关紧要了。这就使我们得出了以下结论：在私人价值环境下，卖家无论是采用维克里拍卖，还是采用英式（日式）拍卖，最后将得到同样金额的钱。

可以证明，上述结论只是一个更为普遍的结果的一部分。在很多情况下，规则的改变并不会给卖家带来更多或者更少的收益。

买家的额外费用

如果你在苏富比或佳士得拍卖行的拍卖中胜出，你可能惊奇地发现，你应支付的数额大于你的出价。这不止包括我们谈论的销售税。拍卖行会向买家加收 20% 的保险费。如果你以 1 000 美元的出价赢得了拍卖，他们将希望你给他们开一张 1 200 美元的支票。

谁来支付买家的保险费呢？明显的答案是买家。但如果答案真的这么明显，我们肯定就不会问这个问题了，或者，我们只是为了让你保持清醒才问了这个问题？

呃，其实支付保险费的不是买主，而是卖家。要得到这个结果，我们只需假设买家知道这个规则，且在出价的时候考虑了这个规则。假设你自己正处于一个收藏家的位置，愿意支付 600 美元。你会出多高的价格？你的最高出价应该是 500 美元，因为你可以预计，说出 500 美元实际上意味着加上买家保险费后你要支付 600 美元。

你可以想象买家保险费只不过是一个货币换算或货币代码。当你说100 美元的时候，你的真实意思是 120 美元。^〇每一个竞价者都相应地按比例缩减自己的出价。

如果你的胜出价是 100 美元，你就不得不开一张 120 美元的支票。你并不关心这 120 美元中有 100 美元给了卖家，另外 20 美元给了拍卖行。你只在意这幅油画花了你 120 美元。从你的角度出发，你也可以设想是卖

〇 考虑这个博弈的一种方法是，假设该拍卖在纽约举行，但竞价者却以欧元出价。这样，当竞价者说出 500 时，他预期要支付 600 美元。很明显，改变用于拍卖的货币并不能给拍卖行带来更多的收入。如果苏富比拍卖行宣布周一的拍卖将以欧元进行，每个人都会进行计算，将他们的出价换算成美元（或日元，在某种情况下）。不管货币单位是什么，他们都知道出价"100"的真实成本。

家拿走了所有的 120 美元，然后交给了拍卖行 20 美元。

我们的重点是，获胜的竞价者仍然支付同样数额的价钱。唯一的差别在于，现在拍卖行得到了总价格的一部分。所以保险费用完全是由卖家承担的，而不是买主。

在这里，更大的剥夺是你可以改变博弈的规则，但是参与者会调整他们的策略，以考虑适应新的博弈。在很多情况下，他们恰好精确地抵消了你所做的改变。

网上拍卖

尽管维克里拍卖可以一直回溯到歌德，但是直到近年，这种拍卖形式才开始变得相对普遍。如今，它已成为网上拍卖的标准。以 eBay 为例。你并不是直接在 eBay 拍卖中竞价。相反，你采取一种称为委托出价的方法。你授权 eBay 为你的竞价代理，替你出价。这样，如果你给他们的委托出价是 100 美元，而现在的最高竞价是 12 美元，那么 eBay 就会首先为你出价 13 美元。如果这个价格高到足以赢得拍卖，他们就停止出价。但是如果有其他人出了委托竞价 26 美元，那么 eBay 就会为那个人出价 26 美元，而你的委托竞价就一直上升到 27 美元。

看上去，这只不过像是一个维克里拍卖。把委托竞价看作维克里拍卖中的竞价。有最高委托出价的人最后成为胜者，而且他支付的数额等于次高的委托出价。

为了具体地说明这一点，设想有三个委托出价：

A: 26 美元

B: 33 美元

C: 100 美元

一旦竞价达到 26 美元，A 的代理就退出了拍卖。B 的代理将迫使竞价上升到这个水平。而 C 的代理也会推动竞价一路上升到 34 美元。所以，C 将赢得拍卖，然后支付次高的委托竞价。

如果人人都必须同时地、一次性地、完全地提交他们的委托竞价，那么，这个拍卖就与维克里拍卖完全相同，而且我们可以建议每个人直接参与拍卖，并以他们的真实估价出价。以真实估价出价将是一个优势策略。

但是这个拍卖并不是这样进行的，而且一些小小的中断使人们迷上竞价。一种复杂情况是，eBay 通常同时有几件相似的物品待售。所以如果你想买一个二手的珍珠 Export 系列的套鼓，任何时候你都有十个左右的选择。不论哪个套鼓最便宜，你可能想要出的价最高为 400 美元。虽然你愿意为任何一个套鼓最高支付 400 美元，但你绝不会对一个其他人可以用 250 美元买到的版本出价 300 美元。你也可能更喜欢在一个比一周内结束更快的拍卖会上竞价，从而知道你是否赢得了拍卖。

这一点可以归结为：不论现在还是将来，你对正在售出的物品的估价取决于其他同类待售物品。所以你不能独立于拍卖而进行估价。

狙击

但是，让我们看一个不考虑上述复杂情况的案例。在此我们转向某个拍卖独一无二的物品的情形。你有理由不立刻参与，不向代理竞价（proxy bid）提交自己的真实估价吗？

作为一个经验性问题，人们常常不会立刻参与竞价。他们通常一直等到最后一分钟甚至是一秒钟，才报出其最佳代理竞价。此种招数名曰狙击。事实上，确有像 Bidnapper 之类的网络服务可以为你提供狙击，从而你不必呆地等到拍卖快结束时才提交你的出价。

为什么要狙击？我们已经在维克里拍卖中指出，以你的真实估价出价是一个优势策略。狙击的产生，一定是因为代理竞价和维克里拍卖之间的细微差别。关键的不同是，在拍卖结束之前，其他竞价者可能会从你的代理竞价中得知一些信息。如果他们得知的信息会影响他们的竞价，那么你就有动机把你的出价甚至你的代理竞价隐藏起来。

过早的代理竞价可能会泄露一些有价值的信息。例如，倘若一个家具交易商在一把特别的包豪斯椅子上竞价，你可能（很合理地）推断这把椅子是真货，而且具有历史价值。如果这个交易商愿意出 1 000 美元购买这把椅子，那么你就会很乐意支付 1 200 美元，这个较高的价格使你有希望从这个交易商那里赢来这把椅子。所以交易商不希望其他人知道他愿意出多高的价钱。这就使交易商一直等到最后才输入一个竞价。在那个时候，你或其他人已经来不及做出反应了。直到你发现交易商也在参与竞价的时候，拍卖已经结束了。当然，这表明，竞价者的真实身份对其他人是公开的，且不允许使用化名。⊖不过，狙击是如此普遍，这也表明还可以存在其他的解释。

我们认为对狙击最好的解释是，很多竞价者不知道自己的真实估价。以一辆老式的保时捷 911 为例。竞价的底价是 1 美元。当然，我们对这辆车的估价不是 1 美元。我们对这辆车的估价为 100 美元，甚至是 1 000 美元。假如竞价低于 1 000 美元，我们便可以确信这是一笔很划算的交易。我们不必查找蓝皮书里的价格，甚至不必跟我们的配偶商量是否需要另外买一辆小汽车。这里的问题是我们很懒。找出我们对一件物品的真实估价需要做一些工作。如果我们根本不需要做出这些努力便可以赢得拍卖，那么我们宁愿走这个捷径。

这就是狙击开始起作用的原因。设想我们的专业买家对这辆老式保时捷 911 的估价是 19 000 美元。这个买家将更愿意在尽可能长的时间内保持

⊖　虽然创造一个化名非常容易，但如果这个竞价者没有追踪记录，卖家可能不愿接受其出价。

较低的竞价。如果买家一开始就输入 19 000 美元的代理竞价，那么我们没头脑的 1 000 美元的代理竞价就会把价格直接提高到 1 000 美元。这时候，我们就会意识到我们需要得到更多的信息。在这个过程中，我们的配偶可能会来凑热闹，让我们把出价提高到 9 000 美元。如果其他竞价者有机会做他们的准备工作，这可能使最终价格上升到 9 000 美元或者更高。

但是，如果 19 000 美元的代理竞价者保存着自己的实力，那么只有到了拍卖的最后一刻，竞价才可能超出 1 000 美元，这时候，我们已经来不及重新提交一个更高的竞价了，即使假设我们一直都想出更高的价格，且可以很快得到配偶的同意。

狙击的一个原因是让其他人不知道关于己方估价的信息。你不希望人们获悉他们慢吞吞的竞价其实并没有机会获胜。如果他们很早便发现了，他们就会有机会做一些准备工作，而这将会导致你付出更多，虽然你仍然可以获胜。

就像你已经获胜那样竞价

博弈论中，一个有力的思想是，如同一个结果主义者那样行动的观念。我们提及这种观念的意思是：向前展望，看清行动将导致的后果；然后看看你的行动出现什么结果。然后，你应当在采取行动的时刻将那些后果作为当前行动的相关因素加以考虑。事实证明，这种观念在拍卖及生活中至关重要。它是避免"赢家的诅咒"的重要工具。

为了形象地说明这一点，不妨想象你正向某人求婚。这个人的回答可以是愿意或不愿意。若答案是不愿意，则结果是你将一无所获。但若答案是愿意，则你将踏上结婚的旅途。我们的主张是，你在问这个问题时应假设答案将是愿意。我们都很清楚，这实际上是在采取一种乐观的态度。你的求婚对象也很可能说不愿意，那样你就会非常失望。但是，之所以仍要求你假设求婚对象会说愿意，原因是你要为那个结果的到来做好准备。这样的话，你也应该说愿意。如果听到你的求婚对象说愿意后，你却还想再考虑，那你一开始就不应该去问这个问题。

在求婚时，假设得到的答案将是愿意乃自然而然的行事方式。但在谈判和拍卖情形，这却是一种需要学习的方法。大家不妨在以下的博弈中先练练手。

阿珂姆公司

你是阿珂姆公司的一个潜在买家。由于你有丰富的博弈论知识，因而将有能力使阿珂姆的市值增长 50%，而无论其现在市值是多少。问题是你对这家公司的现值存有疑问。在进行了审慎的调查后，你把市值定在 200 万美元与 1 200 万美元之间。平均市值是 700 万美元，且你认为所有在 200 万到 1 200 万美元范围内的选择是等可能的。以这种方式确定出价后，你就要给所有者们提出一个一次性的"要么接受，要么放弃"的出价。他们将接受任何高于现值的出价，反之则拒绝。

假设你出价 1 000 万美元。若结果表明这家公司的现值是 800 万美元，那么你可以使它增值到 1 200 万美元。于是你就会支付 1 000 万美元购买一家价值 1 200 万美元的公司，所以你的利润将是 200 万美元。如果公司只值 400 万美元，那么你可以使它增值到 600 万美元，但是你支付了 1 000 万美元，所以最后会亏损 400 万美元。

你对现任所有者的最高出价应该是多少，才能保持预期盈亏的平衡？我们这里的盈亏平衡的意思是，尽管你不可能在每种情况下都赚钱，但是平均来说你会既不赚也不亏。注意，我们并非推荐你出这个盈亏平衡的价格。你的出价应该总是低于这个数额。这只是一种找到你出价上限的方法。

面临上述问题，大部分人推理如下：

> 平均来说，这家公司价值700万美元。我可以使它增值50%，即增值到1050万美元。所以，我可以一直出价到1050万美元，而且仍然不会亏损。

1050万美元是你要出的价钱吗？我们希望不是。

请回头考虑一下求婚的例子。在这里，你在追求一次收购。如果他们说同意会怎样？你还想继续下去吗？如果你出价1050万美元，且所有者声称同意，那么你就获悉了一些坏消息。你将获悉公司现在不值1100万美元或1200万美元。当所有者同意1050万美元的出价的时候，这个公司的价值就是在200万美元到1050万美元之间，即平均625万美元。问题在于，即使你的绩效可以给公司带来50%的增值，这也只是将价值提高到937.5万美元，这个价值远远低于你给出的1050万美元。

这是一个严重的问题。似乎只要他们说同意，你就不再想买这家公司了。克服这个问题的办法是：假设你的出价会被接受。这样的话，如果你想要出价800万美元，你就可以预计，当这个出价被接受时，这家公司的价值在200万美元和800万美元之间，平均价值是500万美元。在500万美元基础上的50%的溢价，只会给你带来750万美元，而这不足以弥补800万美元的出价。

600万美元的出价也可以用这种方法。你可以预计，当卖家说同意的时候，公司的价值在200万美元到600万美元之间，平均价值是400万美元。50%的溢价使价值回升到了600万美元，即盈亏平衡点。卖家说同意的事实的确是一个坏消息，但对交易来说倒也不算致命。你不得不向下调整你的出价，考虑哪些卖家会对你说同意。

让我们把上述情形总结一下。如果你出价 600 万美元，且假定你的出价被接受，那么你将预计这家公司仅仅值 400 万美元，所以当你的出价被接受时你并不会感到失望。⊖在大多数情况下，你的出价会被拒绝，这时你就低估了这家公司的价值，但是在这些情况下，你并不会结束与这家公司的关系，所以这个失误无关紧要。

这种假设你已经赢了的思想，是在密封竞价拍卖中做出正确竞价决策的重要内容。

密封竞价拍卖

密封竞价拍卖的规则很简单。每个人都把自己的出价封入信封；然后打开所有的信封，出价最高的竞价者胜出，并向拍卖人支付其出价。

密封竞价拍卖的诀窍部分在于决定出价多少。对于新手来说，千万不要以自己的估价出价（更高的价格会更糟）。如果你这么做了，你得到的最好的结果肯定是盈亏相抵。与上述策略相比，采取隐藏一定金额而使出价低于自己估价的策略将更好一些。因为这样做，至少还让你有机会赢利。⊖你应该隐藏多少金额来出价，取决于有多少其他人参与拍卖的竞

⊖ 如果你不明白我们是怎样得到 600 万美元的，以下是可以采用的计算方法。如果一个 X 美元的出价被接受了，那么卖主的估价就在 200 万美元到 X 美元之间，平均价值是 $(2+X)/2$。你使公司的初始价值增值了 50%，即增加到原来的 1.5 倍。盈亏相抵表示你的出价 $X = (3/2) \times (2+X)/2$，或者 $4X = 3(2+X)$，或者 $X = 6$。这比计算这个数字更容易检验 6 就是正确答案。

⊖ 在采购拍卖中，这个建议需要反过来。设想你自己是一份合同的竞价者，比如一段高速公路的建设合同。你的成本（包括你投资要求获得的正常回报）是 1 000 万美元。你应该提交多高的竞价呢？你千万不要提交一个低于你成本的出价。例如，假设你出价 900 万美元。若你没有赢得拍卖，这就不存在什么不同；但如果你赢得了拍卖，你将得到一个低于自己成本的支付。这样，你将要铺的路就是一条通往自己破产的道路了。

争，以及你预期他们将出价多少。但是，他们的出价又取决于他们对你出价的预期。结束这种无限的预期循环的关键一步是，总是在假设你已经赢得拍卖的情况下出价。当你写下你的出价时，你应该总是假设所有其他竞价者的出价都在你之下。然后，在这种假设下，你应该考虑这是不是你的最佳出价。当然，做这种假设时，你通常会得出错误的出价。但是当你犯错时，这种错误无关紧要——其他人的出价就会超过你，所以你不会赢得拍卖。但是当你正确时，你就会成为获胜的竞价者，因而你做的假设是正确的。

有一种方法可以证明，你出价时的确应该总是假设自己会赢得拍卖。设想你在拍卖行内部有一个同谋。在你的出价是最高价的时候，这个同谋可以把你的出价向下调。不幸的是，他不知道其他人的出价是多少，而且不能准确地告诉你把你的出价降低了多少。并且，如果你不是最高的出价者，他就什么也帮不了你了。

你愿意雇用他服务吗？你可能不愿意，因为这是不道德的；你可能不愿意，因为你害怕会把获胜的竞价变成一个失败的竞价。但是，你与他合作，设想你愿意利用他的服务。你的初始出价是 100 美元，在知道了这个出价可以获胜后，你就指示他把出价降低到 80 美元。

如果这是一个好主意，你也可能从一开始就出价 80 美元了。为什么？让我们对比一下这两种情况。

方案A	方案B
出价 100 美元	出价 80 美元
如果 100 美元是最高价格，则 80 美元是次高出价	

如果 100 美元会输掉拍卖，那么出价 100 美元与 80 美元就没有区别。两个都是失败的出价。如果 100 美元会赢，那么你的同谋会把出价降低到

80 美元，在这种情况下，这与你始终都出 80 美元的情况下所得的结果相同。简而言之，出价 100 美元然后再降价到 80 美元（当你获胜的时候）与一开始就出价 80 美元相比没有什么优势可言。既然你可以在实际没有同谋也没有采取不道德的行动的情况下，得到与有同谋时相同的结果，那么你也可能在一开始就出价 80 美元了。所有这些都说明，当你考虑该出价多少时，你应该假设所有其他竞价者的出价都或多或少地低于你的出价。有了这些假设做准备，然后你再考虑你的最好出价。

让我们先在荷兰兜兜风，然后再回头来弄明白应该出价多少。

荷式拍卖

股票是在纽约股票交易所交易；电子设备是在东京秋叶原电子城销售；而荷兰则是全世界购买花卉的地方。在阿斯米尔花卉拍卖市场上，拍卖"行"占据了约 160 英亩。一般情况下，每天约有 1 400 万朵鲜花和 100 万盆栽转手。

阿斯米尔及其他荷式拍卖略微不同于苏富比拍卖的地方是，竞价的方向相反。荷式拍卖不是从一个低价开始之后让拍卖人连续喊出更高的价格，而是从一个高价开始然后往下降。设想一个仪表从 100 开始，然后逐渐下降到 99、98……第一个让仪表停住的人会赢得拍卖，并支付仪表停止时的价格。

这种拍卖与日式拍卖相反。在日式拍卖中，所有的竞价者都表明他们的参与。价格一直上升，直到只剩一个竞价者的时候。而在荷式拍卖中，价格开始很高，然后一直下降，直到第一个竞价者表明他参与到拍卖。如果你在一个荷式拍卖中举起了手，这个拍卖便结束了，你赢得了拍卖。

你不必去荷兰参加一个荷式拍卖。你可以派一个代理人替你出价。思考一下你可能给代理人的指示。你可能说等到牵牛花的价格降到86.3的时候就出价。当你仔细考虑这些指示时，你应该预计，如果竞价降到86.3，那么你就是获胜的竞价者。如果你曾在拍卖行待过，你就会知道所有的其他竞价者也是这样行动的。有了这些准备知识，你就不想改变你的出价了。如果你再多等一会儿，其他竞价者中的一个可能突然进入，取代你的位置。

当然这始终都是正确的。在你等待中的任何时间，另一个竞价者都有可能进入。问题在于，你等待的时间越长，失去获益的风险就越高。而且你等待的时间越长，其他某个竞价者即将进入的风险就越大。在你的最优出价点，不再值得为了从支付较低价格中节约开支而提高失去战利品的风险。

在很多方面，这与密封竞价拍卖中你可能采取的行动相似。你给竞价代理的指示与你在密封竞价拍卖中写下的价格相似。其他所有人也是如此。写下最高数字的人与第一个举起他的手的人是一样的。

荷式拍卖与密封竞价拍卖的唯一差别在于，当你在荷式拍卖中竞价时，你知道你已经获胜了。当你在密封竞价拍卖中写下你的出价时，你只有晚些时候才会知道你是否获胜。但是，请记住我们的拍卖指南。在一个密封竞价拍卖中，你应该在假定会赢的情况下出价。你应该假装所有其他竞价者的出价都或多或少低于你的出价。这正是你在荷式拍卖中竞价时所处的境地。

所以，你在这两种拍卖中出价的方法是一致的。正如一个英式拍卖和

健身之旅7

你应该在一个密封竞价拍卖中出价多少呢？为了简单起见，你可以设想只有两个竞价者。你相信另一个竞价者的价值是等可能的出现在0到100之间的任何一个值，而且这个竞价者对你的也有同样的信念。

维克里拍卖在同一地方结束一样，荷式拍卖与密封竞价拍卖也是如此。因为参与者出价的数额相同，所以卖家也得到相同的数额。当然，这还没告诉我们应该出价多少。它只不过说明了我们有两个相同答案的秘密。

应该出价多少，这一问题的答案是拍卖理论中最杰出的成果之一：收益等价定理。其结论是说，若估价为私人的且博弈为对称的，则不论拍卖类型是英式拍卖、维克里拍卖、荷式拍卖，抑或密封竞价拍卖，卖家在平均意义上将得到同样金额的钱。[⊖]这意味着，给定你是估价最高者这一信念，最优策略是根据你认为的第二高估价来出价，如此，荷式拍卖和密封竞价拍卖就会存在一个对称均衡。

在一个对称拍卖中，每个人关于其他人都有同样的信念。例如，人人都会认为每个竞价者的估价等可能地在 0 到 100 之间变化。在这种情况下，不论这个拍卖是荷式拍卖还是密封竞价拍卖，只要所有其他竞价者的估价都低于你的估价，你都应该以你所预期的次高竞价者的估价进行出价。例如，如果你的估价是 60，若只有一个其他竞价者，你就应该出价 30；若有两个其他竞价者，你的出价应该是 40；而若有三个其他竞价者，你的出价应该是 45。[⊖]

你可以看出，这将导致收益等价。在一个维克里拍卖中，有最高估价

⊖　这个结论最早是罗杰·迈尔森得出。在一个基本层面上，这归因于如下事实：每一个竞价者都把注意力集中到结果上，而不是方法上。一个竞价者真正关心的只有他预期应该出价多少，以及他赢得这件物品的可能性有多大。他可以支付更高的价格，以增加他获胜的机会，而那些认为对这件物品的估价更高的竞价者也会这么做。这一洞见是迈尔森获得 2007 年诺贝尔奖的几个拍卖理论贡献之一。详见其开创性论文 "Optimal Auction Design", *Mathematics of Operations Research*, 6(1981):58-73。

⊖　一般而言，你会猜想其他竞价者的估价等可能地在你的出价和 0 之间取值。所以，当有一个其他竞价者时，这个人的估价是你的估价的一半；有两个其他竞价者时，你预期他们的估价是 20 和 40；有三个其他竞价者时，你预期他们的估价是 15、30 和 45。你以所预期的对手的最高估价进行出价。随着竞价者数目的增加，你可以发现，出价会收敛于估价。随着竞价者数目的提高，这个市场将趋向于完全竞争市场，而且所有的剩余都归卖主所有。

的人获胜，但是只需支付次高的出价，也就是次高的估价。而在一个密封竞价拍卖中，每个人都以其认为的次高估价出价（假设他们是最高估价者）。有真正最高估价的那个人将获胜，且这个出价平均而言与维克里拍卖中的结果相同。

这里更大的寓意是，你可以为一个博弈制定一系列的规则，但是参与者可以解开这些规则。你可以说，每个人都必须支付其出价的两倍，但是这只会导致人们只按一半的估价出价。你还可以说，人们必须支付他们出价的平方，但是这只导致人们按其本来的估价的平方根出价。这基本上就是在密封竞价拍卖中发生的情况。你可以告诉人们，他们必须支付自己的出价，而不是次高出价。作为回应，他们将更改他们要写下的数字。他们不会以自己的真实估价出价，而是隐藏自己的估价，使其降低到他们所预期的次高估价。

下面我们在世界最大的拍卖即国库券（T-bills）拍卖市场上试试你的直觉，看看你是否已经成为理论的信徒。

国库券

每周，美国财政部都会举行一次拍卖决定国债的利率，至少要决定那一周到期国债的利率。直到 20 世纪 90 年代初，该拍卖的运行方式仍然是获胜的竞价者支付其出价。在米尔顿·弗里德曼和其他经济学家的督促下，财政部在 1992 年试行了统一定价，并于 1998 年正式将这项变动方案永久化。[那时候的财政部长是拉里·萨默斯（Larry Summers），一位卓越的经济学家。]

我们将通过一个例子来解释两种情况之间的不同。设想财政部一周有 10 000 万美元的债券销售。下表中有九个竞价：

（单位：百万美元）

在利率上的出价	累积数额
3.1% 时 10	10
3.25% 时 20	30
3.33% 时 20	50
3.5% 时 15	65
3.6% 时 25	90
3.72% 时 20	110
3.75% 时 25	135
3.80% 时 30	165
3.82% 时 25	190

财政部希望支付尽可能低的利率。这意味着他们将从先接受最低竞价开始。因此，所有愿意接受 3.6% 或者更低的利率竞价者，以及一半愿意接受 3.72% 的利率的竞价者获胜。

在传统规则下，以 3.1% 为利率的 1 000 万的出价会获胜，且这些竞价者只能在他们的国债上得到 3.1% 的利息。3.25% 为利率的 2 000 万美元的出价将获得支付 3.25% 的利息，依此类推，一直到以 3.72% 为利率的 2 000 万美元的出价。注意，以 3.72% 为利率的出价数量多于 10 000 万美元待售债券所需的出价，所以只有一半的数额会被售出，而另一半将空手而归。⊖

在新的规则下，所有在 3.25% 和 3.6% 之间的出价都是获胜的出价，还有一半出价 3.72% 的人获胜。而在统一定价规则下，每个胜出的竞价者都得到最高的利率，在这个案例中是 3.72%。

你的第一反应可能是认为统一定价规则对政府来说更糟（而对投资者

⊖ 曾有一个简洁的规定，允许小的竞价者得到所有获胜竞价者的平均利率。如果你想竞价，却又比不上高盛集团及其他机智的投资者聪明，那么你可以只说出你想要的数额，但不说出利率。你一定会赢，而且你得到的利率是获胜竞价者的平均利率。在这一规则下，大的投资银行是不允许竞价的，只有小的投资者可以。

来说更好）。财政部不再是支付 3.1% 到 3.72% 之间的利率，而是向每个人支付 3.72% 的利率。

基于我们例子中所用的数字，你可能是正确的。这个分析的问题在于，人们不会在两个拍卖中使用同样的方法竞价。我们使用同样的数字，仅仅是为了揭示拍卖的机理。这是牛顿第三运动定律的博弈论模拟——每个作用力都有一个反作用力。如果你改变了博弈的规则，你必须预期到参与者将会以不同的方式竞价。

让我们用一个简单的例子来说明这一点。设想财政部曾经表示，你得到的利率不是你出价的利率，而是低于它 1% 的利率。所以 3.1% 的出价将仅得到 2.1% 的利率。你认为这会使财政部必须支付的利息改变多少？

我们是否会坚持使用上述同样的八个竞价？答案是会的，因为 3.1% 变成了 2.1%，而 3.25% 变成了 2.25%，依此类推。但是在新的制度下，原来打算竞价 3.1% 的人现在将会竞价 4.1%。每个人都将把竞价提高 1%，而当财政部调整以后，结果跟以前完全一样。

其实，这把我们带到了牛顿第三定律的第二部分：每一个作用力都有一个反作用力，大小相等且方向相反。后面的部分也可以用于竞价，至少对我们现在所看的例子是适用的。竞价者的反作用力抵消了规则的改变。

在竞价者调整了自己的策略后，财政部应该预期到，使用统一定价规则支付的利率，与支付竞价者自己的利率时结果是一样的。但是对竞价者来说，生活变得更加容易了。一个愿意接受 3.33% 利率的竞价者不必再制定策略决定应该出 3.6% 还是出 3.75% 了。如果他们对债券的估价是 3.33%，那么他们可以出价 3.33%，而且知道如果他们获胜，他们将至少得到 3.33% 的利率，而且很有可能得到更高的利率。财政部并没有损失

钱，而竞价者的工作却简单多了。[⊖]

很多博弈可能第一眼看上去不像是一个拍卖，但结果却是一个拍卖。现在，我们来看两个意志大战，优先权博弈与消耗战。在这两个竞争中，情况跟拍卖非常相似。

优先权博弈

1993 年 8 月 3 日，苹果电脑推出了牛顿（Original Newton Message）。这个牛顿不仅是一次失败，而且是一件令人难堪的事情。由苏维埃程序员编写的手写识别软件好像根本不能识别英文。在《辛普森一家》片段中，牛顿将"殴打马丁"错误识别为"吃光马萨"。杜斯贝里（Doonesbury）的漫画讽刺了牛顿手写识别所犯的这种错误。

5 年后的 1998 年 2 月 27 日，牛顿被彻底抹杀了。当苹果公司正忙于破产事务时，1996 年 3 月，杰夫·霍金斯（Jeff Hawkins）发明了掌上电脑 1000 处理器，这个发明很快便达到了 10 亿美元的年销售额。

牛顿是一个伟大的设想，可惜当时并非推出它的黄金时间。这就是存

⊖ 统一定价的国库券拍卖确切来说不是一个维克里拍卖。这里的复杂性在于，通过竞价更多的单位，竞价者可以降低其所赢得总金额的利率。这就导致一些策略竞价的因素。要把它转化成一个多元的维克里拍卖，每一个竞价者都必须在尚无人参与的思想实验中获得最高的获胜利率。

在矛盾的地方。等到你完全做好准备时，却错失了良机。进入太早反而失败了。《今日美国》的创办也面临着同样的问题。

大部分国家都有历史悠久的全国性报纸。法国有《世界报》和《费加罗报》，英国有《泰晤士报》《观察者报》《卫报》。日本有《朝日新闻》和《读卖新闻》，中国有《人民日报》，而俄罗斯有《真理报》。印度有《时代》《印度教徒报》《觉悟日报》，还有其他 60 个国家的报纸。只有美国人没有全国性日报。他们有全国性杂志（《时代》杂志、《新闻周刊》）和《基督教科学箴言报》周刊，但是没有全国性日报。直到 1982 年，艾伦·纽哈斯（Al Neuharth）才说服甘耐特（Gannett）报业委员会创办了《今日美国》。

在美国创办全国性报纸是一件令人头疼的事。报纸的发行本质上是一种本地商业。这意味着《今日美国》不得不在全国范围的工厂印刷。利用互联网，这是很简单的事情。但是在 1982 年，唯一现实的选择是卫星传输。采用彩色纸张，《今日美国》成了一项非常有风险的技术。

由于现在几乎随处可见蓝色的报匣，我们可能会认为《今日美国》必定也曾经是一个好主意。但是，仅仅因为今天的一点成功，并不意味着它过去就值得去花费这些成本。甘耐特报业花了 12 年的时间，才使这种报纸达到盈亏相抵。一路走来，他们损失了 10 亿多美元。而且那时候 10 亿美元还是现金。

只要甘耐特报业再多等待几年，这项技术就会使他们的旅途顺利得多。问题在于，在美国全国性报纸的潜在市场顶多只有一个。纽哈斯担心奈特瑞德报业（Knight Ridder）会首先发行，这样的话，他们将永远不会有销售橱窗了。

苹果公司与《今日美国》都是公司参与优先权博弈的案例。第一个发起行动的人有机会拥有这个市场，前提是他们取得成功。问题是应该什么时候扣动扳机。太早了你会打偏，等得太久你会被动挨打。

我们描述优先权博弈的方法表明，你应该决斗，且这个类比是恰当的。如果你开火过早且打偏了，你的对手就能向前且一定会击中你。但你若是等得太久，你可能还没有来得及开火就一命呜呼了。⊖我们可以将这次决斗模拟成一次拍卖。你可以把开枪的时机想象成出价。出价最低的人有机会首先开枪。而出价低的唯一问题是成功的机会也降低。

两个参与者希望同时开火的情况可能一开始会令人感到惊讶。当两个参与者的技术相同时，这是有可能发生的。不过，即使两个人的能力不同，这个结果也可能会出现。

设想一下它是另一种情况。假设你打算等到时间 10 点再开火。同时，你的对手打算在 8 点的时候开火。这对策略不可能是一个均衡策略。你的对手应该改变他的策略。现在，他可以等到 9.99 点再开火，这样可以增加他成功的机会，又不用冒会先被射中的风险。不论谁计划先开火，他必须等到其对手即将开火的前一刻开枪。

如果一直等到 10 点确有道理，你就必须愿意被射中，而后指望你的对手打偏。这与抢先第一个开枪是完全一样的。开火的正确时机是当你成功的机会与对手失败的机会相等的时候。而且，因为失败的概率是 1 减去成功的概率，这就暗示你应该在两个人成功的概率加起来达到 1 的第一时间开火。正如你可以预见的那样，如果这两个概率可以为了你加起来等于

健身之旅 8

设想你和你的对手都把你们要开枪的时间写了下来。在时间 t 上，你成功的概率为 $p(t)$，而你的对手成功的概率是 $q(t)$。如果第一枪便击中，那么博弈结束。而如果第一枪打偏，那么另一个人就会等到最后，然后一枪把对方击毙。你应该什么时候开枪？

⊖ 我们耶鲁大学的同事本·波拉克（Ben Polak），通过使用一对湿海绵来进行决斗，描述了优先权博弈。你们可以在家里（或者课堂上）做一下这个试验。你们开始时离得很远，然后慢慢地走向对方。你什么时候扔海绵？

1，那么它们也会为了你的对手加起来等于1。所以开枪的时机对两个参与者而言是相同的。你可以在我们的健身之旅中证明这一点。

我们模拟这个博弈的方法是，假设双方都能正确地了解对方的成功概率。这不可能总是正确的。我们还假设，先开火并失败的收益与让对方先开火并获胜的收益是相等的。就像他们可能会说的，有时候先尝试却失败总比从来都没有尝试要好得多。

消耗战

与优先权博弈相对的博弈是消耗战。这里的目标不是看谁先行动，而是看谁坚持得更久。这个博弈不是谁先进入的博弈，而是谁先退出的博弈。这个博弈也可以看作一个拍卖。把你的出价想象成是你愿意待在博弈中并损失金钱。这是一个有点奇怪的拍卖，因为所有的参与者最后都支付他们的出价。而仍然是最高的出价者获胜。并且在这里，甚至出价高于你的估价也可以讲得通。

1986年，英国卫星广播公司（BSB）赢得了向英国市场提供卫星电视的官方许可证。它可能成为历史上最有价值的特许经营权之一。许多年来，英国电视观众的选择仅限于两个英国广播电台（BBC）频道和独立电视台（ITV）。你已经猜到了，频道4使频道总数达到了4个。那时英国是一个有2 100万用户、高收入的、多雨的国家。而且，与美国不同，英国几乎没有有线电视。⊖所以，设想英国的卫星电视特许权每年可以带来20亿英镑的财政收入是完全现实的。有这样的未开发的市场真是难能可贵。

一切都对BSB有利的情形持续到1988年6月，那时，鲁珀特·默多克（Rupert Murdoch）决定打破这种好局面。用一个位于荷兰上空的老

⊖ 不足1%的家庭安装了有线电视，而且法律只限没有现场直播接收器的地区接入电缆。

式的阿斯特拉（Astra）卫星工作，默多克有能力向英国播送他的 4 个频道。这样，英国人终于可以欣赏到《达拉斯》了（不久便欣赏到了《护滩使者》）。

尽管市场看上去足够大，可以同时容纳默多克和 BSB，但是他们两家的激烈竞争使赢利的所有希望化为泡影。他们陷入了好莱坞电影的竞价之战，以及广告时段费用的价格之战。因为他们的广播技术是不兼容的，所以很多人都决定等着看谁会赢，然后再投资。

竞争一年之后，两家公司总共损失了 15 亿英镑。这是完全可以预料到的。默多克非常了解 BSB 是不会退让的。而 BSB 的策略是要看他们是否能让默多克破产。两家公司愿意遭受如此巨大的损失的原因是，获胜后的回报实在太大了。如果一方设法比另一方坚持得更久，他将得到所有的利润。你可能已经损失了 6 000 万英镑的事实无关紧要。不论你继续参加博弈还是退出，你都已经损失了这些钱。唯一的问题是，继续坚持下去的额外成本能否由获胜后得到的那一桶金所弥补。

就像你可能已经猜到的那样，我们可以把这个情况模拟成一个拍卖。各方的竞价就是它将在博弈中所待的时间，这依据财务亏损来衡量。坚持时间最长的公司获胜。此类拍卖的诀窍在于，根本不存在一个最佳竞价策略。如果你认为对方即将屈服，那么你应该一直待到下一个阶段。你可能认为他们即将屈服的原因是，你认为他们会认为你将继续待在博弈中。

正如你可以看到的，你的竞价策略全部取决于你认为他们在做什么，而这又反过来取决于他们认为你在做什么。当然，你其实并不知道他们在做什么。你必须在头脑中决定他们认为你在做什么。因为没有进行一致性检验，所以你们两个可能都对自己的能力过于自信，认为自己一定会比对方坚持的时间更长。这就可能导致大量的过高出价，或者导致两个参与者遭受大量的损失。

　　我们的建议是，这是一个危险的博弈。你的最佳行动是与对方达成一个交易。这就是默多克所做的。在最后的危急时刻，他与 BSB 公司合并了。承受损失的能力决定了对该合资企业的分成。两家公司都濒临倒闭的事实迫使政府允许这仅有的两家公司合并。

　　这个博弈第二个寓意是：永远不要与默多克打赌。

案例分析

频谱拍卖

　　所有拍卖之母是手机频谱许可证的销售。1994～2005 年，美国联邦通信委员会（FCC）筹集了 400 多亿美元。在英格兰，一个 3G（第三代）频谱的拍卖就获得了令人瞠目的 225 亿英镑的竞价，使其成为有史以来金额最高的单次拍卖。[1]

　　与传统的递增叫价拍卖不同，这些拍卖更加复杂，因为它们允许参与者同时在几个不同的许可证项目上竞标。在这种情况下，我们将向你提供一个美国首次频谱拍卖的简化版本，并要求你提出一个竞价策略。我们将看看与实际的拍卖参与者相比，你会怎么做。

　　我们简化的拍卖中将只有两个投标者，分别是美国电话电报公司（AT&T）和美国世通公司（MCI），且只有两个许可证，纽约（NY）和洛杉矶（LA）。两家公司对两个许可证都感兴趣，但是每家公司只能得到一个。

　　运行这个拍卖的一种方法是，按先后顺序出售这两个许可证。先 NY 然后 LA，还是应该先 LA 然后 NY？应该先销售哪一个许可证没有明显的答案。每种次序都会引发一个问题。假设 NY 先销售。AT&T 可能喜欢 LA 胜过 NY，但它知道赢得 LA 远远不能确定，于是不得不在 NY 上投标。AT&T 宁可在结束时得到一样许可证，也不愿一无所获。但是若赢得 NY，它接下来可能就没有足够的预算在 LA 上投标了。

　　在一些博弈论学家的帮助下，美国联邦通信委员会发现了一种解决这个问题的聪明的办法：他们发起一个同步拍卖。NY 和 LA 同时放到拍卖台上。事实上，参与者可以针对这两个许可证的任何一个喊出他们的出价。如果 AT&T 在 LA 上落标了，那么它既可以提高它在 LA 上的出价，也可以转向对 NY 出价。

仅当在竞价者都不愿意为待售的任何一个许可证提高出价的时候，这个同步拍卖才会结束。在现实中，这个同步拍卖的运行方式是将竞价分成几轮。在每一轮中，参与者可以提高出价，也可以保持原价不动。

我们用下面的例子来说明这个过程是怎样运行的。在第四轮结束时，AT&T 是在 NY 上较高的出价者，而 MCI 是在 LA 上较高的出价者。

	NY	LA
AT&T	6	7
MCI	5	8

在第五轮投标中，AT&T 可以在 LA 上出价，而 MCI 可以选择在 NY 上出价。AT&T 再在 NY 上出价了已经没有意义了，因为它已经是高出价者了。同样的道理也适用与 MCI 与 LA。

设想只有 AT&T 继续出价，这样的话，新的结果可能是：

	NY	LA
AT&T	6	9
MCI	5	8

现在，AT&T 在两个许可证上都是高出价者。它就不能再出价了。但是拍卖还没有结束。只有当双方在一轮中都不再出价时，拍卖才算结束。因为 AT&T 在先前的一轮中出价了，所以肯定至少还有一轮，于是 MCI 将有机会出价。如果 MCI 不出价，拍卖就结束了。记住，在这一轮 AT&T 不能出价了。如果 MCI 出了价，比如对 NY 出价 7，那么拍卖将继续。在接下来的一轮中，AT&T 可以在 NY 上出价，而 MCI 还有另一次机会将它对 LA 的出价提到最高。

上述例子的重点是使拍卖规则显得清晰。现在，我们仍然请你从头开始参与这个拍卖。为了帮你解决问题，我们将与你分享我们的市场情报。这两家公司为了准备这次拍卖，花费了数百万美元。作为他们准备的一部分，他们知道了自己对每一个许可证的估价，以及他们认为他们的对手的估价。下面是他们的估价：

	NY	LA
AT&T	10	9
MCI	9	8

根据上表，AT&T 对两个许可证的估计均高于 MCI。我们想让你把这一点当作给定条件。而且，双方都知道这些估价。AT&T 不仅知道它自己的估价，它还知道 MCI 的数值，也知道 MCI 知道 AT&T 的数值，以及 MCI 知道 AT&T 知道 MCI 的数值，等等。每个人都知道一切事情。当然，这是一个极端的假设，但是公司们的确花费了大量的钱在所谓的竞争情报上，所以，它们非常了解对方的这个事实是正确无误的。

现在，你知道了拍卖的规则以及所有的估价。让我们开始博弈吧。因为我们都是绅士，所以我们让你先选择你扮演哪一方。你选择了 AT&T？这是正确的选择。它有最高的价值，所以你肯定在这个博弈中占有优势。（如果你没有选 AT&T，你介意重新选一次吗？）

该你出价了，请把它们写下来。我们已经写下了我们的出价，你可以信任我们，我们是在没有看到你写了什么的情况下写下我们的出价的。

案例讨论

在透露我们的出价之前，让我们考虑你可能尝试的一些选择。

你是在 NY 上出价 10，且在 LA 出价 9 吗？如果是这样，那你一定会赢得这两个拍卖的。但是你根本得不到任何利润。这是拍卖中出价的诸多微妙点之一。如果你必须支付你的出价（在这个例子中的确如此）那么以你的估价出价几乎没有什么意义。想象这类似于出价 10 美元赢得一张 10 美元的钞票。这个结果没什么价值。

这里可能令人困惑的地方是，似乎赢得拍卖后总能得到一个额外的奖励，而这个奖励区别于你赢得的东西。或者，如果你把估价数值看作最大出价，而不是你实际认为的这件物品的价值，那么你可能会再一次很高兴地以等于你估价的出价来赢得拍卖。

我们不希望你选择这两种方法中的任何一种。当我们说你对 NY 的估价是 10 时，我们的意思是你在出 10 的时候即使没有获胜，也能高高兴兴地离开，而不会发牢骚。在价格是 9.99 时，你宁愿获胜，但是获利非常小。而价格是 10.01 时，你宁愿失败，虽然损失会很小。

把这种想法考虑在内，你就会发现，为 NY 出价 10 与为 LA 出价 9 实际上是一种（弱）劣势策略的情况。采用这个策略，你最后一定会得到零。这就是你的回报，不论你是赢是输。任何能使你做得比零更好永远不会损失钱的机会的策略，都弱优于立刻出价 10 和 9 的策略。

也许，你是在 NY 上出价 9，且在 LA 上出价 8。如果这样，你一定能得到比出 10 和 9 更好的结果。基于我们的出价，你将赢得这两个拍卖。（我们的出价不会高于我们的估价。）所以，恭喜你。

你是怎么做到的呢？你在每个城市的许可证上获利 1，即总共获利 2。关键问题在于，你能否做得更好。

你在出价 10 和 9 的时候显然不能做到更好。你也不能通过重复你的 9 和 8 的出价做得更好。你还会考虑其他什么策略呢？让我们假设你出价 5 和 5。对其他的出价，这个博弈的结果会非常相似。现在，我们该透露我们的出价了：我们开始在 NY 上出价 0（即不出价），在 LA 上出价 1。鉴于第一轮竞价的结果，你在这两个城市上都是高的出价者。所以在这一轮你不能再出价了（因为你提高自己的出价没有任何意义）。因为我们在两个城市上都输了，所以我们将再次出价。

站在我们的立场上，来考虑一下这个问题。我们不能空手回到我们的 CEO 那里，说在出价是 5 的时候我们退出了拍卖。我们只能在价格逐步增加到 9 和 8，不值得我们花时间出价更高价的时候，才能空手而归。所以我们将把我们在 LA 上的出价提高到 6。既然我们正好超出了你的出价，这个拍卖就进入了下一轮。（记住，只要有人出价拍卖就延伸到下一轮。）你将会怎么做呢？

设想你把 LA 的出价提高到 7。当到了我们在下一轮出价的时候，我们这次将在 NY 上出价 6。我们宁愿以 6 赢得 NY，也不愿意以 8 赢得 LA。当然，你接下来可以再次在 NY 上出价高于我们。

你可以看到拍卖发展的方向。根据谁在什么时候出价，你将以在 NY 上出 9 或 10 的价格，以及在 LA 上出 8 或 9 的价格，赢得这两个许可证。这根本不比你一开始就在 NY 上出价 9、在 LA 上出价 8 时的结果更好。看来我们的试验并没有改善你的收益。这种情况确实发生了。当你试着采用不同的策略时，你不能指望它们都起作用。但是，有没有你本来可以做的其他事情，可以使你的利润大于 2？

让我们回到开始，重新拍卖。当我们在 LA 上出价 6 之后，你本来可以做些其他什么事情呢？回忆一下，在那时，你以 4 的价格在 NY 上是高出价者。实际上，你本来可以什么都不做。你本来可以停止出价。我们没有兴趣在 NY 上出价超出你。我们非常高兴能以 6 的价格赢得 LA 的许可证。我们继续出价的唯一原因是我们不能空手而归，当然，除非价格上升到了 9 和 8。

如果你当时停止了出价，这个拍卖立即就结束了。你将只是赢得一个许可证，即以价格 5 赢得 NY 许可证。因为你对这个许可证的估价是 10，所以这个结果对你来说价值是 5，相对于你出价 9 和 8 预期所得的收益 2 而言，这个结果是一个很大的改善。

再次从我们的角度考虑。我们知道自己不能在两个许可证上都打败你。你比我们有更高的估价。我们非常高兴能以任何低于 9 和 8 的价钱只带走一个许可证。

有了所有这些练习，我们给你最后一个出价的机会，证明你真的理解了这个博弈是怎样运行的。你是在 NY 上出价 1，在 LA 上出价 0 吗？我们希望你这样做，因为我们在 NY 上出价 0，在 LA 上出价 1。这时，我们都还有另一次出价的机会（因为前一轮的出价意味着拍卖得到了延伸）。你不能在 NY 上出价了，因为你已经是高出价者了。那么 LA 呢？你会出价吗？我们无疑希望你不出价。我们没有出价。所以如果你也不出价，这个拍卖就结束了。记住，只要在一轮中没有人出价，拍卖就结束了。如果拍卖在这时结束，你只带走了一个许可证，但是交易价格是 1，所以你最后获得的利润是 9。

让我们以价格 1 上赢得第二个许可证可能会令你感到沮丧，因为你的估价远高于这个值，甚至比我们的估价还要高。接下来的观点可能有助于安抚你的情绪。

在我们空手而归之前，我们会一直提高出价，直到 9 和 8。如果你想阻挠我们得到任何一个许可证，你必须做好你总的出价 17 的准备。而现在，你以 1 的价格得到了一个许可证。所以，赢得第二个许可证的真实成本是 16，这远远超出了你的估价。

你有一个选择。你可以以价格 1 赢得一个许可证，也可以以总价格 17 赢得两个许可证。赢得一个是更好的选择。这只不过是因为，你可以在两个许可证上都打败我们，并不意味着你就应该这么做。

这时，我们敢打赌你肯定还有一些问题。例如，你怎么才能知道我们会在 LA 上出价，而留给你在 NY 上出价的机会呢？实际上，你不会知道的。在这个案例中，我们为这样的结果感到幸运。但是，即使在第一轮我们都在 NY 上出价了，每一方得到一个许可证的结果不用多久就会出现了。

你也可能会想这算不算合谋。严格地说，答案是否定的。尽管合谋确实会使两家公司得到更好的结果（而卖家成了一个大输家），但是可以观察出，双方都没有与对方达成协议的必要。每一方都为自己的最大利益行动。MCI 非常了解，它不可能在这个拍卖中赢得两个许可证。这并不奇怪，因为 AT&T 在每个许可证上都有较高的估价。因此，MCI 无论赢得哪一个许可证都很高兴。至于 AT&T，它可以意识到，第二个许可证的真实成本就是它在这两个许可证上必须支付的额外费用。在 LA 上出价高于 MCI，会同时提高 LA 和 NY 的价钱。赢得第二个许可证的真实成本就是 16，高于它的估价。

我们这里看到的情况通常称为默契合作。该博弈中的两个参与者中的每一个都知道在两个许可证上都竞价的长期成本是多少，因而意识到便宜地赢得一个许可证是有利的。如果你是卖家，你希望避免这种结果。一种方法是依次出售这两个许可证。现在，MCI 就不能让 AT&T 以 1 赢得 NY 许可证了。原因是

AT&T 在下一个拍卖中，仍然有设法得到 LA 许可证的强烈的动机。主要的区别在于，MCI 不能回来重新在 NY 拍卖中出价，所以 AT&T 在 LA 上竞价不会有任何损失。

在这里更大的教训是，当两个博弈被合并成一个时，这就制造了一个采用可以解决这两个博弈的策略的机会。当富士进入美国胶片市场时，柯达有机会在美国或日本做出回应。在美国展开价格战对柯达来说代价是高昂的，但在日本进行价格战对富士来说代价是高昂的（不是对柯达来说，它在日本市场的份额很少）。所以，同时进行的多个博弈之间的互动创造了惩罚和合作的机会，如果不这样，惩罚和合作就不可能出现，至少没有明确的合谋。

寓意：如果你不喜欢你正在参与的博弈，那就寻找更大的博弈。

更多的拍卖案例研究，请见第 14 章 "更安全的决斗" "取胜的风险" 和 "1 美元的价格"。

第11章

讨价还价

一个刚刚当选的工会领袖走进该公司董事局会议室,接手第一桩严峻的讨价还价。他被周围的环境震住了,神经紧张,手足无措,最后含糊不清地说出了他的要求:"我们要求得到每小时 10 美元,否则……"

"否则什么?"老板咄咄逼人。

工会领袖答道:"9 美元 50 美分。"

没有几个工会领袖会这么快就降低自己的要求,而老板们通常需要借助其他人的竞争而不是其自己的权威去威胁对方,说服对方维持薪水不变。不过,上述情景还是提出了几个有关讨价还价过程的重要问题:会不会达成一致?能不能友好地达成一致,还是非得来一场罢工不可?谁将妥协,什么时候妥协?谁将得到双方争夺的这张利益馅饼的多大部分?

在第 2 章,我们曾讲过一个简单的最后通牒博弈的故事。那个例子描述了向前展望、倒后推理的策略原理。当然,在那个例子中,讨价还价过程的许多现实条件都被简化,目的是使原理更加突出。本章将会用到同一个原理,只不过同时还会强调在商界、政界以及其他领域的讨价还价过程中出现的一些问题。

我们从简要回顾工会与管理层就工资展开谈判的基本概念开始。为了做到向前展望、倒后推理,从未来某个固定点开始考察会比较方便。因此,现在就让我们设想一家拥有自然资源的公司,比如一个夏季度假村的酒店。其旺季持续 101 天。每开门营业一天,这家酒店就能赚到 1 000 美元的利润。旺季开始之际,职工工会与管理层就工资问题发生了矛盾。工会提出了自己的要求。管理层要么接受,要么拒绝,并于次日提出一个反建议。酒店只有在达成一致之后才能开门营业。

首先,假定讨价还价已经持续太久,以至于哪怕下一轮可以达成一致,酒店也只剩下旺季的最后一天可以开门营业。实际上,讨价还价不会持续那么长时间，但由于有了向前展望，倒后推理的逻辑，实际发生的事情就受制于从这个逻辑极端开始的思维过程。假定现在轮到工会提出自己的要求。此时，管理层应该全部满足，因为这总比一无所获要强。于是工会就能全取 1 000 美元。⊖

现在考察旺季结束前倒数第二天，轮到管理层提出反建议。它知道，工会可以继续拒绝这个建议，让这个过程一直持续到最后一天，同时得到 1 000 美元。因此管理层不能提出低于这一数字的反建议。与此同时，工会在最后一天不可能得到比 1 000 美元更高的收益，管理层也就没有必要在倒数第二天提出任何高出这一数字的反建议。⊖这样一来，管理层在这个阶段提出的反建议已经非常明确：最后两天的 2 000 美元利润当中，它要求得到一半；换言之，双方每天各得 500 美元。

从这里再倒退一天进行倒后推理。借助同样的逻辑，工会提出给予管理层 1 000 美元，自己要求 2 000 美元；这意味着工会每天得到 667 美元，而管理层只有 333 美元。我们用下表显示整个过程：

倒数天数	提出者	工会		管理层	
		总计（美元）	每天（美元）	总计（美元）	每天（美元）
1	工会	1 000	1 000	0	0
2	管理层	1 000	500	1 000	500
3	工会	2 000	667	1 000	333
4	管理层	2 000	500	2 000	500
5	工会	3 000	600	2 000	400
...					
100	管理层	50 000	500	50 000	500
101	工会	51 000	505	50 000	495

⊖ 我们当然可以做出一个更符合实际情况的假设，即管理层一定需要某个很小的份额，比如 100 美元，但这么做充其量只会使我们的计算复杂化，且不会改变这个故事的基本概念。这和我们在先前的最后通牒博弈中所讨论的是一个问题。你必须给对方一定的足够的份额，这样他们才不会出于怨恨而拒绝这个提议。

⊖ 同样，这里也存在小甜头的问题，为简单起见，我们忽略它。

工会每一次提出一个建议，它都有一个优势，而这个优势源于它是最后一轮全取或全失的建议方。不过，这个优势随着谈判回合增加而逐步削弱。在一个持续 101 天的旺季开始之初，双方的地位几乎完全一样：505 美元对 495 美元。假如管理层是提出最后一个建议的一方，或者完全没有严格规定，如限制每天只能提出一个建议、双方必须交替提出建议，等等，双方的份额比例就差不多。[1]

本章的附录将会说明如何把这一框架一般化，变成可以同时解释没有事先确定最后期限的谈判。我们之所以对交替提出建议加以限制，同时提出一个已知的期限，只是出于有助于大家向前展望的考虑。只要提议与提议之间相隔的时间很短，而且讨价还价的期限又很长，这些条件就会变得无伤大雅——在上述情况下向前展望、倒后推理将引出一个非常简单而又引人注目的法则：二一添作五。

此外，谈判过程的第一天就会达成一致。由于双方向前展望，可以预计到同样的结果，它们就没有理由不达成一致，否则双方每天共损失 1 000 美元。并非所有工会对管理层的讨价还价都会以圆满的结局收场。谈判破裂确实有可能发生，工人罢工或业主停业屡见不鲜，还有可能达成偏向其中一方的协议。但是，我们只要进一步分析前面提到的例子，对其前提做一些必要的修改，就能解释这些事实。

谈判中的让步体系

决定如何划分利益馅饼的一个重要因素是各方的等待成本。虽然双方可能失去同样多的利益，一方却可能有其他替代方法，有助于部分抵消这个损失。假定工会与管理层谈判期间，工会成员可以外出打工，每天挣 300 美元。于是，每次轮到管理层提出反对建议的时候，出价不仅不能低于工会将在次日得到的收入，同时他的数目至少要达到 300 美元。我们用一张新的表格表示这一变化，其中的数字显然更加有利于工会一方。这次谈判仍然从旺季第一天开始，没有任何罢工，但工会的结果却大有改善。

这一结果可以看作平均分配原则的一个自然修正，使双方有可能从一开始已经处于不同地位，好比高尔夫球比赛的做法，为强手设置不利条件，为弱手设置有利条件，扶弱抑强。工会从 300 美元开始，这是其成员在外打工可能挣到的数目。剩下只有 700 美元可以谈判，原则是双方平均分配，即各挣 350 美元。因此，工会得到 650 美元，而管理层只得到 350 美元。

倒数天数	提出者	工会		管理层	
		总计（美元）	每天（美元）	总计（美元）	每天（美元）
1	工会	1 000	1 000	0	0
2	管理层	1 300	650	700	350
3	工会	2 300	767	700	233
4	管理层	2 600	650	1 400	350
5	工会	3 600	720	1 400	280
…	…	…	…	…	…
100	管理层	65 000	650	35 000	350
101	工会	66 000	653	35 000	347

在其他情况下，管理层也有可能处于有利地位。比如，管理层一边与工会谈判，一边发动不愿参加罢工的工人维持酒店营业。不过，由于这些工人的效率比较低或者要价更高，又或是由于某些客人不愿意穿过工会竖立的警戒线，因而管理层每天得到的营业收入只有 500 美元。假定工会成员在外完全没有任何收入。这时工会愿意尽快达成协议，根本不会当真进行一场罢工。不过，发动不愿罢工者维持酒店营业的前景会使管理层处于有利地位，它将因此得到每天 750 美元的收入，工会只得 250 美元。

假如工会成员有可能外出打工，每天挣 300 美元，同时管理层在谈判期间维持酒店营业，每天挣 500 美元，那么剩下可供讨价还价的数目只有区区 200 美元。他们平分 200 美元，因此，管理层最后得到 600 美元，而工会得到 400 美元。一个具有普遍意义的结论是，谁能在没有协议的情况下过得越好，谁就越能从讨价还价的利益馅饼中分得更大一块。

测度利益馅饼

任何谈判的第一步都是正确地测度利益馅饼。在上述例子中，双方并非仅仅针对 1 000 美元谈判。如果他们达成一个协议，他们就能每天对 1 000 美元进行分配。但如果他们未达成协议，那么工会将得到后备收入 300 美元，而管理层将得到后备收入 500 美元。因此，一个协议只能给他们带来额外的 200 美元。这样，利益馅饼的大小就是 200 美元。更一般地说，利益馅饼大小的衡量指标是：相对于未达成协议时，双方达成协议后所创造的价值。

用讨价还价的术语来说，工会 300 美元的后备收入数字以及管理层 500 美元的后备收入数字，被称作协议的最佳替代方案（BATNA），这是由罗杰·费希尔（Roger Fisher）和威廉·乌瑞（William Ury）创造的一个术语。[2]（你也可以认为它代表无协议的最佳替代方案。）如果你未与这一方达成协议，这就是你能得到的最佳结果。

既然不谈判大家也能得到他们的协议最佳替代方案，那么谈判的整个关键之处就在于，它可以创造的价值比他们的协议最佳替代方案总和高多少。所以考虑馅饼大小的最佳途径是，其创造的价值比分配给所有人的协议最佳替代方案的总价值高多少。这个思想既深奥，又容易迷惑人们，使人们认为它比较简单。为了看看我们多么容易忽视人们的协议最佳替代方案，不妨考虑下述取自某个实例的讨价还价问题。

有两家公司，一家在休斯敦，一家在旧金山，它们都请了同一位纽约的律师。作为日程的协调结果，该律师可以飞纽约—休斯敦—旧金山—纽约这样的三角航线，而不是两次分开的航线。

单程机票价格如下：

纽约—休斯敦：666 美元

休斯敦—旧金山：909 美元

旧金山—纽约：1 243 美元

总共：2 818 美元

整个行程的总费用是 2 818 美元。如果该律师把各个行程分开，那么往返的费用将恰好是单程费用的两倍（因为来不及提前预订行程）。

我们的问题要考虑的是，两家公司如何就机票费用的分摊进行谈判。我们知道这里谈论的利益关系并不大，但我们要寻求的是其分摊原则。最简单的方法是将总费用平分成两部分：休斯敦和旧金山各承担 1 409 美元。⊖对于这样一个提议，你可能会听得这样的回应：休斯敦，我们有疑问。如果休斯敦独自支付往返于休斯敦—纽约的费用，这比承担一半要便宜得多。就算独自支付，费用也只有 666 美元的两倍，即 1 332 美元。休斯敦绝不可能同意这种分法的。

另一种方法是，让休斯敦支付纽约—休斯敦的航程，旧金山支付旧金山—纽约的航程，休斯敦—旧金山的费用则由二者平分。利用这种方法，旧金山将支付 1 697.5 美元，而休斯敦将支付 1 120.5 美元。

这两家公司也可能同意按比例分摊总费用，该比例就是它们往返费用

⊖　如果你认为这位律师可能只向休斯敦的客户收取 1332 美元（往返费用），却向旧金山的客户收取 2 486 美元（往返费用），然后把多出来的钱塞入自己的腰包，那么，也许你可以在安然公司找到一份工作。可惜，太晚了！

的比例。在这一计划下，旧金山将支付 1 835 美元，大约是休斯敦将支付的 983 美元的两倍。

当面对这样的问题时，我们倾向于提出一些特别的建议，其中一些提议比其他的建议更合理。我们的首选方法是，从协议的最佳替代方案的角度出发，度量利益馅饼。如果两家公司无法达成协议会怎样？后备选择是律师将把两次行程分开。这样，费用就变成了往返休斯敦 1 332 美元，往返旧金山 2 486 美元，总共 3 818 美元。回忆前面，三角航线只需花费 2 828 美元。这就是关键所在：两次往返行程比一次三角行程要多花 1 000 美元。于是这 1 000 美元就是利益馅饼。

达成协议的价值在于，它节省了 1 000 美元，如果没有达成协议，这 1 000 美元就损失了。两家公司对达成协议的估价是相等的。因此，只要它们在谈判中有同等的耐性，我们就可以指望它们最终将平均分配这个数额。相对于往返费用而言，双方各节约 500 美元：休斯敦支付 832 美元，而旧金山支付 1 986 美元。

可以看出，对休斯敦而言，这个支付额比任何其他的方法要低得多。这暗示，双方分配的基础不应该是里程数，也不应该是相对机票费用。尽管休斯敦的机票费用更少了，但这并不意味着它们最终应该节省得更少。记住，如果它们不同意达成交易，整整 1 000 美元便都损失了。我们可能会认为，你也许是从可选答案之一开始，不过，既然你已经知道了怎样运用协议最佳替代方案，从而正确地度量利益馅饼，你就会相信这个新的答案是最公平的结果。如果你一开始就从休斯敦付 832 美元，旧金山付 1 986 美元入手，我们脱帽向你致敬。有证据证明，这种分摊费用的方法，可以追溯到《塔木德》(Tamud's) 分配衣物的原则。[3]

在我们已经看过的谈判中，协议的最佳替代方案是固定不变的。工会能够得到 300 美元，而管理层能够得到 500 美元；纽约—休斯敦和纽约—

旧金山的往返费用也是外生既定的。而在其他案例中，协议最佳替代方案并非一成不变。这就为影响最佳替代方案的策略开启了大门。一般来说，你一定希望提高自己的协议最佳替代方案，而降低对方的协议最佳替代方案。有时候，这两个目标是相互冲突的。接下来我们转而讨论这个主题。

这对你的伤害甚于对我的伤害

一旦一名策略谈判者发现，外部机会越好，他能从讨价还价当中得到的份额也越大，他就会寻找策略做法，希望改善他的外部机会。与此同时，他还会留意到，真正影响大局的是其外部机会与对手外部机会的相对关系。他可以做出一个承诺或威胁，即便导致双方的外部机会同时受到损害，也还是可以从讨价还价中得到更好的结果，前提是相比之下，其对手的外部机会将受到更严重的损害。

在我们前面提到的例子里，假如工会成员可以外出打工，每天挣 300 美元，而管理层则通过由不愿参加罢工者维持酒店营业，每天挣 500 美元，那么，讨价还价的结果是工会得到 400 美元，管理层得到 600 美元。现在，假定工会成员放弃外出打工的 100 美元，转而加强设置警戒线，阻止客人进入酒店，导致管理层每天少收 200 美元。于是，讨价还价一开始，工会的起点是 200 美元（300 美元减去 100 美元），管理层的起点则为 300 美元（500 美元减去 200 美元）。两个起点相加得到 500 美元，正常营业所得利润当中只余下 500 美元用于平均分配。结果，工会得到 450 美元，管理层得到 550 美元。工会加强警戒线的做法实际上等于做出损害双方利益的威胁（只不过对管理层的损害更大），它因此多得到 50 美元。

1980 年，棒球大联盟的球员们在工资谈判中使用了相同的策略。他们在表演赛季罢工，在常规赛季继续比赛，同时威胁说要在阵亡将士纪念日周末再次罢工。要想看清楚为什么这样做"对球队的伤害更大",请注意一点:在表演赛季,球员没有工资可拿,球队老板却能从度假人士和当地球迷那儿赚到门票收入;在常规赛季,球员每周拿到固定数目的工资,但对球队老板而言,门票和电视转播的收入起初是很低的,而阵亡将士纪念日周末开始则会大幅度提高。这么一来,球队老板的损失与球员的损失的比值,将在表演赛季和阵亡将士纪念日周末达到最高峰。看起来,球员们知道什么是正确的选择。[4]

棒球队员们威胁要举行的罢工进行到一半的时候,球队老板屈服了。但罢工毕竟已经进行了一半。我们的向前展望、倒后推理的理论显然没有完全用上。为什么人们总是不能在损害发生之前达成协议——为什么会发生罢工?

边缘政策与罢工

在原有合同到期之前,工会与公司就会为达成一份新合同开始谈判。不过,这一期间没有理由着急。大家继续工作,产量方面没有损失,早一点达成协议与晚一点达成协议相比没有任何明显的好处。看上去双方都应该等到最后一刻,等到原有合同就要到期而罢工的阴云笼罩之际,再提出自己的要求。有时候确实会发生这样的事情,不过,人们通常会更快达成协议。

实际上,即便还在原有合同继续有效的平静时期,延迟达成协议也可能造成沉重的代价。谈判进程本身就存在风险。对于另一方的不耐烦、外部机会、紧张情绪或个性冲突,都有可能产生误解,同时怀疑对方没有老老实实进行讨价还价。哪怕双方同样希望谈判取得成功,谈判仍然有可能中途破裂。

虽然双方可能同样希望达成协议，但他们可能对什么是成功怀有不同的想法。双方向前展望的时候，并不总是看到同一结果。他们可能掌握不同的信息，看到不同的前景，于是采取不同的行动。各方必须猜测对方的等待成本。由于等待成本较低的一方能占上风，各方符合自身利益的做法，就是宣称自己的等待成本很低。不过，人们对这些说法不会按照字面意思照单全收；必须加以证明。证明自己的等待成本很低的做法是，开始制造这些成本，以显示你能支持更长时间，或者自愿承担造成这些成本的风险——较低的成本使较高的风险变得可以接受。正是对于谈判何时结束未能达成一致意见，才导致了罢工的开始。

把罢工看作一个信号传递的例子。虽然任何人都可以说他继续罢工或者发起罢工的成本较低，但只有实际上真这么做了才算是最强有力的证据。和往常一样，行胜于言。同样，和往常一样，通过信号传递信息会引起成本，或者导致效率的丧失。公司和工人都希望能够证明他们的成本低，而不必造成罢工带来的损失。

这一情况简直就是为实践边缘政策而量身定做的。工会可以威胁说要立即终止谈判，继而开始罢工，但罢工对工会成员而言也是代价不菲的。只要仍然存在继续谈判的时间，这么一个可怕的威胁就缺乏可信度。但是，一个较小的威胁还是可信的；随着怒火和紧张情绪逐渐增长，哪怕工会不愿意看到谈判破裂，这样的事情也可能发生。假如这一前景给管理层造成的困扰大于对工会的困扰，从工会的角度来看这就是一个好的策略。反过来，也有可能成为管理层的一个好的策略；边缘政策的策略是双方之间较强的一方，即相对不那么害怕谈判破裂的一方的武器。

有时候，原有合同到期之后，工人没有举行罢工，而是继续按照合同条款工作，工资谈判继续进行。这可能是一个比较好的安排，因为机器和工人都没有闲着，产量也没有减少。不过，这表明，其中一方，通常是工会，正在努力按照自身利益改写原有合同的条款，因此对它而言，这种安排非常不利。那么，管理层为什么应该让步呢？为什么不应该让谈判没完没了地继续下去呢，反正原有合同实际上仍然有效？

在这种情况下，威胁仍然在于谈判破裂而举行罢工的可能性。工会走的是边缘政策路线，但现在是在原有合同到期之后进行。常规谈判的时间已经过去。一边按照原有合同规定继续工作，一边继续谈判，这会被大家看作工会示弱的迹象。⊖必须保持举行罢工的某种可能性，才能刺激公司满足工会的要求。

一旦发生罢工，要紧的是，什么会使罢工继续下去？达成承诺的关键在于降低这个威胁，使其变得更为可信。边缘政策按照一天之后再来一天的模式将罢工进行下去。永不返回工作岗位的威胁并不可信，假如管理层已经差不多满足工会的要求了，就更没人相信了。不过，多持续一天或一星期就是一个可信的威胁。由此造成的工人的损失会比他们将会得到的收益小。假如他们相信自己将会取胜（而且很快取胜），他们再持续一会儿就是值得的。假如工人们的信念是正确的，那么，管理层就会意识到，屈服的代价比较小，实际上自己也应该马上这么做。于是工人的威胁就不会造成任何损害。问题是，公司对整个局面可能抱有同样的乐观看法。假如它相信工人马上就会退让，以再失去一天或一星期的利润换取一份对自己更为有利的合同就是值得的。这么一来，双方继续处于僵持状态，罢工继续进行。

稍早的时候我们讨论过边缘政策的风险，即双方同时从光滑斜坡跌落的可能性。随着冲突持续，双方遭受重大损失的可能性虽然很小，却不断增长。正是离风险越来越近的感觉促使其中一方退让。以罢工形式出现的

⊖ 有种解释是，雇员正在等待合适的罢工时机。联合包裹服务公司（UPS）工人在圣诞前夕罢工造成的损害，比在 8 月淡季罢工造成的损害要大得多。

边缘政策造成代价的方式不同，但效果却是一样的。一旦罢工开始，与其说存在一种遭受大损失的小可能性，不如说存在一种遭受小损失的大可能性，甚至是必然性。随着罢工持续得不到解决，小损失不断变大，从光滑斜坡跌落的可能性也随之增长，证明自己决心的办法是接受更大的风险或者白白看着罢工的损失增长。只有当一方发现另一方确实更强大，它才会考虑退让。力量可能有很多形式：一方的等待成本可能没那么大，因为它有其他很有价值的选择；取胜可能非常重要，原因可能是这一方还在跟其他工会进行谈判；失败的代价可能非常高昂，因此罢工的代价显得较小。

边缘政策的这一应用适用于国家与国家以及公司与公司之间的讨价还价。当美国希望其盟国加大它们承担的防务开支份额时，若是一边谈判一边按照原有合同行事，它就会在谈判中处于不利地位。只要原有的规定美国承担最大份额的合同继续有效，美国的盟国当然乐意让谈判无休止地继续下去。美国能不能（又应不应该）寻求边缘政策呢？

风险与边缘政策会从根本上改变讨价还价的进程。在我们以前提到的各方相继提出建议的谈判的例子中，以后将会发生什么事情的前景促成各方在第一轮就达成协议。边缘政策的一个不可分割的部分就在于有时候大家确实会越过边缘。谈判破裂而举行罢工的情况确实有可能出现。双方可能发自内心地感到遗憾，但这些事情一旦发生就有可能变得难以收拾，且持续时间可能超乎人们的意料。

同时就诸多问题讨价还价

到目前为止，我们对讨价还价的讨论仍然集中在一个层面，也就是金钱总额及如何在双方之间分配。实际上，还有更多层面的讨价还价：工会与管理层在乎的不仅仅是工资，还有医疗制度、退休保障、工作条件，等等；美国和它的贸易伙伴不仅在乎二氧化碳排放量的总额，也在乎如何分担这些污染成本。理论上，许多这样的问题可以简化到等同于金钱总额问题的地步，但存在一个很重要的区别，即各方对这些问题的重视程度可能各不相同。

类似这样的区别，为达成一致接受的讨价还价带来了新的可能性。假定一家公司有能力签下一份团体医疗保险合同，而这份保单的条件优于工人自己可能签下的保单，比如一个四口之家每年只要交付 1 000 美元，而不是 2 000 美元。这样的话，工人可能更愿意接受医疗保险，而不是年薪提高 1 500 美元，同样，公司也宁可为工人提供医疗保险而不是额外多支付 1 500 美元工资。看起来，谈判者应该将所有有关共同利益的问题放在一起进行讨价还价，利用各方对这些问题的重视程度的不同，达成对大家来说都更好的结果。这有时候行得通；比如，以贸易自由化为目标的关税与贸易总协定（GATT），以及它的后继者世界贸易组织进行的更加广泛的谈判，其成效就超过了局限于某个特定领域或产品的谈判。

不过，要将各种问题混合起来的做法，也使得利用其中一个讨价还价博弈创造出可用于另一个讨价还价博弈的威胁成为可能。比如，美国若是威胁日本说，要打破美日军事关系，也许可以在迫使日本打开进口市场的谈判中取得更大的发展。美国当然不会坐视日本遭到入侵，因为那样不符合它的利益；它那样说不过是一个威胁而已，目的是迫使日本在经济方面让步。因此，日本可能坚持要把经济与军事分开谈判。[5]

虚拟罢工的优点

我们对谈判的讨论，忽略了谈判对所有非协议参与方的影响。当联合包裹服务公司的工人举行罢工时，结果是顾客收不到包裹；当法国航空公司的行李搬运工罢工时，假日就毁了。每一方都希望别人做得更多，并通过等待证明自己的协议最佳替代方案的实力。问题在于，所有这些都是附带的损害。一场罢工伤害的不仅仅是谈判双方。若不能针对全球变暖和二氧化碳排放问题达成协议，事实将证明这会损害所有后代（他们没能坐在谈判桌旁参与谈判）的利益。

但是，相关方却宁可走开，仅仅为了证明自己的协议最佳替代方案的实力，或者使对方损害更多。即使对于一场普通的罢工，附带的损害也能很容易使争端的大小黯然失色。直到 2002 年 10 月 3 日，布什总统援引《塔夫脱－哈特利法案》开始干预为止，码头工人 10 天的停工已使美国经济损失了高达 100 亿美元。冲突的缘由是 2 000 万美元的生产力提高，而附带损害比工人与管理层争论的利益总额高出了 500 倍。

是否有某种方法，可以使双方解决它们的分歧，而不必把如此大的损害强加给他人？事实证明，50 多年来，一直有个精明的主意，可以在实质上消除所有罢工和停工造成的浪费，而不会改变工人与管理层的相对谈判力量。[6] 这个主意采用的不是传统罢工，而是举行虚拟罢工（或虚拟停工），在这个过程中，工人仍然像往常一样继续工作，公司也像往常一样继续生产。诀窍就在于，在虚拟罢工过程中，任何一方都不会获益。

在正常的罢工中，工人拿不到工资，雇主损失了利润。而在虚拟罢工中，工人会无薪工作，雇主也会放弃所有的利润。长期利润可能很难衡量，短期利润也可能向公司少报了真实成本。相反，我们让公司放弃所有收入。至于这些钱的去向是哪里，我们说这些收入可能归美国政府所有，也可能捐给某个慈善机构。或者，产品可能是免费的，于是这些收入将归顾客所有。虚拟罢工不会对经济中的其他人造成破坏。联合包裹服务公司的消费者不会因为得不到服务而束手无策。管理层和工会都感到苦不堪言，于是有了和解的动力，政府、慈善机构、顾客则得到了一笔意外之财。

一场真实的罢工（或管理层为了抢先在罢工前面而发动的停工）可能永久地损害顾客的需求，而且会给整个公司的未来带来风险。作为对2004～2005年赛季发生的威胁性罢工的回应，美国国家曲棍球联盟实行了停工。整个赛季都错过了，也不存在斯坦利杯，而且争端平息之后，他们花了很长时间才恢复观众规模。

虚拟罢工并不只是一个有待检验的疯狂的主意。第二次世界大战期间，海军曾利用虚拟罢工，平息了发生在康涅狄格州布里奇波特的詹金斯公司阀门厂的一场劳资纠纷。1960年，迈阿密公交车罢工也因达成虚拟罢工协议而停息。那时，顾客可以免费搭乘公交。

1999年，子午线航空公司的飞行员和航空乘务人员上演了意大利第一起虚拟罢工。雇员像往常一样工作，但拿不到薪水，而子午线航空公司则将其收入全部捐给慈善机构。正如所预料的那样，虚拟罢工确实起了作用。虚拟罢工的航班并未因此中断。其他意大利运输罢工也纷纷效仿子午线航空。2000年，意大利运输工会因其300名飞行员发起的虚拟罢工而损失了1亿里拉。罢工所得用于为儿童医院购买了一台精致的医疗器械，由此，飞行员的虚拟罢工为公司提供了改善公共关系的契机。虚拟罢工不像2004～2005年美国国家曲棍球联盟停工那样，会破坏消费者的需求，相反，它的意外收获为提升品牌信誉创造了机会。

有点事与愿违的是，公共关系受益于虚拟罢工可能使得虚拟罢工难以实施。的确，罢工的目的通常是使顾客感到不便，从而对管理层施加压力，使其力求和解。因此，让一个雇主失去利润可能比不上传统罢工的真实成本。值得注意的是，在所举的四个历史实例中，管理层同意放弃的数额超过了其利润——它放弃的不是利润额，而是其在罢工期间赚取的全部销售毛收入。

为什么工人会同意不带薪工作？与现在工人们愿意罢工的原因相同：

为了给管理层制造痛苦，以证明他们的等待成本较低。确实，在虚拟罢工期间，我们可以预计，工人会更加努力地工作，因为每额外销售一件产品，就代表给厂商增加额外的痛苦，厂商不得不放弃所有的销售收入。

我们的重点是，向谈判相关方重复谈判所涉各方的成本和收益，同时不损害其他任何人的利益。只要双方在虚拟罢工中的协议最佳替代方案与真实罢工中的相同，他们采用真实的罢工而不采用虚拟罢工就没有任何优势。使用虚拟罢工的恰当时机是当双方仍在谈判时。不会等到发动真正的罢工，工会与管理层便可能事先达成协议，一旦它们接下来的合同谈判失败，就立刻采取虚拟罢工。消除所有传统罢工和停工的无效率的潜在的收益，证明了尝试用这种新方法解决劳资纠纷问题的努力是有效的。

案例分析

施比受好？

我们曾讨论过酒店管理层及其职员就如何分配旺季收入的讨价还价问题。现在，假定不是职员和管理层交替提出建议，而是只有管理层一方可以提出建议，职员只能接受或拒绝。

正如前面提到的那样，整个旺季持续101天。酒店每营业一天，可以得到1 000美元利润。谈判在旺季开始之际行动。每天，管理层提出一个建议，由工会表示接受或拒绝。假如工会接受，酒店开门营业，开始赚钱。假如工会拒绝，谈判继续进行，直到工会接受下一个建议，或者旺季结束，损失全部利润。

下表说明，随着旺季一天天过去，可能赚到的利润也日渐减少。假如工会和管理层双方的唯一考虑是自己的收益，你估计会发生什么事情，且何时发生？如果你是工会工人，你会如何改善自己的处境？

倒数天数	提出者	可分配的总利润（美元）	劳工同意数（美元）
1	管理层	1 000	?
2	管理层	2 000	?
3	管理层	3 000	?
4	管理层	4 000	?
5	管理层	5 000	?
…	…	…	…
100	管理层	100 000	?
101	管理层	101 000	?

案例讨论

在这个案例中，我们估计最后结果与 50 对 50 的平分有天壤之别。由于管理层具备唯一的提出建议的权力，因此在讨价还价当中处于非常强势的有利地位。管理层应该有办法得到尽可能接近总数的一个数目，并在第一天达成协议。

为了预测这个讨价还价的结果，我们从结尾开始，从此倒推回去。在最后一天，继续讨价还价已经毫无价值，因此工会应该愿意接受任何得益为正的金额，比如 1 美元。而在倒数第二天，工会意识到，今天拒绝对方的建议，明天只能得到 1 美元；于是它宁可接受今天的 2 美元。这一论证过程一直进行到第一天。管理层提议给工会 101 美元，而工会由于看不出以后可能达成什么更好的方案，表示接受。这表明，在提出建议的时候，施比受更好。

这个故事显然夸大了管理层讨价还价的真实力量。推迟谈判，哪怕只是推迟一天，就要使管理层付出 999 美元的代价，而工会的代价只有 1 美元。工会不仅在乎自己的工资，还会拿自己的工资与管理层的工资相比，从这个角度来看，这样极端不平等的分配方案不可能发生。不过，这并不表示我们必须回到一个平等的分配方案上。管理层仍然掌握全部讨价还价的力量。它的目标是找出工会可以接受的最小数目，提出来，使工会即便知道管理层的收益可以远远超过自己，也仍然愿意接受它的建议，而不致落得一无所获的下场。比如，到了最后阶段，工会若是别无选择，可能愿意接受自己得到 200 美元而管理层得到 800 美元的结果。若是这样，管理层可以在整整 101 天里每天沿用这个 4 ∶ 1 的分配方案，从而获得总利润的 4/5。

这一解决讨价还价问题的技巧的价值在于，它暗示了讨价还价力量的一些不同来源。折中妥协或平均分配是解决讨价还价问题的一个常见办法，却并非唯一途径。向前展望、倒后推理给出了一个理由，说明了我们为什么可能会看到不平等的分配。然而，向前展望、倒后推理的结论是不足信的。如果你试着这么做但它不起作用会怎样呢？接下来你该怎么办呢？

倒数天数	提出者	可分配的总利润（美元）	劳工同意数（美元）
1	管理层	1 000	1
2	管理层	2 000	2
3	管理层	3 000	3
4	管理层	4 000	4
5	管理层	5 000	5
...	...	...	...
100	管理层	100 000	100
101	管理层	101 000	1 101

其他方有可能证明你的分析是错误的，这使得该博弈的重复版本与单次版本完全不同。在分配 100 美元的单次博弈中，你可以假设接受者将发现接受 20 美元就足以满足他的利益了，于是你可以得到 80 美元。如果结果证明你的假设是错误的，那么博弈就此结束，要改变你的策略为时已晚。因而，对方没有机会教训你，指望改变你将来的策略。相比之下，当你们重复进行 101 次最后通牒博弈时，接受提议的一方可能有动机在一开始就采取强硬的态度，从而向你说明他可能是非理性（或至少坚信 50 ∶ 50 的标准）。⊖

⊖ 在得出这个选择时，我们通过引入对方参与者偏好的某种不确定性，巧妙地改变了博弈。最有可能的是，这个人会接受任何能使其收益最大化的提议。但是现在，也存在一个很小的几率，对方参与者将只接受 50 ∶ 50 的分配方法——平等标准的一种特定形式。即使对手不大可能是这种类型的人，很多利益最大化的参与者还是希望使你相信他们是 50 ∶ 50 的类型，从而诱使你分给他们利益馅饼更大的份额。

如果第一天你提议按 80 : 20 分配，而对方拒绝了，你该怎么办？在总共只有两天的情况下，下一次重复是最后一次博弈了，这时候答案最简单。你觉得他是除了 50 : 50 之外什么提议都会拒绝的类型吗？或者，你认为这只不过是让你在最后一轮提议 50 : 50 的诡计吗？

如果对方接受，这两天他将每天得到 200，总共 400。即使是一台冰冷的计算机器也会拒绝 80 : 20 的提议，只要他认为这样做可以使他在最后阶段中得到平均分配额，即 500。但如果这种拒绝只是虚张声势，你可以在最后一轮坚持 80 : 20 的提议，并确信这个提议一定会被接受。

如果你一开始的提议是 67 : 33，然后被断然拒绝，那么分析就变得复杂得多了。如果对方接受，那么最后他将每天得到 333，即总共 666。但是现在，他拒绝了，他能指望的最佳结果就是在最后一轮得到 50 : 50 平分，即 500。即便他顺心了，最终他也只能得到更糟的结果。在这个时候，你有证据证明这不是在虚张声势。这样，在最后一轮提议 50 : 50 就可能非常明智了。

总之，多轮博弈与单次博弈不同的地方在于，即使多轮博弈中只有一方一直在提建议，接受方有机会向你表明你的理论不如预料的那么有效。这样的话，你是继续坚持，还是改变你的策略？矛盾在于，对手常常通过表现得非理性而获益，因此你不能简单地接受这种表面的非理性。不过，他们也许能够过大地损害自己的利益（也一直损害你的利益），以至于虚张声势也帮不了他们。在这种情况下，你可能非常想重新估量对方的目的。

附录 11A 鲁宾斯坦讨价还价

如果博弈没有终止期，你也许会认为解决讨价还价问题是不可能的。但是，通过阿里尔·鲁宾斯坦发明的一种别出心裁的方法，就有可能找到答案了。[7]

在鲁宾斯坦的讨价还价博弈中,双方轮流提出建议。每次提议都是一个关于如何分配利益馅饼的建议。为了简单,我们假设利益馅饼的大小为1。提议用 $(X, 1 - X)$ 表示,它描述了各方所得;因此,若 $X = 3/4$,这意味着 3/4 归我,1/4 归你。只要一方接受了对方的提议,博弈便就此结束。在此之前,双方交替提出建议。拒绝提议的代价是很高的,因为它会导致达成协议的延迟。任何双方可以明天达成的协议,如果能在今天达成,将会更有价值。立即达成协议最符合双方的共同利益。

时间就是金钱,这可以通过许多不同的方式表现出来。最简单的情况是,较早得到的 1 美元,其价值超过后来得到的 1 美元,因为较早得到的1 美元可以用于投资,并在此后的时间赚取利息或红利。如果投资回报率是每年 10%,那么,现在得到的 1 美元等于明年此时的 1.10 美元。这种思路同样适用于工会和管理层,但在急躁这一方面,还要考虑另外一些特征。协议每推迟一周签订,就会有一种风险,即原有的忠实的老顾客会和其他供应商建立长期的合作关系,公司将面临不得不关门结业的威胁。工人和经理将不得不转而从事工资较低的其他工作,工会领袖声誉受损,管理层的期权也会变得一文不值。考虑到这样的事情会在未来一周当中发生的可能性,立即达成协议显然要比拖延一周更好。

与最后通牒博弈中的情形一样,轮到他提建议的那个人具有优势。优势的大小取决于他的急躁程度。我们衡量急躁程度的指标是:某人如果是在下一轮而非本轮提出建议时,价值还剩多少。以每周提议一次的情况为例。如果下周的 1 美元在今天价值 99 美分,那么就还剩下 99% 的价值(手中的 99美分到了下周价值 1 美元)。我们用变量 δ 来表示等待成本。在本例中,$\delta =$0.99。若 δ 趋近于某个较大的值,如 0.99 时,表示人们是有耐心的;若 δ 很小,如 1/3,意味着等待是有成本的,且讨价还价者是急躁的。事实上,当 $\delta =$

1/3 时，每周将损失 1/3 的价值。

急躁程度主要取决于讨价还价各回合之间的时间间隔。如果提出一个反建议需要花一周的时间，则有可能 $\delta = 0.99$。如果只需 1 分钟，则 $\delta = 0.999\,999$，几乎没有任何损失。

只要知道了急躁程度，我们就能够通过考虑人们的最低要求或最高付出，找到讨价还价博弈的分配方法。你可能接受数量为零的最低支付吗？不可能。假如你有可能接受，那么对方就会对方提议给你零。于是，你知道，如果你今天拒绝零，那么明天就轮到你提出反建议了，那时你会提议给对方 δ，他一定会接受。他之所以会接受，是因为他宁愿明天接受 δ，也不愿意等到下一期得到 1。（只有在两期博弈你都接受 0 的最佳情况下，他才能得到 1。）因此，既然你知道他明天一定会接受 δ，这意味着你明天可以指望得到 $1-\delta$，所以你今天绝不应该接受任何少于 $\delta(1-\delta)$ 的提议。于是，不管是在今天还是在两期中，你都不应该接受零的提议。[⊖]

上述论断并非完全前后一致，因为假设你在两期博弈中都愿意接受零，我们就找到了你愿意接受的最小提议额。我们真正想找出的是你愿意接受的最小提议额，而这个数字随着时间一直保持不变。我们正在寻找的这个数字满足：当每个人都明白这是你愿意接受的最低额时，这使你处在了不应该接受任何低于该数字的提议额的位置。

下面介绍我们解决这个循环推理的方法。假设你愿意接受的最糟（或最低）的分配方法是给你 L，其中 L 代表最低额。为了找出 L 究竟是多少，让我们设想一下，你为了明天能提出反建议而决定拒绝今天的提议。当你仔细考虑所有可能的反建议时，你能够预料到，当再次轮到对方提议时，他们绝不可能指望得到超过 $1-L$ 的数额。（他们知道你不会接受低于 L 的提议，所以他们不可能得到超过 $1-L$ 的数额。）既然这是他们在两期后能

⊖　当然，除非 $\delta = 0$，此时，你完全没有耐性，以后几期对你而言毫无价值。

得到的最佳结果，他们就应该在明天接受 $\delta(1-L)$。

因而在今天，当你仔细考虑是否接受他们的提议时，你可以确信，若你今天拒绝他们的提议，然后明天提出反建议 $\delta(1-L)$，那么他们一定会接受。现在，我们基本推理完成了。既然你知道你总是能让他们明天接受 $\delta(1-L)$，那么你明天就一定能得到 $1-\delta(1-L)$。

因此，你今天绝不应该接受低于 $\delta[1-\delta(1-L)]$ 的提议。

于是我们得到了 L 的最小价值：

$$L \geqslant \delta[1-\delta(1-L)]$$

或者

$$L \geqslant \frac{\delta(1-\delta)}{(1-\delta^2)} = \frac{\delta}{(1+\delta)}$$

你不该接受任何低于 $\delta/(1+\delta)$ 的提议，因为只要等待，然后提出对方必然接受的反建议，你就能得到更多。对你而言是正确的，对对方而言也是正确的。按照同样的逻辑，对方也不会接受任何低于 $\delta/(1+\delta)$ 的提议。这就告诉我们，你可以指望得到的最大数额是多少。

用 M 代表最大数额，让我们来寻找一个足够大以至于你永远不应拒绝的数额。既然你知道下一期对方不会接受低于 $\delta/(1+\delta)$ 的提议，那么最有可能的情况就是，你在下期最多能得到 $1-\delta/(1+\delta) = 1/(1+\delta)$。如果那是你下期能得到的最佳结果，那么今天你应该总是接受 $\delta[1/(1+\delta)] = \delta/(1+\delta)$。

于是我们有

$$L \geqslant \frac{\delta}{(1+\delta)}$$

以及

$$M \leqslant \frac{\delta}{(1+\delta)}$$

这意味着，你愿意接受的最低额是 $\delta/(1+\delta)$，且你总是会接受任何等于或者大于 $\delta/(1+\delta)$ 的提议。因为这两个数额完全相同，所以这就是你将会得到的数额。对方不会提出更低的建议，因为你会拒绝；他们也不会提出更高的建议，因为你肯定会接受 $\delta/(1+\delta)$。

这种分配是合理的。随着提议与反提议之间的时间周期缩短，参与者的不耐烦会更少；或者，从数学上讲，δ 越来越接近 1。考察一下 $\delta=1$ 的极端情况。这时，提议的分配方式成了

$$\frac{\delta}{(1+\delta)} = \frac{1}{2}$$

利益馅饼在双方之间平均分配。如果等待提出反建议没有任何成本，那么最先提议的那个人不占任何优势，所以分配方法为 50：50。

另一种极端情况是，设想如果提议不被接受，整个利益馅饼就会消失。这就成了最后通牒博弈。如果明天的价值协议实际上为零，则 $\delta=0$，分法为（0,1），就像最后通牒博弈的结果一样。

再看一个中间情况，设想时间非常重要，以至于每拖延一天，利益馅饼就会损失一半，$\delta=1/2$，现在分配便成了

$$\frac{\delta}{(1+\delta)} = \frac{\frac{1}{2}}{\left(1+\frac{1}{2}\right)} = \frac{1}{3}$$

我们这样考虑一下这种情况。向我提议的那个人宣称，如果我拒绝，整个利益馅饼就会消失。于是他马上得到了 1/2。剩下的一半中，你可以得到其中一半，即整个利益馅饼的 1/4，因为如果他不接受你的提议，这 1/2 的利益馅饼也会消失。这样，两轮之后，他将有 1/2，你有 1/4，于是我们又回到了我们开始的地方。这样，在每一组提议中，他都能得到你的两倍，于是分配结果即为 2：1。

在我们解决这个博弈时，假设双方耐性相同。你可以用同样的方法，找出双方等待成本不同时的解。正如你可能预期的那样，更有耐心的一方会得到利益馅饼的更大份额。确实，随着提议之间的时间周期越来越短，利益馅饼便以等待成本的比率分配。因此，如果一方的急躁程度是对方的两倍，那么他会得到利益馅饼的 1/3，即对方得到的一半。[⊖]

讨价还价得出的协议会把较大的份额归属更加耐心的一方，这一事实对于美国而言真是非常不幸。美国的政府体制以及媒体报道，实际上都在鼓动不耐烦的情绪。一旦与其他国家在军事和经济问题上的谈判进展缓慢，利害攸关的游说者就会从国会议员、参议员和媒体那里寻求支持，迫使政府尽快拿出结果。美国在谈判中遭遇的对手国家对此非常了解，也就可以想尽办法迫使美国做出更大的让步。

⊖ 比如，工会与管理层对它们的拖延风险及结果的估计可能不同。为了使说明更具体，假设工会认为现在的 1 美元等价于一周后的 1.01 美元（即 $\delta = 0.99$），管理层则认为它等价于一周后的 1.02 美元（即 $\delta = 0.98$）。换句话说，工会的周"利率"是 1%；而管理层的周"利率"是 2%。管理层的急躁程度是工会的两倍，因此其最终的收入是工会收入的一半。

第 12 章

投　票

选举日即假日

我懒得理睬的人，就是那些懒得投票的人。

——奥格登·纳什（Ogden Nash，1932）

民主政府的基石，就是尊重人们通过投票箱所表达的愿望。不幸的是，实现这些崇高的理想并非易事。与其他任何多人博弈一样，投票中会出现策略问题。投票人经常有动机隐藏自己的真实偏好。不管是多数决定原则（majority rule），还是任何其他投票机制，都无法解决这个问题；因为不存在任何一个完美制度，能够将个人偏好汇总成全民的意愿。[1]

实际上，简单的多数决定原则在两个候选人竞选的情况下很管用。如果你喜欢 A 甚于 B，那你就投票给 A。这里没必要使用策略性的手法。[⊖]但是当三个或者三个以上候选人参与竞选时，问题就开始浮现。投票人的麻烦在于，是如实地投票给自己最推崇的候选人呢，还是策略性地投票给自己其次甚或再次喜欢却有望胜出的那个候选人呢？

在 2000 年美国总统大选中，我们可明确发现这一问题。拉尔夫·纳德（Ralph Nader）的出现使选举从戈尔偏向了乔治·布什。这里我们并非是说悬挂式（hanging chads）选票或者是蝶形选票（butterfly ballot）改变了大选。我们的意思是，如果拉尔夫·纳德没有参选，那么戈尔会赢得佛罗里达州，然后赢得大选。

回想一下，纳德在佛罗里达州得到了 97 488 票，而布什只赢了戈尔537 票。不用怎么想也能看得出来，大多数投票给纳德的选民本来会选择戈尔，而不是布什。

纳德争辩说，戈尔的失利有很多原因。他提醒我们说，戈尔没有赢得他的家乡田纳西州，而且成千上万的非前重罪犯被排除出了选民登记簿，以及 12% 的佛罗里达民主党人把票投给了布什（或者错投给了布坎南）。的确，戈尔的失利可以有很多解释，但是其中之一就是纳德。

⊖　这里存在一个限定条件，即你可能会在乎候选人胜利的程度。你可能希望你的候选人胜出，但只赢一点点（比如，为了压制一下他狂妄自大的脾气）。在这种情况下，如果你能确信他最终能胜出，你就可能会对你的首选候选人投下反对票。

在此，我们的关键不是要批评纳德或者任何其他第三方候选人。我们的关键是要批评我们投票的方式。我们希望那些真心盼着纳德当选总统的选民可以有办法表达其观点，而不必放弃他们对"布什对戈尔"竞选的投票权。⊖

三方竞选（three-way race）的投票难题也并非只对共和党有利。1992年大选，罗斯·佩罗（Ross Perot）只获得19%选票的结果是，比尔·克林顿（Bill Clinton）的当选显得更加不平衡。克林顿获得了370张选票，而布什只获得了168张。我们很容易想象得到，几个红州（科罗拉多州、佐治亚州、肯塔基州、新罕布什尔州、蒙大拿州）本来可以投票给佩罗。² 与2000年的选举相同，在这里克林顿仍然会赢，只不过选票不会有那么大的差距了。

在2002年法国总统大选的第一轮中，有三位主要的在任候选人，他们是希拉克、社会党人莱昂内尔·若斯潘（Lionel Jospin）和极右分子让－玛丽·勒庞（Jean-Marie Le Pen）。同时还有几个边缘化的左翼党派及其他类似的党派。人们普遍预期，希拉克和若斯潘在第一轮会成为得票最多的两个人，然后在决赛竞选（runoff election）中再决高下。因此，很多左翼选民放任自己，在第一轮时天真地把票投给了那些他们最推崇的边缘候选人。但是，当总理若斯潘获得的选票数低于勒庞时，他们全都惊呆了。于是，在第二轮投票的时候，他们不得不做他们想都没想过的事，投票给他们讨厌的右翼希拉克，仅仅是为了排除他们更为讨厌的极右分子勒庞。

⊖ 实际上，我们曾经给拉尔夫·纳德提出了一个解决方案，只是他没有接受。美国选举制度的不同寻常之处在于，人民的选票实际上是投给选举团里的选举人的，而不是直接投给实际候选人。假定纳德推崇戈尔胜于布什，那他就可以选择和戈尔相同的选举人。于是投给纳德的每一票都可以算做投给戈尔的一票（因为选举人都是一样的）。通过这种方法，选民可以表达他们对纳德的支持，他们可以帮他筹集对等资金，所有的这些行动都不会把选举拉到对布什有利的方向。

这些案例告诉我们，什么情况下策略和道德可能会相冲突。考虑一下当你的投票很重要时的情况。如果不管你投不投票，结果都是布什（或者戈尔）或者希拉克（或者若斯潘）当选，那么你可以随心投票。这是因为你的投票无关紧要。你的票只有在打破平局（或者引起平局）的时候才真正有价值。这就是所谓的做一个关键选民。

如果你投票时认为你投的票会有价值，那么，把票投给纳德（或者法国的一个边缘的左翼党）就是错失了良机。即使是纳德的支持者，也应该假设他们是打破布什和戈尔之间平局的那个人，并在这种假设情况下投票。这好像有点儿自相矛盾。当你投票无关紧要时，你就能够随心投票。但是，当你投票意义重大时，你却要策略地进行投票。这就是矛盾所在：只有真相无关紧要的时候，你才可以说出真相。

你可能认为，你的投票根本不可能是至关重要的，以至于完全可以忽略它。在总统大选的案例里，这种情况确实发生在如罗得岛这样稳固的蓝州，或者如得克萨斯这样稳固的红州。但是在比较势均力敌的州，比如新墨西哥州、俄亥俄州和佛罗里达州，选举结果实际上非常接近。所以，尽管打破均衡的机会依然非常渺茫，但是影响却非常重大。

策略性投票问题在总统初选时显得更为重要，因为此时通常会有四名或者四名以上的候选人进行角逐。投票和筹款的时候也会出现这个问题。支持者不想把他们的选票或竞选捐款浪费在一个无望当选的候选人身上。这么一来，那些宣布谁正领先的民意调查和媒体报道，就有了左右局势、使自己的预言变成现实的真正潜力。相反的问题也可能产生：人们预期某个候选人十拿九稳，于是他们就会无拘无束地用心把票投给他们推崇的一个边缘候选人，结果却发现他们的第二选择、实际上有望当选的候选人（例如，若斯潘）被淘汰出局。

我们并不是策略性投票的倡导者，而是坏消息的信使。我们最大的愿望无非是提出一个投票机制，可以鼓励人民坦诚地投票。在理想的情况下，投票机制可以用某种方式表达人民的真实意愿，汇聚人民的偏好，而不会把人民引向策略性投票。不幸的是，肯尼斯·阿罗（Kenneth Arrow）证明不存在这样的"圣杯"。任何统计选票的方式都必定有缺陷。[3]在实践中，这意味着人们总是有动机去进行策略性投票。所以，选举的结果同等地由选举过程和选民的偏好决定。也就是说，你可以判断出投票机制的某些缺陷比其他缺陷更糟糕。接下来，我们将分析决定选举的某些不同方式，同时突出每种方式的问题及优点。

幼稚的投票

最常用的选举程序是简单的多数决定投票。但是多数决定规则的结果可能具有似是而非的性质，甚至比 2000 年美国总统大选的结果更为离奇。这种可能性最早由两百多年前法国大革命英雄孔多塞侯爵（Marquis de Condorcet）发现。为了纪念他，我们就用法国大革命的背景，来阐释其提出的关于多数决定原则的基本悖论。

巴士底狱被攻陷之后，谁将成为法国平民主义的新领袖呢？假定有三位候选人竞争这个职位：罗伯斯庇尔先生（R）、丹东先生（D）和拉法日夫人（L）。人民可以分作三类：左翼、中间派和右翼，其偏好如下：

左翼	中间派	右翼
40	25	35
…	…	…
R	D	L
D	L	R
L	R	D

有 40 位选民属于左翼，25 位属于中间派，35 位属于右翼。若竞选是

罗伯斯庇尔对丹东，则罗伯斯庇尔将以 75 ∶ 25 获胜。若竞选是罗伯斯庇尔对拉法日夫人，则拉法日夫人会以 60 ∶ 40 获胜。但若竞选是拉法日夫人对丹东，则丹东会以 65 ∶ 40 获胜。所以，这里不存在全胜者。在每场一对一的竞选中，没有一个候选人可以战胜所有的其他对手。无论哪一个候选人当选，都存在另一个大多数人更喜欢的候选人。

由于可能存在这种没完没了的循环，我们将无法确定哪一种选择才能代表人民的意愿。当孔多塞面对这个棘手的问题时，他提出，差距更大的多数人决定的选举应该优先于选票比较接近的选举。其推理是，人民的真实意愿某种程度上是存在的，而上述循环一定反映了某种错误。差距较小的多数人出错的可能性大于差距较大的多数人。

基于上述逻辑，罗伯斯庇尔对丹东的 75 ∶ 25 的胜利，以及丹东对拉法日夫人的 65 ∶ 35 的胜利，应该优先于最小差距的多数人，即拉法日夫人对罗伯斯庇尔的 60 ∶ 40 的胜利。在孔多塞看来，罗伯斯庇尔明显比丹东更受推崇，而丹东比拉法日更受推崇。因而，罗伯斯庇尔是最佳候选人，而喜欢拉法日胜于罗伯斯庇尔的差距微小的多数人则是个错误。得出这一点还有另一种方法，就是罗伯斯庇尔应该被宣布为胜者，原因是他收到的反对票最多只有 60 张，而所有其他候选人是被比这更多的反对票打败的。

具有讽刺意味的是，法国采用的是另一种选举制度，这种制度通常被称为“复选式排序投票”（runoff voting）。在他们的选举中，假设没有人获得绝对多数票，那么得票最多的两位候选人就会在决选中相互竞争。

考虑一下，如果我们将法国的选举制度应用在我们上述三位候选人身上，结果会如何。在第一轮，罗伯斯庇尔将排在第一位，得到 40 票（因为他是所有 40 个左翼选民的第一选择）。拉法日夫人排在第二位，得到 35 票。丹东排在最后，只得到 25 票。

基于这个结果，丹东将被淘汰，另外两个得票最多者，罗伯斯庇尔和拉法日夫人，将在决选投票中再次相遇。在决选中，我们可以预测到，丹东的支持者将转而支持拉法日夫人，使她以 60 ：40 获胜。这进一步证明了，如果还需要进一步证明的话，选举的结果同等地由投票的规则和选民的偏好决定。

当然，我们预先假设了选民做出决定的时候是幼稚的。如果民意调查能够准确地预测选民的偏好，那么罗伯斯庇尔的支持者就可以预期到他们的候选人会在决选投票中败给拉法日夫人。这将使他们得到最糟糕的可能的结果。于是，他们会有动机策略地投票给丹东，这样，丹东便会第一轮投票中以 65% 的得票率彻底地胜出。

孔多塞投票规则

孔多塞的洞见可以为我们提供一种方法，去解决总统初选甚或有三个乃至更多候选人的普通选举的难题。孔多塞的提议是，让候选人两两配对，相互竞争。这样，在 2000 年大选中，就会出现布什对戈尔、布什对纳德，以及戈尔对纳德的投票。选举的胜者将是获得最少的最大反对票数的那个候选人。

设想戈尔以 51 ：49 战胜了布什；戈尔以 80 ：20 战胜了纳德；布什以 70 ：30 战胜了纳德。这样，反对戈尔的最大投票数是 49，这小于反对布什（51）和反对纳德（80）的最大投票数。的确，戈尔就是所谓的孔多塞胜者（Condorcet winner），因为他在一对一的争夺中战胜了所有的其他对手。⊖

⊖ 从肯尼斯·阿罗的结论我们得知，没有一种选举制度是完美无缺的。在某些情况下，策略性投票将是值得的，即使当采用了孔多塞的投票机制的时候。不过，由于策略性投票的方式相当复杂，所以如果人们不很清楚他们应该怎样歪曲其投票来达到最大效果，我们也不必过于担心这种方式对选举的影响。

有人可能认为，这在理论上是很有意思，但却非常不切实际。我们怎么能要求人民分别在三个选举中投票？而且，在有 6 个候选人的总统初选中，人民不得不投 15 次票，来表达他们对所有双向竞选的观点。这看起来真的不太可行。

幸运的是，有一种简单的办法可以使这一切变得十分现实。选民需要做的只是在选票上对候选人进行排名。根据这些排名，计算机就会知道如何对所有的一对一竞选进行投票。所以，对候选人的排名顺序是

> 戈尔
>
> 纳德
>
> 布什

的选民，将会投票支持戈尔而不是纳德，支持纳德而不是布什，以及支持戈尔而不是布什。在总统初选中对 6 个候选人进行排名的选民，实际上也含蓄地对所有可能的 15 个配对选择进行了排名。如果竞选是在他的第二选择和第五选择之间展开，那么选票就会投给第二选择。（排序不完整也没有关系。排上名的候选人将战胜所有没有排名的候选人，对于两个没有排名的候选人之间的竞争，这相当于选民投了弃权票。）

在耶鲁大学管理学院，我们用孔多塞投票制度来评选年度教学奖。在此之前，获胜者是由简单多数规则决定的。在大约有 50 位教员，即 50 名符合资格的候选人的情况下，从理论上看，有可能会出现候选人以刚好超过 2% 的选票获奖的情况（如果选票在所有候选人之间几乎平均分配的话）。更现实的情况是，总是存在五六个强势的争夺者，还有五六个有一定支持者的候选人。一般情况下，25% 的选票就足以获胜了，所以，哪个候选人的支持队伍能够把他们的投票集中起来，哪个候选人就会最终获胜。现在，学生只需要对他们的教授进行排名，计算机就会替他们进行所

有的投票。与简单多数规则相比，这里的胜出者更加符合学生的要求。

努力改变我们投票的方式值不值得？下文将展示，议程控制如何影响投票结果。在存在投票循环的情况下，投票结果对于投票程序高度敏感。

法庭的秩序

按照美国司法体系的运作方式，首先要裁定被告是无罪还是有罪。只有在被告被裁定有罪之后才能对其进行判罚。表面看来，这可能是一个无关宏旨的程序问题。但是，这一决策的顺序可能意味着生与死的区别，甚至定罪与无罪开释的差别。我们用一个被控犯有死罪的被告为例来解释我们的观点。

有三种过程可供选择，决定一个刑事案件的结果。每种过程都有其优点，你可能希望基于某些潜在的原则来在它们之间做出选择。

- 现行制度：首先裁定无罪还是有罪；然后，如果有罪，再考虑合适的惩罚。
- 罗马传统：听证结束之后，先从最严厉的惩罚开始，一路向下寻找合适的惩罚。首先决定要不要对这个案件适用死刑。如果不要，再考虑判处终身监禁合不合理。如果一路研究下来，没有一种刑罚合适，那么该被告就会被无罪释放。
- 强制判刑：首先指定该项罪名的合适的刑罚，然后确定应不应该给该名被告定罪。

这些审判制度只有一个议程的区别：首先决定哪一个问题。为了说明这点差别可能具有多大的重要性，我们考虑一个只有三种可能结果的案件:死刑、终身监禁以及无罪开释。[4] 这个故事是以一个真实的案例为基础;这是公元前 1 世纪的罗马律师小普利尼(Pliny)为图拉真(Trajan)皇帝效命时所面临困境的一个现代版本。[5]

该名被告的命运掌握在三位意见有严重分歧的法官手里。他们的裁决由少数服从多数的投票来决定。其中一个法官(法官 A)认为被告有罪,而且应该被判处可能判处的最高刑罚。这位法官力求判处被告死刑。终身监禁是他的第二选择,而无罪开释是他的最坏的结果。

第二位法官(法官 B)也认为被告有罪。但是,这位法官坚决反对死刑。他的首选是终身监禁。以前判处死刑的案例至今仍然让他心烦意乱,因此,他宁愿看到被告被无罪开释,也不愿意看到被告被国家处死。

第三位法官(法官 C)是唯一认为被告无罪的人,因而力求无罪开释。他的意见与第二位法官相反,他认为终身监禁比死刑更残酷。(对此被告也持同样的观点。)结果,如果不能判处无罪开释,他的第二选择将是看到被告被判处死刑。终身监禁是他的最坏的结果。

	法官 A	法官 B	法官 C
最好	死刑	终身监禁	无罪开释
中等	终身监禁	无罪开释	死刑
最差	无罪开释	死刑	终身监禁

在现行制度下,首先投票决定的是被告无罪还是有罪。但是这三位都是老于世故的决策者。他们懂得向前展望、倒后推理。他们准确地预见到,如果被告被判有罪,投票的结果就是 2∶1 决定被告被判处死刑。这实际上意味着,最初的投票就是在无罪开释与死刑之间进行选择。这样结果就是以 2∶1 判处被告无罪开释,因为法官 B 投了关键一票。

情况不一定按照这种方式发展。法官们可能决定沿用罗马传统,先从最严厉的惩罚开始,一路减轻下去。他们首先决定要不要判处被告死刑。

如果选择了死刑，接下来就没有什么要做决定的了。如果死刑遭到否定，剩下的选择就是终身监禁和无罪开释。通过向前展望，法官们意识到终身监禁将成为第二阶段投票的结果。再通过倒后推理，第一个问题就简化成了终身监禁与死刑之间的选择。结果是以 2：1 判处被告死刑，只有法官 B 投了反对票。

第三种合理的做法是，首先决定该案罪行的合适的惩罚。这里我们沿着强制惩罚准则的路线思考。一旦确定了刑罚，法官必须确定该案中被告是否犯有这个罪行。在这种情况下，如果首先确定的刑罚是终身监禁，那么被告就会被判有罪，因为法官 A 和法官 B 都会投票判定被告有罪。但是，如果首先确定的是死刑，那么我们会看到，被告将被无罪开释，因为法官 B 和法官 C 都不愿意判被告有罪。于是，刑罚的选择最终简化成终身监禁与无罪开释之间的选择。投票的结果是终身监禁，只有法官 C 投了反对票。

你可能已经发现这个故事的意义非同寻常，或许还会因为上述三种结果可能完全取决于投票次序而心烦意乱。因为，你对司法制度的选择，可能会取决于其最后结果，而不是潜在的原则。这就意味着博弈的结构非常重要。比如，当国会必须在众多相互竞争的法案之间做出选择时，投票次序可能会对最终的结果产生重大的影响。

中点的选民

到目前为止，在考虑投票问题的时候，我们都是假设候选人只采取一种立场。候选人选择其立场的方式也同样是策略性的。所以我们接下来集中讨论的问题就是，选民如何努力去影响候选人的立场，以及候选人最终会站在什么立场上。

要想避免你的选票淹没在茫茫票海，有一个办法就是别出心裁：选择一个极端的立场，与大众划清界限。谁若是认为这个国家太过自由化，可以把票投给一个温和保守派候选人。或者转向极右路线，支持拉什·林堡（Rush Limbaugh）。好比候选人会做出妥协，采取中间立场那样，使自己看起来显得比实际更极端也许更符合某些选民的利益。这种战术只在一定程度上有效。如果你走过头了，大家就会认为你是个想入非非的疯子，结果你的意见便无人理睬。关键在于，在与理性看来相适应的范围内采取一个最为极端的立场。

为了更确切地说明这一点，设想我们可以把候选人按照从自由到保守的顺序，排在一条刻度是0～100的轴上。绿党奉行极"左"路线，位置接近于0，而拉什·林堡采取最保守的立场，接近100。选民通过在这条政治光谱上选择一点来表达自己的偏好。假设选举的胜者就是位于所有选民立场的平均值的那个候选人。你可以这么看待这种情况：通过谈判和妥协，被选出的领先的候选人的立场反映了整个选举的平均立场。讨价还价的本质在于提供折中方案来解决分歧。

设想你自己是一个中间派：如果你能控制大局，你就会倾向于选择一个立场位于50的候选人。但结果可能是这个国家可能比中间值稍微倾向保守派一点。假如没有你，平均值可能达到60。具体来说，你就是100个选民被抽出来参加民意调查，确定平均立场的那一个人。如果你说出你的真实偏好，那么候选人就会移动到（99×60＋50）＝59.9的立场上。反过来，如果你夸大自己的主张，声称你想要0，那么最终结果就会变成59.4。通过夸大你的主张，你对候选人立场的影响力是原来的6倍。

当然，你不会是这么做的唯一一个人。所有比60更倾向自由派的那些人都会声称他们想要0，而那些比60更保守的人都会为100而奋斗。结果是，每个人看起来都很极端，尽管候选人依然会选择某个中间的立场。

妥协的程度将取决于转向各个方向的选民的相对数量。

这种采取平均立场的方法有个问题，就是它试图同时把偏好的强度和方向都考虑在内。人们有动机说出自己的真实倾向，但是谈到强度的时候就会夸大其词。同样的问题也出现在妥协的过程中：如果这就是解决问题的法则，那每个人都会采取极端的立场。

解决这个问题的一个方案与哈罗德·霍特林（Harold Hotelling）的发现有关（我们已经在第9章讨论过这个问题），即各政党将收敛于中点选民的立场。如果候选人迎合中点选民的偏好，那么就没有任何选民会采取极端的立场了。也就是说，这位候选人选择了一个立场，在这一点上，希望他"左"倾和右倾的选民数目正好相等。与平均立场不同，中点立场并不取决于选民偏好的强度，而只取决于他们偏好的方向。要找到这个中点，候选人可以从0开始，不断向右移动，只要还有多数人支持他这一移动。而在中点，支持他继续向右移动的力量就正好被希望他向左移动的力量所抵消。

当一位候选人采取中点立场的时候，没有任何选民再有动机歪曲自己的偏好。为什么？只需要考虑三种情况：（1）倾向中点左侧的选民，（2）恰好位于中点的选民，以及（3）倾向中点右侧的选民。在第一种情况下，夸大"左"倾偏好不会改变中点的位置，因此这个立场最终被采纳了。这个选民改变结果的唯一的办法就是支持向右移动。但是这正好与他自己的利益相悖。在第二种情况下，选民的理想立场无论如何都会被采纳，夸大自己的偏好不会带来任何好处。第三种情况与第一种情况类似。再向右移动对中点没有任何影响，而投票支持向左移动则与自己的利益相悖。

这个论点的陈述方式暗示，选民知道全体选民的中点的位置，无论自己是处于中点的左侧还是中点的右侧。但是说真话的动机和究竟出现哪个结果没有关系。你可以把上述三种情况当作三种可能性进行考虑，然后就会意识到，不管出现哪一个结果，选民还是希望诚实地表达自己的立场。采用中点立场的法则的优点在于，没有一个选民有动机去歪曲自己的偏好；诚实地投票是所有选民的优势策略。

采纳中点选民立场的唯一问题就是，其应用范围非常有限。这一选择只有在一切都能简化成一维选择的时候才可以采用，就像在自由派对保守派的竞争中一样。但是，并非所有情形都可以这样简化地划分。一旦选民的偏好超过一维，就不会有什么中点可言，这种简洁的解决方案也就不再有效了。

宪法为什么会有效

提示：本节的内容很难，即使健身之旅也是如此。我们把它放在本章，是因为它提供了一个例子，说明博弈论如何有助于我们弄明白美国宪法为什么持久有效的原因。这一结论是以本书作者之一的研究为基础的，这一事实也可能会起点儿小作用。

我们曾说过，当候选人的立场不能再在一维里排序的话，事情就会变得复杂得多。现在，我们转而看另一种情况，在这种情况下，选民主要关心两个议题，比如，税收问题和社会问题。

当一切都是一维的时候，候选人的立场可以用从0~100的分数来表示，你可以把这个分数看作在一条直线上的某个点。而现在，候选人在两个议题之间的立场就可以用平面上的某个点来表示。如果有三个重要议题，那么候选人的立场就必须处在一个三维空间里，不过这个三维空间很难在一本二维平面的书上画出来。

我们用候选人所处的位置来表示他在各个议题上的立场。

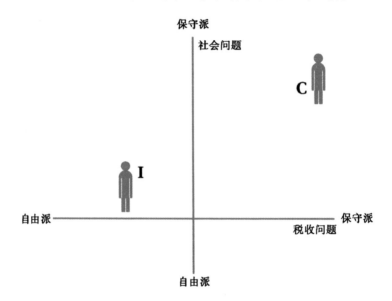

如上图所示，现任者（I）是一个中间派，在税收问题上略微倾向自由派，而在社会问题上略微倾向保守派。相比之下，挑战者（C）在税收问题和社会问题上都采取非常保守的立场。

选民的规则很简单：他们投票支持最接近他们偏好立场的那位候选人。每一种选民都可以被认为处于空间中的一个点上。这个点的位置就是选民最偏好的立场。

我们接下来的图（涉及立场）说明了选民将如何在这两个候选人之间分配。所有倾向左边的选民都会投票给现任者，而那些倾向右边的选民都会投票给挑战者。

既然我们已经解释了博弈的规则，那么你认为挑战者会选择在哪个立场？还有，如果现任者足够聪明，能够给自己选择一个最佳的立场来抵御挑战者，那么他一开始会选择哪个点呢？

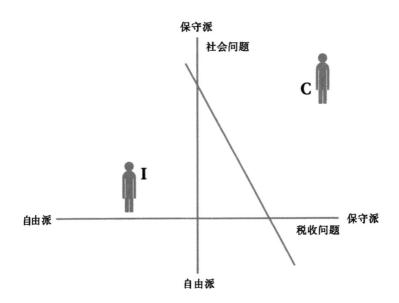

　　注意，当挑战者越来越向现任者靠近时，他可以获得越来越多的选票，但不会损失一张选票。（比如说，从C点到C*点的移动，扩大了偏好C的选民团体；现在，分割线变成了那条虚线。）这是因为，任何偏好挑战者的立场胜过现任者的立场的选民，同时也偏好两个立场之间的某个立场胜过现任者的立场。所以一个偏好征收1美元燃油税胜过不征税的选民，很可能也偏好征收50美分税胜过不征税。这就意味着，挑战者有动机去选择右边挨着现任者的立场，从选民最多的方向开始向现任者靠近。在下图中，挑战者将从右上角方向开始向现任者靠近。

　　对现任者而言，这个难题就好像著名的切蛋糕问题一样。在切蛋糕问题里面，两个小孩需要分一个蛋糕。问题在于，如何为他们设计一个分割蛋糕的方法，以确保他们每个人都觉得自己（至少）分到了一半蛋糕。

　　解决这个经典问题的办法就是"我来切，你来选"。一个小孩负责切蛋糕，而另一小孩来选。这使得第一个小孩有动机尽可能平均地切蛋糕。因为第二个小孩可以选择其中一半，所以他不会感到被骗了。

这里的问题有点儿不同。在这里的问题中，挑战者负责切蛋糕，然后选择。但是，现任者会指定一个位置，挑战者必须从这里切开。例如，如果所有选民均匀地分布在一个圆盘中，那么现任者可以把自己定位在正中心。

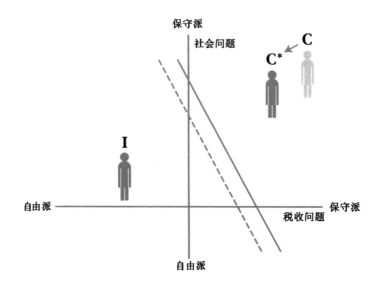

尽管挑战者努力把自己定位在与现任者相关的立场上，现任者依然可以吸引到半数的选民。例如，虚线表示挑战者从右上角过来。这个圆盘依然是被平分成两半。圆盘的中心总是最接近至少一半圆盘中的点。

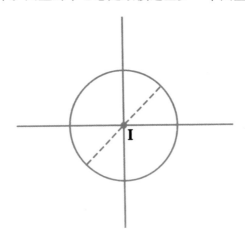

　　当选民均匀地分布在一个三角形中的时候，情况变得更加复杂。（为了简单起见，我们先省略掉表示议题的数轴。）现在，现任者应该把自己定位在什么位置呢？他可以确保自己得到的选票数最多是多少？

　　在下图中，现任者选择的位置很糟糕。如果挑战者从左边或者从右边开始靠近现任者，那么现任者依然可以吸引到半数选民的支持。但是，如果挑战者从下方开始接近他，挑战者就可以获得大大超过半数的选票。所以，现任者最好把自己的定位向下移动，先发制人，攻击对方。

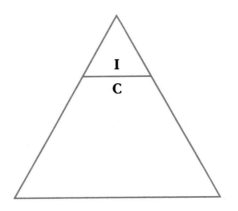

　　结果是，定位在集合的平均点，即我们熟知的重心，可以保证现任者至少获得总选票的4/9。而现任者可以在两维中的每一维中都吸引到2/3的选票，于是总得票是 2/3 × 2/3 = 4/9。

　　在下图中你可以看出，我们把大三角形分成了9个小三角形，每一个小三角形都与大三角形等比例。大三角形的重心就是这三条线的交点。（这一点也是普通选民最偏好的立场。）现任者把自己定位在重心上，就可以确保自己至少得9个小三角形中的4个里面的选民的支持。比如，挑战者可以从正下方发动进攻，夺取下面5个小三角形中的选民。

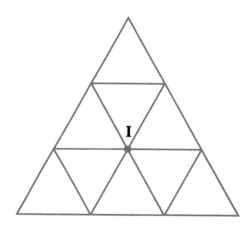

如果我们把这个三角形扩展到三维，那么现任者的最佳选择依然是把自己定位在重心上，但这时只能保证得到（3/4）×（3/4）×（3/4）= 27/64 的选票。

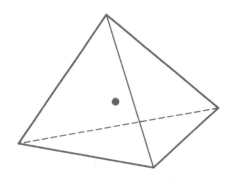

一个令人非常惊奇的发现是，对于现任者而言，在任何维度的所有凸集中，三角形（以及它的多维模拟）其实是一种最坏的结果。（对于集合中的任意两点 A 和 B，如果连接这两点的线段也在这个集合内，那么这个集合就是凸集。所以，圆盘和三角形都是凸集，而字母 T 不是。）

而真正令人感到意外的是，在所有的凸集中，现任者通过把自己定位在重心处，可以保证至少得到 1/e = 1/2.718 28≈36% 的选票。即使当选民呈正态分布（像是钟形曲线）而非均匀分布时，结果也是如此。这意味着，如果需要有 64% 的多数票才能改变现状，那么，通过选择所有选民偏好的平均点，从而得到一个稳定的结果是可能的。不管挑战者的立场如何，现任者都能至少吸引到 36% 的选票，以图保住自己的位置。[6] 这只需要选民的偏好分布不要过于极端。对于一些人来说，只要还有相对多数的人采取中间立场，他们就可以采取极端的立场，正如正态分布所显示的那样。

这个"现任者"可以不仅仅是一个政治家，还可以是一个政策或是一个先例。这样也许可以解释美国宪法的稳定性。如果只需要简单多数通过（50%）就可以对宪法的进行修订，那宪法的修订就有可能陷入循环中不能自拔。但是，如果修订宪法需要超过 64% 的多数同意，也就是要有 2/3 得票，那么就会存在某种立场，面对任何修订方案都会立于不败之地。这并不是说任何现状都不会被其他的选择打败；这里的意思是，总是存在某种现状，即所有选民的平均立场，不可能根据 67 ∶ 33 的投票而被打败。

我们希望有这么一个多数决定规则，这个规则足够小，可以在偏好改变时允许有灵活性或变化性，但又不至于太小，以至于变得不稳定。简单多数原则是最灵活的，它有可能会陷入循环，或者变得不稳定。另一种极端情况是，100% 规则或者一致同意规则可以消除循环，但是也会锁定现状。我们的目标是，选择一个可以确保稳定结果的最小的多数规则。看起来 2/3 多数规则恰好在 64% 右边，从而恰好获得了成功。美国宪法做得很正确。

我们认识到这一切确实进展得有点儿快。而这个结论是以安德鲁·凯普林和巴里·奈尔伯夫的共同研究为基础的。[7]

历久不衰的名人

让我们回到现实世界。入选古柏镇（Cooperstown）棒球名人堂可能是仅次于入主白宫的最令人垂涎的全国性荣耀了。棒球名人堂的成员由选举产生。每次都有一组符合资格的候选人——具有 10 年比赛经验的选手退役满 5 年后便具有资格了。⊖选举人是棒球记者联合会的成员，每一个投票人最多可以投票给 10 名候选人。所有获得的选票超过回收总票数 75% 的候选人都可以当选。

就像你现在预期的那样，这个制度有一个问题，就是选举人没有正确的激励，将票投给自己真正推崇的候选人。该规则限定每个投票人最多只能投 10 票，这就迫使投票人不仅要考虑候选人的优点，还要考虑他们入选的可能性。（你可能会觉得 10 票已经够多了，但是不要忘记，候选人名单上有大约 30 名候选人。）一些体育记者可能会觉得某个候选人应该入选，但是如果这个候选人不大可能入选，他们也不想把票浪费在这个人身上。这个问题同样出现在总统初选的过程中，也出现在其他任何一个选举中，只要在这个选举中，每个投票人是以一个数目的选票向候选人投票的。

两位博弈论专家提出了一个替代的方案用于选举。他们是史蒂芬·布拉姆斯（Steven Brams）和彼得·费什本（Peter Fishburn），一位是政治学家，另一位是经济学家，他们认为"赞成投票"（approval voting）可以使投票人表达他们的真实偏好，而不必考虑候选人当选的可能性。[8]在赞成投票的规则之下，每个投票人想投多少人的票就投多少人的票。这样一来，把票投给一个人，不会成为把票投给任意数目的其他人的障碍。当然，如果人们可以想投多少人的票就投多少人的票，那么最后谁会当选？就像古柏镇的规则一样，这里的规则可以事先确定一个获胜者应得的选票的比例；或者也可以事先确定获胜候选人的人数，然后得票多者依次填满全部席位。

⊖ 然而，如果一位选手在年度候选人名单上出现了 15 次而仍未入选，那他就失去了参选资格。对于其他不符合资格的运动员，还有另外一条路通向选举。一个老球员委员会将考虑特殊的个案，有时候也会一年选出一两个候选人。

赞成投票已经变得颇为普及，被很多专业团体所使用。如果棒球名人堂使用赞成投票方法，情况会是怎样？如果国会在决定哪些支出项目应该包含在年度预算的时候，也使用赞成投票，会不会得到更好的结果？我们会在确定获胜比例的前提下考察"赞成投票"的相关策略问题。

设想入选不同体育项目的名人堂是由赞成票所决定的，所有得票超过某个固定百分比的候选人都可以入选。乍一看去，投票人似乎没有动机去歪曲他们的偏好。候选人之间并非是相互竞争，而只是在与规则中隐含的衡量素质的绝对标准进行竞争，而这个规则规定了要求达到的赞成票的百分比。如果我认为马克·麦奎尔（Mark McGwire）应该入选棒球名人堂，那么，我不投赞成票给他，结果只会降低他入选的机会；而如果我认为他不应该入选，那么，我背离自己的观点投票给他，只会使他更容易入选。

即便如此，在投票人看来，候选人之间还是可能在相互竞争，尽管规则中没有明确规定。这种情况经常会发生，因为投票人对名人堂成员的人数和结构有着自己的看法。假设马克·麦奎尔和萨米·索萨（Sammy Sosa）同时入选了棒球名人堂的候选人名单。⊖我认为麦奎尔是一个更加出色的击球手，尽管我也承认索萨同样达到了入选名人堂的标准。不过，我认为最重要的一点是，同一年不应该有两个强力击球手入选。我的猜测是，其他选民对索萨的评价可能更高一些，所以无论我怎么投票，他都可能入选；但是麦奎尔的情况就有点悬了，我若是投他的赞成票，很可能就会把他送进名人堂。按照自己真实偏好进行投票，意味着我要投给麦奎尔，而这样做可能会导致他们双双入选的结果。在这种情况下，我就有动

⊖ 2007 年，名单上总共有 32 位候选人，选举人则有 545 个。入选名人堂至少需要 75% 的选票，即 409 票。马克·麦奎尔得到了 128 票。卡尔·瑞普肯（Cal Ripken Jr）创下纪录，赢得了 537 票，打破了诺兰·莱恩（Nolan Ryan）在 1999 年创下的 491 票的纪录。瑞普肯 98.53% 的得票率在历史上排名第三，仅次于汤姆·西佛（Tom Seaver，在 1992 年得票率为 98.83%）和诺兰·莱恩（在 1999 年得票率为 98.79%）。萨米·索萨最早也要到 2010 年才有资格参选。

机去隐瞒自己的真实偏好，转而投票给索萨。

如果这看起来有点令人费解，那确实如此。这就是人们要在赞成投票的机制下开展策略行动时，需要用到的推理类型。这是有可能的，尽管不太可能。如果在投票人看来，两名选手是互补关系而不是相互竞争关系，类似的问题也会出现。

我可能认为，不管是杰夫·博伊科特（Geoff Boycott）还是撒尼尔·格瓦斯卡（Sunil Gavaskar）都不该入选板球名人堂，但是如果其中一个入选而另一个落选，那就是极大的不公。如果据我判断，即使我不投票给博伊科特，其他选民也会投票给他，而我的投票可能对格瓦斯卡能否入选至关重要，那么我就有动机去隐瞒自己的偏好，而投票给格瓦斯卡。

相反，如果采用配额规则，那就明确地使候选人处于相互竞争中。假定棒球名人堂限定每年只能有两名新人入选。每一个投票人将得到两张选票：他可以把票分别投给两名候选人，也可以全部投给同一人。统计候选人的总得票，得票最高的两名入选。现在，假定存在三名候选人——乔·狄马乔（Joe DiMaggio）、马弗·斯隆贝里（Marv Throneberry）和鲍勃·维克尔（Bob Uecker）。⊖人人都认为狄马乔排在第一位，但是对于另外两名候选人，选民分成了两个同等规模的派别。我知道狄马乔一定会入选，于是，作为马弗·斯隆贝里的球迷，我会把我的两张选票都投给他，以增加他战胜鲍勃·维克尔的机会。当然，其他人也打着同样的小算盘。结果是：斯隆贝里和维克尔入选，而狄马乔一票也得不到。

只要总预算是有限的，或者国会议员和参议员对预算规模有很强的偏好，那么政府的支出项目很自然地就会相互竞争。我们要留给大家思考的

⊖ 马弗·斯隆贝里是 1962 年大都会队的一垒手，当时的大都会队可能是棒球史上最糟糕透顶的球队。他的表现对球队的名声起了很坏的影响。至于鲍勃·维克尔，他在棒球场上的表现还不如他在米勒淡啤酒广告中的表演更为人所知。

问题是，如果在联邦支出计划中套用上面的例子，那么哪一个项目像是狄马乔，哪些又像是斯隆贝里和维克尔。

爱一个可恶的敌人

歪曲个人的真实偏好的激励是一个普遍存在的问题。一个例子就是，当你可以先行时，你就会借助这次机会，对其他人产生影响。[9]以基金会的慈善捐款为例。假定有两个基金会，每一个基金会都有 25 万美元的预算。它们收到了三份捐助申请：一份来自一个帮助无家可归者的组织，一份来自密歇根大学，还有一份来自耶鲁大学。两个基金会都认为，向无家可归者捐助 20 万美元是他们的首选目标。对于另外两个申请，第一个基金会愿意向密歇根大学投入更多的钱，而第二个基金会则更倾向于资助耶鲁大学。假设第二个基金抢先一步，把自己的总预算 25 万美元都捐给了耶鲁大学。那么，第一个基金会已经别无选择，只能向无家可归者捐助 20 万美元，只留下 5 万美元捐给密歇根大学。如果两个基金会平均分摊捐助无家可归者的款项，那么密歇根大学和耶鲁大学就会各得 15 万美元。所以第二个基金抢先一步的行动，实际上把 10 万美元从密歇根大学转到了耶鲁大学。

从某种意义上讲，第二个基金会歪曲自己的真实偏好——它没有向它的首选项目捐助一分钱。但是这一策略承诺依然服务于它的真实利益。实际上，这种类型的资助博弈是相当普遍的。○通过抢先行动，小型的基金会可以施加更大的影响力，使排在第二位的捐助项目也可以获得资助。这样，大型基金会，尤其是联邦政府，就只能去资助最迫切需要资助的项目了。

○ 一个类似的例子就是马歇尔奖学金和罗德斯奖学金之间的策略互动。马歇尔奖学金第二个行动（通过一个候补名单），如此一来，它就可以对谁能获得奖学金前往英国留学具有最大的影响力。如果某人具有同时获得马歇尔奖学金和罗德斯奖学金的潜力，那么马歇尔奖学金就会让这个人成为罗德斯奖学金获得者。这样，这个人仍然可以去英国留学，马歇尔奖学金却不用花一分钱，因而它可以用这笔钱多选送一个人。

这种安排优先次序的策略，和投票过程有着直接相关的联系。在《1974 年预算法案》出台之前，国会曾多次使用同样的把戏。并不重要的支出项目首先被投票通过。这样一个一个项目讨论下来，钱越来越少了，但是剩下的支出项目实在太重要了，以至于谁也不能投票否决。为了解决这个问题，国会现在首先投票决定预算的总额，然后再处理内部的分配问题。

如果你可以指望别人以后来帮你挽回局面，那你就有动机去歪曲你的优先次序，夸大自己的要求，利用其他人的偏好获得好处。你可能会愿意冒着失去你想要的东西的风险来获得一些好处，只要你还可以指望别人承担挽回局面的代价。

势均力敌

现在的总统选举已经开始强调选择副总统的重要性。此人距总统宝座只有一步之遥。但是，大多数总统候选人完全忽略了选票上的第二个名字，而大多数副总统看起来并不喜欢自己的这种经历。[⊖]

美国宪法只有一个条款规定了副总统的一切实际行动。第 1 章第 3.4 小节提到："美利坚合众国的副总统担任参议院主席，但不能投票，除非参议员被分为势均力敌的两派。"这种主持工作是"礼节性的，无所事事的礼节性的"，且在大多数时候，副总统都会把这一工作委派给参议院多数党领袖指定的资历较浅的参议员来轮流负责。是打破平局的投票重要呢，还是礼节性的意味更重？

案例讨论

乍看上去，似乎逻辑推理和现实证据都支持礼节性的观点。副总统的那一

⊖ 毫无疑问，他们可以想一想英国查尔斯王子的更糟糕的处境，以此自我安慰一番。约翰·南斯·加纳（John Nance Garner）是富兰克林 D. 罗斯福的首任副总统，对此做了简洁的表述："副总统的职位连一桶热乎乎的唾沫都不值。"

票似乎并不重要。打成平局的投票很少会出现。最可能出现平局的情况是，每个参议员投给任何一方的可能性相等，且参与投票的参议员人数是偶数。这样，结果就是大约每 12 次投票中可能会出现 1 次平局。⊖

最积极打破投票平局的副总统是美国首任副总统约翰·亚当斯。他在 8 年的任期里总共打破了 29 次平局。这并不奇怪，因为那时参议院只有 20 个成员，与今天有 100 名成员的参议院相比，出现平局的可能性几乎要高出 3 倍。实际上，在美国建国的头 218 年里，总共只有 243 次机会让副总统投票。理查德·尼克松在艾森豪威尔手下当副总统的时候，成为最积极打破投票平局的副总统，他总共投过 8 次打破平局的票，与此同时，在 1953～1961 年，参议员总共做出了 1229 项决议。⊜打破平局的投票次数的减少也反映了这样的事实：两党体系日益稳固，以至于很少有什么议题可能引起党派分歧了。

但是，这种关于副总统的投票只有礼节意义的描述具有误导性质。比起投票频率而言，副总统这一票的影响力更为重要。准确衡量一下就会发现，副总统这一票的重要性大致相当于任何一位参议员的投票。副总统的投票之所以很重要，一个原因就是该投票通常只决定最重要的和最有分歧的议题。例如，乔治·布什作为副总统，曾挽救了 MX 导弹计划。这表明，我们应该更仔细地研究一张选票究竟什么时候才重要。

一张选票可能有两种效果：它可以有助于决定投票的结果，也可以成为影响胜利或失败比例的一种"声音"，但却不会改变结果。在像参议院这样的决策机构里，第一种效果更为重要。

为了说明副总统当前地位的重要性，我们设想副总统作为参议院主席，得

⊖ 出现特定的 50 名参议员投赞成票，而其余 50 名参议员投反对票的情况的概率等于 $(1/2)^{50} \times (1/2)^{50}$。把这个概率与可以从总人数 100 中找出 50 个支持者的方法总数相乘，我们就得到的结果近似于 1/12。当然，参议员的投票远非随机性的。只有当两党几乎势均力敌的时候，或者当有一个特别容易引起分歧的议题使得整个团体平分成两派的时候，副总统的投票才起作用。

⊜ 尼克松与托马斯 R. 马歇尔（伍德罗·威尔逊总统下的副总统）、阿尔本·巴克利（哈里·杜鲁门总统手下的副总统）差不多。

到了一张普通选票。什么时候这张选票会有额外的影响呢？对于一个重要的议题，所有100个参议员都会想方设法去参加。⊖结果取决于副总统这第101票的唯一机会是在参议院分成50：50的两派的时候，这相当于只有副总统拥有唯一一张打破平局的选票。

关于这一点，最好的例子是在乔治·布什首次任职期间的第107届国会。当时参议院正好平分成两派，即50：50。所以，副总统切尼打破平局的一票使得共和党控制了参议院。所有51名共和党参议员都很关键。如果任何一名被替换掉，控制权就会转移到民主党手中。

我们知道，我们对副总统的投票权力的描述忽略了现实方面。其中一些方面削弱了副总统的权力；而其他一些方面会增强其权力。参议员的大部分权力来自在委员会的工作，而副总统却不能参与这些工作。不过，另一方面，副总统的身边有总统的耳朵和否决权。

我们对副总统投票的解释，得出了一个重要的、具有更广泛应用性的寓意：只有当一个人的投票能够创造或者打破平局时，他的投票才会对结果产生影响。考虑一下不同背景下你的投票的重要性。在一个总统竞选中，你可以有多大的影响力？在你们城市的市长选举中呢？在你们俱乐部的秘书选举中呢？

第14章中的"弄巧成拙的防鲨网"将提供另一个关于投票的案例研究。

⊖ 或者是议题对立双方的参议员们想方设法双双缺席。如果100名参议员分为51：49或者更悬殊的两派，那么，不论副总统把票投向哪一方，结果都不会有什么改变。

第13章

激　励

市场经济有更好的自然而然的激励机制，也就是获利动机。一家公司若能成功降低成本或推出新产品，就能赚取更高的利润；反过来，这家公司若被对手抛在后面，就会亏损。不过，即便这一机制也不能达到完美效果。公司的每一个员工和经理并非完全暴露在市场竞争的凛冽寒风下，因此，最高管理层必须设计出内部的胡萝卜加大棒政策，激励下级人员的工作表现达到理想的水平。当两家公司合力开展某个特定项目，他们还需要考虑的问题是，怎样以正确的方式设计一份分享彼此激励的合同。

我们将通过一系列例子来说明一个巧妙的激励机制必须包括哪些因素。

对努力程度的激励

对作者而言，写书所涉及的全部步骤中，最冗长乏味的莫过于对印刷校样的勘误。对于那些不熟悉此过程的读者，我们简要解释一下该过程所包括的具体细节。印刷人员首先对作者的定稿进行排版。这中间，此过程是通过电子方式完成的，因此错误相对较少，但仍有些莫名其妙的错误——缺字少行、大段文字错误移位、出现错行和打印分页符——可能悄悄混进来。而且，这是作者纠正任何写作甚至思维上的小错误的最后一次机会。因此，作者不得不对照自己的手稿，仔细校对打印稿，发现并标出所有的错误，以便让排版人员纠正过来。

这已经是作者第无数次看这本书了，所以，如果他的视觉开始麻痹，从而漏掉了一些错误，这也不足为奇。因此，还是雇一个人来帮他校对比较好，在我们的情况中这个人往往是一个学生。一名优秀的学生不仅能找出排版错误，而且还能看出并提醒作者发现更多的写作和思维上的实质性错误。

不过，雇用学生来做校对工作本身也存在一些问题。作者有一种自然的激励让书尽可能地不出现错误；而学生却动力不足。因此，给予学生适当的激励变得非常必要，通常是将支付给学生的报酬与他的工作表现联系起来。

作者希望学生能找出可能存在的所有排版错误。但是，作者知道学生是否出色地完成工作的唯一途径是，他自己再进行一次完全核对，而这种做法背离了雇用这名学生的整体目标。学生的努力是无法观察的——他可以把资料带走，然后大约一周之后回来，交给作者一份他找出的错误清单。更糟的是，甚至结果也是无法立即观察到的。只有当其他读者（比如你）发现了错误并通知作者的时候，作者才能发现这名学生没有找出的错误，而这种情况可能在数月甚至数年后才会发生。

因此，学生有偷懒的动机——只是简单地把资料放在手边几天，然后告诉作者说没有错误。所以，向学生提供固定报酬起不到应有的激励效果。不过，假如提供计件工资率（他每找到一个错误所得到的工资），这个学生可能会担心排版人员已经排版得很完美了，这样的话，他花上一个星期或者更长的时间做完这项工作，结果却一分钱都得不到。考虑到这些，他就不情愿承担这项工作了。

这里存在一个信息不对称的问题，但区别于我们在第 8 章考虑过的信息不对称问题。在本例中，作者是信息不利的一方：他无法观察到这名学生的努力程度。这一点并不是这名学生固有的；而是他的刻意选择。因此，这个问题不属于逆向选择问题。[⊖]相反，它类似于这样一个问题，投了保险的屋主可能更不注意锁好门窗。当然，保险公司认为这样的行为几乎是不道德的，于是他们用"道德风险"这一术语来描述这种行为。经济学家和博弈论学者则采取更轻松的态度。他们认为，人们基于其自身的最佳利益来回应他们面对的各种激励，是自然而然的行为。如果他们在工作中偷

⊖　在这里可能也会存在逆向选择；某个愿意在教授提供的工资下工作的学生，可能是由于工作质量太差，在其他地方得不到更好的报酬。不过，教授还可以采取其他方法来摸清一个学生的工作质量：该学生在教授的课程上的成绩如何、同事推荐，等等。

懒后能够侥幸逃脱惩罚，那么他们就会偷懒。你还能指望从理性参与者那里得到什么呢？所以，另一个参与者的当务之急是把这套激励机制设计得更好一些。

尽管道德风险和逆向选择是两个不同的问题，它们的处理方式上却存在一些共同之处。好比甄别机制必须同时考虑激励相容约束和参与约束，处理道德风险问题的激励报酬机制也是如此。

固定报酬制并不能很好地解决激励方面的问题，但是纯粹的计件报酬也不能很好地解决参与方面的问题。因此，报酬机制必须是两个极端之间的折中方案——固定工资加上这名学生每找出一个错误的奖金。这一机制应该保证给予他足够高的总报酬，使得该工作对他有足够大的吸引力，同时还要给他足够多的激励，使他愿意细心地校对。

我们当中的一位（迪克西特）最近雇用了一名学生帮他校对一本 600 多页的书。他提供的报酬是 600 美元的固定支付（1 美元／页），加上每个错误 1 美元的基于最终结果的激励报酬（该学生最后找到了 274 处错误）。这份工作花了这名学生大概 70 个小时，因此平均工资就是 12.49 美元／小时，按研究生的标准来算，这算是一个相当体面的工资水平了。我们认为这一激励机制并不完全是迪克西特可以采取的最优或最佳协议。工作的最终成果相当不错，但还不够尽善尽美：从工作完成到现在，这名学生漏掉的大约 30 处错误已经暴露了出来。⊖不过，这个例子还是描述了混合报酬机制的大体思想，以及它在实践中是如何起作用的。⊖

⊖ 你是不是认为这本书中出现的错误太多了？那你试试自己写一本又厚又复杂的书，看看会出现多少错误。

⊖ 或许，如果采取每个错误支付 2 美元，但每漏掉一个错误就扣除 10 美元这样一个激励机制，结果可能会更好。既然漏掉的错误只有过段时间后才会被发现，那么，这就需要将学生的部分报酬暂时提存，但这样太复杂了，根本不值得这么做。这些提存额什么时候才会发放？扣除额度有没有最高限制？激励机制的第三个约束就是简单易操作。受到激励的人们需要了解整个机制的运作方式。

我们可以看到，同样的原理也适用于许多工作和合同。你怎样向一名软件设计师或者一名撰稿人支付报酬？很难时时刻刻监督他们的工作。他们有没有把时间浪费在踢足球、网上冲浪，或者在创作过程中时而乱写乱画，抑或只是在偷懒？更重要的是，衡量他们的工作努力程度更是难上加难。解决方法就是，基于项目的成功和公司的成功来确定他们的部分报酬，而这可以采取公司股份或股票期权的方式。这一原则是将基本薪金和与最终成果相关的激励奖金相结合。同样的原则也适用于对高层管理人员的更大的报酬激励。

当然，像所有其他事情一样，这些机制具有可操作性，但作为激励报酬机制，它们的应用背后的一般原理仍然是有效的。

博弈论学者、经济学家、商业分析师、心理学家以及其他学者，对这一原理进行了扩展和运用。接下来我们将简要介绍其中的一些研究成果，并提供一些相应的参考文献，这样你便可以依自己的意愿深入探讨这一主题。[1]

怎样设计激励合同

道德风险的主要问题，在于员工的行动和努力程度难以观察。因此，报酬不能以努力程度为基础，即便更多或更好的努力是作为雇主的你希望达到的目标。报酬必须以某种可观测的因素为基础，比如最后成果或利润。如果在这种可观测成果和难以观测的行动之间存在一种完美的、确定的一对一关系，那么，对努力程度就可以完全控制。然而，在实践中，产出不仅取决于努力程度，还取决于其他一些机会因素。

比如，保险公司的利润取决于其销售人员和索赔代理人、保险价格以及各种自然因素。在一个飓风多发的季节里，无论人们多努力工作，利润都会变得较差。实际上，由于索赔人数的增多，他们往往不得不更加努力地工作。

可观察的最终成果只不过是反映难以观察的努力程度的一个指标。这两者是相互联系的，因此，以最终成果为基础的激励报酬仍然能有效地影响员工的努力程度，只不过它们的作用不够完美。由于某位员工的良好成果而奖励他，某种程度上也是在奖励他的好运；由于他的劣质成果而惩罚他，某种程度上也是在惩罚他的霉运。假如机会元素很大，那么奖励和努力程度的联系就十分松散，因此，基于最终成果的激励对努力程度产生的效果就很小。意识到这点，你就不会提供这样的激励机制了。相反，假如机会元素很小，那就可以采取更强、更严厉的激励机制了。下文将反复提到这种对比。

非线性激励方案

许多激励机制，例如按校对者找到的错误数量支付报酬，向销售人员支付固定比例的销售额，或者支付部分公司利润所组成的股票，它们的一个特殊性质就是，它们皆为线性的：报酬增量与最终成果的改善严格成正比。而其他常用的报酬机制是显著非线性的。最明显的就是，当最终成果超出了规定量或配额时，就支付奖金。与线性或比例报酬机制相比，配额奖金计划有哪些相对优点？

以一个销售人员的情况为例，考虑一个纯配额奖金计划：如果该销售人员在这一年内没有完成配额，那么他只能获得一个较低的固定支付总额；如果他完成了，就能获得一个较高的固定支付总额。首先假设配额定在这样一个水平：如果他全力以赴，他完成配额的机会就很高，但一旦他偷懒，哪怕是一点点，这一机会就会大幅下降。那么，这个奖金计划就提供了一个强有力的激励：这名销售人员最终是获得高额回报还是损失惨重，取决于他决定努力工作还是偷懒。

不过，假如配额目标定在一个要求非常苛刻的水平，以至于即便销售人员使出了超人的努力，也几乎不可能完成目标。那么，他就会认为为了那些不可企及的奖金而全力以赴实在毫无意义。而且在这一年中，环境也可能发生变化，你当初以为设计合理的配额可能会变得太过严格，从而激励失效。

例如，假设全年的配额定得并非高得离谱，但由于这名销售人员上半年的运气太差，以致他在剩下的六个月中根本不可能完成全年的配额。这一情况将导致他开始放弃，在下半年里不紧不慢地工作，这显然不是雇主想要的结果。相反，假如这名销售人员非常走运，在6月份就完成了配额，同样，他在下半年也可能放松下来：因为那一年里，任何多余的努力都得不到额外奖励。其实，这名销售人员可能与一些顾客合谋，把他们的订单推迟到下一年，这样他在进军下一年的配额时就能有一个良好的开端了。同样，这对你几乎没有好处。

上述文字以一种极端的方式阐释了许多非线性激励机制的缺陷。它们必须被设计得恰到好处，否则可能起不到激励作用。而且它们还要易于操作。线性机制可能不会在恰到好处的点上提供额外的激励，但它们非常稳固，不易受环境变化的影响，也不易被用错。

在实践中，线性和非线性激励机制通常是结合起来使用的。例如，销售人员得到的报酬通常是一定百分比的佣金，再加上在达到给定配额后获得的奖金。而且，如果达到了更大的

健身之旅9

一般情况下，房地产经纪人的佣金是6%，这是一个线性激励机制。这个佣金要多高，你的经纪人才有卖出比较高的价格的激励？假如一套房产多卖了2万美元，房产经纪人可以获得多少佣金？提示：答案不是1 200美元。你会怎样设计一个更好的激励机制？你的可选机制可能出现哪些问题？

临界值，如基本配额的 150% 或 200%，获得的奖金还可能更多。这样的混合报酬机制能够达到配额的一些有用的目标，而不必冒着出现大缺陷的风险。

胡萝卜加大棒

一个激励性报酬机制包括两个重要方面：首先是支付给工人的平均报酬，它必须足够大到满足参与约束条件；其次是好成果与差成果相比得到的报酬利差，这提供了倾注更多或更好努力的激励。利差越大，激励作用就越大。

在给定的利差水平下，若平均工资非常低，则这是一种"大棒式"激励：即便工人努力的最终成果很好，他也不会获得很高的收入，而一旦最终成果很糟糕，他就会受到惩罚，只得到一个非常低的收入（或者更糟）。若平均工资非常高，则这是一种"胡萝卜式"激励：工人得到一份体面的工资，而且当最终成果不错时，还能得到奖金。

平均工资取决于参与约束，从而反过来取决于工人在其他就业机会而不是此次就业中可以获得的收入。雇主希望尽量压低工人工资，从而增加自己的收入。他可能会故意寻找那些替代选择很少的代理人，但在如此低的平均工资下，前来工作的那些工人的技术可能很低；逆向选择问题便可能出现。

在某些情况下，雇主可能会采取一些策略，故意减少工人的替代选择。

这本来可以是一个很好的激励机制，从某种意义上来说，它提供了强大的激励，且运作成本低廉。但是，它并没有起到作用。人们发现，不论他们是努力工作还是偷懒，他们被揭发和惩罚的可能性几乎相等，所以他们终究没有努力工作的激励。

我们从这个角度来考虑一下 CEO 的报酬机制。情况似乎是这样，假如公司在他们的管理下运作良好，他们就可以得到巨额的激励奖金；假如公司运作情况一般，他们的巨额收入只会下降一点点；而如果公司在他们的管理下最终破产了，他们还能得到一笔"金降落伞"。根据得到各种可能成果的概率，我们可以算出，这些巨额收入的平均值远远高于吸引这些CEO 承担这些工作的实际所需水平。用经济学的行话来说，他们的参与约束似乎过分得到满足了。

出现以上情形的原因在于争夺 CEO 候选人的竞争。与开出租车或提早退休去打高尔夫球的替代选择相比，向 CEO 支付的薪酬远远超出了使他们继续工作所需要支付的水平。不过，假如不论最终成果怎么样，另一家公司都愿意向 CEO 支付 1 000 万美元，那么，你的公司的参与约束就不能与开出租车或打高尔夫球作对比，而只能与其他公司的 1 000 万美元的CEO 收入作对比了。在欧洲，CEO 的收入普遍都低得多，但公司仍然能够雇用到 CEO，并能有效地激励他们。当然，这一收入仍然比打高尔夫球有价值得多，而且因为许多候选人不愿意举家搬迁到美国，所以参与约束只与欧洲的其他公司有关。

多维激励报酬方案

到目前为止，我们强调的只是单一任务，比如校对一本书或者销售一种产品。实际上，运用激励方案的各种背景都包含多个维度，许多任务、许多员工，甚至许多员工同时参与多项相同的或相似的任务，且最终成果在许多年后才能完全得知。激励机制必须考虑到这些任务之间的联系。这就需要更复杂的分析，但基本的原理仍然是一样的。接下来我们看一些相关案例。

职业生涯考虑

假如一份工作预期将持续好几年，那么，在刚开始的一两年，员工们可能不会受到即期现金（或股票）支付的激励，而是受到未来加薪及晋升的前景的激励，即，受到整个职业生涯扩张的激励。人们在公司待下去的时间越长，这样的考虑就越强烈。这些考虑对临近退休的人们来说就不那么有效，对刚刚进入劳动力市场、在工作稳定之前可能跳槽好几次的年轻人来说，作用也不大。晋升激励对中低层次的年轻雇员来说是最为有效的方式。例如，以我们自身经验为例，助理教授做研究的动力更多地来自于职位或晋升的前景，而并非来自助理教授的即期工资上涨。

在学生帮教授校对书稿的例子中，可能存在长期的互动关系，因为教授一直监督着学生的研究，或者这名学生在将来申请与该技能相关的工作时，还需要教授写推荐信。这些职业考虑使得即期的现金激励显得没那么重要了。为了将来的隐性回报——教授更密切地关注他的研究或者将来帮他写一封更好的推荐信，学生会努力把工作做好。这些方面甚至不需要教授明说；在这种情况下，每个人都明白他其实是在参与一个更大的博弈。

重复关系

持久雇用的另一个方面是，同一名员工会重复地做同样的工作。每次做这项工作，总是存在一种机会元素，使得产出不能准确地反映努力程度的大小，因此，激励作用并不理想。不过，假如每次做这项工作时的运气是相互独立的，那么，根据大数定律，平均产出可以更准确地测量平均努力程度的大小。这使得强大的激励机制成为可能。这里的观点是，雇主可能会相信雇员倒霉的故事一次；但连续不断地声称自己倒霉，便不那么可信了。

效率工资

你正打算雇用一个人来填补公司的某个职位空缺。这份工作需要认真仔细的努力，如果这名员工干得好，每年将给你带来 6 万美元的收益。但这名员工宁愿放松一下；因为如果他全力以赴，就会遭受一些精神上甚至物质上的损失。这名员工对该成本的主观估价是 8 000 美元。

你需要提供足够高的报酬，才能说服这名员工到你的公司工作，且报酬支付的方式还要能激励他认真仔细地努力工作。有一些不需要特别努力的没什么前途的工作，支付的工资是 4 万美元。因此，你支付的报酬高于这一水平。

就激励他努力工作来看，你无法直接观察他是否全力以赴、认认真真地工作。假如他不全力以赴，就存在某个你能观察到事情出错的概率。假设这一概率为 25%。怎样的激励报酬才能激发这个员工尽心尽职呢？

你可以提议签订这样一份合同："只要没发现你偷懒，我支付给你的报酬就会高于你在其他工作中得到的报酬。但是，如果你偷懒被发现了，我就会解雇你，并且把你的不端行为在所有其他雇主之间散布，这样，你就永远再不能赚到多于基本工资 4 万美元的收入。"

这份薪酬应该有多高，才能使得失去它的风险足够大，能够阻吓这名员工作弊偷懒？很明显，你支付的报酬必须高于 4.8 万美元。否则，即便他接受了这份工作，也会计划偷懒。问题是应该高出多少？我们用 X 表示这一额外薪酬，则总薪酬是 4.8 万美元 $+X$。这意味着，与其他替代选择相比，这名员工在你这里工作能多得 X 美元。

假设在某一年，该员工确实作弊偷懒了。那一年里，他将不必损失 8 000 美元的主观努力成本，所以他可以获得 8 000 美元的等价收入。但是，他将冒着 25% 的被发现的风险，从而这一年和以后每年都将损失 X 美元。这一次额外的 8 000 美元的收入，值不值得以后每年损失 $0.25X$ 的收入？

这取决于不同时期获得的实际报酬是多少，也就是说，取决于利率。假设利率为 10%。那么，每年获得额外的 X 美元，实际相当于你拥有一张面值为 $10X$ 美元的债券（在 10% 的利率下，每年获得 X 美元的收入）。这一即时的 8 000 美元的等价收入，应该与损失 $10X$ 美元的 25% 的概率相比较。若 8 000 美元 < 0.25 × 10X，那么这名员工就会计算出他不应该偷懒。因为这意味着 X > 8 000/2.5 美元 = 3 200 美元。

假如你向这名工人提供 48 000 美元 + 3 200 美元的年薪——只要没有发现他偷懒，那么，事实上他确实不会偷懒了。为了这一偷懒得到 8 000 美元的收入，而去冒永远损失 3 200 美元的额外收入的风险，这种做法是不值得的。而且，由于对你来说，员工的努力工作每年价值 6 万美元，所以提供这一较高的工资符合你的利益。

这份工资的目的是让员工全力以赴，工作更有效率，所以它被称为效率工资。而高于其他地方的基本工资的超出额——在我们的例子中是 11 200 美元，被称为效率溢价。

效率工资背后的基本原理可以出现在你日常生活的许多方面。比如，如果你经常找同一个汽车机修工为你修车，那么，你最好向他支付高于该工作最低工资率的报酬。稳定的额外收益的前景，能够有效地阻吓这名机修工欺骗你。[⊖]在这个例子中，你实际上是向他支付了一个溢价，目的不是效率，而是诚实。

多任务

雇员通常要从事多项工作任务。举一个身边的例子，教授既从事教学工作，还要进行研究。在这样的一些案例中，对不同任务的激励可以是相互作用的。总体的激励效果取决于这些任务是替代的（即，当员工在某项任务投入较多的努力时，投入到另一项任务上的努力的净生产率就会降低）还是互补的（即，当在某项任务较多的努力，同时也会提高投入到另一项

⊖ 为了使这一类比更充实，设想这名机修工能够"制造"一个问题，这个问题可以为他带来 1 000 美元的额外收益，若利率为 10%，这相当于以后每年他可获得 100 美元的额外收益。然而，存在 25% 的可能性，你会发现他的这一行为，如果这样，你将永远不再来这家汽修站了。假如你以后的光顾会给他带来每年 400 多美元的收益，那么，他就宁可保持诚实，也不愿意冒着失去你以后的生意以及与之伴随的收益风险来欺骗你。

任务上的努力的净生产率）。考虑一名同时在玉米地和牛奶厂干活的农场工人。他在玉米地干得越多，他就会越累，于是他花在牛奶厂的时间效率就越低。反过来，再考虑一名要同时照看蜂箱和苹果园的农场工人。他养蜂越努力，他在种植苹果方面的努力就会越有效率。

当任务是替代关系时，对任何一项任务给予强有力的激励，都会损害另一项任务的最终成果。因此，如果你独立地考虑这两项任务，就会发现它们的激励效果都比你想象的要差。但是，当任务是互补关系时，对任何一项任务的激励措施，都有助于改善另一项任务的最终成果。这样，所有者可以使得两项激励都强有力，从而利用它们之间的协同效应，而不必担心出现任何异常的互动。

这一理论已被运用于组织设计领域。假设你希望让员工完成多个任务。你应该试着尽可能地以这样的方式把这些任务分配给各个雇员，即让每个员工完成一系列互补的任务。同样的道理，一个大型企业应该由一些子部门构成，每个子部门都负责一部分互补的任务，而相互替代的任务应该分配给不同的子部门。这样的话，你就能够利用强有力的激励机制，有效地激励各个子部门内部的各个雇员。

不遵循这一规则的后果，所有曾飞往或途经伦敦希思罗机场的旅客大概都曾观察到。机场的职责是接待即将出发的旅客，然后把他们送上飞机，以及从飞机上接待抵达的旅客，然后把他们送到地面运输处。每个过程涉及的所有事项，登机手续办理、安检、购物等，都是互补的。相反，服务于同一个城市的多个机场是相互替代的（尽管不是完全替代的——它们与城市相关的位置不同、与之连接的地面交通运输工具不同，等等）。在这里，将互补的活动聚集起来、将相互替代的活动分开的原则是说，一个机场内部的所有职责应该统一管理控制，而不同的机场之间应该相互竞争，争夺航线及旅客业务。

英国政府的做法恰好相反。一共有三个机场服务于伦敦——希思罗机场、盖特威克机场以及斯坦斯特德机场，它们都由同一家公司所拥有和管理，即英国空港管理局。但是，在每个机场内部，不同的职责却是由不同机构来控制——BAA 公司拥有商业区及其租赁权；警察局负责安检，但由 BAA 提供安检的硬件设施；管制机构规定降落费，等等。也难怪激励机制发挥不了理想的作用。BAA 公司从租赁商店中赚取利润，因而几乎没有为安检提供多大空间；管制机构从消费者利益出发，制定的降落费太低，但这又导致过多航班都选择在距离伦敦市中心比较近的希思罗机场降落，等等。本书的两位作者都有过此等遭遇，其他数百万乘坐过这些航班的乘客也有此感受。

现在转而看一个与作者经历更贴近的应用：教学和科研两者是替代的还是互补的？假如它们是相互替代的，则它们应该分到不同的学院来完成，就像法国的做法一样，在法国，大学的大部分教学和科研是在专门的学院中完成的。假如它们是互补的，那么最优安排就是将教学和科研结合起来归入同一个学院，正如美国主要的几所大学的情况一样。对比这两种组织形式所取得的成功，正是支持互补情况的有力证据。

美国新国土安全部内部执行的多项任务是互补的还是相互替代的？换句话说，该部门是不是组织这些活动的合理方式？我们并不知道答案，不过可以肯定的是，这是一个值得国家最高政策制定者仔细考虑的问题。

员工间的竞争

在许多企业及其他组织中，有许多人同时执行几项相似甚至完全相同的任务。比如，轮班时间不同的工人们在同一流水线上工作，而投资基金经理们处理同样的总体市场状况。每项任务的最终成果都是个人的努力、技能以及机会元素的混合。由于这些任务很相似，且在同一时间、在相似的条件下完成，因此，机会元素部分在工人之间是高度相关的：假如一个人运气好，所有其他人可能运气也不错。这样，对不同工人的产出结果的比较，就可以成为反映他们付出的相对努力和技能的良好指标。换句话说，面对借口运气不好来解释他的坏结果的工人，雇主会这么说："那么，为什么其他人都能如此成功地完成任务呢？"在这一情形中，可以基于相对表现来设计激励机制。比如，投资基金经理的排名是以他们与同行相比的相对表现为基础的。但在其他情况下，激励机制是由竞争提供的，方法是奖励表现突出者。

再细想一下教授雇用学生校对书稿的例子。他可以雇两名学生（他们互不相识），将任务分给他们，但分给两人纠错的书稿其中有几页是重叠的。假如其中一个学生在重叠的部分中只找到了几个错误，而另一个学生找到的错误比他多许多，那么，这就可以证明第一个学生偷懒了。因此，为了提高激励效果，支付的报酬可以以他们在重复部分的"相对表现"为基础。当然，这名教授不能告诉任何一个学生对方是谁（否则他们可能达成共谋），也不能让他们知道哪几页是重叠的（不然，他们就会只认真仔细地校对重叠的部分，而对剩余部分的校对粗心大意）。

实际上，由重叠导致的低效率，远远可以由改善的激励来弥补。这也是双重供应来源的优点之一。每个供应商都值得建立一个基准线，根据此基准线判断另一家供应商的表现。

具体到本书，巴里把复印好的书稿分发给了耶鲁大学本科生博弈论班的学生。报酬是每个打印错误2美元，但你必须是第一个找到错误的人。这势必导致大量的重复努力，不过在本例中，学生是把这本书作为课程的一部分来阅读的。尽管很多学生都做得不错，但赚钱最多的还是巴里的助手凯瑟琳。她之所以做得最好，原因并不仅仅在于她找到的打印错误最多，而在于，她与耶鲁大学的其他学生不同，她是提前打算好，然后从书的最后一页开始找起的。

积极的员工

我们已经假设过，员工关心的不是为了工作本身而把工作做好，也不是为了雇主的成功，他们关心的是这项工作怎样直接影响到其报酬和职业发展。许多组织只吸引那些关心工作本身及组织成功的员工。这种情况在非营利组织、卫生保健机构、教育机构以及其他一些公共部门尤为显著。这种情况同样也出现在那些需要创新性或创造性的工作中。更一般地说，当人们从事能够改善其自我形象，且能让他们有自主感的工作时，他们就会受到一种内在动力的激励。

让我们再回到学生校对书稿的例子，如果一个学生愿意在大学校园内做一份报酬相对较低的与学术相关的工作，而非校园外那些更赚钱的工作，如当地企业的软件咨询师，那么，他可能更由衷地对本书的主题感兴趣。这样的学生有一种内在的动力，把校对工作做好。而且，这样的学生也更有可能希望成为一名学者，从而更能意识到之前提到的"职业考虑"的重要性，并且更容易受到职业考虑的强烈激励。

内在奖励的工作以及慈善组织应该提供更少或更弱的物质激励。实际上，心理学家已经发现，在这样的环境中，"外在的"物质激励可能会减弱员工们的"内在"激励。这会让他们认为自己做这种工作只是为了钱，而不是为了从帮助他人或者工作本身的成就中获得温暖的光辉。而且，物质惩罚的存在性，如失败后会被降低工资或被解雇，可能会损害从事具有挑战性或者有价值的工作的乐趣。

尤里·格尼茨（Uri Gneezy）和阿尔多·拉切奇尼（Aldo Rustichini）曾做过一个实验，在这个实验中，受试者被要求做50道选自一份IQ测试的问题。[2] 受试者被分为四组。一组被要求做题时尽力而为就行；另一组每答对一道题能得到3美分；第三组每答对一道题能得到30美分；而第四组每答对一道题能得到90美分。正如你所料，得到报酬为30美分和90美分这两

组都比没有奖金的那一组完成得好，平均来说，他们答对的问题的个数是
34 对 28。令人意外的是，只得到 3 美分报酬的这一组完成得最差，平均只
答对了 23 道题。一旦有金钱介入，金钱就成了主要的激励来源，而 3 美分
不足以起到激励的作用。3 美分还可能传达了这样的信息，即这份工作没
有那么重要。因此，格尼茨和拉切奇尼得出结论：你应该要么提供优厚的
金钱奖励，要么一分钱也不提供。只支付一点报酬可能会导致最坏的结果。

层级式组织

大部分组织，无论规模大小，都具有多个层级——公司的等级结构由
股东、董事会、高管、中层、主管以及工作人员构成。等级结构中每个层
级都是下一级的上司，并且负责向他们提供适当的激励。在这种情况下，
每个层级的上司必须意识到下级之间博弈的危险性。例如，假定对员工的
激励机制取决于由直接主管认证的工作质量。那么，为了达到目标，得到
自己的奖金，这位主管就会对劣质的工作睁一只眼闭一只眼，准许其通
过。在这个过程中，这位主管不能在同时不损害自己的利益的情况下惩罚
员工。当上层的上司设计激励机制来减少这样的行为时，结果往往会弱化
对下级的激励，因为这减少了舞弊和欺骗的潜在收益。

多个所有者

在某些组织中，控制结构并不是金字塔式的。在有些组织中，金字塔
是倒过来的：一个员工对应好几位上司。这种情况甚至出现在私营公司，
但更普遍的是发生在公共部门。大部分公共部门机构必须应对行政部门、
立法机关、法院、媒体、各种各样的游说集团，等等。

这些多个所有者的利益往往是不完全一致的，甚至是完全相反的。这
样，每个所有者都可以试着通过在自己的激励机制中设置冲销功能，暗中
破坏其他所有者的激励机制。比如，某个监管机构可能属于行政部门的分

支，但却由国会来控制它的年度预算；当监管机构更顺从行政机构时，国会就可以削减其预算开支。一旦来自不同上司的激励以这样的方式相互抵消，总体的激励效果就会减弱。

设想父母中的一方奖励孩子的好成绩，而另一方则奖励体育上的成功。这两种奖励的作用不是协同的，而是可能相互抵消。原因在于，随着孩子花在学习上的时间越来越多，他花在体育上的时间就会减少，从而减少他获得体育奖励的机会。每多花一小时埋头读书的预期收入就不是——比如1美元，而是1美元减去他在体育方面可获得的奖励的减少。这两种奖励可能也不会完全相互抵消，因为这个孩子可以花更多的时间学习和训练，减少睡觉和吃饭的时间。

实际上，一些数学模型表明，在这样的情形中，激励的总效果与所有者的数目成反比。这可能解释了为什么在像联合国及世界贸易组织这样的国际机构中，很难达到所有的目标——所有的主权国家都是它们的独立的上司。

在所有者们利益完全相反的极端情形下，总体的激励可能完全没有效力。如同圣经里的训诫一样："一仆难侍二主……上帝和财神。"[3] 这句话的意思是，上帝和财神的利益是完全相悖的；当这两个都是上司的时候，一方提供的激励就会完全抵消另一方提供的激励。

怎样奖赏工作努力

我们已经说明了设计良好的激励方案应包括哪些主要因素。现在，我们通过介绍更多的例子，以便丰富其中一些原理。

假设你是一家高科技公司的所有者，打算开发和销售一种新的电脑象棋游戏，取名为"巫师1.0"。如果你成功了，你将从销售中获利20万美元。如果你失败了，你将一无所获。成功或失败取决于你的专业棋手兼程序员怎么做。他可能全心全意地投入工作，也可能只做一些常规的努力，敷衍了事。如果他付出了高质量的努力，那么你成功的机会为 80%；但如果他只付出常规的努力，这一概率将降到 60%。象棋程序员只要 5 万美元就可以，但他们喜欢做白日梦，在这样的总报酬下他们只会敷衍了事。要得到高质量的努力，你不得不支付 7 万美元。你应该怎么做？

如下表所示，程序员的常规努力给你带来 20 万美元收入的概率只有 60%，结果就是平均 12 万美元；减去 5 万美元的工资，平均利润等于 7 万美元。假如你雇用到一个付出高努力的专家，通过同样的计算，平均利润等于 20 万美元的 80% 减去 7 万美元，即 9 万美元。很显然，用高工资雇用一个高努力付出的专家比较合算。

	成功概率	平均收入	薪酬支付	平均利润 = 收入 − 薪酬
常规努力	60%	$120 000	$50 000	$70 000
高质量努力	80%	$160 000	$70 000	$90 000

不过这里存在一个问题。单是观察这位专家的工作表现，你看不出他究竟是在做常规的努力，还是在做高质量的努力。创作的过程神秘莫测。你的程序员在便笺上的涂鸦既可能是一个了不起的图形，从而奠定"巫师 1.0"的成功基础，也可能只不过是他做白日梦的同时胡乱画出来的兵卒。既然你看不出常规努力和高质量努力的区别，怎样才能防止这名专家领取了适用于高质量努力的 7 万美元的薪水后，同时却只付出常规的努力呢？即便这个项目失败了，他也总是可以怪运气不好。毕竟，就算有了全心全意的投入，这个项目仍有 20% 的概率会遭到失败。

当你看不出努力质量的高低时，我们知道，你不得不将你的报酬机制建立在一个你可以看得出区别的基础之上。在现在这个例子中，唯一能被观察到的东西就是最终结果，即整个程序编制工作最终是成功还是失败。

这当然和工作努力的程度有关，虽然这一关联并不完美，但是，努力的质量越高，意味着成功的机会也越高。这一关联可以用于生成一个激励机制。

你要做的是，向这名专家提供一份取决于最终结果的报酬：若是成功，报酬总额大一些；若是失败，报酬总额小一些。这两者之间的差距，即成功的奖金，应足够高到使得提供高质量的努力恰好符合该雇员的自身利益。出于这一考虑，奖金数目应足够大，使得专家预期高质量的努力会使其收入增加2万美元，即从5万美元上涨到7万美元。因此，成功的奖金应至少达到10万美元：由获得10万美元奖金的机会增加20%（从60%增加到80%）得出，为了激励的高质量努力，应该支付2万美元的必要的预期报酬。

现在我们知道了奖金应该是多少，但我们还不知道基本报酬应该是多少，也就是一旦失败，应该支付的数额。这需要一点计算。由于即使是低质量的努力，也有60%的概率获得成功，所以由10万美元的奖金可以得出，低质量努力的预期收入为6万美元。这比市场提供的报酬还多出1万美元。

因而基本报酬是–1万美元。若是成功，你应该向这名雇员支付9万美元；一旦失败，他应该向你支付1万美元的罚金。这样，按照这个激励机制，这名程序员成功后的奖金增量为10万美元，这是促使他提供高质量努力的最低必要额。因此，你支付给她的平均报酬为7万美元（即9万美元的80%加上–1万美元的20%）。

这个报酬机制给你这个所有者留下的平均利润为9万美元（即20万美元的80%减去7万美元的平均薪酬）。对这一结论的另一种说法是，你的平均收入为16万美元，而你的平均成本是这名专家期望获得的工资，即7万美元。这一数额恰好是当你能通过直接监督观察到努力质量的高低时，可以获得的数目。这一激励方案非常管用：努力程度的难以观察性对此毫无影响。

从本质上说，这一激励机制等于将公司 50% 的股份卖给这名程序员，以此换取 1 万美元和他的努力。[⊖]这样，他的净收入要么是 9 万美元，要么是就是 -1 万美元，眼看这个项目的最终成果对自己的收入有这么大的影响，提供高质量的努力从而提高成功的概率（以及他的 10 万美元的利润分享额）就变得符合他自身的利益。这份合同与奖罚激励方案的唯一区别只是名称不同。虽然名称可能也有影响，但我们却看到，不止一个办法可以达到同样的效果。

不过，这些解决方案可能不可行，或者是因为向雇员收取罚金是不合法的，或者因为员工没有足够的资本，用于为他那一半的股份倒贴 1 万美元。

这时候你该怎么办？答案是竭尽所能，执行一个最接近罚金 / 奖金机制或者权益分享方案的做法。由于有效的最低奖金是 10 万美元，所以，若是成功，员工得到 10 万美元，若是失败，员工一无所获。这样，员工的平均收入是 8 万美元，你的利润跌到了 8 万美元（因为你的平均收入仍为 16 万美元）。若采取权益分享方案，员工没有任何资本可以投资到这个项目中，只有自己的劳动力可以出卖。但是，你仍然不得不给他 50% 的股份，目的是激励他提供高质量的努力。于是，你的最佳做法就是卖给他一半的股份，单单换取他的劳动力。不能强制执行罚金制度或要求员工把自己的资本投入到项目中的事实意味着，从你的角度来看，最终成果差强人意——在这个案例中是 10 万美元。这样，努力程度的难以观察性便有影响力了。

罚金 / 奖金机制或权益分享机制的另一个难处在于风险问题。员工一旦参与这个 10 万美元的博弈，他的激励就会提高。但是，这个重大风险也

⊖ 回想一下，一个成功的项目价值 20 万美元。由于雇员获得的成功奖金是 10 万美元，这就好比这名雇员拥有企业的一半。

可能导致该员工感觉对自己的报酬的估价低于 7 万美元的平均工资。在这一情况下，员工提供的高质量努力和承担风险，都必须得到补偿。风险越大，补偿应该越高。这一额外补偿也是由于公司不能监控员工努力而产生的另一项成本。最好的解决方案就是达成妥协；向员工提供低于理想激励金额的激励，从而降低风险，同时接受由此导致的低于理想水平的努力程度。

在其他例子中，你可能遇到其他反映努力质量高低的指标，在你设计激励机制时，你可以而且应该利用这些指标。也许最有趣并且最常见的情况是同时存在几个项目。虽然成功只是努力质量高低一个不太确切的统计指标，却可以由于能对其做更多的观察而变得更加精确。有两个办法可以做到这一点。假如同一名专家为你的多个项目工作，你可以建立一个档案，记录他的成败情况。若他反复失败，你就能更有确信这归咎于他的低劣的努力，而非机会元素。你推理得越精确，你就越能设计出一个好的激励机制。第二种可能的情况是多名专家为你的一系列相关项目工作，且各个项目之间的成败具有某种相关性。假如一名专家失败了，而他周围的其他专家却取得了进展，你就能更加确信他偷懒了，而不是单纯的运气不好。因此，建立在表现基础上的回报，换言之，奖励，能产生合适的激励。

案例分析

对待版税

一般情况下，作者写书的报酬是通过一个版税协议支付的。每卖出一本书，作者可以得到一定比例的销售额，比如精装本标价的 15%，及平装本标价的 10%。作者也可能先得到一笔预付版税，这笔预付版税通常分成几部分支付，一部分是在签订合同后支付，另一部分是在交稿后支付，而剩余的部分在出版后支付。这一支付制度如何形成正确的激励？它可能使出版社和作者的利益之间的哪个位置出现楔子？有没有更好的向作者支付报酬的方式？

案例讨论

> 唯一的优秀作家已经不在人世了。——匿名出版社主管
>
> 编辑把麦子和麦壳分开，然后把麦壳印刷出来。——匿名作家

正如这些引用所表明的，作者和出版社之间的紧张关系存在许多可能的来源。合同有助于解决其中一些问题，但同时又会引起其他问题。保留部分预付款项，给了作者及时完成著作的激励。而预付款也同时将风险从作者身上转移到出版社，这可能由于出版社处在一个比较好的位置，能够通过大量项目来分散风险。预付款的规模也是一个可信的信号，传递出版社是否真正为这本书的前景感到兴奋。任何出版社都可以宣称它们喜欢这本书中的建议，但是实际上，如果你认为这本书不会畅销，那么对出版社而言，提供一笔不菲的预付款的代价就会非常高。

作者和出版社产生分歧的一个地方就是该书的定价。你的第一反应可能是认为，既然作者将得到定价的一定比例，他们一定是希望价格越高越好。但是，作者实际得到的是总收入的一定比例，比如精装本销量额的15%。因此，作者们真正关心的是总收入。他们希望出版社选择一个使总收入最大化的定价。

健身之旅 10

出版社和作者之间的楔子有多大？试估计，与作者想要的定价相比，出版社想要的定价高多少？

另一方面，出版社力求使它的利润最大化。利润等于收入扣除成本。这意味着，出版社总是希望索取一个高于收入最大化的价格。假如出版社开始时采用收入最大化价格，然后再把价格稍微提高一点儿，这就会使得总收入几乎保持不变，但会使销售量降低，从而使成本降低。在我们遇到的情况中，我们提前预料到了这个问题，于是通过协商，把定价纳为合同的一部分。欢迎你购买拙著，并感谢你赏阅拙著。

第14章将提供另外两个关于激励的案例："海湾大桥"和"仅有一次生命可以献给你的祖国"。

案例分析

别人的信封总是更诱人

　　赌博不可避免的一个事实是一人所得意味着另一人所失。因此，在参加一场赌博之前，从另一方的角度对该赌博进行评估是非常重要的。原因在于，假如对方愿意参加这场赌博，他们一定预期自己会赢，这意味着他们一定预期你会输。总有一方是错的，但究竟是哪一方呢？本案例将探讨一个看起来对双方都有利的赌博。当然实际情况不可能对双方都有利，可是，问题究竟出在哪里？

　　现在有两个信封，每一个都装着一定数量的钱：具体数目可能是 5 美元、10 美元、20 美元、40 美元、80 美元或 160 美元，而且所有人都知道这一点。同时，我们还知道，一个信封的钱是另一个信封的钱的两倍。我们把两个信封打乱次序，一个给阿里，一个交给巴巴。两个信封打开之后（其中的金额只有打开信封的人知道），阿里和巴巴还有一个交换信封的机会。假如双方都想交换，我们就让他们交换。

　　假定巴巴打开他的信封，发现里面装了 20 美元。他会这样推理：阿里得到 10 美元和 40 美元的概率是一样的。因此，假如我交换信封，期望回报等于（10 + 40）/2 = 25 美元，大于 20 美元。对于数目这么小的赌博，这个风险无关紧要，所以，交换信封看来符合我的利益。通过同样的证明，阿里也想交换信封，无论她打开信封发现里面装的是 10 美元（她估计巴巴先生要么得到 5 美元，要么 20 美元，平均值为 12.50 美元）还是 40 美元（她估计巴巴先生要么得到 20 美元，要么 80 美元，平均值为 50 美元）。

　　这里出了点儿问题。双方交换信封不可能使他们的结果都有所改善。因为用来"分配"的钱不会因为交换一下子就变多了。推理过程在哪出了错呢？阿里和巴巴是否都应该提出交换呢？他们是否应该有一方提出交换呢？

案例分析

假如阿里和巴巴两个人都是理性的，并且假定对方也是理性的，那就永远不会发生交换信封的事情。这一推理的瑕疵在于假定对方交换信封的意愿不会透露任何信息。我们通过进一步深入考察一方对另一方的思维过程的看法，来解决这个问题。首先，我们从阿里的角度思考巴巴的思维过程。然后，我们从巴巴的角度想象阿里可能怎样看待他。最后，我们回到阿里的角度，考察她怎样看待巴巴怎样看待阿里对巴巴的看法。其实，这听上去比实际情况复杂多了。但采用这个例子来说明，每一步都不难理解。

假定阿里打开自己的信封，发现里面有 160 美元。在这种情况下，她知道自己得到的数目比较大，也就不愿意加入交换。既然阿里在她得到 160 美元的时候不愿意交换，巴巴在他得到 80 美元的时候也应该拒绝交换，因为阿里唯一愿意跟巴巴交换的前提是阿里得到 40 美元，但若是这种情况，巴巴一定更想保住自己原来得到的 80 美元。不过，如果巴巴在他得到 80 美元的时候不愿意交换，那么阿里就不该在她得到 40 美元的时候提出交换，因为交换只会在巴巴得到 20 美元的前提下发生。现在我们已经回到上面提出问题时的情况。如果阿里在她得到 40 美元的时候不肯交换，那么，当巴巴发现自己信封里有 20 美元的时候，交换信封也不会有任何好处；他一定不肯用自己的 20 美元交换对方的 10 美元。唯一一个愿意交换的人，一定是那个发现信封里只有 5 美元的人，不过，当然了，这时候对方一定不肯跟他交换。

祝你好运

我们同事中有一位决定去萨拉托加温泉疗养地欣赏杰克逊·布朗（Jackson Brown）的音乐会。他是最先到达现场的观众之一，于是他四处张望，想要寻找一个最佳位置坐下。这个地方最近刚下过雨，舞台前方的那片区域完全是泥泞不堪。我们的同事坐在了最靠近舞台但仍在泥泞地后面的前排。他哪里做错了？

案例分析

不，错误并非出在选择了杰克逊·布朗；他 1972 年的热门歌曲"蒙上我的眼睛"至今仍是一首经典歌曲。错误出在这名同事没有向前展望。随着众人陆续进场，草坪上挤满了人，直到他后面的座位全部坐满。这时，后来的观众大胆地蜂拥到前面的泥泞地。当然，没有人愿意在那里坐下来。所以他们就站着。我们同事的视线完全被挡住了，而他脚下的地毯同样也被无数的泥脚印弄脏。

在这个案例中，假如能够向前展望、倒后推理，结果就会大不相同。诀窍不在于找到一个最佳座位，而不管别人怎么做。关键在于你必须预料到迟到的观众会奔向哪里，然后基于这一预测，选择你预期的最佳座位。正如"伟大的冰球手"格雷茨基（Gretzky）在另一种背景下所说的，你必须溜向冰球要去的地方，而不是它在的地方。

红色算我赢，黑色算你输

虽然我们两个也许永远没有机会担任美洲杯帆船赛的船长，但我们其中一位却曾经遇到一个非常类似的情形。巴里毕业的时候，为了庆祝一番，参加了剑桥大学的五月舞会（这是英国式的大学正式舞会）。庆祝活动的一部分包括在一个赌场下注。每个人都得到相当于 20 英镑的筹码，截至舞会结束时，聚集财富最多的一位将免费获得下一年度舞会的入场券。到了最后一轮轮盘赌的时候，出于一个巧合，巴里手里已经有了相当于 700 英镑的筹码，独占鳌头，第二位是一名拥有 300 英镑筹码的英国年轻女子。其他参加者实际上已经被淘汰出局。就在最后一次下注之前，那位女子提出分享下一年舞会的入场券，但是巴里拒绝了。他占有那么大的优势，怎么可能满足于得到一半的奖赏呢？

为了帮助大家更好地理解接下去的策略行动，我们先简要介绍一下轮盘赌的规则。轮盘赌的输赢取决于轮盘停止转动时小球落在什么位置。一般情况下，轮盘上刻有 0～36 的 37 个格子。假如小球落在 0 处，就算庄家赢了。轮盘赌最可靠的玩法就是赌小球落在偶数还是奇数格子（分别用黑色和红色表示）。这种玩法的赔率是一赔一，比如 1 美元赌注变成 2 美元，不过取胜的机会只有 18/37。在这种情况下，即便那名英国女子把全部筹码押上，也不可能稳操胜券；因此，她被迫选择一种风险更大的玩法。她把全部筹码押在小球落在 3 的倍数上。这种玩法的赔率是二赔一（假如她赢了，她的 300 英镑就会变成 900 英镑），但取胜的机会只有 12/37。现在，那名女子把她的筹码摆上桌面，表示她已经下注，不能反悔。那么，巴里应该怎么办？

案例分析

巴里应该模仿那名女子的做法，同样把 300 英镑筹码押在小球落在 3 的倍数上。这么做可以确保他领先对方 400 英镑，最终赢得那张入场券：要么他们就都输了这一轮，巴里将以 400：0 取胜；要么他们就一起赢，巴里将以 1 300：900 取胜。那名女子根本没有其他选择。即使她不赌这一轮，她还是会输；无论她如何下赌注，巴里都可以跟随她的做法，照样取胜。⊖

⊖ 事实上，这是巴里事后懊悔自己没有采取的策略。当时是凌晨 3 点，他已经喝了太多香槟，无法保持头脑清醒了。结果，他把 200 英镑押在偶数上，心里估算他输掉冠军宝座的唯一可能性就是这一轮他输而她赢，而这种可能性几率只有 1：5，所以形势对他非常有利。当然，几率为 1：5 的事情有时也会发生，这里讲的就是其中的一个例子：那位女士赢了。

她的唯一希望就是巴里先赌，假如巴里先在黑色下注 200 英镑，她应该怎么做？她应该把她的 300 英镑押在红色。把她的筹码押在黑色对她没有半点好处，因为只有巴里取胜，她才能取胜（这时她将是亚军，只有 600 英镑，排在巴里的 900 英镑后面）。自己取胜而巴里失败就是她唯一反败为胜的希望所在，这就意味着她应该在红色下注。这个故事的策略寓意与马丁·路德和戴高乐的故事恰恰相反。在这个关于轮盘赌的故事里，先行者处于不利地位。假如那名女子先下注，巴里可以选择一个确保胜利的策略。假如巴里先下注，那名女子就可以选择一个具有同样取胜机会的赌注。这里的主要观点是，在博弈中，抢占先机、率先行动并不总是好事。因为这么做会暴露你的行动，其他参与者可以利用这一点占你的便宜。第二个行动可能使你处于更有利的策略地位。

弄巧成拙的防鲨网

企业采取了许多新鲜而富有创意的做法，通常称为防鲨网，用于阻止外界投资者吞并他们的企业。我们并不打算评价这些做法的效率甚至道德意义，我们只想介绍一种未经实践检验的新型毒药条款，请大家考虑应该怎样对付。

这里的目标公司叫 piper's pickled peppers。虽然该公司已经公开上市，却还是保留了过去的家族控制模式，董事局的 5 名成员听命于创办人的 5 名孙子孙女。创办人早就意识到他的孙辈之间会有冲突，也预见到会有外来威胁。为了防止家族内讧和外来进攻，他首先要求董事局选举必须错开。这意味着，哪怕某人得到该公司 100% 的股份，他也不能一股脑儿取代整个董事局，相反，他只能取代那些任期即将届满的董事。5 名董事各有 5 年任期，但届满时间各不相同。外来者最多只能指望一年夺得一个席位。从表面上看，你需要 3 年时间才能夺得多数地位，从而控制这家公司。

创办人担心，假如一个充满敌意的对手夺得了全部股份，他的这个任期错开的想法可能会被篡改。因此，有必要附加一个条款，规定董事局的选举过程只能由董事局本身修改。任何一个董事局成员都可以提交一项建议，无须得到另一个成员的支持。但接下来就是一大难题。提议的人要求必须投他自己的提议一票。提议是以顺时针次序沿着董事局会议室的圆桌进行的，提议必须获得董事局至少 50% 的选票才能通过（缺席者按反对票计算）。在董事局只有 5 名成员的前提下，这意味着至少要得到 3 票才能通过。要命的是，任何人若是提交一项提议而未获得通过，不管这项提议说的是修改董事局架构还是选举方式，他都将失去自己的董事席位和股份。他的股份将在其他董事之间平均分配。同时，任何一个向这项协议投了赞成票的董事也会失去他的董事席位和股份。

有那么一段时间，这个条款看来非常管用，成功地将敌意收购者排除在外。但是后来，海岸有限公司的海贝壳先生通过一个敌意收购举动，买下了该公司 51% 的股份。海贝壳先生在年度选举里投了自己一票，顺利成为董事。不过，乍看上去，董事局失去控制权的威胁并非迫在眉睫，毕竟海贝壳先生是以一敌四。

在第一次董事局会议上，海贝壳先生提议大幅修改董事资格的规定。这是董事局首次就这样一项提议进行表决。海贝壳先生的提议不仅得到通过，更令人感到不可思议的是，这项提议竟然是全票通过！结果，海贝壳先生随即取代了整个董事局。原来的董事在得到一项称为"铅降落伞"的微薄补偿（总比什么也没有强）后，就被扫地出门了。

他是怎么做到这一点的呢？我们给你的提示是：整个做法非常狡猾。逆向推理正是关键。首先设计一个计划，使自己的提议获得通过，然后你就可以考虑能不能获得全票。海贝壳先生为了确保自己的提议获得通过，就是从结尾部分开始，全力确保最后两名投票者有动机给这项提议投赞成票。这样，就足以使海贝壳的提议获得通过，因为海贝壳先生将以一张赞成票开始整个表决程序。

案例分析

许多提议都用过这个把戏。这里只不过是其中一个例子。海贝壳先生的修改提议包含下列三种情况：

- 假如这项提议全票通过，海贝壳先生可以选择一个全新的董事局。每一位被取代的董事将得到一份小小的补偿。
- 假如这项提议以 4 比 1 通过，投反对票的董事就要滚蛋，不会得到任何补偿。
- 假如这项提议以 3 比 2 通过，海贝壳先生就会把他在该公司的 51% 的股份平分给另外两名投赞成票的董事；投反对票的董事就要滚蛋，不会得到任何补偿。

到了这里，倒后推理为故事画上了句号。假定一路投票下来，得到了这样的结果：最后一名投票者面临一个 2-2 的平局。假如他投赞成票，提议就会通过，他本人会多得到该公司 25.5% 的股份。假如提议遭到否决，海贝壳先生的财产（以及另外一名投赞成票的董事的股份）就会在另外三名董事之间平分，所以他本人得到（51% + 12.25）/3 = 21.1% 的公司股份。他当然会投赞成票。

大家都可以通过倒后推理，预计到假如出现 2-2 平局的情况，最后一票投下之后海贝壳先生就会取胜。现在来看第四人的两难处境。轮到他投票的时候，可能出现以下三种情况之一：

- 只有 1 票赞成（海贝壳先生投的）；
- 2 票赞成；
- 3 票赞成。

假如有 3 票赞成，提议实际上已经通过了。第四人当然宁可得到一些好处也不愿一无所获，因此他会投赞成票。假如有 2 票赞成，他可以预计到哪怕自己投反对票，最后一个人也会投赞成票。第四个人无法阻止这项协议通过。因此，更好的选择还是投靠即将取胜的一方，所以他会投赞成票。最后，假如只有 1 票赞成，他愿意投赞成票换取 2 比 2 的平局。因为他可以自信地预计到最后一个人会投赞成票，并且他们两人将合作得非常漂亮。

这么一来，最早投票的两名董事就陷入了困境。他们可以预计到，哪怕他们都投反对票，最后两人还是会跟他们作对，这项提议还是会获得通过。既然他们无法阻止这项提议通过，还是随大流换取某些补偿比较好。

这个案例证明了倒后推理的威力。当然，这一技巧也有助于设计一个狡猾的方案。

硬汉软招

当罗伯特·坎普（Robert Campeau）第一次投标收购联邦百货公司（及其"皇冠之珠"布鲁明戴尔百货）的时候，运用了一种称为两阶段出价法的策略。典型的两阶段出价法给先出让股份的股东支付的价格高，给后出让股份的股东支付的价格低。为避免复杂的计算，我们来看一个案例，在这个案例中，收购前的股价为每股 100 美元。收购者在第一阶段提出一个较高的价格，即每股 105 美元，向先出让股份的股东支付，直到全部股份

的一半出让为止。另一半待出让股份则进入第二阶段；这时，收购者愿意
支付的股价只有 90 美元。出于公平原则，股份不是按照股东出让的时间
顺序分属不同阶段。相反，每个人都会得到一个混合价格：所有投标的股
份会按照一定比例均等划入两个阶段（假如招标成功，那些未出让自己股
份的股东就会发现他们的股份落入第二阶段）。[1]我们可以用一个简单的
代数表达式来说明这些股份的平均支付价格：假如愿意出让的股份不超过
50%，那么每个人都会得到 105 美元的股价；假如这家公司的全部股份当
中有 $X\%$ 愿意出让，且 $X\% \geqslant 50\%$，那么，每股平均价格就是

$$105 \text{ 美元}\left(\frac{50}{X}\right) + 90 \text{ 美元}\left(\frac{X-50}{X}\right) = 90 \text{ 美元} + 15 \text{ 美元}\left(\frac{50}{X}\right)$$

值得注意的一点是，两阶段出价的方式是无条件进行的；即便收购者
没能获得公司的控制权，仍然会按照第一阶段的价格收购全部愿意拍卖的
股票。第二个特点在于，假如所有人都愿意出让自己的股票，那么每股的
平均价格就只有 97.50 美元。这个价格不仅低于收购者提出收购前的股价，
也低于收购失败后股东们可能得到的股价；假如收购者被击败，股东们就
会预期股价会回到原来 100 美元的水平。因此，股东们希望要么收购者被
击败，要么再出现一个收购者。

事实上，当时的确出现了另一个收购者，那就是梅西百货公司。假设
梅西提出了一个有条件的收购计划：它愿意以每股 102 美元的价钱收购股
份，前提是它得到该公司的大部分股份，那么，你将向哪一家出让你的股
份，而你又觉得哪一家的计划会成功呢（如果只有一家会成功）？

案例分析

在两阶段出价的竞购方案中出让股份，是一种优势策略。为了证明这
一点，我们来考察所有可能出现的情形。一共存在 3 种可能性，分别是：

两阶段出价方案吸引到的股份不足 50%，因此收购失败。

两阶段出价方案吸引到超过 50% 的股份，因而收购成功。

两阶段出价方案恰好吸引到 50% 的股份；假如这时你愿意出让你的股份，收购就能成功，否则收购只能失败。

在第一种情形下，两阶段出价方案遭到失败，因此，股价要么在两阶段出价都失败的情况下回到 100 美元，要么在竞争对手收购成功的情况下达到 102 美元。不过，假如你出让自己的股份，你就能得到 105 美元的股价，比前面提到的两个结果都要好。在第二种情形下，假如你不出让自己的股份，你能得到的股价只有 90 美元，而出让股份至少能让你得到 97.50 美元。因此，出让股份仍然是一个更好的选择。在第三种情形下，假如收购成功，别人得到的股价都不如以前，而只有你的结果变好了。理由是，由于出让的股份刚好达到 50%，你将得到 105 美元的股价。这个价格值得出让。因此你愿意促成这桩收购。

因为出让是一个优势策略，我们可以预计人人都会出让自己的股份。一旦人人都出让股份，每股的平均混合价格可能低于收购前的价格，甚至可能低于预期收购失败后的价格。因此，两阶段出价策略可以使收购者以低于公司价值的价格收购成功。由此可见，股东们拥有一个优势策略的事实并不意味着他们就能占先。收购者利用第二阶段的低价不公平地占据了优势。通常，第二阶段的这种操控性质不会像我们这里的例子一样，赤裸裸地显露出来，因为这一胁迫手段或多或少会被收购后红利的诱惑隐蔽起来。假如这家公司在收购之后的实际价值是每股 110 美元，收购者仍然可以在第二阶段通过支付一个低于 110 美元而又高于 100 美元的第二阶段出价占到便宜。律师们认为两阶段出价法具有胁迫性质，并且成功地利用这一点作为依据，在法庭上跟收购者打官司。在争夺布鲁明戴尔的战役中，是罗伯特·坎普最终取胜了，但他却是通过一个修改了的出价达到目的的，其中并不具有任何阶段性结构特征。

我们还发现，一个有条件的竞购方案对于一个无条件的两阶段出价方案来说，不是一个有效的抵御策略。在我们给出的案例中，假如梅西百货许诺无条件支付每股 102 美元的话，那么它的竞购方案就会有效得多。梅西百货的无条件竞购将会破坏两阶段出价方案总会取胜这样一个均衡。原因在于，假如人们认为两阶段出价竞购方案笃定取胜，它们将预期只得到 97.50 美元的平均混合价格，而这个数字显然低于他们把股份出让给梅西百货将会得到的股价。因此，不可能出现股东们既希望两阶段出价方案成功，但同时又乐于把股份出让给梅西百货的情况。[⊖]

1989 年底，坎普由于负债累累而陷入经营困境。联盟商店按照《破产法》第十一条申请重组。当我们说坎普的策略很成功时，我们只想说明他的策略成功地达到赢得竞购大战的目的。成功经营一家公司则完全是另外一场不同的博弈。

更安全的决斗

随着手枪的精准度变得越来越高，一场决斗的致命性会不会发生改变？

案例分析

乍一看去，答案似乎非常明显：是的。不过，回想一下我们说过的，参与者会调整他们的策略，以适应新的情况。其实，假如我们把问题反过

⊖　不幸的是，同样不可能出现一个梅西百货竞购成功的均衡点，因为若是这样，意味着两阶段出价的竞购方案吸引到不足 50% 的股份，那么股价仍将高于梅西百货愿意支付的价格。唉，这就是一个没有均衡点的例子之一。找到解决方案必须用到随机策略，正如我们在第 6 章讨论的。

来，答案就很容易看出来：假设我们降低了手枪的精确度，试图使决斗变得更安全。这时，新的结果是，对手将在距离对方更近的地方开枪。

回想一下我们对对决的讨论。每个参与者都一直等待，直到他射中对方的概率与对方失手的概率恰好相等时，才开枪射击。注意，手枪的精确度并没有代入到这个等式中。真正重要的只是最后成功的概率。

为了用一些数字来说明这一点，假设对手的枪法都同样好。那么，对双方来说，最优策略就是慢慢接近对方，直到击中的概率达到1/2时。在那时，其中一个决斗者开了一枪。（哪一个人开枪并不重要，因为射击者的成功概率是1/2，被射者成功的概率也是1/2。）无论手枪的精确度多高，每个参与者幸存的概率都是相等的（1/2）。参与规则的改变不会影响最终结果；因为所有参与者将会调整自己的策略，以抵消规则的变化。

三方对决

话说有三个仇家，分别叫拉里、莫和卷毛，他们决定来一场三方对决。总共有两个回合：第一回合，每人得到一次射击机会，射击次序分别为拉里、莫和卷毛。第一回合过后，幸存者得到第二次射击机会，射击次序还是拉里、莫和卷毛。对于每一个参与决斗的人，最佳结果就是成为唯一的幸存者；次佳结果则是成为两个幸存者之一；排在第三位的结果，是无人死亡；最差的结果当然是自己被对方打死。

拉里的枪法很糟糕，瞄准10次只有3次能够打中目标。莫的水平高一点，精确度有80%。卷毛是神枪手，百发百中。那么，拉里在第一回合的最优策略应该是什么？在这个问题里，谁有最大的机会幸存下来？

案例分析

虽然倒后推理是解决这个问题的一个稳妥途径，但我们可以运用一些向前展望的论证，向前跳一步。我们依次从讨论拉里的每一个选择开始。假如拉里打中莫，会发生什么事情？假如拉里打中卷毛，又会怎样？

假如拉里向莫开枪并打中对方，他等于签下了自己的死亡执行书，因为接下来轮到卷毛开枪，而他百发百中。卷毛不可能放弃向拉里开枪的机会，因为开枪将使他成为最后的胜利者。拉里向莫开枪似乎不是一个吸引人的选择。

假如拉里向卷毛开枪并打中对方，接下来轮到莫。莫会向拉里开枪。（想想我们是怎么认定这一点的。）因此，假如拉里打中卷毛，则他幸存的机会仍不足 20%，这等于莫失手的概率。

到目前为止，上述选择没有一个显得很有吸引力。实际上，拉里的最佳策略是向空中开枪！在这种情况下，莫就会向卷毛开枪，假如他没打中，卷毛就会向莫开枪，并且把他打死。接着进入第二轮，又轮到拉里开枪了。由于只剩下一个对手，他至少有 30% 的概率保住性命，因为这是他打中剩下这个对手的概率。

这里蕴涵的寓意在于，弱者通过让出自己的第一次机会可能会取得更好的结果。我们在每四年一次的美国总统竞选活动中都会看到同样的例子。只要存在数目庞大的竞争对手，实力顶尖者都会被中等实力者的反复攻击搞得狼狈不堪，败下阵来。等到其他人相互斗争并且退出竞选的时候再登场亮相，形势反而对自己更有利。

因此，你的幸存机会不仅取决于你自己的本事，还要看你威胁到的人。一个没有威胁到任何人的弱者，可能由于较强对手的相互残杀而幸存下来。卷毛，虽然是最厉害的神枪手，他幸存的概率却最低，只有 14%。最强者幸存的概率就这么一点点！莫有 56% 的取胜机会。拉里的最佳策略使他能以 30% 的精确性换取 41.2% 的幸存机会。[2]

取胜的风险

维克里密封竞价拍卖的一个不同寻常之处是，将要取胜的竞价者事先并不知道他应该支付多大金额，而必须等到拍卖结束而他也获胜之后，才能得知这个金额。记住，在"维克里拍卖"中，取胜的竞价者只支付次高出价。相反，在更标准的密封竞价拍卖中不会存在不确定性，获胜者支付他自己的出价。因为人人都知道自己的出价，谁也不会对自己赢了之后应该支付多少存在任何疑问。

这种不确定性的存在，提醒我们也许应该考虑风险对参与者的竞价策略的影响。针对这一不确定性，反应通常是负面的：竞价者将在"维克里拍卖"中落得更糟糕的结局，因为他们不知道，假如他们提交的出价取胜，他们应该支付多大的金额。那么，针对这种不确定性或风险，竞价者把自己的出价降到低于真实估价水平，这种做法合不合理？

案例分析

不错，竞价者不喜欢这种与他们取胜后应该支付多大金额相关联的不确定性。各方的结局确实是恶化了。不过，虽然存在这种风险，参与者仍然应该按照自己的真实估价出价。理由是，一个真实的出价是一种优势策略。只要售价低于估价，竞价者总想买下这项产品。以真实估价出价，是确保你在售价低于自己估价的时候取胜的唯一办法。

在"维克里拍卖"中，按照真实估价出价不会让你付出更多代价——除非别人出价胜过你，而那时候你就也许想要抬高你的开价，直到售价超过你的估价为止。与"维克里拍卖"相关的风险是有限的；胜者永远不会被迫支付一个高于他出价的金额。虽然胜者支付的具体金额仍然具有不确定性，但这个不确定性只对获胜的好消息好到什么程度有影响。尽管这个好消息可能存在变数，但只要交易仍然有利可图，最佳策略仍是赢得拍卖。这意味着以你的真实估价出价。你永远不会错过有利可图的机会，而且，只要你赢了，你要支付的金额就低于你的真实估价。

仅有一次生命可以献给你的祖国

一支军队的指挥官怎样才能激发士兵，使他们能够冒着生命危险，誓死保卫祖国？假如战场上的每一个士兵都会对献身之举的得失做一番理性的考虑，那么，世界上大多数军队早就完蛋了。有哪些办法，可以激发和激励士兵为国献身？

案例分析

首先，我们来看有哪些办法可以改变士兵的自利理性。这个过程从新兵训练营开始。世界各地的武装部队的基本训练其实都是一次伤痕累累的历程。新兵会面临巨大的身心压力，以至于要不了几个星期，他的个性就会发生改变。在这一历程当中学会的一个重要习惯是自动自觉、无异议地服从。为什么袜子必须叠好或者床铺必须整理，而且要按照某个特定方式完成，完全没有理由可言，唯一的理由就是军官下了这样的命令。这么做的目的是，当将来有更加重要的命令时，士兵也会照样服从。一旦训练出不问是非地服从命令的士兵，这支军队就会变成一支战斗机器；承诺就会自然形成。

许多军队会在作战前让他们的士兵喝得酩酊烂醉。这么做可能降低了他们的作战效率，但同时也降低了他们对自我保全进行理性思考的能力。

这样一来，每个士兵似乎都缺乏理性的表面现象就会凝聚成一种策略的理性。莎士比亚深谙此道；在他的《亨利五世》一书中，阿金库尔战役打响的前夜，亨利国王这样祈祷（着重的地方是作者所加）：

噢，战神！请让我的士兵之心坚硬如钢；

使他们不再恐惧；现在就拿走他们

思量的本领，假如敌人的数量

使他们心惊胆战……

就在战役打响之前，亨利做了件乍一看去似乎消磨自己意志的事情。他没有强制他的士兵去作战，而是这样声明：

……那些无心打仗者，

请他离开；他的通行证应该签发，

连同其护送的王冠，一起放进他的背包；

我们不会在他的陪伴下死去，

他却要担心他的情谊随我们而亡。

问题的关键在于，任何想要接受这一临阵豁免提议的士兵，都不得不在所有同伴的眼皮子底下这么做。当然，没有人愿意这么做，因为这么做实在太丢脸了。并且，公开拒绝这一提议的行动（实际上是不行动）不可挽回地改变了士兵的偏好，甚至是个性。他们通过拒绝这一提议，在心理上已经破釜沉舟，切断了回家的退路。他们彼此之间已经签订了这样一份隐含的合同，宣布到时候面临生命危险时，谁也不能苟且偷生⊖。

⊖ 其他人也曾经采用过同样的策略。罗尔德·亚孟森（Roald Amundsen）就是采取了一个计谋，开始了他的南极探险之旅；那些签了协议的同伴，原本以为他们只是要做一次路途遥远，但是不怎么危险的北极之航。直到船队到了几乎无法返回的地方时，他才公布自己的真正目的，并允许那些不愿继续下去的人回到挪威，而且提供返程费。没有人接受他这一提议，虽然后来有诸多的抱怨："为什么当时你说愿意继续下去呢？只要你说不，我一定也会说不。"（罗兰·亨特福德（Roland Huntford），《地球上的最后一个地方》[纽约：当代文库，1999]，289）。像亨利五世一样，亚孟森最后成功了，成为第一个站在地球南极的人。

接下来考虑怎样激励士兵行动。这些激励可以是物质上的：古时，胜利后的士兵有机会掠夺一些财物，甚至砍下敌人的脑袋。即便最糟的情况发生了，也能保证有丰厚的死亡抚恤金发给死者的至亲。但是，对士兵誓死战斗的激励往往却是非物质的：勇敢战斗者将得到勋章、荣誉及荣耀，无论他们在战争中是生是死；幸存者能够在以后的有生之年里，不断夸耀自己的丰功伟绩。以下又是莎士比亚笔下的亨利五世的一番妙语：

> 谁若能活过今天而终老，
> 往后在此日前夕，他将彻夜宴请邻人，
> ……他将略带夸张的回忆
> 他在今天的战功……
> 圣克里斯宾日将永远不会被遗忘，
> 从今天，直到世界末日，
> 我们将长留青史；
> 我们几位，幸运的几位，我们情同手足；
> 今天同我一同流血者
> 就是我的兄弟；……
> 现在熟睡的绅士，
> 将悔恨今天未来此地，
> 而且他们会感到英雄气短，一旦听各位提起
> 在圣克里斯宾日，曾与我们并肩作战。

成为国王的兄弟；你一开口其他人就感到英雄气短：多么强有力的激励！不过，细想一下，成为国王的兄弟真正意味着什么？假设你就住在英格兰，战争胜利后带着军队凯旋。国王会这样对你说吗："啊，我的兄弟！来和我一起住在宫殿吧。"不。你仍会回到昔时贫困的生活中。更确切地

说，这样的激励只是一句空话而已。这就像与可信度有关的"廉价的谈话"一样。但这样的激励方式却很管用。博弈论科学还不能完全解释个中缘由。亨利的演讲本身就是最佳的策略艺术。

有一个相关的小插曲。战争前夕，亨利乔装打扮，到他的军队里闲逛，目的是想弄清楚士兵的真实想法和感受。他发现了一个令人尴尬的事实：士兵害怕被杀死或者被俘获，而且他们认为亨利没有和他们一样面临同样的危险。即使敌人抓住了他，他们也不会杀他。把他扣留，然后索要赎金是有利可图的，而且他们一定会得到赎金。如果亨利想要让士兵保持忠诚和团结，他必须驱散士兵的这种担心。在次日清晨的演讲中这样讲是没有用的："嘿，伙计们；我听说你们有人认为我不会和你们一样为祖国献身。现在，我真诚地向你们保证，我会的。"这样做会比没用还要糟糕；它会起到加重士兵怀疑的反效果，恰如理查德·尼克松在"水门"事件期间发出的"我不是骗子"的声明一样。不；在亨利的演讲中，他把冒死战斗看作理所当然的事，进而反问："你会和我一起冒死战斗吗？"那正是我们对"我们不会在这个人的陪伴下死去"和"他与我们同生共死"这两句话做出的理解。这是策略艺术的又一个漂亮例子。

当然，这并不是真实的历史，只不过是莎士比亚对历史的虚构而已。不过我们认为，艺术家对人类的感情、推理以及动机的洞察力，通常比心理学家还透彻，更不用说经济学家了。因此，我们应乐于向他们学习策略的艺术。

糊涂取胜

第 2 章介绍了参与者序贯行动且在确定数量的行动之后结束的博弈。从理论上说，我们可以探讨行动的每一个可能顺序，然后发现其中最佳的策略。这对剪刀 – 石头 – 布游戏是比较容易的，但对象棋却几乎不大可能（至少目前是这样）。以下的博弈尚未发现最佳策略。但是，即使我们不知道最佳策略，存在最佳策略的事实已经足以显示先行者将取胜。

ZECK 是两个人玩的画点游戏。目标把最后一个点留给你的敌人。这个游戏由一系列排成矩形的点开始，例如下面的 7×4 图形：

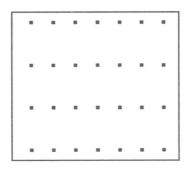

每轮到一个参与者，这个参与者拿走一个点及这个点东北边的所有的点。譬如，第一个参与者若选择了第二排第四个点，那么留给他对手的局面就变成：

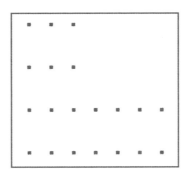

每次至少要移走一点。被迫移走最后一个点的人算输。

对于含有超过一个点的任何形状的矩形，先行者都有一个取胜的策略。只不过我们现在并不知道是什么策略。当然，我们可以探讨所有可能的策略，然后为任何一个特定的博弈确定这一取胜策略，如上面的 7×4 矩形版本。但我们并不知道，适用于由点组成的所有可能形状的最佳策略。我们怎样能在自己尚不清楚的情况下告诉大家，谁掌握了那个取胜策略呢？

案例分析

假如后行者有一个取胜策略，这就意味着，对先行者的任何一种开局方式，他都有使自己处在取胜地位的对策。在特殊情况下，这意味着后行者必定有一个取胜的对策，即使先行者刚好移走了右上角的一点。

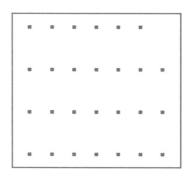

但是，不论后行者如何应对，留下的都是先行者可以通过第一次创造出来的局面。如果后行者的回应确实是一种取胜策略，先行者早就应该而且可以用这样的策略开局。没有什么事情是后行者可以对先行者做而先行者不能抢先做到的。

价格的面纱

赫兹与安飞士两家租车公司打出广告称，你能以 19.95 美元 / 天的价格租到一辆汽车。但一般情况下，汽车租价并未包括还车时灌满油箱的虚增费用，通常是加油站价格的两倍。旅馆房间价格的广告中并没有提到打长途电话时 2 美元 / 分钟的收费。要在惠普与利盟打印机之间做出选择时，哪种打印机打印一张纸的成本较低？当你并不知道一个碳粉盒能打印多少张纸时，这个问题的答案就很难得知。手机公司经常规定每个月的固定通话分钟数。你没有用完的分钟数就浪费了，但一旦你超过了这个数，超出的通话时间的收费就很高。⊖广告承诺每月 40 美元可以拨打 800 分钟，该费用几乎高于 5 美分 / 分钟了。结果是，理解或比较真实的成本即使不是不可能，也会变得非常困难。为什么这一实际情况仍持续存在？

案例分析

设想一下，如果一家租车公司决定在广告中打出包含一切费用的价格，会发生什么情况。这个标新立异的公司为了弥补由于过高的汽油收费而损失的收入，不得不制定一个较高的日租价格。（这仍是个好主意：难道你不愿宁可每天额外支付 2 美元，这样就不必担心当你冲向飞机场时要找地方加油？这可能会挽救你的婚姻，也可能会避免你误飞机。）问题在于，采取这一策略的公司，直接把自己放在了一个与其对手相比的不利的位置。当顾客在 Expedia（全球最大的网络旅游公司）网上对各家公司作比较时发现，最可靠的一家公司似乎是要价最高的。没有一个公司这样说，"我们不会像其他公司那样在汽油上敲诈您"。

问题在于，我们陷入了一个糟糕的均衡，就像陷入 QWERTY 键盘的均衡一样。顾客们估计租车价格中一定包括许多隐含的额外费用。除非一家公司可以冲破这一混乱的局势，让顾客相信他们不是在玩相同的游戏，否则，可靠的公司只是看上去比较贵而已。更糟糕的是，因为顾客并不知道你的竞争对手的真实收费是多少，所以他们也不知道应该付给你多少钱。设想一家手机公司提供了一种以分钟计价的单一收费服务。那么，8

⊖ 美国电话电报公司是个例外。

美分/分钟的价格优于 40 美元 /800 分钟（然后每超出一分钟收费 35 美分）的价格吗？谁会知道呢？

底线就是公司继续只在广告中打出总价格的一个组成部分。然后，他们没有提到的部分就收取极高的价钱。但是，这并不意味着公司最后会赚到更多钱。因为每一家公司都可以预期在后期会获得高额利润，所以它们愿意竭尽全力，想尽一切办法吸引和窃取顾客。因此，激光打印机几乎是赠送的，大部分手机也是如此。公司把它们将来的利润都用在了争夺顾客的战斗中了。最终结果是过多的顾客转移到其他公司，以及顾客忠诚度的大量丧失。

如果社会希望改善消费者的状况，一个办法就是通过立法来改变这一惯例：要求旅馆、租车公司，以及手机供应商在广告中打出普通消费者应该支付的包含一切费用的价格。现在，购物网在网上售书时，就是采取了这一做法，他们的包含一切费用的价格包括运输费和装卸费。[3]

所罗门国王的困境重现

所罗门国王想要找到一种可以获得某个信息的方法：谁才是真正的母亲？拥有该信息的两个妇人在透露这一信息方面的动机是相互冲突的。单纯的言语是不足信的；策略性参与者希望从其自身利益出发来操纵答案。这里需要的是一种方法，能使参与者用他们的钱，或者更一般的，他们重视的东西，来打赌，以保证他们说的话是真实的。这个拥有博弈论知识的国王是怎样说服这两个妇女说出实情的呢？

案例分析

有几个策略，即使在两个妇人也采取策略行动时也是管用的，下面这个是其中最简单的策略。[4] 我们称这两个妇人为安娜和贝丝。所罗门建立了下面的博弈：

步骤1：所罗门确定一项罚金或者惩罚。

步骤2：他要求安娜，要么放弃她想得到孩子的申索，在这种情况下，贝丝得到孩子，博弈结束；要么坚持她的申索，在这种情况下，我们继续……

步骤3：贝丝既可以接受安娜的申索，在这种情况下，安娜得到孩子，博弈结束；也可以挑战安娜的要求。在后一种情况下，贝丝要想得到孩子，必须为自己的选择出价B，而安娜必须向所罗门支付罚金F。我们继续……

步骤4：安娜可以接受贝丝的出价，在这种情况下，安娜得到孩子，并且向所罗门支付B，而贝丝向所罗门支付罚金F；或者安娜不接受这个出价，此时贝丝得到孩子，并向所罗门支付她的出价B。

我们用树图来表示该博弈：

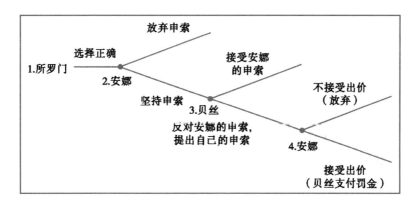

只要真正的母亲对孩子的估价高于假的申索人，那么，子博弈完美均衡就是真正的母亲得到孩子。所罗门不必知道这些估价是多少。实际上也没有真的支付罚金或者出价；罚金和出价的唯一目的是避免任何一个妇人做出任何虚假申索。

推理过程很简单。首先，假设安娜是真正的母亲。贝丝在步骤3中知道，除非她的出价高于孩子对她的真实价值，否则安娜会在步骤 4 中接受她的出价，而她（贝丝）最终将支付罚金，却得不到孩子。所以贝丝将不会出价。安娜知道这一点，所以在步骤 2 中就会索要孩子，并且得到了孩子。接下来，我们假设贝丝是真正的母亲。那么，安娜在步骤 2 中知道，贝丝将在步骤 3 中选择一个不值得安娜在步骤 4 中接受的出价，所以她（安娜）最后将只是支付罚金，而得不到孩子。所以在步骤 2 中，安娜通过宣布放弃自己的申索，可以得到最好的结果。

这个时候，你们无疑会指责我们，把所有的事情都降格到肮脏的金钱世界来解决。我们的回应指出，在结果是该博弈的均衡的现实博弈中，出价实际上并没有得到支付，罚金也是一样。它们唯一的目的只是作为一个威胁；对每个妇人而言，它们使得撒谎变得代价高昂。从这一方面讲，它们与把孩子劈成两半的威胁十分相似，而且我们认为，它们远没有那么可怕。

不过仍然存在一个潜在的难题。要使这一策略有效，一个必要前提是，真正的母亲能够给出一个至少与假申索人同样高的出价。或许，在主观意义上，她对孩子的爱和估价至少是一样多的，但是，如果她没有足够的钱来支持她的估价，结果会怎么样？在原版的故事中，这两个妇女来自同一个家庭，所以所罗门可以合理地判断她们的支付能力大致是相等的。即便不是这样，这个困难也可以得到解决。出价和罚金根本无须是金钱。所罗门可以指定某种其他的"货币"来代替它们，而这两个妇女预期拥有的这种"货币"数额应该基本相等，例如，必须完成一定天数的社区服务。

海湾大桥

每天早上 7 点 30 分到 11 点，从奥克兰经海湾大桥到旧金山就会出现交通堵塞。在 11 点交通堵塞消除之前，每一辆加入车龙的汽车都会使后来者多等上一段时间。计算这一成本的正确方法是将各人被耽误的时间汇总起来，得出总的等候时间。以上午 9 点加入车龙的一辆汽车为例，它产生的总的等候时间有多长？

你可能会想，你了解的信息还不够。这个问题的一个重要特征在于外部性可在你已经得知的小数目的基础上计算得到。你不必知道汽车要花多少时间才能通过收费站，也不必知道 9 点以后加入车龙的汽车的分布情况。不管交通堵塞解除前车龙长度保持不变还是不断变化，答案都是一样。

案例分析

诀窍在于看出真正重要的是等候时间的总长度。我们不关心是谁在等候。（若是换了其他场合，我们可能要衡量被堵在路上的人的等候时间的货币价值。）找出额外增加的总等候时间的最简单方法，是绕过谁在等候的问题，直接将所有损失放在一个人身上。假定这个刚刚加入车龙的司机没有在 9 点开上海湾大桥，而是驶向一边，让其他司机先走。如果他这么做了，其他司机就不会额外多等一段时间。当然，他自己不得不等上两小时，直到交通堵塞消除，才得以继续上路。不过，这两小时恰巧等于假如他直接开上海湾大桥，没有停在一边让路，而使其他司机多花费的总的等候时间。理由一点就明：总的等候时间是让全体司机驶过海湾大桥的时间；任何一个解决方案，只要涉及驶过海湾大桥的全体司机，都会得出相同的总的等候时间，只不过具体到各人承担的等候时间有所不同罢了。让一辆汽车负担全部额外等候时间的做法，是最容易得出新的总的等候时间的捷径。

1 美元的价格

耶鲁大学教授马丁·舒比克设计了下面这个陷阱博弈：一名拍卖人拿出一张 1 美元钞票，请大家给这张钞票开价；每次叫价以 5 美分为单位上升；出价最高者得到这一美元钞票，但出价最高和次高者都要向拍卖人支付相当于出价数目的费用。[5]

教授们在课堂实验上，和毫无疑心的本科生们玩这个游戏，很是赚了一点钱，至少足够在教工俱乐部吃一两次午饭。假定目前的最高叫价是 60 美分，你叫价 55 美分，排在第二位。出价最高者铁定赚进 40 美分，而你却铁定要丢掉 55 美分。如果你追加 10 美分，叫出 65 美分，你就可以和他调换位置。哪怕领先的叫价达到 3.60 美元而你的叫价 3.55 美元排在第二位，这一逻辑仍然成立。如果你不肯追加 10 美分，"胜者"就会亏损 2.60 美元，而你则要亏损 3.55 美元。

你打算怎么玩这个博弈？

案例分析

这是光滑斜坡的又一例子。一旦你开始向下滑，你就很难回头。最好不要跨出第一步，除非你知道自己会去哪里。

这个博弈有一个均衡，即从 1 美元起拍，且没有人再追加出价。不过，假如起拍价低于 1 美元又如何？这样的层层加价可以是没完没了的，唯一的上限就是你钱包里的数目。至少在你掏空钱包之后竞争不得不停止。这正是我们需要用到法则 1——向前展望、倒后推理的地方。

假定伊莱和约翰是两个学生，现在参加舒比克的 1 美元拍卖。每人各揣着 2.50 美元，而且都知道对方兜里有多少钱。[6] 为了简化叙述，我们改以 10 美分为加价单位。

从结尾倒推回来，如果伊莱叫了 2.50 美元，他将赢得这张 1 美元的钞票（同时却亏了 1.50 美元）。如果他叫了 2.40 美元，那么约翰只有叫 2.50 美元才能获胜。因为多花 1 美元去赢得 1 美元并不划算，如果约翰现在的价位是 1.50 美元或 1.50 美元以下，伊莱只要叫 2.40 美元就能获胜。

如果伊莱叫 2.30 美元，上述论证照样行得通。约翰不可能指望叫 2.40 美元就可以获胜，因为伊莱一定会叫 2.50 美元进行反击。要想击败 2.30 美元的叫价，约翰必须一直叫到 2.50 美元。因此，2.30 美元的叫价足以击败 1.50 美元或者 1.50 美元以下的价格。同样，我们可以证明 2.20 美元，2.10 美元一直到 1.60 美元的叫价可以获胜。如果伊莱叫了 1.60 美元，约翰应该预见到伊莱不会放弃，非等到价位升到 2.50 美元不可。伊莱固然已经铁定损失 1 美元 60 美分，不过，再花 90 美分赢得那张 1 美元钞票还是划算的。

第一个叫 1.60 美元的人胜出，因为这一叫价建立了一个承诺，即他一定会坚持到 2.50 美元。我们在思考的时候，应该将 1.60 美元和 2.50 美元的叫价等同起来，视为制胜的叫价。要想击败 1.50 美元的叫价，只要追叫 1.60 美元就够了，但任何低于这个数目的叫价都无济于事。这意味着 1.50 美元可以击败 60 美分或者 60 美分以下的叫价。其实只要 70 美分就能做到这一点。为什么？一旦有人叫 70 美分，对他而言，一路坚持到 1.60 美元而确保获胜是划算的。有了这个承诺，叫价 60 美分或 60 美分以下的对手就会觉得继续跟进得不偿失。

我们可以预计，约翰或伊莱一定会有人叫到 70 美分，然后这场拍卖就会结束。虽然数目可以改变，结果却并非取决于只有两个竞价者。哪怕预算不同，倒后推理仍然可以得出答案。不过，关键一点是谁都知道别人的预算是多少。如果不知道别人的预算，可以猜到的结果是，均衡只存在于混合策略之中。

当然，对于学生而言，还有一个更简单也更有好处的解决方案：联合起来。如果叫价者事先达成一致，选出一名代表叫 10 美分，谁也不再加价，全班同学就可以分享 90 美分的利润。

你当然可以把这个例子当成耶鲁本科生都是傻瓜的证明。不过，超级大国之间的核装备升级过程难道与此有什么分别吗？双方都付出了亿万美元的代价，为的是博取区区"1美元"的胜利。联合起来，意味着和平共处，它是一个更有好处的解决方案。

李尔王的难题

> 告诉我，我的女儿们——
> 在我还没有把我的政权、领土和国事的重任全部放弃以前，
> 告诉我，你们中间哪一个人最爱我？
> 我要看看谁最有孝心，最有贤德，
> 我就给她最大的恩惠。
>
> ——莎士比亚，《李尔王》

李尔王担心，等他年纪大了，不知道他的孩子会怎样对待他。让他深感遗憾的是，他发现孩子并不总是遵守自己的诺言。除了关爱与尊敬，孩子的行为还受到获得遗产可能性的影响。现在我们来看一个策略实例，说明遗产只要使用得当，可以促使孩子探望自己的父母。

假定父母希望孩子每周探望一次，电话问候两次。为了给孩子一个正确的激励，父母威胁说谁若是达不到这个标准，就会失去继承权。他们的财产将在所有符合要求的孩子之间平均分配。（除了可以鼓励探望，这一规定还有一个好处，即可以避免鼓动孩子为了争取较大份额的遗产而频繁探望，导致父母失去私人空间。）

孩子意识到父母不愿意剥夺所有孩子的继承权。于是他们串通一气，一起减少探望的次数，最后降到一次也不去。

这对父母现在请你帮忙修改他们的遗嘱。只要有遗嘱，就有办法让它发挥作用。不过，怎样才能做到呢？一个前提是，这对父母不许你剥夺所有孩子的继承权。

案例分析

和原先的版本一样，任何一个探望次数不能达标的孩子都将失去继承权。问题在于，假如他们的探望次数统统低于标准，怎么办？若是出现这种情况，不妨将所有财产分给探望次数最多的孩子。这么做可以打破孩子之间结成的减少探望次数的卡特尔。我们使这些孩子陷入了一个多人困境。每个孩子只要多打一次电话就有可能使自己应得的财产份额从平均值跃升为 100%。唯一的出路就是遵照父母的心愿行事。（很显然，这一策略在只有一个孩子的情况下失效。对于只有一个孩子的夫妇，没有什么好的解决方案。这真是抱歉得很。）

美国起诉艾科亚

每个行业的老牌公司都会通过排挤新的竞争对手，阻止其进入市场，保持可观的赢利。然后它可以作为垄断企业，一路提价。由于垄断对社会是有害的，反垄断当局会竭力侦察和起诉那些运用策略手段阻止对手进入市场的公司。

1945 年，美国铝业集团（艾科亚，Alcoa）遭到起诉，罪名是存在类似的操作。巡回法庭的检察官们发现，艾科亚不断建设精炼设备，其数目一直高于实际需求。法官勒尼德·汉德（Learned Hand）这样提出自己的看法：

> 它（艾科亚）一直预计工业纯铝的需求将会增加，并使自己做好准备应付这种变化，其实这不是非做不可的事情。没有任何理由迫使

它要在其他公司进入这一领域之前这么加倍再加倍提高自己的生产能力。它坚持认为它从未排挤过任何竞争者；但是我们想不出任何更好的排挤方式，能够超越一有新的机会就抢到手，同时摆出早就建成一个庞大集团的新设备迎击任何后来者的做法。

研究反垄断法与经济学的学者们就这个案例进行了深入的辩论。[7]现在我们请你考虑一下这个案例的理论基础：过度建设生产设备如何能够阻吓新的竞争对手？是什么使这一策略与其他策略区别开来？它为什么可能遭到失败？

案例分析

一个老牌公司总想让新的竞争者相信，这个行业不会给它们带来好处。这基本上意味着，如果它们硬要进入这个市场，产品价格就会大跌，跌到不能弥补其成本的地步。当然了，这个老牌公司只会放出风声，说它将发动一场冷酷无情的价格战，打击一切后来者。不过，后来者为什么会相信这么一个口头威胁呢？毕竟，价格战也会使老牌公司付出重大代价。

老牌公司建设超过目前产量需要的生产设备的做法，可以使它的威胁变得可信。一旦如此庞大的设备装配完毕，产量就能大幅度提高，新增成本也会降低。唯一要做的是为这些设备配备人员和购买材料；主要成本已经发生，不可挽回。价格战打起来会很容易，代价更小，因此也更可信。

大洋两岸的武装

在美国，很多私有房主都拥有自卫用的手枪，而在英国，几乎没有人有枪。文化差异无疑提供了一个解释。策略行动的可能性则提供了另外一个解释。

在这两个国家，大多数私有房主都喜欢住在一个非武装区。但是如果他们确实有理由害怕遇到武装歹徒，他们都愿意买一支枪。[⊖]许多歹徒喜欢带上一支枪，那是他们这个行业的作业工具。

下表显示了各种可能的排名情况。与其为每一种可能性设置一个具体的货币得失值，不如用 1、2、3 和 4 表示双方心目中的排名。

		歹徒	
		没有枪	有枪
私有房主	没有枪	2 1	1 4
	有枪	4 2	3 3

如果不存在任何策略行动，我们应该把这个案例当作一个同时行动的博弈，运用第 3 章学习的技巧进行分析。首先我们应寻找优势策略。由于歹徒在第二列的排名永远高于第一列的对应数字，我们可以说歹徒有一个优势策略：不管私有房主有没有枪，他们都愿意带上一支枪。私有房主却没有优势策略；他们愿意区别对待。如果歹徒没有带枪，那他们也就没必要配枪自卫了。

假如我们把这个博弈当作同时行动的博弈，预计会出现什么结果？根据法则 2，我们预计，拥有优势策略的一方会采用其优势策略，另一方则会根据对手的优势策略，采取自己的最佳回应策略。由于持枪是歹徒的优势策略，我们应该预见到这就是他们的行动方针。私有房主针对歹徒持枪选择自己的最佳回应策略；他们也应该持枪。这就得出一个均衡，即两个

⊖　经验证据表明，允许公众持有暗枪不会减少犯罪的概率，但是也不会增加犯罪的概率。参见伊恩·艾尔斯（Ian Ayres）与约翰·唐纳休（John Donohue），"击破'枪支越多，犯罪越少'的假设"，《斯坦福法律评论》55（2003）：1193-1312。

数字均为 3 的情况（3，3），它表示双方都认为这是彼此可能得到的第三好的结果。

尽管双方利益彼此冲突，但仍然可以就一件事达成一致：他们都倾向于谁也不持有枪的结果（1，2），而不是双方都持枪的结果（3，3）。怎样的策略行动才能使这个结果出现，并且怎样做才能使这个结果变得可信呢？

案例分析

我们暂时假设歹徒有本事在同时行动的博弈里先发制人，首先采取一个策略行动。他们将承诺不带枪。而在这个相继行动的博弈里，私有房主并不一定非要预测歹徒可能怎么做。他们将会发现，歹徒已经采取行动，而且没有带枪。于是，私有房主可以选择回应歹徒这一承诺的最佳策略；他们也不打算带枪。这一结果以偏好次序表示就是（1，2），它对双方而言都是一种改善。

歹徒通过做出一个承诺可以得到更好的结果，这并不出奇。⊖而私有房主的结果也有了改善。双方共同得益的原因在于他们对对方行动的重视胜过对自己行动的重视。私有房主可以允许歹徒实施一个无条件行动，从而扭转其行动。⊜

⊖ 歹徒们能不能取得更好的结果？不能。他们的最好结果等于私有房主的最坏结果。既然私有房主可以保证歹徒取得第三好的结果，甚至可以使他们通过持有枪支取得更好的结果，就不存在任何策略行动能使歹徒迫使私有房主落到最差的结果。因此，做出不带枪的承诺是歹徒的最佳策略行动。歹徒做出带枪的承诺又能怎样？带枪是他们的优势策略，但由于私有房主无论如何总能料到，因此，做出带枪的承诺并不具备任何策略价值。按警告与保证的方法类推，采取优势策略的承诺可以称为一种"宣言"：它是告知性的，不是策略性的。

⊜ 如果私有房主先行一步，而由歹徒做出回应，又会怎样？私有房主可以预计到，对于自己的任何一种无条件的行动选择，歹徒都会报以带枪的选择。因此，私有房主希望持枪，但结果却并不好于同时行动博弈的情况。

在现实中，私有房主们并不会结成一个联合的博弈参与者，歹徒们也不会。即便歹徒作为一个阶级，可以通过采取主动、解除武装得益，这个集团的任何一个成员也还是可以通过作弊获得额外的优势。这一囚徒困境会破坏歹徒们率先解除武装之举的可信度。他们需要某种其他方法，使他们可以在一个联合承诺里结为一体。

如果该国历来就有严格管制枪支的法律，枪支也就无处可寻。私有房主可以自信地认为歹徒应该没有带枪。英国严格的枪支管制迫使歹徒不得不"承诺"不带枪"干活"。这一承诺是可信的，因为他们别无选择。而在美国，枪支广为流行，这等于剥夺了歹徒承诺不带枪"干活"的选择。结果，许多私有房主不得不为自卫而配备枪支。双方的结果同时恶化。

很显然，这一论证过度简化了现实情况；该论证隐含的一个条件是歹徒支持立法管制枪支。但即便在英国，这一承诺也难以为继。蔓延北爱尔兰的持续不断的政治冲突已经产生了一种间接作用，使歹徒弄到枪支的可能性大大提高。结果，歹徒不带枪的承诺开始失去可信度。

回头再看这个案例时，注意一点：这个博弈从同时行动转向相继行动之际，某种不同寻常的东西产生了。歹徒们选择按他们的优势策略先行。在同时行动博弈里，他们的优势策略是带枪。而在相继行动的博弈里，他们却没有这么做。理由是在相继行动的博弈里，他们的行动路线会影响私有房主的选择。由于存在这样一种互动关系，他们再也不能认为私有房主的回应不受他们影响。他们先行，所以他们的行为会影响私有房主的选择。在这个相继行动的博弈里，带枪不再是一种优势策略。

有时骗倒所有人：拉斯维加斯的老虎机

任何一本博弈指南都应该告诉你，吃角子老虎机是你最糟糕的选择。取胜概率对你大为不利。为了扭转这一印象，刺激人们玩吃角子老虎机，赌城拉斯维加斯的一些赌场开始大做广告，将其机器的回报率（即每一美元赌注以奖金形式返还的比例）公之于众。有些赌场更进一步，保证它们那里有些老虎机的回报率设在高于1的水平！这些机器实际上使概率变得对你有利了。如果你能找出这些机器，只在这些机器上投注，你就能赚大钱。当然了，诀窍在于赌场不会告诉你哪台机器属于这种特别设定的机器。当它们在广告上宣称平均回报率是90%，且一些机器早已经设定了120%的水平时，这也意味着其他机器一定低于90%。为了增加你的难度，它们不会保证每天都以同样的方式设定它们的老虎机，今天的幸运机明天可能让你输个精光。你怎么才能猜出一台机器是怎样的机器呢？

案例分析

既然这是我们最后一个案例，我们不妨承认我们不知道答案，而且，如果我们真的知道，大概也不愿意和别人分享。不过，策略思维有助于做出一个更加合理的猜测。关键是设身处地从赌场主人的角度观察问题。他们赚钱的唯一机会，是游客玩倒霉机的概率至少等于玩幸运机的概率。

赌场是不是真有可能"藏"起概率对游客比较有利的机器？或者换句话说，如果游客只玩回报最多的机器，他们有可能找出最有利的机器？答案当然是不一定，要及时发现就更不一定了。机器的回报，在很大程度上是由出现一份累积奖金的概率决定的。我们来看一台每投币25美分即可以拉一次杆的吃角子老虎机。一份10 000美元积累大奖的概率若为1：40 000，那么这台机器的回报率就为1。如果赌场将这个概率提高为1：30 000，回报率就会变为1.33。不过，旁观者几乎总是看着一个人一次又一次地投入25美分硬币，却一无所获。一个非常自然的结论可能是，这是那台最不利的机器。最后，当这台机器终于吐出一份累积大奖时，它可能会被重新调整，回报率将被设定在一个较低的水平。

　　相反，最不利的机器其实也可能调整到很容易就吐出一部分钱的水平，但基本上消除了获得一份累积大奖的希望。我们来看一台回报率为80%的机器。如果它平均大约每拉杆50次就吐出一个1美元奖金，这台机器就可能引发很多议论，吸引人们的注意力，从而可能吸引更多赌徒的钱。

　　一个有经验的吃角子老虎机玩家可能早就意识到了这些问题。不过，若是这样，你可以打赌说赌场做的恰恰相反。不管发生什么事情，赌场总是可以在当天结束之前，发现哪台机器引来了最多的赌徒。它们可以设法确保最多人玩的机器其实回报率最低。因为，虽然回报率1.20和0.80的差别看起来很大，也决定了你是赢钱还是输钱，但光凭一个赌徒玩的次数（或试验次数）就想将两台机器区别开来，显然难于登天。赌场可以重新设计使你更难做出任何推论的回报方式，甚至使你在大多数时候不知不觉就走错了方向。

　　策略上的领悟在于，拉斯维加斯的赌场不是慈善机构，它们开门营业的目的不是分发钱财。大多数赌徒在寻找有利机器的时候，都得出了错误的结论。这是因为，如果大多数赌徒都可以找出有利的机器，赌场就会停止应用有利的机器，而不会坐等亏损。所以，别再排队等候了。你可以打赌说很多人玩的机器，一定不是具有很高回报率的机器。

健身之旅题解

健身之旅 1

你取胜的方法是，只给对方留下一支旗子，迫使对方取走这最后一支旗。这意味着，某一轮开始时面临 2 支、3 支或 4 支旗，是一个必胜的局面。所以，一个面临 5 支旗的人一定会输，因为不论他怎么做，都会给对方留下 2 支、3 支或 4 支旗。考虑到下一轮，一个面临 9 支旗的人也一定会输。根据同样的推理，面对 21 支旗的选手一定会输（假设对手能够运用正确的策略，且总是能够以四支旗为一组，使旗子总数减少）。

弄清楚这一点的另一种方法是，注意，取走倒数第二支旗的人是获胜者，因为这样做只给对方留下一支旗，迫使他们不得不取走这支旗。取走倒数第二支旗，就好比在旗子总数少一支（即 20 支）的游戏中取走最后一面旗。在有 21 支旗的情况中，你的行动以假设只有 20 支旗为前提，并努力取走这 20 支旗的最后一支。不幸的是，这是一个必输的局面，至少在对方了解这个游戏的情况下。顺便提一句，这一情况表明，博弈中的先行者并不总是具有优势。

健身之旅 2

如果你想亲自计算出表格中的数字，那么，RE 确切的销售量计算公式为：RE 的销售量 = 2 800–100 × RE 的定价 + 80 × BB 的定价。

BB 的销售量的公式是这个公式的镜像。要计算出每家商店的利润，回忆前面所述，它们的成本都是 20 美元，于是

$$RE 的利润 = (RE 的价格) \times RE 的销售量$$

BB 的利润公式与此类似。

这些公式可以交替地输入到 Excel 电子表格中。在左列（A 列）中，输入 RE 的定价，根据这些定价，你可以在第 2、3……行中进行计算。我们这里有 5 个价格，即第 2～6 行。在顶行（第 1 行）中，在 B、C……列中输入相应的 BB 的定价，在这里是从 B 列至 F 列。在单元格 B2 中输入公式：= MAX（2800 – 100*$A2 + 80*B$1,0）。

要特别注意公式中的美元符号；在 Excel 表示法中，它们确保当公式在复制到具有不同价格组合的其他单元格时，能够正确地"绝对"或"相对"引用单元格。该公式也确保了当两家公司的定价差距很大时，高价公司的销售额不会成为负值。这就是 RE 的销量表。

要根据这些销售量计算出 RE 的利润，我们在该电子表格的其他某个空单元格中（我们使用单元格 J2）记下 RE 的成本，即 20。使用同一个电子表格，在该销量表的正下方，如第 8～12 行中（为了明显，将第 7 行空出），将 A 列中的 RE 的价格复制过来。在单元格 B8 中输入公式：= B2*（$A8 – J2）。

这就得出了当 RE 制定我们考虑的价格集合中的第一个价格（42），且 BB 也制定其第一个价格（42）时，RE 的利润额。将该公式复制粘贴到其他单元格中，于是得到了整个 RE 利润表。

我们可以将 BB 的销售量公式与利润公式分别输入到第 14～18 行及第 20～24 行中。在这里，BB 的销售量公式为：= MAX（2800 – 100*B$1 + 80*$A14,0）。另外，将 BB 的成本输入到空单元格 J3 中，则其利润公式

为：= B14*（B$1 − J3）。

当所有这一切做好之后，你最后应该得到这样的表格：

	A	B	C	D	E	F	G	H	I	J
1		42	41	40	39	38			成本	
2	42	1 960	1 880	1 800	1 720	1 640			RE	20
3	41	2 060	1 980	1 900	1 820	1 740	RE		BB	20
4	40	2 160	2 080	2 000	1 920	1 840	的数量			
5	39	2 260	2 180	2 100	2 020	1 940				
6	38	2 360	2 280	2 200	2 120	2 040				
7										
8	42	43 120	41 360	39 600	37 840	36 080				
9	41	43 260	41 580	39 900	38 220	36 540	RE			
10	40	43 200	41 600	40 000	38 400	36 800	的利润			
11	39	42 940	41 420	39 900	38 380	36 860				
12	38	42 480	41 040	39 600	38 160	36 720				
13										
14	42	1 960	2 060	2 160	2 260	2 360				
15	41	1 880	1 980	2 080	2 180	2 280	BB			
16	40	1 800	1 900	2 000	2 100	2 200	的数量			
17	39	1 720	1 820	1 920	2 020	2 120				
18	38	1 640	1 740	1 840	1 940	2 040				
19										
20	42	43 120	43 260	43 200	42 940	42 480				
21	41	41 360	41 580	41 600	41 420	41 040	BB			
22	40	39 600	39 900	40 000	39 900	39 600	的利润			
23	39	37 840	38 220	38 400	38 380	38 160				
24	38	36 080	36 540	36 800	36 860	36 720				

当然，如果你想利用这些公式，代入不同的销售量或不同的成本来进行实验，那么，你也可以相应地更改这些数值。

健身之旅 3

将单元格 J2 中 RE 的成本值从 20 改为 11.60，该 Excel 电子表格很容易便得到修改：

	A	B	C	D	E	F	G	H	I	J
1		40	39	38	37	36			成本	
2	36	2 300	2 220	2 140	2 060	1 980			RE	11.60
3	41	2 400	2 320	2 240	2 160	2 080	RE		BB	20
4	40	2 500	2 420	2 340	2 260	2 180	的数量			
5	39	2 600	2 520	2 440	2 360	2 280				
6	38	2 700	2 620	2 540	2 460	2 380				
7										
8	37	58 420	56 388	54 356	52 324	50 292				
9	36	58 560	56 608	54 656	52 704	50 752	RE			
10	35	58 500	56 628	54 756	52 884	51 012	的利润			
11	34	58 240	56 448	54 656	52 864	51 072				
12	33	57 780	56 068	54 356	52 644	50 932				
13										
14	37	1 760	1 860	1 960	2 060	2 160				
15	36	1 680	1 780	1 880	1 980	2 080	BB			
16	35	1 600	1 700	1 800	1 900	2 000	的数量			
17	34	1 520	1 620	1 720	1 820	1 920				
18	33	1 440	1 540	1 640	1 740	1 840				
19										
20	37	35 200	35 340	35 280	35 020	34 560				
21	36	33 600	33 820	33 840	33 660	33 280	BB			
22	35	32 000	32 300	32 400	32 300	32 000	的利润			
23	34	30 400	30 780	30 960	30 940	30 720				
24	33	28 800	29 260	29 520	29 580	29 440				

然后，将这些利润数字输入到博弈的赢利表中：

					比比里恩的定价				
		40		39		38		37	36
彩虹之巅的定价	37	58 420	35 200	56 388	35 340	54 356	35 280	52 324	35 020	50 292	34 560
	36	58 560	33 600	56 608	33 820	54 656	33 840	52 704	33 660	50 752	33 280
	35	58 500	32 000	56 628	32 300	54 756	32 400	52 884	32 300	51 012	32 000
	34	58 240	30 400	56 448	30 780	54 656	30 960	52 864	30 940	51 072	30 720
	33	57 780	28 800	56 068	29 260	54 356	29 520	52 644	29 580	50 932	29 440

注意观察，我们必须运用一个较低的价格域来确定最佳回应。在新的纳什均衡中，BB 定价 38 美元，RE 定价 35 美元。RE 的获益几乎是 BB 的两倍，这一方面是因为它的成本较低，另一方面是因为它的削价致使一些顾客从 BB 转移到 RE。结果，BB 的利润大幅下降（从 40 000 美元下降到 32 400 美元），而 RE 的利润大幅上升（从 40 000 美元上升到 54 756 美元）。尽管 RE 的成本优势只有 42%（11.60 美元是 20 美元的 58%），但它的利润优势有 69%（54 756 美元是 32 400 美元的 1.69 倍）。现在，你就可以明白，为什么企业如此渴望竭力维持看起来很小的成本优势，以及为什么公司总是迁到低成本的地区和国家。

健身之旅 4

如果美国不采取策略行动，博弈树便为

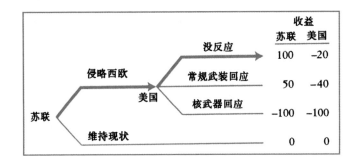

如果苏联侵略西欧，那么，美国若是不做出回应，而是接受这一既定事实，其威信就会遭受损失。但是，如果美国试图采取常规武装进行回应，它将遭受军事上的惨败、严重伤亡，或许还会遭受更大的威信损失，因为苏联军队强大得多。如果美国利用核武器进行回应，它将遭受更大的损失，因为苏联会利用自己的核武器反过来攻击美国。因此，对美国而言，进攻西欧的事实发生后的最佳回应就是，听任西欧由命运决定。你可能认为这种情形不可能，北约组织的欧洲成员却认为这是完全有可能的，并希望美国能对回应做出可信的承诺。"如果你进攻西欧，我们就以核武器进行回应"，美国的这一威胁，去掉了美国选择行动的节点处的前两个分支，使博弈变成了如下所示：

现在，如果苏联选择进攻，它们就面临着收益为 –100 的核武器回应；因此，它们选择接受现状，得到好一点的收益 0。我们在第 6 章和第 7 章中讨论了怎样才能使美国的威胁显得可信。

健身之旅 5

头等舱机票价格 215 美元，大大低于商务旅行者愿意为头等舱支付的价格，即 300 美元。所以，他们的参与约束得到了满足。游客从购买经济舱机票中得到了零消费者剩余（140 – 140）美元，但他们若购买头等舱坐席，却会得到负的消费者剩余（175 – 215 = –40）美元。因此，他们不愿意转变选择；他们的激励相容条件得到了满足。

健身之旅 6

在维克里拍卖中，你根本不愿意付钱来获悉其他参与者的出价。记住，在维克里拍卖中，以你的真实估价出价是一个优势策略。因此，不论你得知其他参与者在做什么，你都会给出同样的出价。

然而，我们需要提出一个警告。我们在此的假设是，在拍卖中，你的估价是由你私人决定的，并不受其他参与者的估价的影响。在公共价值维克里拍卖中，你可能会根据其他参与者的行动改变自己的出价，但是，这只不过是因为它改变了你对这件商品的估价。

健身之旅 7

为了说明怎样在密封竞价拍卖中出价，我们把一个维克里拍卖转换成一个密封竞价拍卖。我们在只有两个竞价者的情况下来做这一转换，这两个竞价者的估价都在 0 到 100 之间，且该区间内的每个数字出现的可能性相等。

让我们从维克里拍卖开始。你的估价是 60，所以你出价 60。如果我们告诉你已经赢得了拍卖，你一定会很高兴，但是你不知道自己将要支付多少钱。你只知道这一数额低于 60。低于 60 的所有可能的数额都是等可能出现的，所以，平均而言，你将支付 30 美元。如果我们现在提议，你要么支付 30 美元，要么支付最终的次高出价，那么，你的考虑就不同了。你期望支付 30 美元。同样的道理，在维克里拍卖中，如果你的估价是 80 美元，那么当被告知你赢得拍卖时，你将非常乐意支付 40 美元。更一般地说，在维克里拍卖中，如果你的估价是 X 美元，那么，当你赢得拍卖时，你期望支付 $X/2$ 美元，以此作为次高出价。如果你在自己的出价 X 美元取胜时必须支付 $X/2$ 美元，你将非常高兴。

让我们走出这一步。我们将不会让你支付次高出价，而是改变规则，这样，当你出价 X 美元时，取胜后你只需支付 $X/2$ 美元。既然这样做的平均结果与维克里拍卖相同，你的最优出价就不应该改变。现在，我们让其他所有人都遵循同样的规则。他们的出价也不应该改变。

这时，我们得到了某种与密封竞价非常相似的情况。每个人都写下一个数字，而最高数字取胜。唯一的区别在于，你无须支付自己的出价数，而只需支付一半。这就好比以美元支付，而不是以英镑支付。

竞价者不会被这个博弈愚弄。如果出价 80 美元意味着你必须支付 40 美元，那么，一个"80 美元"的出价，其实意味着 40 美元。如果我们再次改变规则，使得你必须支付你的出价，而不是你的出价的一半，那么，大家都会把他们的出价降低一半。那样的话，如果你愿意支付 40 美元，你就会出价 40 美元，而不是 80 美元。走完这最后一步，我们便到达了密封竞价拍卖。你将会注意到，对双方参与者而言，一个均衡策略就是以他们估价的一半出价。

如果你想重新检验这是一个均衡，你可以假设对方参与者以他的估价的一半出价，并设想你会如何回应。如果你出价 X，那么，对方参与者的估价若低于 $2X$（从而出价低于 X），你就会取胜。这种情况发生的概率是 $2X/100$。所以，当你的真实估价为 V 时，你出价 X 的收益为：

$$(X\,\text{胜出的概率}) \times (V{-}X) = \left(\frac{2X}{100}\right)(V{-}X)$$

当 $X=V/2$ 时，收益达到最大化。如果对方参与者以他的估价的一半出价，那么，你希望也以你的估价的一半出价。并且，如果你以你的估价的一半出价，那么，对方参与者也希望以他的估价的一半出价。因此，我们得到了一个纳什均衡。正如你可以看到的，检验某种情况是一个均衡，比从一开始就找出均衡来得简单。

健身之旅 8

假设你知道你的对手会在 $t=10$ 的时候行动。那么，你既可以在 9.99 的时候行动，也可以一直等下去，让你的对手先冒险行动。如果你在 $t=9.99$ 的时候开枪，你取胜的概率只有约 $p(10)$。如果你等下去，那么你的对手失败后，你一定会取胜。这种情况的概率是 $1-q(10)$。因此，当 $p(10)>1-q(10)$ 时，你应该先发制人。

当然，你的对手也在进行同样的推理。如果他认为你会在 $t=9.99$ 的时候先发制人，那么，当 $q(9.98)>1-p(9.98)$ 时，他宁可在 $t=9.98$ 的时候抢先行动。

你可以看出，决定各方不想抢先行动的时间的条件是

$$p(t) \leq 1-q(t) \ 及 \ q(t) \leq 1-p(t)$$

由此可得出同一个条件：

$$p(t) + q(t) \leq 1$$

因此，双方都希望等到 $p(t) + q(t) =1$ 时再行动，这样，他们就会同时开枪。

健身之旅 9

如果你的房子销售价格为 250 000 美元，则佣金为 15 000 美元，一般情况下，这一金额会在你的经纪人和买方经纪人之间平分。问题在于，这一支付结构提供的激励较弱。你的经纪人辛辛苦苦工作，最终带来了额外的 20 000 美元，但在平分后，他只能多得 600 美元佣金。更糟糕的是，通常情况下，这名经纪人不得不与经纪人机构共享这笔佣金，于是最后只得到 300 美元。这么小的数字，几乎不值得付出额外的努力，所以，经纪人

有尽快完成交易的激励，却没有达成最佳价格的激励。

为什么不提供一个非线性激励机制呢：前 200 000 美元支付 2.5% 的佣金，然后超过这一数额的部分支付 20% 的佣金？如果销售价格为 250 000 美元，佣金不变，仍为 15 000 美元。但如果你的经纪人真正成功了，卖出了 270 000 的价格，那么，佣金就会提高 2 000 美元，哪怕是在平分之后。

当然，问题在于，应该把这一佣金率临界点设在哪里。如果你认为你的处所可以卖到 300 000 美元，那么，你会把佣金率临界点设在 250 000 美元左右。相反，经纪人会更加保守，他认为 250 000 美元是市场价，所以突破 200 000 美元后应该得到较高的佣金。于是，你与你的经纪人之间的关系从一开始便产生了严重的冲突。

健身之旅 10

为了弄清这一效应可能会有多大，我们更深入一点探究这一经济现象。一般来说，出版社以定价的 50% 作为批发价。印刷和运送精装书的成本约为 3 美元。这样，当价格为 p，从而销售量为 $q(p)$ 时，出版商的利润为

$$(0.5p-0.15p-3) \times q(p) = 0.35 \times (p-8.6) \times q(p)$$

因为出版社只能得到一半的定价，且必须向作者支付 15% 的定价，所以，出版社最终只能得到大约 35% 的定价，但还必须承担所有的印刷成本。结果，实际印刷成本似乎是 8.60 美元，几乎是 3 美元的 3 倍。

我们可以选择一个简单的线性需求情况来进行说明，比如，$q(p)=40-p$，且需求量以千为单位衡量。为了使收入最大化，作者将选择 20 美元的定价。相反，出版社将选择 24.30 美元的定价，目的是使利润最大化。

深入阅读

开创性的著作总令人手不释卷。我们由衷推荐约翰·冯·诺依曼和奥斯卡·摩根斯特恩的《博弈论与经济行为》(*Theory of Games and Economic Behavior*, Princeton, NJ: Princeton University Press, 1947), 尽管读懂本书所需要的数学知识有点难度。托马斯·谢林的《冲突的策略》(*The Strategy of Conflict*, Cambridge, MA: Harvard University Press, 1960) 实非一般的开创性著作, 其教导和洞见迄今绵延未绝。

威廉姆斯的《老谋深算的策略家》(修订版, *The Compleat Strategyst*, New York: McGraw-Hill, 1966) 在轻松讲述零和博弈方面至今仍无出其右者。在谢林的博弈论之前, 最为透彻和高度数学化的著作是杜恩坎·卢斯和霍华德·雷法的《博弈与决策》(*Games and Decisions*, New York: Wiley, 1957)。在一般性介绍博弈论的著作中, 莫顿·戴维斯的《博弈论: 非技术性的导论》(*Game Theory*: *A Nontechnical Introduction*, 2nd ed., New York: Basic Books, 1983) 可能是最易于阅读的。

如果要说人物传记, 关于博弈论的最有名的著作毫无疑问当数西尔维亚·娜萨的《美丽心灵》。这本书比电影要好得多。威廉·庞德斯通 (William Poundstone) 的《囚徒的困境》(*Prisoner's Dilemma*, New York: Anchor, 1993) 远非一个知名博弈的描述, 而是关于约翰·冯·诺依曼的一流传记; 正是这个学识渊博的人发明了计算机和博弈论。

说到教材，自然而然地，我们偏爱自己的两本：阿维纳什·迪克西特和苏珊·斯克丝（Susan Skeath）的《策略博弈》第 2 版（*Games of Strategy*，2nd ed.，New York: W. W. Norton & Company，2004），该书适用于本科生；巴里·奈尔伯夫和亚当·布兰登伯格（Adam Brandenburger）的《合作竞争》（*Coopetition*，New York: Doubleday，1996）为 MBA 和经理们提供了更为广泛的博弈论应用。

其他的优秀教材包括：罗伯特·吉本斯（Robert Gibbons）的《写给应用经济学家的博弈论》（*Game Theory for Applied Economists*，Princeton，NJ：Princeton University Press，1992）；约翰·麦克米兰（John McMillan）的《博弈、策略与管理者：管理者如何运用博弈论制定更佳的商业决策》（*Games*，*Strategies*，*and Managers*: *How Managers Can Use Game Theory to Make Better Business Decisions*，New York: Oxford University Press，1996）；埃里克·拉斯缪森（Eric Rasmusen）的《博弈与信息》（*Games and Information*，London: Basil Blackwell，1989）；罗杰·迈尔森（Roger Myerson）的《博弈论：矛盾冲突分析》（*Game Theory*: *Analysis of Conflict*，Cambridge，MA: Harvard University Press，1997）；马丁·奥斯本（Martin J. Osborne）和阿瑞尔·鲁宾斯坦（Ariel Rubinstein）的《博弈论教程》（*A Course in Game Theory*，Cambridge，MA：MIT Press，1994），以及马丁·奥斯本的《博弈论导论》（*An Introduction to Game Theory*，New York: Oxford University Press，2003）。我们一直对肯·宾莫尔（Ken Binmore）的书充满期待。《玩真的：一本关于博弈论的教科书》（*Playing for Real*: *A Text on Game Theory*，New York: Oxford University Press，2007）是宾莫尔《趣味博弈》（*Fun and Games*，Lexington，MA: D.C. Heath，1992）一书值得期许的修订版。（提醒：该书的标题有点儿误导读者。全书在概念上或数学上实际上都颇具挑战性。但对基础较好的读者，阅读该书定会收获颇丰。）宾

莫尔还将撰写一本《博弈论：一个简明导论》（*Game Theory: A Very Short Introduction*，New York: Oxford University Press，2008）。

下列著作更为高级，常用于研究生课程。它们仅限于雄心勃勃的读者去阅读：大卫·克雷普斯的《微观经济理论教程》（*A Course in Microeconomic Theory*，Princeton，NJ: Princeton University Press，1990），以及朱·弗登伯格（Drew Fudenberg）和让·梯若尔（Jean Tirole）的《博弈论》（*Game Theory*，Cambridge，MA: MIT Press，1991）。

我们的疏漏之一是缺乏对"合作博弈"的讨论。在这类博弈中，参与人联合选择和实施其行动，并产生诸如"核"（core）或"夏普利值"（shapley value）之类的均衡。之所以犯下这样的疏漏，是因为我们认为，合作应当作为非合作博弈的均衡结果而凸现出来，在非合作博弈中各自的行动是各自单独选择的。也就是说，应当承认个人在合约中有进行欺骗的动机，而欺骗也是个人策略选择的一部分。有兴趣的读者，可以在前面曾提及的戴维斯以及卢斯和雷法的著作中找到一些阐述；更宽的拓展可见于马丁·苏比克（Martin Shubik）的《社会科学中的博弈论》（*Game Theory in Social Sciences*，Cambridge，MA: MIT Press，1982）。

有几本极好的著作，将博弈论运用于特定的背景。一个最强大的应用是拍卖设计。图卢兹经济学讲义之一，保罗·柯伦伯的《拍卖：理论与实践》（*Auctions: Theory and Practice*，Princeton，NJ: Princeton University Press，2004），是这方面最好的原始资料。柯伦伯教授是许多频谱拍卖的幕后设计人，包括联合王国的拍卖，该拍卖挣到了大概 340 亿英镑，几乎让电信业在这一过程中破产。至于将博弈论用于法律，可参阅道格拉斯·拜尔、罗伯特·格特勒和兰德尔·皮克尔的《博弈论与法律》（*Game Theory and the Law*，Cambridge，MA: Harvard University Press，1998）。他们的诸多贡献之一是"基于信息的有条件转让契约"（information escrow）

概念，该概念最后成为谈判中的有用工具。[⊖]在政治学领域，值得留意的著作包括斯蒂文·布兰姆斯的《博弈论与政治》(*Game Theory and Politics*，New York，Free Press，1979)，以及他最近的《数学与民主：设计更好的投票和公正分担程序》(*Mathematics and Democracy: Designing Better Voting and Fair-Division Procedures*，Princeton，NJ: Princeton University Press，2007)；威廉·里克尔的《政治控制的艺术》(*The Art of Political Manipulation*，New Haven，CT: Yale University Press，1986)；以及彼得·奥德斯胡克更具技术性方法的《博弈论与政治理论》(*Game Theory and Political Theory*，New York: Cambridge University Press，1986)。对于商业应用，迈克尔·波特的《竞争战略》(*Competitive Strategy*，New York: Free Press，1982)；普雷斯通·麦克非的《竞争之道：策略家的锦囊》(*Competitive Solutions: The Strategist's Toolkit*，Princeton，NJ: Princeton University Press，2005)；以及霍华德·雷法的《谈判的科学与艺术》(*The Art and Science of Negotiation*，Cambridge，MA: Harvard University Press，1982)，这些都是非常出色的阅读材料。

在网络上，www.gametheory.net 堪称最棒，收藏了许多有关博弈理论与应用的图书、电影和阅读清单的链接。

⊖ 在一个基于信息的有条件转让契约中，每一方都提出一个要价，然后由第三方评估双方要价是否相交。在法律背景下，原告主张一个法庭认可的调解方案，比如 3 年。被告的主张是只要少于 5 年就全盘接受。既然被告愿意接受原告的主张，所以交易就可以达成。但是，倘若彼此的主张没有重合区域，比如说原告要求 6 年，则任何一方都会获悉另一方摆上桌面的问题。

参考文献

第1章

1. Their research is reported in "The Hot Hand in Basketball: On the Misperception of Random Sequences," *Cognitive Psychology* 17 (1985): 295–314.

2. *New York Times*, September 22, 1983.

3. David Schoenbrun, *The Three Lives of Charles de Gaulle* (New York: Athenaeum, 1966).

4. See Thomas Schelling, *Arms and Influence* (New Haven, CT: Yale University Press, 1966), 45; and Xenophon, *The Persian Expedition* (London: Penguin, 1949), 136–37, 236.

5. The show, *Life: The Game*, aired on March 16, 2006. A DVD is available for purchase at www.abcnewsstore.com as "PRIMETIME: Game Theory: 3/16/06." A sequel, where this threat was contrasted with positive reinforcement, aired on December 20, 2006, and is available as "PRIMETIME: Basic Instincts – Part 3 – Game Theory: 12/20/06."

6. Warren Buffett, "The Billionaire's Buyout Plan," *New York Times*, September 10, 2000.

7. Truman Capote, *In Cold Blood* (New York: Vintage International, 1994), 226–28.

8. Our quotes are from the *New York Times* coverage of the story, May 29, 2005.

9. One online option is Perry Friedman's AI algorithm at http://chappie.stanford.edu/cgi-bin/roshambot. It placed sixteenth in the second international RoShamBo programming competition; www.cs.ualberta.ca/~darse/rsbpc.html. For readers looking to brush up their skills, we recommend Douglas Walker and Graham Walker's *The Official Rock Paper Scissors Strategy Guide* (New York: Simon & Schuster, 2004) and a visit to www.worldrps.com.

10. Kevin Conley, "The Players," *The New Yorker*, July 11, 2005, 55.

第2章

1. Louis Untermeyer, ed., *Robert Frost's Poems* (New York: Washington Square Press, 1971).

2. In many states, governors do have the power of line-item veto. Do they have significantly lower budget expenditures and deficits than states without line-item vetoes? A statistical analysis by Professor Douglas Holtz-Eakin of Syracuse University (who went on to be the director of the Congressional Budget Office) showed that they do not ("The Line Item Veto and Public Sector Budgets," *Journal of Public Economics* 36 (1988): 269–92).

3. A good free and open source package of this kind is Gambit. It can be downloaded from http://gambit.sourceforge.net.

4. For a description and brief video of the actual game, go to www.cbs.com/primetime/survivor5/.

5. This is a particularly simple example of a class of games called Nim-type games. To be specific, it is called a subtraction game with one heap. Harvard mathematician Charles Bouton was the first to discuss Nim-type games. His pioneering article is, "Nim, a game with a complete mathematical theory," *Annals of Mathematics* 3, no. 2 (1902): 35–39, in which he proved a general rule for solving them. Almost a century's worth of the research that followed was surveyed by Richard K. Guy, "Impartial Games," in Richard J. Nowakowski, ed., *Games of No Chance* (Cambridge: Cambridge University Press, 1996), 61–78. There is also a Wikipedia article on Nim-type games, http://en.wikipedia.org/wiki/Nim, that gives further details and references.

6. These experiments are too plentiful to cite in full. An excellent survey and discussion can be found in Colin Camerer, *Behavioral Game Theory: Experiments in Strategic Interaction* (Princeton, NJ: Princeton University Press, 2003), 48–83, 467. Camerer also discusses experiments and findings on other related games, most notably the "trust game," which is like the Charlie-Fredo game (see his pp. 83–90). Once again, actual behavior differs from what would be predicted by backward reasoning that assumes purely selfish preferences; considerable trusting behavior and its reciprocation are found.

7. See Jason Dana, Daylian M. Cain, and Robyn M. Dawes, "What You Don't Know Won't Hurt Me: Costly (but Quiet) Exit in Dictator Games," *Organizational Behavior and Human Decision Processes* 100 (2006): 193–201.

8. Alan G. Sanfey, James K. Rilling, Jessica A. Aronson, Leigh E. Nystrom, and Jonathan D. Cohen, "The Neural Basis of Economic Decision Making in the Ultimatum Game," *Science* 300 (June 2003): 1755–57.

9. Camerer, *Behavioral Game Theory*, 68–74.

10. Ibid., 24. Emphasis in the original.

11. Ibid., 101–10, for an exposition and discussion of some such theories.

12. Burnham is the co-author of *Mean Genes* (Cambridge, MA: Perseus, 2000) and the author of *Mean Markets and Lizard Brains: How to Profit from the New Science of Irrationality* (Hoboken, NJ: Wiley, 2005). His paper on this experiment is "High-Testosterone Men Reject Low Ultimatum Game Offers," *Proceedings of the Royal Society B* 274 (2007): 2327–30.

13. For a detailed expert discussion of chess from the game-theoretic perspective, read Herbert A. Simon and Jonathan Schaeffer, "The Game of Chess," in *The Handbook of Game Theory*, Vol. 1, ed. Robert J. Aumann and Sergiu Hart (Amsterdam: North-Holland, 1992). Chess-playing computers have improved greatly since the article was written, but its general analysis retains its validity. Simon won the Nobel Prize in Economics in 1978 for his pioneering research into the decision making process within economic organizations.

第3章

1. From "Brief History of the Groundfishing Industry of New England," on the U.S. government web site www.nefsc.noaa.gov/history/stories/ground fish/grndfsh1.html.

2. Joseph Heller, *Catch-22* (New York: Simon & Schuster, 1955), 455 in Dell paperback edition published in 1961.

3. University of California biologist Garrett Harding brought this class of problems to wide attention in his influential article "The Tragedy of the Commons," *Science* 162 (December 13, 1968): 1243–48.

4. "The Work of John Nash in Game Theory," Nobel Seminar, December 8, 1994. On the web site at http://nobelprize.org/nobel_prizes/economics/lau reates/1994/nash-lecture.pdf.

5. William Poundstone, *Prisoner's Dilemma* (New York: Doubleday, 1992), 8–9; Sylvia Nasar, *A Beautiful Mind* (New York: Simon & Schuster, 1998), 118–19.

6. James Andreoni and Hal Varian have developed an experimental game called Zenda based on this idea. See their "Preplay Communication in the Prisoners' Dilemma," *Proceedings of the National Academy of Sciences* 96, no. 19 (September 14, 1999): 10933–38. We have tried the game in classrooms and found it to be successful in developing cooperation. Its implementation in a more realistic setting is harder.

7. This research comes from their working paper "Identifying Moral Hazard: A Natural Experiment in Major League Baseball," available at http://dd

rinen.sewanee.edu/Plunk/dhpaper.pdf.

8. At the time, Schilling was pitching for the National League's Arizona Dia-mondbacks and Cy Young winner Randy Johnson was his teammate. Quoted in Ken Rosenthal, "Mets Get Shot with Mighty Clemens at the Bat," *Sporting News*, June 13, 2002.

9. The results are due to M. Keith Chen and Marc Hauser, "Modeling Recipro-cation and Cooperation in Primates: Evidence for a Punishing Strategy," *Journal of Theoretical Biology* 235, no. 1 (May 2005): 5–12. You can see a video of the experiment at www.som.yale.edu/faculty/keith.chen/datafilm.htm.

10. See Camerer, *Behavioral Game Theory*, 46–48.

11. See Felix Oberholzer-Gee, Joel Waldfogel, and Matthew W. White, "Social Learning and Coordination in High-Stakes Games: Evidence from Friend or Foe," NBER Working Paper No. W9805, June 2003. Available at SSRN: http://ssrn.com/abstract=420319. Also see John A List, "Friend or Foe? A Natural Experiment of the Prisoner's Dilemma," *Review of Economics and Statistics* 88, no. 3 (2006): 463–71.

12. For a detailed account of this experiment, again see Poundstone, *Prisoner's Dilemma*, 8–9; and Sylvia Nasar, *A Beautiful Mind*, 118–19.

13. Jerry E. Bishop, "All for One, One for All? Don't Bet On It," *Wall Street Journal*, December 4, 1986.

14. Reported by Thomas Hayden, "Why We Need Nosy Parkers," *U.S. News and World Report*, June 13, 2005. Details can be found in D. J. de Quervain, U. Fischbacher, V. Treyer, M. Schellhammer, U. Schnyder, and E. Fehr, "The Neural Basis of Altruistic Punishment," *Science* 305, no. 5688 (August 27, 2004): 1254–58.

15. Cornell University economist Robert Frank, in *Passions Within Reason* (New York: W. W. Norton, 1988), argues that emotions, such as guilt and love, evolved and social values, such as trust and honesty, were developed and sus-tained to counter individuals' short-run temptations to cheat and to secure the long-run advantages of cooperation. And Robert Wright, in *Nonzero* (New York: Pantheon, 2000), develops the idea that the mechanisms that achieve mutually beneficial outcomes in non-zero-sum games explain much of human cultural and social evolution.

16. Eldar Shafir and Amos Tversky, "Thinking through Uncertainty: Nonconse-quential Reasoning and Choice," *Cognitive Psychology* 24 (1992): 449–74.

17. *The Wealth of Nations*, vol. 1, book 1, chapter 10 (1776).

18. Kurt Eichenwald gives a brilliant and entertaining account of this case in *The Informant* (New York: Broadway Books, 2000). The "philosophy" quote is

on p. 51.

19. David Kreps, *Microeconomics for Managers* (New York: W. W. Norton, 2004), 530–31, gives an account of the turbine industry.

20. See Paul Klemperer, "What Really Matters in Auction Design," *Journal of Economic Perspectives* 16 (Winter 2002): 169–89, for examples and analysis of collusion in auctions.

21. Kreps, *Microeconomics for Managers*, 543.

22. "Picture a pasture open to all. It is to be expected that each herdsman will try to keep as many cattle as possible on this commons. . . . Therein is the tragedy. Each man is locked into a system that compels him to increase his herd without limit, in a world that is limited. Ruin is the destination toward which all men rush, each pursuing his own best interest in a society that believes in the freedom of the commons" (Harding, "The Tragedy of the Commons," 1243–48).

23. Elinor Ostrom, *Governing the Commons* (Cambridge: Cambridge University Press, 1990), and "Coping with the Tragedy of the Commons," *Annual Review of Political Science* 2 (June 1999): 493–535.

24. The literature is huge. Two good popular expositions are Matt Ridley, *The Origins of Virtue* (New York: Viking Penguin, 1997); and Lee Dugatkin, *Cheating Monkeys and Citizen Bees* (Cambridge, MA: Harvard University Press, 1999).

25. Dugatkin, *Cheating Monkeys*, 97–99.

26. Jonathan Weiner, *Beak of the Finch*, 289–90.

第4章

1. See chapter 1, note 7.

2. Keynes's oft-quoted text remains remarkably current: "Professional investment may be likened to those newspaper competitions in which competitors have to pick out the six prettiest faces from one hundred photographs, the prize being awarded to the competitor whose choice most nearly corresponds to the average preference of the competitors as a whole; so that each competitor has to pick, not those faces which he himself finds prettiest, but those which he thinks likeliest to catch the fancy of the other competitors, all of whom are looking at the problem from the same point of view. It is not a case of choosing those which, to the best of one's judgment, are really the prettiest, nor even those which average opinion genuinely thinks the prettiest. We have reached the third degree where we devote our intelligences to anticipating what average opinion expects the average opinion to be." See *The General Theory of Employment, Interest, and Money*, vol. 7, of *The Col-*

lected *Writings of John Maynard Keynes* (London: Macmillan, 1973), 156.

3. Quoted from Poundstone, *Prisoner's Dilemma*, 220.

4. Readers who want a little more formal detail on each of these games will find useful articles at http://en.wikipedia.org/wiki/Game_theory and www.game theory.net.

5. Gambit, which is useful for drawing and solving trees, also has a module for setting up and solving game tables. See chapter 2, note 3, for more information.

6. At a higher level of analysis, the two are seen to be equivalent in two-player games if mixed strategies are allowed for each player; see Avinash Dixit and Susan Skeath, *Games of Strategy*, 2nd ed. (New York: W. W. Norton, 2004), 207.

7. For readers with some mathematical background, here are a few steps in the calculation. The formula for the quantity sold by BB can be written as:

quantity sold by BB $= 2800 - 100 \times$ BB's price $+ 80 \times$ RE's price.

On each unit, BB makes a profit equal to its price minus 20, its cost. Therefore BB's total profit is

BB's profit $= (2800 - 100 \times$ BB's price $+ 80 \times$ RE's price$)$
$\times$ (BB's price $- 20$).

If BB sets its price equal to its cost, namely 20, it makes zero profit. If it sets its price equal to

$(2800 + 80 \times$ RE's price$)/100 = 28 + 0.8 \times$ RE's price,

it makes zero sales and therefore zero profit. BB's profit is maximized by choosing a price somewhere between these two extremes, and in fact for our linear demand formula this occurs at a price exactly half way between the extremes. Therefore

BB's best response price $= \frac{1}{2}(20 + 28 + 0.8 \times$ RE's price$)$
$= 24 + 0.4 \times$ RE's price.

Similarly, RE's best response price $= 24 + 0.4 \times$ BB's price.

When RE's price is $40, BB's best response price is $24 + 0.4 \times 40 = 24 \times 16 = 40$, and vice versa. This confirms that in the Nash equilibrium outcome each firm charges $40. For more details of such calculations, see Dixit and Skeath, *Games of Strategy*, 124–28.

8. For readers interested in pursuing this topic, we recommend the survey by Peter C. Reiss and Frank A. Wolak, "Structural Econometric Modeling: Rationales and Examples from Industrial Organization," in *Handbook of Econometrics, Volume 6B*, ed. James Heckman and Edward Leamer (Amster-

dam: North-Holland, 2008).

9. This research is surveyed by Susan Athey and Philip A. Haile: "Empirical Models of Auctions," in *Advances in Economic Theory and Econometrics, Theory and Applications, Ninth World Congress, Volume II*, ed. Richard Blundell, Whitney K. Newey, and Torsten Persson (Cambridge: Cambridge University Press, 2006), 1–45.

10. Richard McKelvey and Thomas Palfrey, "Quantal Response Equilibria for Normal Form Games," *Games and Economic Behavior* 10, no. 1 (July 1995): 6–38.

11. Charles A. Holt and Alvin E. Roth, "The Nash Equilibrium: A Perspective," *Proceedings of the National Academy of Sciences* 101, no. 12 (March 23, 2004): 3999–4002.

第5章

1. The research contributions include Pierre-Andre Chiappori, Steven Levitt, and Timothy Groseclose, "Testing Mixed-Strategy Equilibria When Players Are Heterogeneous: The Case of Penalty Kicks in Soccer," *American Economic Review* 92, no. 4 (September 2002): 1138–51; and Ignacio Palacios-Huerta, "Professionals Play Minimax," *Review of Economic Studies* 70, no. 2 (April 2003): 395–415. Coverage in the popular media includes Daniel Altman, "On the Spot from Soccer's Penalty Area," *New York Times*, June 18, 2006.

2. The book was published by Princeton University Press in 1944.

3. Some numbers differ slightly from Palacios-Huerta's because he uses data accurate to two decimal places, while we have chosen to round them for neater exposition.

4. Mark Walker and John Wooders, "Minimax Play at Wimbledon," *American Economic Review* 91, no. 5 (December 2001): 1521–38.

5. Douglas D. Davis and Charles A. Holt, *Experimental Economics* (Princeton, NJ: Princeton University Press, 1993): 99.

6. Stanley Milgram, *Obedience to Authority: An Experimental View* (New York: Harper and Row, 1974).

7. The articles cited in note 1, above, cite and discuss these experiments in some detail.

8. E-mail from Graham Walker at the World RPS Society, July 13, 2006.

9. Rajiv Lal, "Price Promotions: Limiting Competitive Encroachment," *Marketing Science* 9, no. 3 (Summer 1990): 247–62, examines this and other related cases.

10. John McDonald, *Strategy in Poker, Business, and War* (New York: W. W. Norton, 1950), 126.

11. Many programs of this kind are available, including Gambit (see chapter 2, note 3) and ComLabGames. The latter enables experimentation with and analysis of games and their outcomes over the Internet; it is downloadable at www.comlabgames.com.

12. For a few more details, see Dixit and Skeath, *Games of Strategy*, chapter 7. A really thorough treatment is in R. Duncan Luce and Howard Raiffa, *Games and Decisions* (New York: Wiley, 1957), chapter 4 and appendices 2–6.

第6章

1. See www.firstgov.gov/Citizen/Topics/New_Years_Resolutions.shtml.

2. Available at www.cnn.com/2004/HEALTH/diet.fitness/02/02/sprj.nyr.reso lutions/index.html.

3. See chapter 1, note 7.

4. An excellent, and still highly useful, exposition of the theory as it existed in the mid-1950s can be found in Luce and Raiffa, *Games and Decisions.*

5. Thomas C. Schelling, *The Strategy of Conflict* (Cambridge, MA: Harvard University Press); and Schelling, *Arms and Influence* (New Haven, CT: Yale University Press).

6. Thomas Schelling coined this term as a part of his pioneering analysis of the concept. See William Safire's *On Language* column in the *New York Times Magazine*, May 16, 1993.

7. James Ellroy, *L.A. Confidential* (Warner Books, 1990), 135–36, in the 1997 trade paperback edition.

8. Schelling, *Arms and Influence*, 97–98, 99.

9. For a detailed account of the crisis, see Elie Abel, *The Missile Crisis* (New York: J. B. Lippincott, 1966). Graham Allison offers a wonderful game-theoretic analysis in his book *Essence of Decision: Explaining the Cuban Missile Crisis* (Boston: Little, Brown, 1971).

10. This evidence is in Allison's *Essence of Decision*, 129–30.

第7章

1. All Bible quotations are taken from the New International Version unless noted otherwise.

2. *Bartlett's Familiar Quotations* (Boston: Little, Brown, 1968), 967.

3. Dashiell Hammett, *The Maltese Falcon* (New York: Knopf, 1930); quotation taken from 1992 Random House Vintage Crime ed., 174.

4. Thomas Hobbes, *Leviathan* (London: J. M. Dent & Sons, 1973), 71.

5. *Wall Street Journal,* January 2, 1990.

6. This example is from his commencement address to the Rand Graduate School, later published as "Strategy and Self-Command," *Negotiation Journal*, October 1989, 343–47.

7. Paul Milgrom, Douglass North, and Barry R. Weingast, "The Role of Institutions in the Revival of Trade: The Law Merchant, Private Judges, and the Champagne Fairs," *Economics and Politics* 2, no. 1 (March 1990): 1–23.

8. Diego Gambetta, *The Sicilian Mafia: The Business of Private Protection* (Cambridge, MA: Harvard University Press, 1993), 15.

9. Lisa Bernstein, "Opting Out of the Legal System: Extralegal Contractual Relations in the Diamond Industry," *Journal of Legal Studies* 21 (1992): 115–57.

10. Gambetta, *Sicilian Mafia*, 44. In the original opera, available at http://opera.stanford.edu/Verdi/Rigoletto/III.html, Sparafucile sings:

    > Uccider quel gobbo! . . .
    > che diavol dicesti!
    > Un ladro son forse? . . .
    > Son forse un bandito? . . .
    > Qual altro cliente
    > da me fu tradito? . . .
    > Mi paga quest'uomo . . .
    > fedele m'avrà

11. Ibid., 45.

12. Many of Kennedy's most famous speeches have been collected in a book and on CD, with accompanying explanation and commentary: Robert Dallek and Terry Golway, *Let Every Nation Know* (Naperville, IL: Sourcebooks, Inc., 2006). The quotation from the inaugural address is on p. 83; that from the Cuban missile crisis address to the nation is on p. 183. The quotation from the Berlin speech is on the CD but not in the printed book. A printed reference to this speech is in Fred Ikle, *How Nations Negotiate* (New York: Harper and Row, 1964), 67.

13. The quote, and others from the same movie used later in this chapter, are taken from www.filmsite.org/drst.html, which gives a detailed outline and analysis of the movie.

14. According to the *Guardian*: "Donald Rumsfeld can be criticised for a lot of things. But the US defence secretary's use of English is not one of them. . . . 'Reports that say something hasn't happened are always interesting to me,' Mr Rumsfeld said, 'because, as we know, there are known knowns, there are

things we know we know. We also know there are known unknowns; that is to say, we know there are some things we do not know. But there are also unknown unknowns—the ones we don't know we don't know.' This is indeed a complex, almost Kantian, thought. It needs a little concentration to follow it. Yet it is anything but foolish. It is also perfectly clear. It is expressed in admirably plain English, with not a word of jargon or gobbledygook in it." See www.guardian.co.uk/usa/story/0,12271,1098 489,00.html.

15. See Schelling's "Strategic Analysis and Social Problems," in his *Choice and Consequence* (Cambridge, MA: Harvard University Press, 1984).

16. William H. Prescott, *History of the Conquest of Mexico,* vol. 1, chapter 8. The book was first published in 1843 and is now available in the Barnes & Noble Library of Essential Readings series, 2004. We recognize that this interpretation of Cortés's action is not universally accepted by modern historians.

17. This description and quote come from Michael Porter, *Cases in Competitive Strategy* (New York: Free Press, 1983), 75.

18. Schelling, *Arms and Influence*, 39.

19. For a fascinating account of incentives used to motivate soldiers, see John Keegan's *The Face of Battle* (New York: Viking Press, 1976).

20. The Sun Tzu translation is from Lionel Giles, *Sun Tzu on the Art of War* (London and New York: Viking Penguin, 2002).

21. Schelling, *Arms and Influence*, 66–67.

22. Convincing evidence that students anticipate textbook revisions comes from Judith Chevalier and Austan Goolsbee, "Are Durable Goods Consumers Forward Looking? Evidence from College Textbooks," NBER Working Paper No. 11421, 2006.

23. Professor Michael Granof is an early advocate of the textbook license; see his proposal at www.mccombs.utexas.edu/news/mentions/arts/2004/11.26_ chron_Granof.asp.

第二篇结语

1. "Secrets and the Prize," *The Economist,* October 12, 1996.

第8章

1. C. P. Snow's *The Affair* (London: Penguin, 1962), 69.

2. Michael Spence pioneered the concept of signaling and developed it in an important and highly readable book, *Market Signaling* (Cambridge, MA: Harvard University Press, 1974).

3. George A. Akerlof, "The Market for 'Lemons': Quality Uncertainty and the

Market Mechanism," *Quarterly Journal of Economics* 84, no. 3 (August 1970): 488–500.

4. Peter Kerr, "Vast Amount of Fraud Discovered In Workers' Compensation System," *New York Times*, December 29, 1991.

5. This point is developed in Albert L. Nichols and Richard J. Zeckhauser, "Targeting Transfers through Restrictions on Recipients," *American Economic Review* 72, no. 2 (May 1982): 372–77.

6. Nick Feltovich, Richmond Harbaugh, and Ted To, "Too Cool for School? Signaling and Countersignaling," *Rand Journal of Economics* 33 (2002): 630–49.

7. Nasar, *A Beautiful Mind*, 144.

8. Rick Harbaugh and Theodore To, "False Modesty: When Disclosing Good News Looks Bad," working paper, 2007.

9. Taken from Sigmund Freud's *Jokes and Their Relationship to the Unconscious* (New York: W. W. Norton, 1963).

10. This story is based on Howard Blum's op-ed "Who Killed Ashraf Marwan?" *New York Times*, July 13, 2007. Blum is the author of *The Eve of Destruction: The Untold Story of the Yom Kippur War* (New York: HarperCollins, 2003), which identifies Marwan as a potential Israeli agent and may have led to his assassination.

11. McDonald, *Strategy in Poker, Business, and War*, 30.

12. This strategy is explored in Raymond J. Deneckere and R. Preston McAfee, "Damaged Goods," *Journal of Economics & Management Strategy* 5 (1996): 149–74. The example of the IBM printer comes from their paper and M. Jones, "Low-Cost IBM LaserPrinter E Beats HP LaserJet IIP on Performance and Features," *PC Magazine*, May 29, 1990, 33–36. Deneckere and McAfee offer a series of damaged-goods examples, from chips and calculators to disk drives and chemicals.

13. We learned about this story from McAfee, "Pricing Damaged Goods," Economics Discussion Papers, no. 2007–2, available at www.economics-ejournal.org/economics/discussionpapers/2007-2. McAfee's paper provides a general theory of when firms will want to take such actions.

14. Many examples are entertainingly explained in Tim Harford, *The Undercover Economist* (New York: Oxford University Press, 2006); see chapter 2 and also parts of chapter 3. An excellent discussion of the principles and applications from the information industries can be found in Carl Shapiro and Hal Varian, *Information Rules* (Boston: Harvard Business School Press, 1999), chapter 3. A thorough treatment of the theories, with focus on regulation, is in Jean-Jacques Laffont and Jean Tirole, *A Theory of Incentives in Procurement and Regulation* (Cambridge, MA: MIT Press, 1993).

第9章

1. This estimate for the advantage of DSK over QWERTY is found in Donald Norman and David Rumelhart, "Studies of Typing from the LNR Research Group," in *Cognitive Aspects of Skilled Typewriting*, ed. William E. Cooper (New York: Springer-Verlag, 1983).

2. The sad facts of this story come from Stanford economist W. Brian Arthur, "Competing Technologies and Economic Prediction," *Options*, International Institute for Applied Systems Analysis, Laxenburg, Austria, April 1984. Additional information is provided by Paul David, an economic historian at Stanford, in "Clio and the Economics of QWERTY," *American Economic Review* 75 (May 1985): 332–37.

3. See S. J. Liebowitz and Stephen Margolis, "The Fable of the Keys," *Journal of Law & Economics* 33 (April 1990): 1–25.

4. See W. Brian Arthur, Yuri Ermoliev, and Yuri Kaniovski, "On Generalized Urn Schemes of the Polya Kind." Originally published in the Soviet journal *Kibernetika*, it was translated and reprinted in *Cybernetics* 19 (1983): 61–71. Similar results were shown, through the use of different mathematical techniques, by Bruce Hill, D. Lane, and William Sudderth, "A Strong Law for Some Generalized Urn Processes," *Annals of Probability* 8 (1980): 214–26.

5. Arthur, "Competing Technologies and Economic Prediction," 10–13.

6. See R. Burton, "Recent Advances in Vehicular Steam Efficiency," Society of Automotive Engineers Preprint 760340 (1976); and W. Strack, "Condensers and Boilers for Steam-powered Cars," NASA Technical Note, TN D-5813 (Washington, D.C., 1970). While the overall superiority may be in dispute among engineers, an unambiguous advantage of steam- or electric-powered cars is the reduction in tailpipe emissions.

7. These comparisons are catalogued in Robin Cowen's "Nuclear Power Reactors: A Study in Technological Lock-in," *Journal of Economic History* 50 (1990): 541–67. The engineering sources for these conclusions include Hugh McIntyre, "Natural-Uranium Heavy-Water Reactors," *Scientific American*, October 1975; Harold Agnew, "Gas-Cooled Nuclear Power Reactors," *Scientific American*, June 1981; and Eliot Marshall, "The Gas Reactor Makes a Comeback," *Science*, n.s., 224 (May 1984): 699–701.

8. The quote is from M. Hertsgaard, *The Men and Money Behind Nuclear Energy* (New York: Pantheon, 1983). Murray used the words "power-hungry" rather than "energy-poor," but of course he meant power in the electrical sense.

9. Charles Lave of the University of California, Irvine, finds strong statistical evidence to support this. See his "Speeding, Coordination and the 55 MPH

Limit," *American Economic Review* 75 (December 1985): 1159–64.

10. Cyrus C. Y. Chu, an economist at National Taiwan University, develops this idea into a mathematical justification for the cyclic behavior of crackdowns followed by lax enforcement in his paper, "Oscillatory vs. Stationary Enforcement of Law," *International Review of Law and Economics* 13, no. 3 (1993): 303–15.

11. James Surowiecki laid out this argument in *The New Yorker*: see "Fuel for Thought," July 23, 2007.

12. Milton Friedman, *Capitalism and Freedom* (Chicago: University of Chicago Press, 1962), 191.

13. See his book *Micromotives and Macrobehavior* (New York: W. W. Norton, 1978), chapter 4. Software that lets you experiment with tipping in various conditions of heterogeneity and crowding of populations is available on the web. Two such programs are at http://ccl.northwestern.edu/netlogo/mod els/Segregation and www.econ.iastate.edu/tesfatsi/demos/schelling/schellhp. htm.

第10章

1. See Peter Cramton, "Spectrum Auctions," in *Handbook of Telecommunications Economics*, ed. Martin Cave, Sumit Majumdar, and Ingo Vogelsang (Amsterdam: Elsevier Science B.V., 2002), 605–39; and Cramton, "Lessons Learned from the UK 3G Spectrum Auction," in U.K. National Audit Office Report, The Auction of Radio Spectrum for the Third Generation of Mobile Telephones, Appendix 3, October 2001.

第11章

1. The generalization to bargaining without procedures is based on work by economists Motty Perry and Philip Reny.

2. Roger Fisher and William Ury, *Getting to Yes: Negotiating Agreement without Giving In* (New York: Penguin Books, 1983).

3. See Adam Brandenburger, Harborne Stuart Jr., and Barry Nalebuff, "A Bankruptcy Problem from the Talmud," Harvard Business School Publishing case 9-795-087; and Barry O'Neill, "A Problem of Rights Arbitration from the Talmud," *Mathematical Social Sciences* 2 (1982): 345–71.

4. This case is discussed by Larry DeBrock and Alvin Roth in "Strike Two: Labor-Management Negotiations in Major League Baseball," *Bell Journal of Economics* 12, no. 2 (Autumn 1981): 413–25.

5. This argument is developed more formally in M. Keith Chen's paper "Agenda in Multi-Issue Bargaining," available at www.som.yale.edu/fac

ulty/keith.chen/papers/rubbarg.pdf. Howard Raiffa's *The Art and Science of Negotiation* is an excellent source for strategy in multiple-issue bargaining.

6. The idea of a virtual strike was proposed by Harvard negotiation gurus Howard Raiffa and David Lax as a tool to resolve the 1982 NFL strike. See also Ian Ayres and Barry Nalebuff, "The Virtues of a Virtual Strike," in *Forbes*, November 25, 2002.

7. The solution is described in most game theory textbooks. The original article is Ariel Rubinstein, "Perfect Equilibrium in a Bargaining Model," *Econometrica* 50 (1982): 97–100.

第12章

1. This deep result is due to Stanford University professor and Nobel Laureate Kenneth Arrow. His famous "impossibility" theorem shows that any system for aggregating unrestricted preferences over three or more alternatives into a group decision cannot simultaneously satisfy the following minimally desirable properties: (i) transitivity, (ii) unanimity, (iii) independence of irrelevant alternatives, (iv) nondictatorship. Transitivity requires that if A is chosen over B and B is chosen over C, then A must be chosen over C. Unanimity requires A to be chosen over B when A is unanimously preferred to B. Independence of irrelevant alternatives requires that the choice between A and B does not depend on whether some other alternative C is available. Nondictatorship requires that there is no individual who always gets his way and thus has dictatorial powers. See Kenneth Arrow, *Social Choice and Individual Values*, 2nd ed. (New Haven, CT: Yale University Press, 1970).

2. In Colorado, Clinton beat Bush 40 to 36, but Perot's 23 percent of the vote could have swung Colorado's 8 electoral votes the other way. Clinton won Georgia's 13 electoral votes with 43 percent of the vote. Bush had 43 percent as well (though fewer total). Perot's 13 percent would surely have swung the election. Kentucky is a Republican stronghold, with two Republican senators. Clinton had a 4-point lead over Bush, but Perot's 14 percent could have swung the election. Other states where Perot's influence was likely felt include Montana, New Hampshire, and Nevada. See www.fairvote.org/plurality/perot.htm.

3. Arrow's short monograph *Social Choice and Individual Values* explains this remarkable result. The issue of strategic manipulability of social choice mechanisms was the focus of Alan Gibbard, "Manipulation of Voting Schemes: A General Result," *Econometrica* 41, no. 4 (July 1973): 587–601; and Mark Satterthwaite, "Strategy-Proofness and Arrow's Conditions," *Journal of Economic Theory* 10, no. 2 (April 1975): 187–217.

4. Similar results hold even when there are many more outcomes.

5. The story of Pliny the Younger was first told from the strategic viewpoint in Robin Farquharson's 1957 Oxford University doctoral thesis, which was later published as *Theory of Voting* (New Haven, CT: Yale University Press, 1969). William Riker's *The Art of Political Manipulation* (New Haven, CT: Yale University Press, 1986) provides much more detail and forms the basis for this modern retelling. Riker's book is filled with compelling historical examples of sophisticated voting strategies ranging from the Constitutional Convention to attempts to pass the Equal Rights Amendment.

6. The idea of using the smallest super-majority rule that ensures the existence of a stable outcome is known as the Simpson-Kramer minmax rule. Here that majority size is no more than 64 percent. See Paul B. Simpson, "On Defining Areas of Voter Choice: Professor Tullock On Stable Voting," *Quarterly Journal of Economics* 83, no. 3 (1969): 478–87, and Gerald H. Kramer, "A Dynamic Model of Political Equilibrium," *Journal of Economic Theory* 16, no. 2 (1977): 538–48.

7. The original papers can be found at www.som.yale.edu/Faculty/bn1/. See "On 64%-Majority Rule," *Econometrica* 56 (July 1988): 787–815, and then the generalization in "Aggregation and Social Choice: A Mean Voter Theorem," *Econometrica* 59 (January 1991): 1–24.

8. The arguments are presented in their book *Approval Voting* (Boston: Birkhauser, 1983).

9. This topic is addressed in Hal Varian, "A Solution to the Problem of Externalities When Agents Are Well-Informed," *The American Economic Review* 84, no. 5 (December 1994): 1278–93.

第13章

1. Canice Prendergast, "The Provision of Incentives in Firms," *Journal of Economic Literature* 37, no. 1 (March 1999): 7–63, is an excellent review discussing numerous applications in relation to the theories. A more theory-based review is Robert Gibbons, "Incentives and Careers in Organizations," in *Advances in Economics and Econometrics, Volume III*, ed. D. M. Kreps and K. F. Wallis (Cambridge: Cambridge University Press, 1997), 1–37. The pioneering analysis of multitask incentive problems is Bengt Holmstrom and Paul Milgrom, "Multitask Principal-Agent Analysis: Incentive Contracts, Asset Ownership, and Job Design," *Journal of Law, Economics, and Organization* 7 (Special Issue, 1991): 24–52. Incentive problems take somewhat different forms and need different solutions in public sector firms and bureaucracies; these are reviewed in Avinash Dixit, "Incentives and

Organizations in the Public Sector," *Journal of Human Resources* 37, no. 4 (Fall 2002): 696–727.

2. See Uri Gneezy and Aldo Rustichini, "Pay Enough or Don't Pay At All," *Quarterly Journal of Economics* 115 (August 2000): 791–810.

3. Matthew 6:24 in the King James Version.

第14章

1. A raider who gains control of the company has a right to take the company private and thus buy out all remaining shareholders. By law, these shareholders must be given a "fair market" price for their stock. Typically, the lower tier of a two-tiered bid is still in the range of what might be accepted as fair market value.

2. More on this problem, including a historical perspective, can be found in Paul Hoffman's informative and entertaining *Archimedes' Revenge* (New York: W. W. Norton, 1988).

3. For more on this topic see Barry Nalebuff and Ian Ayres, "In Praise of Honest Pricing," *MIT Sloan Management Review* 45, no. 1 (2003): 24–28, and Xavier Gabaix and David Laibson, "Shrouded Attributes, Consumer Myopia, and Information Suppression in Competitive Markets," *Quarterly Journal of Economics* 121, no. 2 (2006): 505–40.

4. For a full discussion of this problem, see John Moore, "Implementation, Contracts, and Renegotiation," in *Advances in Economic Theory*, vol. 1, ed. Jean-Jacques Laffont (Cambridge: Cambridge University Press, 1992): 184–85 and 190–94.

5. Martin Shubik, "The Dollar Auction Game: A Paradox in Noncooperative Behavior and Escalation," *Journal of Conflict Resolution* 15 (1971): 109–11.

6. This idea of using a fixed budget and then applying backward logic is based on research by Barry O'Neill, "International Escalation and the Dollar Auction," *Journal of Conflict Resolution* 30, no. 1 (1986): 33–50.

7. A summary of the arguments appears in F. M. Scherer, *Industrial Market Structure and Economic Performance* (Chicago: Rand McNally, 1980).

马特·里德利系列丛书

创新的起源：一部科学技术进步史
ISBN：978-7-111-68436-7

揭开科技创新的重重面纱，开拓自主创新时代的科技史读本

基因组：生命之书 23 章
ISBN：978-7-111-67420-7

基因组解锁生命科学的全新世界，一篇关于人类与生命的故事，华大 CEO 尹烨翻译，钟南山院士等 8 名院士推荐

先天后天：基因、经验及什么使我们成为人（珍藏版）
ISBN：978-7-111-68370-9

人类天赋因何而生，后天教育能改变人生与人性，解读基因、环境与人类行为的故事

美德的起源：人类本能与协作的进化（珍藏版）
ISBN：978-7-111-67996-0

自私的基因如何演化出利他的社会性，一部从动物性到社会性的复杂演化史，道金斯认可的《自私的基因》续作

理性乐观派：一部人类经济进步史（典藏版）
ISBN：978-7-111-69446-5

全球思想家正在阅读，为什么一切都会变好？

自下而上（珍藏版）
ISBN：978-7-111-69595-0

自然界没有顶层设计，一切源于野蛮生长，道德、政府、科技、经济也在遵循同样的演讲逻辑